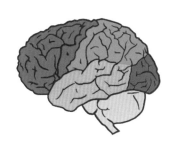

TensorFlow
深度学习应用实践

王晓华 著

U0284990

清华大学出版社

北京

内 容 简 介

本书总的指导思想是在掌握深度学习的基本知识和特性的基础上，培养使用 TensorFlow 进行实际编程以解决图像处理相关问题的能力。全书力求深入浅出，通过通俗易懂的语言和详细的程序分析，介绍 TensorFlow 的基本用法、高级模型设计和对应的程序编写。

本书共 22 章，内容包括 Python 类库的安装和使用、TensorFlow 基本数据结构和使用、TensorFlow 数据集的创建与读取、人工神经网络、反馈神经网络、全卷积神经网络的理论基础、深度学习模型的创建、模型的特性、算法、ResNet、Slim、GAN 等。本书强调理论联系实际，重点介绍 TensorFlow 编程解决图像识别的应用，提供了大量数据集，并以代码的形式实现了深度学习模型，以供读者参考。

本书既可作为学习人工神经网络、深度学习、TensorFlow 程序设计以及图像处理等相关内容的程序设计人员培训和自学用书，也可作为高等院校和培训机构相关专业的教材。

图书在版编目（CIP）数据

TensorFlow 深度学习应用实践 / 王晓华著. — 北京：清华大学出版社，2018（2019.11重印）

ISBN 978-7-302-48795-1

I. ①T… II. ①王… III. ①人工智能－算法－研究 IV. ①TP18

中国版本图书馆 CIP 数据核字（2017）第 272621 号

责任编辑：夏毓彦
封面设计：王　翔
责任校对：闫秀华
责任印制：李红英

出版发行：清华大学出版社
　　　　　网　　　址：http://www.tup.com.cn, http://www.wqbook.com
　　　　　地　　　址：北京清华大学学研大厦 A 座　　　　　　邮　　编：100084
　　　　　社 总 机：010-62770175　　　　　　　　　　　　邮　　购：010-62786544
　　　　　投稿与读者服务：010-62776969, c-service@tup.tsinghua.edu.cn
　　　　　质量反馈：010-62772015, zhiliang@tup.tsinghua.edu.cn
印 装 者：涿州市京南印刷厂
经　　销：全国新华书店
开　　本：190mm×260mm　　印　张：29.75　彩　插：1　　字　数：761 千字
版　　次：2018 年 1 月第 1 版　　　　　　　　　　　　　印　　次：2019 年 11 月第 4 次印刷
定　　价：89.00 元

产品编号：076720-01

推荐序

第一次见王晓华是他来我这里做培训，我正好路过门口，听见教室里笑声震天，就好奇地伸头进去看看。一个胖胖的男孩在给一群我们新招的工作人员做培训，好像是在讲代码方面的问题。可以看得出他讲得非常好，底下的听讲者都在抬着头认真听他讲课。要知道其中不乏有清华、北大的佼佼者，而他，却能够轻车熟路地引导他们的思路，驾驭整个课堂。

后来正式认识他也是机缘巧合，一位计算机专业的老同事问我有没有兴趣审阅一本云计算方面的书，当时云计算正好是 IT 热点，我也想乘此机会做一个了解，就欣然答应。因为我平常也做计算机方面的教学工作，对于教材好坏的敏感性是非常强烈的。有些书虽然署名是中国人，但是很多内容直接就是对外国教材的翻译，既然翻译就要做到"信达雅"，而往往连最基本的"信"都做不到，根本不适合初学者或者学生使用。因此当刚拿到这本书的初稿时，我也有疑虑——是不是又是一本翻译的书，他写的书我是不是能看懂。抱着这些疑虑，我翻开书稿的第一页，从前言开始，逐渐向我们展示了云计算编程中一个美丽而神秘的世界。全书使用浅显易懂的语句，对每个知识点进行重点分析，同时列举了大量的编程实例，向读者讲解每个类、每个语句的用法，还特别细心地对每条代码做出注释。其用心之严密，着实让人感叹。

后来我们正式见面于南京工业大学的怡园，那天我记得很清楚，外面细雨打着蕉叶，我品着绿茶慢慢地陷入沉思。一声"殷老师"将我从思索的世界拉回现实。面前站立着一个戴着眼镜，略微显得羞涩而紧张的男孩，从他那胖胖的身形，我依稀觉得在哪见过。"哦，你就是王晓华。""嗯，是的，我是王晓华，谢谢您抽时间给我审稿。"他首先向我表示感谢。我突然感觉有点不好意思，因为其实我也不是太懂，部分是出于学习的目的审阅此书，而此时这个年轻人一口一个殷老师地叫着，谦虚得很。

此次见面，我们交谈甚欢，从云计算谈起，谈到了 TensorFlow 的开源，谈到了深度学习对商业领域产生的影响和其中蕴含的商机，又谈到了人工智能会对未来社会带来的变革。他一改初见我时青涩稚嫩的形象，侃侃而谈。可以看得出他是对这行真正用心去了解的人，不由得对他刮目相看，并萌生了为其作序的想法。这也就是这篇序的来历。

说了那么多，下面介绍一下这本书吧。首先这本书是介绍人工智能和深度学习的。可能不少人和曾经的我一样有很多疑问，许多以前必须由人工完成的任务，人工神经网络能否为我们代劳？很多人不相信，直至神经网络真的做到了这一点。

　　人工神经网络在各个领域逐步深入人类社会,基于卷积神经网络的图像描述可以给每幅图片打上独特的标签,借助于循环神经网络的语音识别将推动物联网革命,人工智能绝对是一场深刻的革命,确实在改变我们的生活。虽然我在此仅仅提及了图像、语音和行为三个方面,但是对于人工智能的机会来说远不止这三个方面,在自然语言处理、生物技术等方面,人工智能也有很多东西可以做,这些领域都有创新正在发生,人工智能也可以更多地被应用到机器人的开发中。

　　我觉得,这本书是写给有志于深度学习的人看的,书中不仅有 TensorFlow 程序设计的方法介绍,更多的是传递作者对深度学习和人工智能未来发展的思考。我希望这本书能够将更多的有志之士带到这一条通向未来的辉煌之路上来,从而造就更多的人才。

南京工业大学　殷芳

前 言

我们处于一个变革的时代!

给定一个物体,让一个 3 岁的小孩描述这个物体是什么,似乎是一件非常简单的事情。然而将同样的东西放在计算机面前,让它描述自己看到了什么,这在不久以前还是一件不可能的事。

让计算机学会"看"东西,这是一个专门的学科——计算机视觉所正在做的工作。借助于人工神经网络和深度学习的发展,近年来计算机视觉在研究上取得了重大突破。通过模拟生物视觉所构建的卷积神经网络模型在图像识别和分类上取得了非常好的效果。

而今,借助于深度学习的发展,使用人工智能去处理常规劳动、理解语音语义、帮助医学诊断和支持基础科研工作,这些曾经是梦想的东西似乎都在眼前。

写作本书的原因

TensorFlow 作为最新的、应用范围最为广泛的深度学习开源框架自然引起了广泛的关注,它吸引了大量程序设计和开发人员进行相关内容的开发与学习。掌握 TensorFlow 程序设计基本技能的程序设计人员成为当前各组织和单位热切寻求的热门人才。他们的主要工作就是利用获得的数据集设计不同的人工神经模型,利用人工神经网络强大的学习能力提取和挖掘数据集中包含的潜在信息,编写相应的 TensorFlow 程序对数据进行处理,对其价值进行进一步开发,为商业机会的获取、管理模式的创新、决策的制定提供相应的支持。随着越来越多的组织、单位和行业对深度学习应用的重视,高层次的 TensorFlow 程序设计人员必将成为就业市场上紧俏的人才。

目前来说,TensorFlow 虽然被谷歌开源公布只有不到两年时间,但是其在工业、商业以及科学研究上的应用量很大,使之成为时下最热门的深度学习框架。由于国内翻译和知识传播的滞后性等多方面的原因,国内对这方面的介绍较为欠缺,缺少最新 TensorFlow 框架使用和设计的相关内容,从而造成了知识传播的延迟。学习是为了掌握新知识、获得新能力,不应是学习已经被摒弃的内容。

其次,与其他应用框架不同,TensorFlow 并不是一个简单的编程框架,深度学习也不是一个简简单单的名词,而是需要相关研究人员对隐藏在其代码背后的理论进行学习、掌握一定的数学知识和理论基础的。笔者具有长期一线理科理论教学基础,可以将其中的理论知识以非常浅显易懂的语言进行介绍和描述,这点是市面上的某些相关书籍所无法比拟的。

本书是为了满足广大 TensorFlow 程序设计和开发人员学习最新的 TensorFlow 程序代码要

求而出版的。本书对涉及的深度学习的结构与编程代码做了循序渐进的介绍与说明，以解决实际图像处理为依托，从理论开始介绍 TensorFlow 程序设计模式，多角度、多方面地对其中的原理和实现提供翔实的分析，并结合实际案例编写的应用程序设计，使读者能够在开发者的层面掌握 TensorFlow 程序设计方法和技巧，为开发出更强大的图像处理应用打下扎实的基础。

本书的优势

- 本书在方向上偏重于使用卷积神经网络以及其相关变化的模型，在 TensorFlow 框架上进行图像特征提取、图像识别以及具体应用，这在市面上鲜有涉及。
- 本书并非枯燥的理论讲解，而是大量最新文献的归纳总结。在这点上，本书与其他编程书籍有本质区别。本书的例子都是来自于现实世界中对图像分辨和特征竞赛的优胜模型，通过介绍这些例子可以使读者更深一步地了解和掌握其内在的算法和本质。
- 本书作者有长期研究生和本科教学经验，通过通俗易懂的语言对全部内容进行讲解，深入浅出地介绍反馈神经网络和卷积神经网络理论体系的全部知识点，并在程序编写时使用官方推荐的 TensorFlow 最新框架进行程序设计，帮助读者更好地使用最新的模型框架，理解和掌握 TensorFlow 程序设计的精妙之处。
- 作者认为，掌握和使用深度学习的人才应在掌握基本知识和理论的基础上，重视实际应用程序开发能力和解决问题能力的培养。因此，本书结合作者在实际工作中遇到的大量实际案例进行分析，抽象化核心模型并给出具体解决方案，全部程序例题均提供了相应代码，以供读者学习。

本书的内容

本书共分为 22 章，所有代码均采用 Python 语言编写，这也是 TensorFlow 框架推荐使用语言。

第 1 章介绍深度学习的基本内容，初步介绍深度学习应用于计算机视觉和发展方向，介绍使用深度学习解决计算机视觉问题的应用前景，旨在说明使用深度学习和人工智能实现计算机视觉是未来的发展方向，也是必然趋势。

第 2 章介绍 Python 的安装和最常用的类库。Python 语言是易用性非常强的语言，可以很方便地将公式和愿景以代码的形式表达出来，而无须学习过多的编程知识。Python 专用类库 threading 并不常见，只是要为后文的数据读取和 TensorFlow 专用格式的生成打下基础。

第 3 章全面介绍机器学习的基本分类、算法和理论基础，这里介绍了不同的算法，例如回归算法和决策树算法的具体实现和应用。这些是深度学习的基础理论部分，通过这些向读者透彻而准确地展示深度学习的结构与应用，为更进一步掌握深度学习在计算机视觉中的应用打下扎实的基础。

第 4 章主要介绍 Python 语言的使用。通过介绍和实现不同的 Python 类库，帮助读者强化 Python 的编程能力、学习相应类库。这些都是在后文中反复使用的内容。同时借用掌握的知识学习数据的可视化展示技能。这项技能在数据分析中虽是基本技能，但具有非常重要的作用。

第 5~6 章是对 OpenCV 类库使用方法的介绍。本书以图像处理为重点，对图像数据的读取、编辑以及加工是本书的重中之重。OpenCV 是 Python 中专门用以对图像处理的类库，通过基础讲解和进阶介绍使读者掌握这个重要类库的使用。学会对图像的裁剪、变换和平移的代码编写。第 5 章以例子的形式对卷积核的基础内容做了一个介绍，并用 Python 语言实现了卷积核的功能。卷积核是本书中非常重要的基础部分，也是图像处理中非常重要的组成部分，通过编写相应的程序去实现卷积核对图像的处理、掌握和理解卷积神经网络有很大帮助。

第 7~8 章是 TensorFlow 的入门基础，通过一个娱乐性质的网站向读者展示 TensorFlow 的基本应用，用图形图像的方式演示神经网络进行类别分类的拟合过程，在娱乐的同时了解其背后的内容。

第 9 章是本书的一个重点，也是神经网络的基础内容。本章的反馈算法是解决神经网络计算量过大的里程碑算法。笔者通过详细认真的讲解，使用通俗易懂的语言对这个算法进行介绍，并通过独立编写代码的形式为读者实现这个神经网络中最重要的算法内容。本章的内容看起来不多，但是非常重要。

第 10 章对 TensorFlow 的数据输入输出做了详细的介绍。从读取 CSV 文件开始，到教会读者制作专用的 TensorFlow 数据格式 TFRecord，这在目前市面上的书籍中鲜有涉及。使用 TensorFlow 框架进行程序编写、数据的准备和规范化是重中之重，因此本章也是较为重要的一个章节。

第 11~12 章是应用卷积神经网络在 TensorFlow 框架上进行学习的一个基础教程，经过前面章节的准备和介绍，采用基本理论——卷积神经网络进行手写体的辨识是深度学习最基本的技能，也是非常重要的一个学习基础。并且在程序编写的过程中，作者向读者展示了参数调整对模型测试结果的重要作用。这是目前市面上相关书籍没有涉及到的内容，非常重要。

第 13~14 章是卷积神经网络算法的介绍和应用。在这两章内容中，笔者详细介绍卷积神经网络的应用，特别是在图像识别中的应用，由单纯的手写体数值的识别发展到对显示物体的识别。借助于图像识别比赛的数据集，使用在比赛中得奖的卷积神经网络模型，使读者掌握卷积神经网络的变种。卷积神经网络的理论基础就是卷积的正向和反向过程，一般正向过程较好理解和学习，但是对于反向运算，基本上没有涉及，有的话也仅仅是对公式的复制和摘抄。本书在 14 章中详细地介绍卷积神经网络反向过程的运算和计算方法，通过大量例子的表述，第一次非常详细地描述了卷积神经网络的反向运算。这是相关书籍中欠缺的内容。

第 15 章通过一个完整的例子演示使用卷积神经网络进行图像识别的流程。例子来自于 ImageNet 图像识别竞赛，所采用的模型也是比赛中获得准确率最高的模型。通过对项目每一步的详细分析，手把手地教会读者如何使用卷积神经网络进行图像识别。

第 16 章介绍 VGGNet 的组成结构，着重介绍 VGGNet 的网络调参以及在其后执行 Finetuning 的能力。本章将第 15 章的例子复用 VGG16 实现，给读者提供一个以不同的视角和不同的模型方法解决问题的思路。

第 17 章针对目前深度学习就业者给出的一些面试题的答案，这些问题可以帮助招聘者分析谁是高水平的面试者，也能帮助就业者完善自己的技术概念和知识，找准自己的定位，为将来升职加薪铺平道路。

第 18 章介绍深度学习网络 ResNet 模型，它是在网络中使用大量残差模块作为网络的基本组成部分，主要作用是使得网络随着深度的变化增加，而不会产生权重衰减和梯度衰减或者消失等这些问题。除了 ResNet 模型，本章还介绍了新兴的卷积神经模型，包括 SqueezeNet 和 Xception。

第 19~20 章开始进入 TensorFlow 学习的高级阶段，重点介绍的是一个 API——Slim，它是一个用于定义、训练和评估较为复杂模型的轻量级开发类库。这两章不光介绍了它的使用方法，还通过它制作了一个多层感知机 MLP、一个卷积神经网络 CNN，最后还使用 Slim 预训练模型进行 Finetuning。

第 21 章介绍全卷积神经网络图像分割，先讲解分割的理论基础和实现方法，然后给出了全卷积神经网络进行图像分割的分步流程与编程基础，最后给出了使用 VGG16 全卷积网络进行图像分割的实战。

第 22 章讲解的是 GAN——对抗生成网络，本章理论虽然看似枯燥，但笔者用一个"生成器"和一个"辨别器"共同在一个网络中不停地进行"对抗"来比喻，降低了阅读的难度。最终还通过使用 GAN 生成手写体数字的案例让读者真正学会 GAN 的应用。

除此之外，全书对于目前图像识别最流行和取得最好成绩的深度学习模型做了介绍，这些都是目前的深度学习的热点和研究重点。

本书的特点

- 本书不是纯粹的理论知识介绍，也不是高深技术研讨，完全是从实践应用出发，用最简单、典型的示例引申出核心知识，最后还指出了通往"高精尖"进一步深入学习的道路。

- 本书没有深入介绍某一个知识块，而是全面介绍 TensorFlow 涉及的图像处理的基本结构和上层程序设计，系统综合地讲解深度学习的全貌，使读者在学习的过程中把握好方向。

- 本书在写作上浅显易懂，没有深奥的数学知识，而是采用较为形象的形式，使用大量图像示例描述应用的理论知识，让读者在轻松愉悦的阅读下掌握相关内容。

- 本书旨在引导读者进行更多技术上的创新，每章都会用示例描述的形式帮助读者更好地理解本章的学习内容。

- 本书代码遵循重构原理，避免代码污染，真心希望读者能写出优秀、简洁、可维护的代码。

本书适合人群

本书配套示例源代码下载地址（注意数字与字母大小写）如下：

https://pan.baidu.com/s/1jHFg2uq

如果下载有问题或者对本书有任何疑问，请联系 booksaga@163.com，邮件主题为"TensorFlow"。

本书适合人群

本书既适合学习人工神经网络、深度学习以及 TensorFlow 程序设计等相关内容的程序设计人员阅读，也可以作为高等院校相关专业的教材。建议在学习本书内容的过程中，理论联系实际，独立进行一些代码的编写，采取开放式的实验方法，即读者自行准备实验数据和实验环境，解决实际问题，最终达到理论联系实际的目的。

本书作者

本书作者现任计算机专业教师，担负数据挖掘、Java 程序设计、数据结构等多项本科及研究生课程，研究方向为数据仓库与数据挖掘、人工智能、机器学习，在研和参研多项科研项目。在写作过程中得到了家人和朋友的大力支持，在此对他们一并表示感谢。

本书由王晓华主创，其他 7 参与创作的人员还有刘鑫、陈素清、张泽娜、常新峰、林龙、王亚飞、薛燚、王刚、吴贵文、李雷霆，排名不分先后。

王晓华

2017 年 11 月

目　录

第 1 章

◄ 星星之火 ►

当笔者还是一个懵懂的小孩的时候，电视台播放的一部美国动画片《变形金刚》（图 1-1）激起了笔者对机器人的浓厚兴趣。一句"汽车人，变形，出发！"不光是孩子，甚至于陪同观看的大人们也会被那些懂幽默会调侃，充满正义、勇敢、智慧、热情、所向无敌的变形金刚人物所吸引。

图 1-1　变形金刚——霸天虎

长久以来，机器人和人工智能主题的电影、电视剧和动画片一直备受观众喜爱，人类用对未来无尽的想象力和炫目的特技效果构筑了一个又一个精彩的未来世界。但是回归到现实，计算机科学家和工程技术人员的创造和设计能力还远远赶不上电影编剧们的想象力。动画片终究是动画片，变形金刚也不存在于这个现实世界中。要研发出一个像霸天虎一样能思考、看得到周围景物、听得懂人类语言并和人类进行流利对话的机器人，这条路还很长很长。

1.1　计算机视觉与深度学习

长期以来，让计算机能看、会听可以说是计算机科学家孜孜不倦追求的目标，这其中最基础的就是让计算机能够看见这个世界，赋予计算机一双和人类一样的眼睛，让它们也能看懂这个美好的世界，这也是激励笔者或者说激励整个为之奋斗的计算机工作者的重要力量。虽然目前计算机并不能达到动画片中变形金刚十分之一的能力，但是进步是不会停息的。

1.1.1 人类视觉神经的启迪

20 世纪 50 年代，Torsten Wiesel 和 David Hubel 两位神经科学家在猫和猴子身上做了一项非常有名的关于动物视觉的实验（图 1-2）。

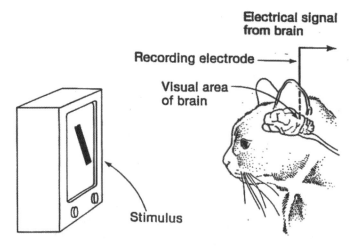

图 1-2　脑部连入电极的猫

实验中猫的头部被固定，视野只能落在一个显示屏区域，显示屏上会不时出现小光点或者划过小光条，而一条导线直接连入猫的脑部区域视觉皮层位置。

Torsten Wiesel 和 David Hubel 通过实验发现，当有小光点出现在屏幕上时，猫视觉皮层的一部分区域被激活，随着不同光点的闪现，不同脑部视觉神经区域被激活。而当屏幕上出现光条时，则有更多的神经细胞被激活，区域也更为丰富。他们的研究还发现，有些脑部视觉细胞对于明暗对比非常敏感，对视野中光亮的方向（不是位置）和光亮移动的方向具有选择性。

从 Torsten Wiesel 和 David Hubel 做这个有名的脑部视觉神经实验之后，视觉神经科学（图 1-3）正式被人们确立。目前为止，关于视觉神经的几个广为接受的观点是：

- 脑对视觉信息的处理是分层级的，低级脑区可能处理对边度、边缘什么的，高级脑区处理更抽象的，比如人脸、房子、运动的物体之类的。信息被一层一层抽提出来，往上传递，进行处理。
- 大脑对视觉信息的处理也是并行的，不同的脑区提取出不同的信息、干不同的活，有的负责处理这个物体是什么，有的负责处理这个物体是怎么动的。
- 脑区之间存在着广泛的联系，同时高级皮层对低级皮层也有很多反馈投射。
- 信息的处理普遍受到自上而下和自下而上的注意的调控。

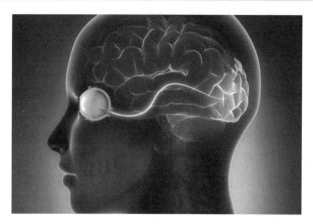

图 1-3　视觉神经科学

进一步的研究发现，当一个特定物体出现在视野的任意一个范围时，某些脑部的视觉神经元会一直处于固定的活跃状态。从视觉神经科学解释就是人类的视觉辨识是从视网膜到脑皮层，神经系统从识别细微特征演变为目标识别。计算机如果拥有这么一个"脑皮层"，能够对信号进行转换，那么计算机仿照人类拥有视觉就会变为现实。

1.1.2　计算机视觉的难点与人工神经网络

尽管通过大量的研究，人类视觉的秘密逐渐正在被揭开，但是相同的想法和经验用于计算机上却并非易事。计算机识别往往有严格的限制和规格，即使同一张图片或者场景，一旦光线甚至于观察角度发生变化，那么计算机的判别也会发生变化。对于计算机来说，识别两个独立的物体容易，但是在不同的场景下识别同一个物体则困难得多。

因此，计算机视觉（图 1-4）核心在于如何忽略同一个物体内部的差异而强化不同物体之间的区别，即同一个物体相似而不同的物体之间有很大的差别。

图 1-4　计算机视觉

长期以来，对于解决计算机视觉识别问题，大量的研究人员投入了很多精力、贡献了很多不同的算法和解决方案。经过不懈的努力和无数次尝试，最终计算机视觉研究人员发现，使用人工神经网络解决计算机视觉问题是最好的解决办法。

人工神经网络在 20 世纪 60 年代就萌芽了，但是限于当时的计算机硬件资源，其理论只能停留在简单的模型之上，无法全面发展和验证。

随着人们对人工神经网络的进一步研究，20 世纪 80 年代人工神经网络具有里程碑意义的理论基础"反向传播算法"的发明，将原本非常复杂的链式法则拆解为一个个独立的只有前后关系的连接层，并按各自的权重分配错误更新。这种方法使得人工神经网络从繁重的、几乎不可能解决的样本计算中脱离出来，通过学习已有的数据统计规律对未定位的事件做出预测。

随着研究的进一步深入，2006 年，多伦多大学的 Geoffrey Hinton 在深层神经网络的训练上取得了突破。他首次证明了使用更多隐层和更多神经元的人工神经网络具有更好的学习能力。其基本原理就是使用具有一定分布规律的数据保证神经网络模型初始化，再使用监督数据在初始化好的网络上进行计算，使用反向传播对神经元进行优化调整。

1.1.3 应用深度学习解决计算机视觉问题

受这些前人研究的启发，"带有卷积结构的深度神经网络（CNN）"被大量应用于计算机视觉之中。这是一种仿照生物视觉的逐层分解算法，分配不同的层级对图像进行处理（图1-5）。例如，第一层检测物体的边缘、角点、尖锐或不平滑的区域，这一层几乎不包含语义信息；第二层基于第一层检测的结果进行组合，检测不同物体的位置、纹路、形状等，并将这些组合传递给下一层。以此类推，使得计算机和生物一样拥有视觉能力、辨识能力和精度。

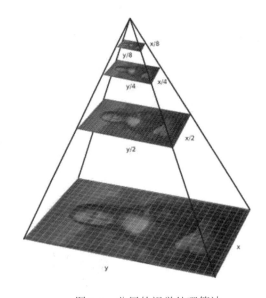

图 1-5 分层的视觉处理算法

因此，CNN，特别是基本原理和基础被视为计算机视觉的首选解决方案，这就是深度学习的一个应用。除此之外，深度学习应用于解决计算机视觉的还有其他优点，主要表现如下：

● 深度学习算法的通用性很强，在传统算法里面，需要针对不同的物体定制不同的算法。相比来看，基于深度学习的算法更加通用，比如在传统 CNN 基础上发展起来的 faster RCNN，在人脸、行人、一般物体检测任务上都可以取得非常好的效果（图 1-6）。

● 深度学习获得的特征（feature）有很强的迁移能力。所谓特征迁移能力，指的是在 A

任务上学习到一些特征，在 B 任务上使用也可以获得非常好的效果。例如，在 ImageNet（物体为主）上学习到的特征，在场景分类任务上也能取得非常好的效果。

- 工程开发、优化、维护成本低。深度学习计算主要是卷积和矩阵乘，针对这种计算优化，所有深度学习算法都可以提升性能。

 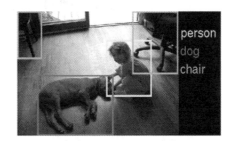

图 1-6　计算机视觉辨识图片

1.2　计算机视觉学习的基础与研究方向

计算机视觉是一个专门教会计算机如何去"看"的学科，更进一步说明就是使用机器替代生物眼睛去对目标进行识别，并在此基础上做出必要的图像处理，加工所需要的对象。

使用深度学习并不是一件简单的事，建立一项有真正能力的计算机视觉系统更不容易。从学科分类上来说，计算机视觉的理念在某些方面其实与其他学科有很大一部分重叠，其中包括人工智能、数字图像处理、机器学习、深度学习、模式识别、概率图模型、科学计算，以及一系列的数学计算等。这些领域亟需相关研究人员学习其中的基础，理解并找出规律，从而揭示那些我们以前不曾注意的细节。

1.2.1　学习计算机视觉结构图

对于相关的研究人员，可以把使用深度学习解决计算机视觉的问题归纳成一个结构关系图（图 1-7）。

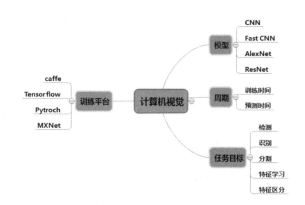

图 1-7　计算机视觉结构图

对于计算机视觉学习来说，选择一个好的训练平台是重中之重。因为对于绝大多数的学习者来说，平台的易用性以及便捷性往往决定着学习的成败。目前常用的是 TensorFlow、Caffe、PyTroch 等。

其次是模型的使用。自 2006 年深度学习的概念被确立以后，经过不断的探索与尝试，研究人员确立了模型设计是计算机视觉训练的核心内容，其中应用较为广泛的是 AlexNet、VGGNet、GoogleNet、ResNet 等。

除此之外，速度和周期也是需要考虑的非常重要的因素，如何使得训练速度更快、如何使用模型能够更快地对物体进行辨识，这是计算机视觉中非常重要的问题。

所有的模型设计和应用最核心的部分就是任务处理的对象，主要包括检测、识别、分割、特征点定位、序列学习五个大的任务，可以说任何计算机视觉的具体应用都是由这五个任务之一或者由其组合而成。

1.2.2　计算机视觉的学习方式和未来趋势

"给计算机连上一个摄像头，让计算机描述它看到什么。"这是计算机视觉作为一门学科被提出时就做出的目标。如今还有大量研究人员为这个目标孜孜不倦地工作着。

拿出一张图片，上面是一只狗，之后再拿出一张猫的图片，让一个人去辨识（图 1-8）。无论图片上的猫或者狗的形象与种类如何，人类总是能够精确地区分图片是猫还是狗。把这种带有标注的图片送到神经网络模型中去学习则称为"监督学习"。

图 1-8　猫 VS 狗

虽然目前来说，在监督学习的计算机视觉领域，深度学习取得了重大成果，但是相对于生物视觉学习和分辨方式的"半监督学习"和"无监督学习"，还有更多更重大的内容急待解决，比如视频里物体的运动、行为存在特定规律；在一张图片里，一个动物也是有特定的结构的，利用这些视频或图像中特定的结构，可以把一个无监督的问题转化为一个有监督的问题，然后利用有监督学习的方法来学习。这是计算机视觉的学习方式。

MIT 给机器"看电视剧"预测人类行为，MIT 的人工智能为视频配音，迪士尼研究院可以让 AI 直接识别视频里正在发生的事。除此之外，计算机视觉还可应用在那些人类能力所限、感觉器官不能及的领域和单调乏味的工作上——在微笑瞬间自动按下快门，帮助汽车驾驶员泊车入位，捕捉身体的姿态与电脑游戏互动，工厂中准确地焊接部件并检查缺陷，忙碌的购物季节帮助仓库分拣商品，离开家时扫地机器人清洁房间，自动将数码照片进行识别分类。

或许在不久的将来（图 1-9），超市电子秤在称重的同时就能辨别出蔬菜的种类；门禁系统能分辨出带着礼物的朋友，或是手持撬棒即将行窃的歹徒；可穿戴设备和手机帮助我们识别出镜头中的任何物体并搜索出相关信息。更奇妙的是，它还能超越人类双眼的感官，用声波、红外线来感知这个世界，观察云层的汹涌起伏来预测天气，监测交通来调度车辆，甚至突破我们的想象，帮助理论物理学家分析超过三维的空间中物体的运动。

图 1-9　计算机视觉的未来

这些，似乎并不遥远。

1.3　本章小结

本书在写作的时候，应用深度学习作为计算机视觉的解决方案已经得到共识，深度神经网络已经明显地优于其他学习技术以及设计出的特征提取计算。神经网络的发展浪潮已经迎面而来。在过去的历史发展中，深度学习、人工神经网络以及计算机视觉大量借鉴和使用人类以及其他生物视觉神经方面的知识和内容，而且得益于最新的计算机硬件水平的提高，更多数据集的收集以及能够设计得更深的网络计算，使得深度学习的普及性和应用性都有了非常大的发展。充分利用这些资源，进一步提高使用深度学习进行计算机视觉的研究，并将其带到一个新的高度和领域是本书写作的目的和对读者的期望。

第 2 章

◀Python的安装与使用▶

"人生苦短，我用 Python"。

这是 Python 在自身宣传和推广中使用的口号，做深度学习也是这样。对于相关研究人员，最直接、最简洁的需求就是将自己的想法从纸面进化到可以运行的计算机代码，在这个过程中，所需花费的精力越小越好。

Python 完全可以满足这个需求，在计算机代码的编写和实现过程中，Python 简洁的语言设计本身可以帮助用户避开没必要的陷阱，减少变量申明，随用随写，无须对内存进行释放，这些都极大地帮助 Python 编写出需要的程序。

其次，Python 的社区开发成熟，有非常多的第三方类库可以使用。在本章中还会介绍 NumPy、PIL 以及 threading 这三个主要的类库，这些开源的算法类库在后面的程序编写过程中会起到很大的作用。

最后，相对于其他语言，Python 有较高的运行效率，而且得益于 Python 开发人员的不懈努力，Python 友好的接口库甚至可以加速程序的运行效率，而无须去了解底层的运行机制。

"人生苦短，何不用 Python。"Python 让其使用者专注于逻辑和算法本身，而无须纠结一些技术细节。Python 作为深度学习以及 TensorFlow 框架主要的编程语言，更需要读者去掌握与学习。

2.1 Python 基本安装和用法

Python 是深度学习的首选开发语言，但是对于安装来说，很多第三方提供了集成大量科学计算类库的 Python 标准安装包，而最常用的是 Anaconda。

Anaconda 的作用就是里面集成了很多关于 Python 科学计算的第三方库，主要是安装方便。而 Python 是一个脚本语言，如果不使用 Anaconda，那么第三方库的安装会较为困难，各个库之间的依赖性就很难连接好。因此在这里推荐使用集合了大量第三方类库的安装程序 Anaconda 来替代 Python 的安装。

2.1.1　Anaconda 的下载与安装

1. 第一步：下载和安装

Anaconda 的下载地址是 https://www.continuum.io/downloads/，页面如图 2-1 所示。

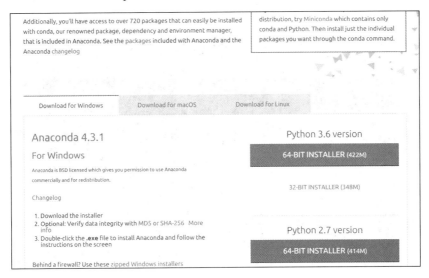

图 2-1　Anaconda 下载页面

目前提供的是 Anaconda 4.3.1 版本下载，里面集成了 Python 3.6。读者可以根据自己的操作系统进行下载。

这里笔者选择的是 Windows 版本，单击运行即可安装，与普通软件一样。安装完成以后，出现程序面板，目录如图 2-2 所示。

○ Anaconda Cloud (py35)
○ Anaconda Cloud
◔ Anaconda Navigator (py35)
◔ Anaconda Navigator
▮ Anaconda Prompt (py35)
▮ Anaconda Prompt
IP IPython (py35)
IP IPython
⌁ Jupyter Notebook (py35)
⌁ Jupyter Notebook
⌁ Jupyter QTConsole (py35)
⌁ Jupyter QTConsole
❀ Reset Spyder Settings (py35)
❀ Reset Spyder Settings
❀ Spyder (py35)
❀ Spyder

图 2-2　Anaconda 安装目录

2. 第二步：打开控制台

之后依次单击开始→所有程序→Anaconda→Anaconda Promp，打开窗口的效果如图 2-3 所示。这些步骤和打开 CMD 控制台类似，输入命令就可以控制和配置 Python。在 Anaconda 中最常用的是 conda 命令。利用这个命令可以执行一些基本操作。

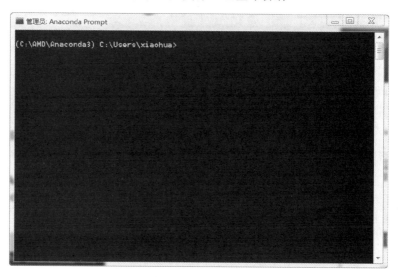

图 2-3　Anaconda Prompt 控制台

3. 第三步：验证 Python

之后在控制台中输入 Python，打印出版本号以及控制符号，并在控制符号下输入代码：

```
print("hello Python")
```

输出结果如图 2-4 所示，表明 Anaconda 安装成功。

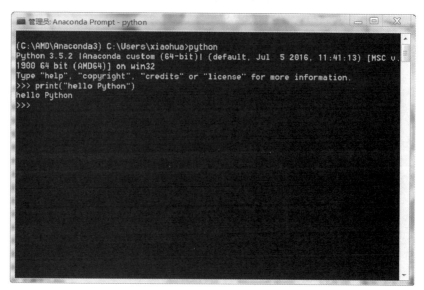

图 2-4　验证 Anaconda Python 安装成功

4. 第四步：使用 conda 命令

笔者建议读者使用 Anaconda 的好处在于，其能够极大地帮助读者安装和使用大量第三方类库。查看已安装的第三方类库的命令是：

```
conda list
```

在 Anaconda Prompt 控制台中输入 exit() 或者重新打开 Anaconda Prompt 控制台后直接输入 conda list 代码，结果如图 2-5 所示。

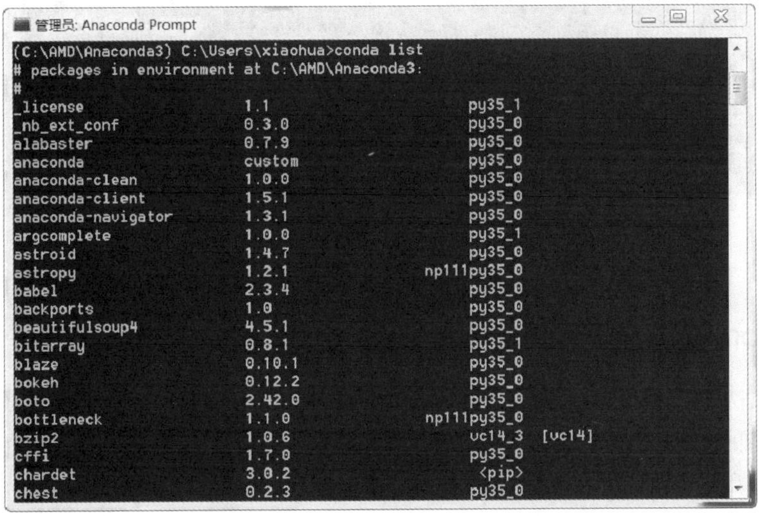

图 2-5　列出已安装的第三方类库

Anaconda 中使用 conda 进行操作的方法还有很多，其中最重要的是安装第三方类库，命令如下：

```
conda install name
```

这里的 name 是需要安装的第三方类库名，例如需要安装 NumPy 包（这个包已经安装过），那么输入的相应命令就是：

```
conda install numpy
```

使用 Anaconda 的好处就是可以自动安装所安装包的依赖类库，如图 2-6 所示。这样大大减轻了使用者在安装和使用某个特定类库的情况下造成的依赖类库的缺失的困难，使得后续工作顺利进行。

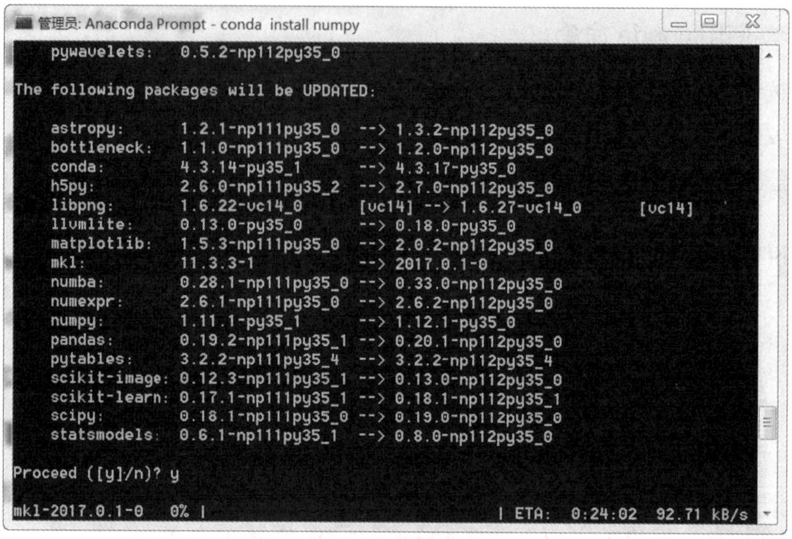

图 2-6　自动获取或更新依赖类库

2.1.2　Python 编译器 PyCharm 的安装

和其他语言类似，Python 程序的编写可以使用 Windows 自带的控制台完成。但是这种方式对于较为复杂的程序工程来说，容易混淆相互之间的层级和交互文件，因此在编写程序工程时，笔者建议使用专用的 Python 编译器 PyCharm。

1. 第一步：PyCharm 的下载和安装

PyCharm 的下载地址为 http://www.jetbrains.com/pycharm/。

进入 Download 页面后可以选择不同的版本，收费的专业版和免费的社区版，如图 2-7 所示。这里笔者建议读者选择免费的社区版。

图 2-7　PyCharm 的免费版

双击运行后进入安装界面，直接单击 Next 按钮采用默认安装即可，如图 2-8 所示。

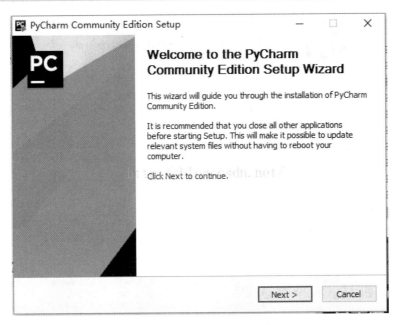

图 2-8　PyCharm 的安装文件

　　这里需要注意的是，在安装 PyCharm 的过程中需要对安装的位数进行选择，这里笔者建议读者选择与所安装 Python 相同位数的文件，如图 2-9 所示。

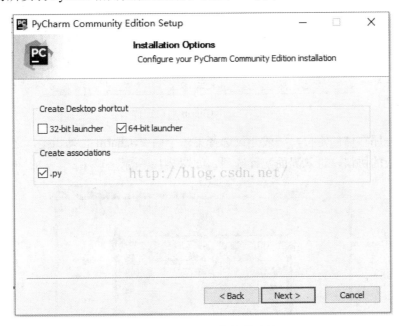

图 2-9　PyCharm 的位数选择

安装完成后出现 Finish 按钮，单击后安装完成，如图 2-10 所示。

图 2-10　PyCharm 安装完成

2. 第二步：使用 PyCharm 创建程序

单击桌面上新生成的 图标进入 PyCharm 程序界面，首先是第一次启动的定位，如图 2-11 所示。

图 2-11　PyCharm 启动定位

这里是对程序存储的定位，一般建议选择第二个由 PyCharm 自动指定。之后单击 Accept 按钮，接受相应的协议，进入界面配置选项，如图 2-12 所示。

图 2-12　PyCharm 界面配置

在配置区域可以选择自己的使用风格对 PyCharm 界面进行配置。如果对其不熟悉，直接单击 OK 按钮使用默认设置即可。

最后就是创建一个新的工程。单击 Create New Project 按钮，即可新建一个 PyCharm 工程，如图 2-13 所示。

图 2-13　PyCharm 工程创建界面

在这里，笔者建议读者新建一个 PyCharm 的工程文件。右击新建的工程名 "PyCharm"，在弹出的菜单中单击 New | Python File 命令（图 2-14），新建一个 helloworld 文件，内容如图 2-15 所示。

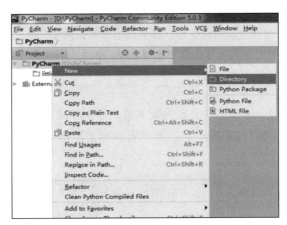

图 2-14　PyCharm 新建文件

图 2-15　PyCharm 工程创建界面

输入代码后，单击 Run|Run...菜单命令开始运行，或者直接右击"helloworld.py"文件后在弹出的菜单中选择"Run"命令。如果成功输出"hello world"，那么恭喜你，Python 与 PyCharm 的配置就成了！

2.1.3　使用 Python 计算 softmax 函数

对于 Python 科学计算来说，最简单的想法就是可以将数学公式直接表达成程序语言。可以说，Python 满足了这个想法。本小节将使用 Python 实现和计算一个深度学习中最为常见的函数——softmax 函数。至于这个函数的作用现在不加以说明，笔者只是带领读者尝试实现其程序的编写。

softmax 计算公式如下：

$$S_i = \frac{e^{V_i}}{\sum_0^j e^{V_i}}$$

其中，V_i 是长度为 j 的数列 V 中的一个数，带入 softmax 的结果其实就是先对每一个 V_i 取 e 为底的指数计算变成非负，然后除以所有项之和进行归一化，之后每个 V_i 就可以解释成观察到的数据 V_i 属于某个类别的概率，或者称作似然（Likelihood）。

softmax 用以解决概率计算中概率结果大占绝对优势的问题。例如，函数计算结果中有两个值 a 和 b，且 a>b。如果简单地以值的大小为单位衡量，那么在后续的使用过程中 a 永远被选用，而 b 由于数值较小则不会被选择。但是有时也需要数值小的 b 被使用，此时 softmax 就可以解决这个问题。

softmax 按照概率选择 a 和 b，由于 a 的概率值大于 b，因此在计算时 a 经常会被取得，而 b 由于概率较小，取得的可能性也较小，但是也有概率被取得。

公式 softmax 的代码如下：

```python
import numpy
def softmax(inMatrix):
m,n = numpy.shape(inMatrix)
outMatrix = numpy.mat(numpy.zeros((m,n)))
soft_sum = 0
for idx in range(0,n):
    outMatrix[0,idx] = math.exp(inMatrix[0,idx])
    soft_sum += outMatrix[0,idx]
for idx in range(0,n):
    outMatrix[0,idx] = outMatrix[0,idx] / soft_sum
return outMatrix
```

可以看出，当传入一个数列后，分别计算每个数值所对应的指数函数值，之后将其相加后计算每个数值在数值和中的概率。

$$a = numpy.array([[1,2,1,2,1,1,3]])$$

结果如下：

```
[[ 0.05943317  0.16155612  0.05943317  0.16155612  0.05943317  0.05943317
   0.43915506]]
```

2.2　Python 常用类库中的 threading

如果说 Python 的简单易用奠定了 Python 的发展，那么丰富的第三方类库就是 Python 不断前进的动力。随着科技前沿的发展，Python 应用越来越丰富，更多涉及不同种类的第三方类库被加入 Python 之中。

Python 常用类库可参见表 2-1。

表 2-1　Python 常用类库

分　类	名　称	库　用　途
科学计算	Matplotlib	用 Python 实现的类 matlab 的第三方库，用以绘制一些高质量的数学二维图形
	SciPy	基于 Python 的 matlab 实现，旨在实现 matlab 的所有功能
	NumPy	基于 Python 的科学计算第三方库，提供了矩阵、线性代数、傅立叶变换等的解决方案
GUI	PyGtk	基于 Python 的 GUI 程序开发 GTK+库
	PyQt	用于 Python 的 QT 开发库
	WxPython	Python 下的 GUI 编程框架，与 MFC 的架构相似
	Tkinter	Python 下标准的界面编程包，因此不算第三方库
其他	BeautifulSoup	基于 Python 的 HTML/XML 解析器，简单易用
	PIL	基于 Python 的图像处理库，功能强大，对图形文件的格式支持广泛
	MySQLdb	用于连接 MySQL 数据库
	cElementTree	高性能 XML 解析库，Python 2.5 应该已经包含该模块，因此不算第三方库
	PyGame	基于 Python 的多媒体开发和游戏软件开发模块
	Py2exe	将 Python 脚本转换为 Windows 上可以独立运行的可执行程序
	pefile	Windows PE 文件解析器

表 2-1 给出了 Python 中常用类库的名称和说明。到目前为止，Python 中已经有 7000 多个可以使用的类库供计算机工程人员以及科学研究人员使用。

2.2.1 threading 库的使用

对于希望充分利用计算机性能的程序设计者来说,多线程的应用是必不可少的一个重要技能。多线程类似于使用计算机的一个核心执行多个不同任务。多线程的好处如下:

- 使用线程可以把需要使用大量时间的计算任务放到后台去处理。
- 减少资源占用,加快程序的运行速度。
- 在传统的输入输出以及网络收发等普通操作上,后台处理可以美化当前界面,增加界面的人性化。

本节将详细介绍 Python 中操作线程的模块:threading。相对于 Python 既有的多线程模块 thread,threading 重写了部分 API 模块,对 thread 进行了二次封装,从而大大提高了执行效率;并且重写了更为方便的 API 来处理线程。

2.2.2 threading 模块中最重要的 Thread 类

Thread 是 threading 模块中的重要类之一,可以使用它来创造线程。其具体使用方法是创建一个 threading.Thread 对象,在它的初始化函数中将需要调用的对象作为初始化参数传入,具体代码如程序 2-1 所示。

【程序 2-1】

```
#coding = utf8
import threading,time
count = 0
class MyThread(threading.Thread):
  def __init__(self,threadName):
    super(MyThread,self).__init__(name = threadName)

  def run(self):
    global count
    for i in range(100):
        count = count + 1
        time.sleep(0.3)
        print(self.getName() , count)

for i in range(2):
  MyThread("MyThreadName:" + str(i)).start()
```

在笔者定义的 MyThread 类中,重写了从父对象继承的 run 方法。在 run 方法中,将一个全局变量逐一增加,在接下来的代码中,创建了 5 个独立的对象,分别调用其 start 方法,最后将结果逐一打印。

在程序中,每个线程被赋予了一个名字,然后设置每隔 0.3 秒打印输出本线程的计数,即计数加 1。而 count 被人为地设置成全局共享变量,因此在每个线程中都可以自由地对其进行访问。

程序运行结果如图 2-16 所示。

```
MyThreadName:0 2
MyThreadName:1 2
MyThreadName:1 4
MyThreadName:0 4
MyThreadName:1 6
MyThreadName:0 6
MyThreadName:1 8
MyThreadName:0 8
```

图 2-16　程序运行结果

通过上面的结果可以看出，每个线程被起了一个对应的名字，而在运行的时候，线程所计算的计数被同时增加。这样可以证明，在程序运行过程中两个线程同时对一个数进行操作，并将其结果进行打印。

其中的 run 方法和 start 方法并不是 threading 自带的方法，而是从 Python 本身的线程处理模块 Thread 中继承来的。run 方法的作用是在线程被启动以后执行预先写入的程序代码。一般而言，run 方法所执行的内容被称为 Activity；而 start 方法是用于启动线程的方法。

2.2.3　threading 中的 Lock 类

虽然线程可以在程序的执行过程中提高程序的运行效率，但是其带来的影响却难以忽略。例如，在上一个程序中，每隔一定时间就要打印当前的数值，应该逐次打印的数据却变成了两个相同的数值，因此需要一个能够解决这类问题的方案出现。

Lock 类是 threading 中用于锁定当前线程的锁定类。顾名思义，其作用是对当前运行中的线程进行锁定，只有当前线程被释放后，后续线程才可以继续操作。

```
import threading
lock = threading.Lock()
lock.acquire()
lock.release()
```

类中的主要代码如上所示。acquire 方法提供了确定对象被锁定的标志，release 在对象被当前线程使用完毕后将当前对象释放。修改后的代码如程序 2-2 所示。

【程序 2-2】

```
#coding = utf8
import threading,time,random

count = 0
class MyThread (threading.Thread):
```

```
    def __init__(self,lock,threadName):
      super(MyThread,self).__init__(name = threadName)
      self.lock = lock

    def run(self):
      global count
      self.lock.acquire()
      for i in range(100):
          count = count + 1
          time.sleep(0.3)
          print(self.getName() , count)
      self.lock.release()

lock = threading.Lock()
for i in range(2):
  MyThread (lock,"MyThreadName:" + str(i)).start()
```

Lock 被传递给 MyThread，并在 run 方法中人为锁定当前的线程，必须等线程执行完毕后，后续的线程才可以继续执行。程序执行结果如图 2-17 所示。

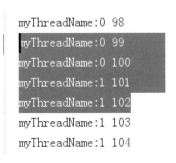

图 2-17　程序运行结果

从变色的部分可以看出，线程 2 只有等线程 1 完全结束后才执行后续的操作。在本程序中，Thread1 等到 Thread0 完全结束后才执行第二个操作。

2.2.4　threading 中的 join 类

join 类是 threading 中用于堵塞当前主线程的类，其作用是阻止全部的线程继续运行，直到被调用的线程执行完毕或者超时。具体代码如程序 2-3 所示。

【程序 2-3】

```
import threading, time
def doWaiting():
  print('start waiting:', time.strftime('%S'))
  time.sleep(3)
```

```
print('stop waiting', time.strftime('%S'))
thread1 = threading.Thread(target = doWaiting)
thread1.start()
time.sleep(1)                              #确保线程 thread1 已经启动
print('start join')
thread1.join()                             #将一直堵塞，直到 thread1 运行结束
print('end join')
```

程序的运行结果如图 2-18 所示。

```
start waiting: 29
start join
stop waiting 32
end join
```

图 2-18　程序运行结果

其中的 time 方法设定了当前的时间。当 join 启动后，堵塞了调用整体进程的主进程，只有当被堵塞的进程执行完毕后，后续的进程才可以继续执行。

除此之外，对于线程的使用，Python 还有很多其他的方法，例如 threading.Event 以及 threading.Condition 等。这些都是在程序设计时能够极大地帮助程序设计人员编写合适程序的工具。限于篇幅，这里不再一一进行介绍。在后续的使用过程中，笔者会带领读者了解和掌握更多的相关内容。

2.3　本章小结

本章介绍了 Python 的基本安装和编译器的使用。在这里笔者推荐读者使用 PyCharm 免费版作为 Python 编辑器，有助于更好地安排工程文件的配置和程序的编写。

同时，本章还介绍了一些常用的类库。这里只是把线程类做了一个详细的介绍。线程类是 Python 最为重要的一个类库，在后面的代码编写中会频繁遇到。

本章是 Python 最基础的内容，后面章节还将以 Python 使用为主，并且还会介绍更多的 Python 类库，希望读者能够掌握相关内容。

第 3 章

深度学习的理论基础——机器学习

通过前一章对 Python 的介绍，读者对使用 Python 进行程序设计的基本流程有了一个大致的了解，并且对其使用的算法和工具有了初步的认识。笔者的目的也是如此。

本章开始将对深度学习的基础部分——机器学习做一个浅显的介绍，着重强调模型也就是算法的应用，并且会介绍机器学习和深度学习中最基本的一些内容，以及 Python 实现。

可以说对于深度学习或者泛化的一般机器学习而言，选择不同的算法对数据分析的过程和数据的需求有着极大的不同，而其中最重要的部分就是算法的选择。从本质上来说，机器学习和数据分析就是一个对数据处理、分析、归类的过程，是人类多科学智慧发展的成果和结晶，在进行过程运算的时候，充分应用人工智能、神经网络、递归处理、边缘抉择等交叉学科的现有成果，可以充分利用不同学科、不同理论的关键思想。

3.1 机器学习基本分类

首先对于不同的学习目的和计算要求，机器学习在实际中按不同目的有着不同分类，其中包括基于学科的分类、基于学习模式的分类以及基于应用领域的分类。

3.1.1 基于学科的分类

一般而言，机器学习在实际使用过程中主要应用和使用若干种学科的知识和内容，吸收兼并不同的思想和理念，从而使得机器学习最终的正确率提高。算法不同，学习过程和方式也不尽相同。机器学习在实际中所使用的学科方法主要分成以下几类：

- 统计学：基于统计学的学习方法是收集、分析、统计数据的有效工具，描述数据的集中和离散情况，模型化数据资料。
- 人工智能：是一种积极的学习方法，利用已有的现成的数据对问题进行计算，从而提高机器本身计算和解决问题的能力。
- 信息论：信息的度量和熵的度量，对其中信息的设计和掌握。
- 控制理论：理解对象相互之间的联系与通信，关注于总体上的性质。

因此可以说，机器学习的过程就是不同的学科之间相互支撑、相互印证、共同作用的结果。机器学习的进步又直接扩展了相关学科中人工智能的研究，取得了丰硕的成果，并且使得机器学习在原有基础上产生了更大层次的飞跃。

3.1.2 基于学习模式的分类

学习模式是指机器学习在过程训练中所使用的策略模式。一个好的学习模式一般是由两部分构成，即数据和模型所构成。数据提供基本的信息内容，而模型是机器学习的核心，使得通过机器学习能够将数据中蕴含的内容以能够被理解的形式保存下来。

一般来说，机器学习中学习模式是根据数据中所包含的信息复杂度来分类的，基本可以分成以下几类：

- 归纳学习：归纳学习是应用范围最广的一种机器学习方法，通过大量的实例数据和结果分析，使得机器能够归纳获得该数据的一种一般性模型，从而对更多的未知数据进行预测。
- 解释学习：根据已有的数据对一般的模型进行解释，从而获得一个较为泛型的学习模型。
- 反馈学习：通过学习已有的数据，根据不断地获取数据的反馈进行模型的更新，从而直接获取一个新的、可以对已有数据进行归纳总结的机器学习方法。

因此可以看到，机器学习在学习模式上的分类实际上就是学习模型的分类。需要注意的是，在机器学习的运行过程中，模型往往跟数据的复杂度成正比——数据的复杂度越大，模型的复杂度就越大，计算就越为复杂。

不同的数据所要求的模型也是千差万别，因此机器学习中学习模式的分类实际上是基于不同的数据集而采用的不同的应对策略，基于应对策略的不同而选择不同的模型，从而获得更好的分析结果。

3.1.3 基于应用领域的分类

机器学习的最终目的是解决现实中的各种问题。通过机器学习的不同应用领域，可以将其分成以下几类：

- 专家系统：通过数据的学习，获得拥有某个方面大量的经验和认识的能力，从而使之能够利用相关的知识来解决和处理问题。
- 数据挖掘：通过对既有知识和数据的学习，从而能够挖掘出隐藏在数据之中的行为模式和类型，从而获得对某一个特定类型的认识。
- 图像识别：通过学习已有的数据，从而获得对不同的图像或同一类型图像中特定目标的识别和认识。
- 人工智能：通过对已有模式的认识和学习，使得机器学习能够用于研究开发、模拟和扩展人的多重智能的方法、理论和技术。

● 自然语言处理：实现人与对象之间通过某种易于辨识的语言进行有效通信的一种理论和方法。

除此之外，基于机器学习的应用领域还包括对问题的规划和求解、故障的自动化分析诊断、经验的推理等。主要的分类如图 3-1 所示。

图 3-1　机器学习的主要分类

因此可以说，对于机器学习的各种分类，绝大部分都可以分成两类，即问题的模型建立和基于模型的问题求解。

问题的模型建立是指通过对数据和模式的输入，做出描述性分析，从而确定输入的内容的形式。基于模型的求解是指对输入的数据在分析后找出相关的规律，并利用此规律获取提高解决问题的能力。

3.2　机器学习基本算法

前面已经介绍过，根据不同的计算结果要求，机器学习可分成若干种。这些不同的目的决定了机器学习在实际应用中可分成不同模型和分类。

前面已经提到，机器学习还是一门涉及多个领域的交叉学科，也是多个领域的新兴学科，因此，它在实践中会用到不同学科中经典的研究方法，即算法。

3.2.1　机器学习的算法流程

首先需要知道的是，对于机器学习来说，一个机器学习的过程是一个完整的项目周期，其中包括数据的采集、数据的特征提取与分类，以及之后采用何种算法去创建机器学习模型，从而获得预测数据。整个机器学习的算法流程如图 3-2 所示。

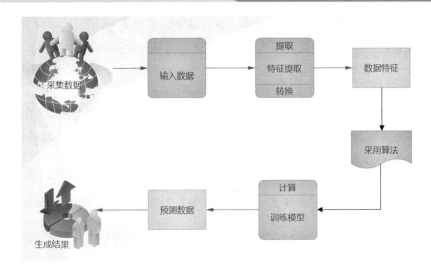

图 3-2　机器学习的算法流程

在一个机器学习的完整流程中,整个机器学习程序会使用数据去创建一个能够对数据进行有效处理的学习"模型"。这个模型可以动态地对本身进行调整和反馈,从而较好地对未知数据进行分类和处理。

一个完整的机器学习项目包含以下内容:

● 输入数据:通过自然采集的数据集,包含被标识的和未被标识的部分,作为机器学习的最基础部分。

● 特征提取:通过多种方式对数据的特征值进行提取。一般而言,包含特征越多的数据,机器学习设计出的模型就越精确,处理难度也越大。因此恰当地寻找一个特征大小的平衡点是非常重要的。

● 模型设计:模型设计是机器学习中最重要的部分,根据现有的条件,选择不同的分类,采用不同的指标和技术。模型的训练更多的是依靠数据的收集和特征的提取,这点需要以上各部分的支持。

● 数据预测:通过对已训练模式的认识和使用,使得学习机器能够用于研究开发、模拟和扩展人的多重智能的方法、理论和技术。

整个机器学习的流程是一个完整的项目生命周期,每一步都是以上一步为基础进行的。

3.2.2　基本算法的分类

根据输入的不同数据和对数据的处理要求,机器学习会选择不同种类的算法对模型进行训练。算法训练的选择没有特定的模式,一般而言,只需要考虑输入的数据形式和复杂度以及使用者模型的使用经验,之后据此进行算法训练,从而获得更好的学习结果。

根据基本算法的训练模式,可将算法分成以下几类(图 3-3):

● 无监督学习:完全黑盒训练的一种训练方法,对于输入的数据在运行结束前没有任何区别和标识,也无法进行分类。完全由机器对数据进行识别和分类,形成特有的分析模型。训练过程完全没有任何指导，分析结果也是不可控的。

● 有监督学习：输入的数据被人为地分类，被人为地标记和识别。通过对人为标识的数据进行学习，不断修正和改进模型，使模型能够对给定的标识后的数据进行正确分类，达到分类的标准。

● 半监督学习：通过混合有标识数据和无标识数据，创建同一模型对数据进行分析和识别，算法的运行介于有监督和无监督之间，最终使得全部输入数据能够被区分。半监督学习主要用于有特征值缺失的数据分析。

● 强化学习：通过输入不同的标识数据，使用已有的机器学习数据模型，进行学习、反馈并修正现有模型，从而建立一个新的能够识别输入数据的模型算法。

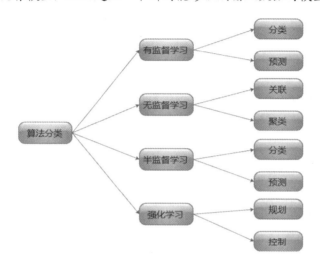

图 3-3　机器学习的算法分类

从图 3-3 可以看出，不同的算法有不同的目的和要求。机器学习在实际使用时有很多算法可供选择，而不同的算法又有很多的修正和改变。对于某个特定的问题，选择一个符合数据规则的算法是很困难的。

一般目前用得比较多的是有监督学习和无监督学习，但是由于大数据的普及，更多的数据会产生大量的特征值缺失，因此未来的一段时间，半监督学习逐渐变得热门起来。

对于大多数算法来说，通过机器学习都可以较好地实现一个数据的分类和拟合的模型，其差别主要集中在功能和形式上。做好数据的分类，基本可以较好地实现学习目的。

3.3 算法的理论基础

对于机器学习来说，最重要的部分是两个，即数据的收集以及算法的设计。在实际应用中，数据收集一般要求有具体的格式和要求，因此对其限制较多。而对算法的选择则较为灵活，可以根据需要选择适合数据流程的算法，从而进一步训练模型。

3.3.1 小学生的故事——求圆的面积

圆是自然界中比较特殊的图形，从古至今世界上对其进行的研究都非常深刻，甚至于将其视作神圣的图形进行膜拜。而对于数学家来说，求圆的面积，确实是对数学家能力的一次重要考验（图 3-4）。

图 3-4　这个圆的面积是多少

直接计算圆的面积很难。为了解决问题，数学家们想了很多办法，其中最简单的是使用替代法，即寻找一个矩形，使其面积能够等于或者近似等于圆的面积。

我国古代的数学家祖冲之，从圆内接正六边形入手，让边数成倍增加，用圆内接正多边形的面积去逼近圆面积；古希腊的数学家，从圆内接正多边形和外切正多边形同时入手，不断增加它们的边数，从里、外同时去逼近圆面积；古印度的数学家，采用类似切西瓜的办法，把圆切成许多小瓣，再把这些小瓣对接成一个长方形，用长方形的面积去代替圆面积（图 3-5）。

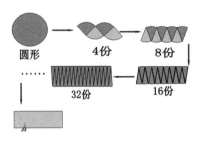

图 3-5　求解圆的面积

众多的古代数学家煞费苦心，巧妙构思，为求圆面积做出了十分宝贵的贡献，为后人解决这个问题开辟了道路。他们的方法无外乎使用近似的方法，将一个圆切分成若干小等份，组合成一个矩形来替代圆。

这也是微积分的数学基础。

3.3.2 机器学习基础理论——函数逼近

对于机器学习来说，机器学习算法的理论基础即函数逼近。

在机器学习中，能够对标识或未标识的数据进行分类是机器学习的最终目的。分类的确定是由学习模型所创建的，而模型的建立则又是根据算法的不同去拟合和创建。

在机器学习的理论中，对于数据模型来说，找到一个完全符合数据分类的模型是不可能的，因此，借助于更多更细的对数据的划分去创建一个可以划分数据的模型是可行的。

图 3-6 展现了一个对不规则曲线求面积的方法。对于不规则的面积，一般情况下很难直接计算到面积的准确大小。但可以通过变相的，将更多的小矩形组合在一起，求出小矩形的面积之和时，近似地视为曲线面积之和。

这就是函数逼近的方法。

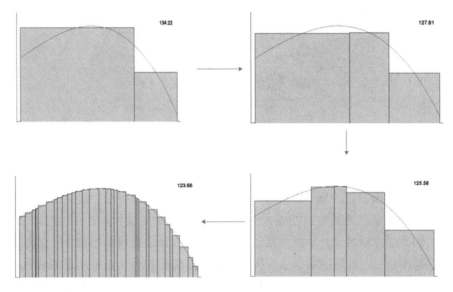

图 3-6　面积函数逼近图

一般来说，函数逼近在机器学习中是一个巨大分类，其中包含着多种拟合方法和算法。图 3-7 展示了机器学习主要算法的分类。

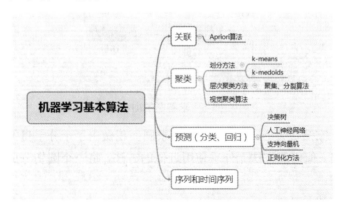

图 3-7　机器学习基本算法

机器学习的基本算法内容包含多种机器学习的成熟算法，使用范围也相当广泛，在本书的后续章节中会逐一进行介绍。一般来说，函数逼近问题被划分在预测算法之中，主要应用在自然语言处理、网络搜索服务以及精准推荐等方面。

本节主要介绍机器学习中的函数逼近，其中最常用、最重要的方法被称为回归算法。

3.4 回归算法

据说"回归"这个词最早出现于一位英国遗传学家的研究工作，他在平常的工作中发现一个奇怪的现象，一般的孩子身高与父母的身高并不成正比，即并不是父母越高，孩子越高。

他经过长时间的研究发现，若父母的身高高于一般的社会平均人群身高，则其子女具有较大可能变得矮小，即会比其父母的身高矮一些，更加向社会的普通身高靠拢。若父母身高低于社会人群平均身高，则其子女倾向于变高，即更接近于大众平均身高。此现象在其论文中被称为回归现象。

回归也是机器学习的基础。本节中将要介绍两种主要算法，即线性回归和逻辑回归。这是回归算法中最重要的部分，也是机器学习的核心算法。

3.4.1 函数逼近经典算法——线性回归

本书笔者在前面已经提到，在本书中将尽量少用数学公式而采用浅显易懂的方法去解释一些机器学习中用到的基本理论和算法。本节的难度略有提高。

首先对于回归的理论解释：回归分析（regression analysis）是确定两种或两种以上变数间相互依赖的定量关系的一种统计分析方法。按照自变量和因变量之间的关系类型，可分为线性回归分析和非线性回归分析。如果在回归分析中，只包括一个自变量和一个因变量，且二者的关系可用一条直线近似表示，则称为一元线性回归分析。如果回归分析中包括两个或两个以上的自变量，且因变量和自变量之间是线性关系，则称为多元线性回归分析。

换句话说，回归算法是一种基于已有数据的预测算法，其目的是研究数据特征因子与结果之间的因果关系。举个经典的例子，表 3-1 表示某地区房屋面积与价格之间的一个对应表。

表 3-1 某地区房屋面积与价格对应表

价格（千元）	面积（平方米）
200	105
165	80
184.5	120
116	70.8
270	150

为了简单起见，在该表中只计算了一个特征值（房屋的面积）以及一个结果数据（房屋的价格），因此可以使用数据集构建一个直角坐标系，如图 3-8 所示。

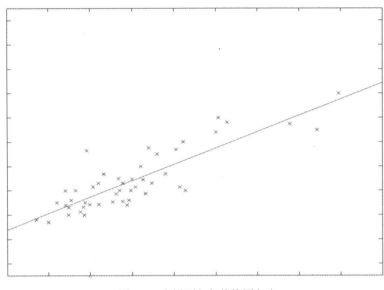

图 3-8　房屋面积与价格回归表

由图 3-8 中可知，数据集的目的是建立一个线性方程组，能够对所有的点距离无限地接近，即价格能够根据房屋的面积大小决定。

同时可以据此得到一个线性方程组：

$$h_\theta(x) = \theta_0 + \theta_1 x$$

更进一步，如果将其设计成为一个多元线性回归的计算模型，例如添加一个新的变量，独立卧室数，那么数据表可以表述为表 3-2 所示。

表 3-2　某地区房屋面积与价格对应表

价格（千元）	面积（平方米）	卧室（个）
200	105	3
165	80	2
184.5	120	2
116	70.8	1
270	150	4

那么据此得到的线性方程组为：

$$h_\theta(x) = \theta_0 + \theta_1 x + \theta_2 x$$

回归计算的建模能力是非常强大的。其可以根据每个特征去计算结果，能够较好地体现特征值的影响。同时从上面的内容可知，每个回归模型都可以由一个回归函数表现出来，较好地表现出特征与结果之间的关系。

以上内容为初等数学内容，读者可以较好地掌握，但是不要认为这些内容不重要，这是机器学习中线性回归的基础。

3.4.2　线性回归的姐妹——逻辑回归

我们在前面已经提到,在本书中将最少地使用数学公式而采用浅显易懂的方法去解释一些机器学习中用到的基本理论和算法。本小节难度较大,读者可以不看数学理论部分。

对于逻辑回归来说,逻辑回归主要应用在分类领域,主要作用是对不同性质的数据进行分类标识。逻辑回归是在线性回归的算法上发展起来的,它提供一个系数 θ,并对其进行求值。基于这个,可以较好地提供理论支持和不同算法,轻松地对数据集进行分类。

图 3-9 表示房屋面积与价格回归表,在这里,使用逻辑回归算法对房屋价格进行了分类。可以看到,其被较好地分成了两个部分,这也是在计算时要求区分的内容。

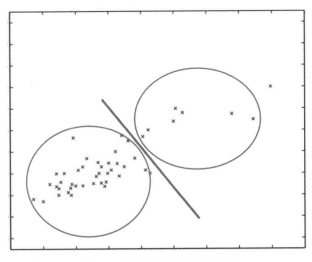

图 3-9　房屋面积与价格回归表

逻辑回归的具体公式如下:

$$f(\mathrm{x}) = \frac{1}{1+\exp(-\theta^T \mathrm{x})}$$

与线性回归相同,这里的 θ 是逻辑回归的参数,即回归系数。如果再将其进一步变形,使其能够反映二元分类问题的公式,则公式为:

$$f(\mathrm{y}=1\,|\,\mathrm{x},\theta) = \frac{1}{1+\exp(-\theta^T \mathrm{x})}$$

这里的 y 值由已有的数据集中的数据和 θ 共同决定,而实际上这个公式求的是在满足一定条件下最终取值的对数概率,即通过数据集的可能性的比值做对数变换得到。通过公式表示为:

$$\log(\mathrm{x}) = \ln(\frac{f(\mathrm{y}=1\,|\,\mathrm{x},\theta)}{f(\mathrm{y}=0\,|\,\mathrm{x},\theta)}) = \theta_0 + \theta_1 x_1 + \theta_2 x_2 + ... + \theta_n x_n$$

通过这个逻辑回归倒推公式可以看到,最终逻辑回归的计算可以转化成由数据集的特征向量与系数 θ 共同完成,然后求得的加权和,得到最终的判断结果。

由前面的数学分析来看，最终逻辑回归问题又称为对系数 θ 求值的问题。这里读者只需要知道原理即可。

3.5 机器学习的其他算法——决策树

除了回归算法外，机器学习还有其他较为常用的学习算法，这里只介绍一个，即决策树算法。

决策树是在已知各种情况发生概率的基础上，通过构成决策树来求取净现值的期望值大于等于零的概率，评价项目风险，判断其可行性的决策分析方法，是直观运用概率分析的一种图解法。由于这种决策分支画成图形很像一棵树的枝干，故称决策树。本节主要介绍决策树的构建算法和运行示例。

3.5.1 水晶球的秘密

相信读者都玩过这样一个游戏。一个神秘的水晶球摆放在桌子中央，一个低沉的声音（一般是女性）会问你许多如下问题。

问：你在想一个人，让我猜猜这个人是男性？

答：不是的。

问：这个人是你的亲属？

答：是的。

问：这个人比你年长。

答：是的。

问：这个人对你很好？

答：是的。

那么聪明的读者应该能猜得出来，这个问题的最终答案是"母亲"。这是一个常见的游戏，如果将其作为一个整体去研究，整个系统的结构就如图 3-10 所示。

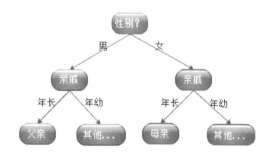

图 3-10 水晶球的秘密

如果读者使用过项目流程图，那么可以知道，系统最高处代表根节点，是系统的开始。整个系统类似于一个项目分解流程图，其中每个分支和树叶代表一个分支向量，每个节点代表一个输出结果或分类。

决策树用来预测的是一个固定的对象，从根到叶节点的一条特定路线就是一个分类规则，决定这一个分类算法和结果。

由图 3-10 可以看到，决策树的生成算法是从根部开始，输入一系列带有标签分类的示例（向量），从而构造出一系列的决策节点。其节点又称为逻辑判断，表示该属性的某个分支（属性），供下一步继续判断，一般有几个分支就有几条有向的线作为类别标记。

3.5.2　决策树的算法基础——信息熵

首先介绍决策树的理论基础，即信息熵。

信息熵指的是对事件中不确定的信息的度量。在一个事件或者属性中，信息熵越大，其含有的不确定信息越大，对数据分析的计算就越有益。因此总是选择当前事件中拥有最高信息熵的那个属性作为待测属性。

说了这么多，问题来了，如何计算一个属性中所包含的信息熵？

在一个事件中，计算各个属性的不同信息熵，需要考虑和掌握的是所有属性可能发生的平均不确定性。如果其中有 n 种属性，其对应的概率为 $P1$，$P2$，$P3\cdots Pn$，且各属性之间出现时彼此相互独立无相关性，此时可以将信息熵定义为单个属性的对数平均值，即：

$$E(\mathrm{P}) = \mathrm{E}(-\log p_i) = -\sum p_i \log p_i$$

为了更好地解释信息熵的含义，这里举一个例子。

小明喜欢出去玩，大多数的情况下他会选择天气好的条件下出去，但是有时候也会选择天气差的时候出去，而天气的标准又有如下 4 个属性：

- 温度
- 起风
- 下雨
- 湿度

为了简便起见，这里每个属性只设置两个值，0 和 1：温度高用 1 表示，低用 0 表示；起风是用 1 表示，没有用 0；下雨用 1 表示，没有用 0；湿度高用 1 表示，低用 0。表 3-3 给出了一个具体的记录。

表 3-3　是否出去玩的记录

出去玩（out）	起风（wind）	下雨（rain）	湿度（humidity）	温度（temperature）
1	0	0	1	1
0	0	1	1	1
0	1	0	0	0
1	1	0	0	1
1	0	0	0	1
1	1	0	0	1

本例子需要分别计算各个属性的熵，这里以是否出去玩的熵计算为例演示计算过程。

根据公式首先计算出去玩的概率，其有 2 个不同的值：0 和 1。例如，第一列温度标签有两个不同的值，0 和 1。其中，1 出现了 4 次，而 0 出现了 2 次。

$$p_1 = \frac{4}{2+4} = \frac{4}{6}$$

$$p_2 = \frac{2}{2+4} = \frac{2}{6}$$

$$E(o) == -\sum p_i \log p_i = -(\frac{4}{6}\log_2\frac{4}{6}) - (\frac{2}{6}\log_2\frac{2}{6}) \approx 0.918$$

即出去玩（out）的信息熵为 0.918。与此类似，可以计算不同属性的信息熵，即：

```
E(t) = 0.809
E(w) = 0.459
E(r) = 0.602
E(h) = 0.874
```

3.5.3　决策树的算法基础——ID3 算法

ID3 算法是基于信息熵的一种经典决策树构建算法。根据百度百科的解释，ID3 算法是一种贪心算法，用来构造决策树。ID3 算法起源于概念学习系统（CLS），以信息熵的下降速度为选取测试属性的标准，即在每个节点选取还尚未被用来划分的具有最高信息增益的属性作为划分标准，然后继续这个过程，直到生成的决策树能完美分类训练样例。

因此可以说，ID3 算法的核心就是信息增益的计算。

信息增益指的是一个事件中前后发生的不同信息之间的差值。换句话说，在决策树的生成过程中，属性选择划分前和划分后不同的信息熵差值。用公式可表示为：

$$Gain(P_1, P_2) = E(P_1) - E(P_2)$$

表 3-3 构建的最终决策是要求确定小明是否出去玩，因此可以将出去玩的信息熵作为最后的数值，而每个不同的属性被其相减，从而获得对应的信息增益，其结果如下：

```
Gain(o,t) = 0.918 - 0.809 = 0.109
Gain(o,w) = 0.918 - 0.459 = 0.459
Gain(o,r) = 0.918 - 0.602 = 0.316
Gain(o,h) = 0.918 - 0.874 = 0.044
```

通过计算可得，其中信息增益最大的是"起风"，其首先被选中作为决策树根节点，之后对于每个属性，继续引入分支节点，从而可得一个新的决策树，如图 3-11 所示。

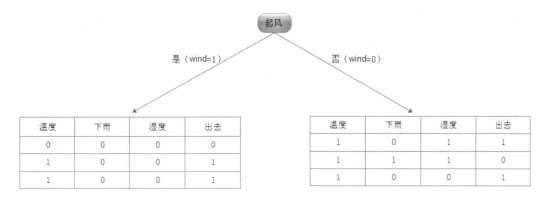

图 3-11　第一个增益决定后的分步决策树

其中，决策树左边节点是属性中 wind 为 1 的所有其他属性，而 wind 属性为 0 的被分成另外一个节点。之后继续仿照计算信息增益的方法依次对左右的节点进行递归计算，最终结果如图 3-12 所示。

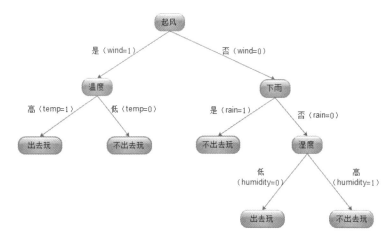

图 3-12　出去玩的决策树

从中可以看到，根据信息增益的计算，可以很容易地构建一个将信息熵降低的决策树，从而使得不确定性达到最小。

通过上述分析可以看到，对于决策树来说，其模型的训练是固定的，因此生成的决策树也是一定的；而其中不同的地方在于训练的数据集不同，这点是需要注意的。在本书的后面，会写出一个决策树的代码实现，请读者注意。

3.6　本章小结

在前面的内容中介绍了机器学习的分类和常用算法。大家对最常用的算法原理有了一定的理解。除了最基本的算法，机器学习在实际应用中还有很多其他方面需要注意。

机器学习算法的分类是多种多样的，可采用的算法也很多，在实际工作中采用何种算法是一个令程序设计人员非常头疼的问题。

在前文介绍机器学习时已经举了例子，使用线性回归可以量化地计算出房屋面积、卧室与房屋价格之间的关系。也许这个关系不太精确，但是可以较好地反映出彼此之间是否有联系，以更好地帮助读者将一些不能够直接反映的量转化为量化处理。

除了一般性的训练方法外，线性回归对于特征值的选择也是较为简单的。可以选择一般性的数据作为其计算的特征值，在计算时也应该选择比较容易计算的拟合方程来构建机器学习模型。线性回归均能够满足这些要求。

回到前面介绍的线性回归算法，其好处在于线性回归的计算速度非常快，一般模型建立的时间可以压缩到几分钟，甚至于数百吉字节的网络大数据也可以在数小时完成，非常有利于借助分布式系统对大数据进行处理。其次，对于一些问题的求解，线性回归方法能够比其他算法有更好的性能。综合起来看，一些问题并不需要复杂的算法模型，而是需要对数据的复杂度和数据集的大小进行综合考虑。所以，线性回归模型能够取得更好的整体模型算法效果。

第 4 章

Python类库的使用——数据处理及可视化展示

前面章节中对 Python 的安装做了一个基本的介绍，并且笔者建议读者使用 PyCharm 免费版作为使用 Python 编写程序的编译器。相对于使用控制台或自带的编译器，可以更加直观和明晰化地对所构建的工程做出层次安排。

本章将使用 Python 对数据的处理和可视化进行介绍，主要向读者介绍 Python 的使用，并对第 3 章中深度学习使用的一些算法做出复写，同时也向读者说明第三方类库的使用。对于大多数的 Python 程序设计，建议读者使用已有的类库对问题进行解决，而不是自行编写相应的代码。这是初学者非常容易犯的错误，对于 Python 来说，大多数类库都是在底层使用效率更高的 C 语言实现的，并且由经验丰富的程序设计人员编写，因此不建议读者自行设计和完成相应的程序。

"人生苦短，我用 Python！编程复杂，请用类库！"

4.1 从小例子起步——NumPy 的初步使用

从小例子起步，本节将介绍 NumPy 的基础使用。

4.1.1 数据的矩阵化

对于机器学习来说，数据是一切的基础。而一切数据又不是单一的存在，其构成往往由很多的特征值决定。表 4-1 在第 3 章用以计算回归分析的房屋面积与价格表中加上了每个房屋中地下室的有无。

表 4-1　某地区房屋面积与价格对应表

价格（千元）	面积（平方米）	卧室（个）	地下室
200	105	3	无
165	80	2	无
184.5	120	2	无
116	70.8	1	无
270	150	4	有

表 4-1 是数据的一般表示形式，对于机器学习的过程来说，这是不可辨识的数据，因此需要对其进行调整。

常用的机器学习表示形式为数据矩阵，可以将表 4-1 表示为一个专门的矩阵形式，见表 4-2。

表 4-2　某地区房屋面积与价格计算矩阵

ID	Price	Area	Bedroom	Basement
1	200	105	3	False
2	165	80	2	False
3	184.5	120	2	False
4	116	70.8	1	False
5	270	150	4	True

在表 4-2 中，一行代表一个单独的房屋价格和对应的特征属性。第一列是 ID，即每行的标签。标签是独一无二的，一般不会有重复现象产生。第二列是价格，一般被称为矩阵的目标。目标可以是单纯的数字，也可以是布尔变量或者一个特定的表示。表 4-2 中的标签是一个数字标签。第 2、3、4、5 列是属性值，也是标签所对应的特征值，根据此特征值的不同，每行所对应的目标也有所不同。

不同的 ID 用于表示不同的目标。一般来说，机器学习的最终目的就是使用不同的特征属性对目标进行区分和计算。已有的目标是观察和记录的结果，而机器学习的过程就是创建一个可进行目标识别的模型的过程。

建立模型的过程称为机器学习的训练过程，其速度和正确率主要取决于算法的选择，而算法是目标和属性之间建立某种一一对应关系的过程。这点在前面介绍机器学习过程的时候已经有所介绍。

继续回到表 4-2 的矩阵中。通过观察可知，矩阵中所包含的属性有两种，分别是数值型变量和布尔型变量。其中，第 2、3、4 列是数值变量，这也是机器学习中最常使用和辨识的类型；第 5 列是布尔型变量，用以标识对地下室存在的判定。

这样做的好处在于，机器学习在工作时根据采用的算法进行建模，算法的描述只能对数值型和布尔型变量进行处理，而对于其他类型的变量处理相对较少。即使后文有针对文字进行处理的机器学习模型，其本质也是将文字转化成矩阵向量进行处理。这点在后文继续介绍。

当机器学习建模的最终目标是求得一个具体数值时，即目标是一个数字，那么机器学习建模的过程基本上可以被转化为回归问题。差别在于是逻辑回归还是线性回归。

目标为布尔型变量时，问题大多数被称为分类问题，而常用的建模方法是第 3 章中使用的决策树方法。一般来说，当分类的目标是两个的时候，问题被转化为二元分类；而分类的结果多于两个的时候，分类称为多元分类。

许多情况下，机器学习建模和算法的设计是由程序设计和研究人员所选择的，而具体采用何种算法和模型也没有一定的要求。回归问题可以被转化为分类问题，而分类问题往往也可以由建立的回归模型解决。这点没有特定的要求。

4.1.2　数据分析

对于数据来说，在进行机器学习建模之前，需要对数据进行基本的分析和处理。

从图 4-1 可以看到，对于数据集来说，在进行数据分析之前，需要知道很多东西。首先需要知道的是一个数据集的数据多少和每个数据所拥有的属性个数，对于程序设计人员和科研人员来说，这些都是简单的事；但是对于机器学习的模型来说，这些是必不可少的。

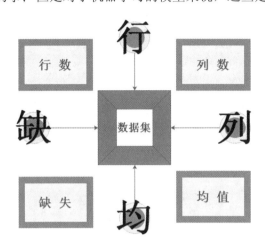

图 4-1　数据分析的要求

除此之外，对于数据集来说，缺失值的处理也是一个非常重要的过程。最简单的处理方法是对有缺失值的数据进行整体删除。问题在于，机器学习的数据往往来自于现实社会，因此可能数据集中大多数的数据都会有某些特征属性缺失，而解决的办法往往是采用均值或者与目标数据近似的数据特征属性替代。有些情况替代方法可取，而有些情况下，替代或者采用均值的办法处理缺失值是不可取的，因此要根据具体情况具体处理。

首先从一个小例子开始。以表 4-2 的矩阵为例，需要建立一个包含有数据集的数据矩阵，之后可以利用不同的方法对其进行处理。第一个代码如程序 4-1 所示。

【程序 4-1】

```
import numpy as np
data = np.mat([[1,200,105,3,False],[2,165,80,2,False],
        [3,184.5,120,2,False],[4,116,70.8,1,False],[5,270,150,4,True]])
row = 0
for line in data:
    row += 1
print( row )
print( data.size)
```

程序 4-1 第一行引入了 Anaconda 自带的一个数据矩阵化的包。对于 NumPy 读者只需要知道，NumPy 系统是 Python 的一种开源的数值计算扩展。这种工具可用来存储和处理大型矩阵，比 Python 自身的嵌套列表（nested list structure）结构要高效得多。

第一行代码的意思是引入 NumPy 将其重命名为 np 使用，第二行使用 NumPy 中的 mat()

方法建立一个数据矩阵，row 是引入的计算行数的变量，使用 for 循环将 data 数据读出到 line 中，而每读一行则 row 的计数加一。data.size 是计算数据集中全部数据的数据量，一般与行数相除则为列数。请读者自行打印测试结果。

而需要说明的是，NumPy 将数据转化成一个矩阵的形式进行处理，其中具体的数据可以通过二元的形式读出，如程序 4-2 所示。

【程序 4-2】

```
import numpy as np
data = np.mat([[1,200,105,3,False],[2,165,80,2,False],
            [3,184.5,120,2,False],[4,116,70.8,1,False],[5,270,150,4,True]])

print( print( data[0,3])
print( print( data[0,4] )
```

最终打印结果如下：

```
3.0
0.0
```

细心的读者可能已经注意到，下标为[0,3]的对应的是矩阵中第 1 行第 4 列数据，其数值为 3，而打印结果为 3.0，这个没什么问题。而对于下标为[0,4]的数据，矩阵中是 False 的布尔类型，而打印结果是 0。这点涉及 Python 的语言定义，其布尔值都可以近似地表示为 0 和 1，即：

```
True = 1.0
False = 0
```

如果需要打印全部的数据集，就调用如下方法：

```
Print( data)
```

将全部的数据以一个数据的形式进行打印。

4.1.3 基于统计分析的数据处理

除了最基本的数据记录和提取外，机器学习还需要知道一些基本数据的统计量，例如每一类型数据的均值、方差以及标准差等。当然在本书中，并不需要使用手动或者使用计算器去计算以上数值，NumPy 提供了相关方法，如程序 4-3 所示。

【程序 4-3】

```
import numpy as np
data = np.mat([[1,200,105,3,False],[2,165,80,2,False],
            [3,184.5,120,2,False],[4,116,70.8,1,False],[5,270,150,4,True]])


col1 = []
for row in data:
    col1.append(row[0,1])
```

```
print( np.sum(col1))
print( np.mean(col1)    )
print( np.std(col1))
print( np.var(col1))
```

首先，col1 生成了一个空的数据集，之后采用 for 循环将数据集进行填充。在程序 4-3 中，第一列数据被填入 col1 数据集中，这也是一个类型数据的集合，之后依次计算数据集的和、均值、标准差以及方差，这些对于机器学习模型的建立有一定的帮助。

4.2　图形化数据处理——Matplotlib 包使用

对于单纯的数字来说，仅从读数据的角度并不能直观反映数字的偏差和集中程度，因此需要采用另外一种方法来更好地分析数据。对于数据来说，没有什么能够比用图形来解释更为形象和直观的了。

4.2.1　差异的可视化

继续回到表 4-2 中的数据，第二列是各个房屋的价格，其价格并不相同，因此直观地查看价格的差异和偏移程度是较为困难的一件事。

研究数值差异和异常的方法是绘制数据的分布程度，相对于合适的直线或曲线，其差异程度如何，以便帮助确定数据的分布，如程序 4-4 所示。

【程序 4-4】

```
import numpy as np
import pylab
import scipy.stats as stats

data = np.mat([[1,200,105,3,False],[2,165,80,2,False],
            [3,184.5,120,2,False],[4,116,70.8,1,False],[5,270,150,4,True]])


col1 = []
for row in data:
    col1.append(row[0,1])

stats.probplot(col1,plot=pylab)
pylab.show()
```

结果如图 4-2 所示。

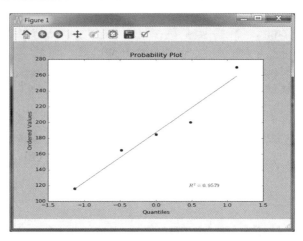

图 4-2 房屋价格的偏离展示

这里展示了一个对价格偏离程度的代码实现，col1 集合是价格的合集，scipy 是专门的机器学习的数据处理包，probplot 计算了 col1 数据集中数据在正态分布下的偏离程度。从图 4-2 可以看出，价格围绕一条直线上下波动，有一定的偏离，但是偏离情况不太明显。

其中，R 为 0.9579，指的是数据拟合的相关性，一般 0.95 以上就可以认为数据拟合程度比较好。

4.2.2 坐标图的展示

通过上文第一个对回归的可视化处理可以看出，可视化能够让数据更加直观地展现出来，同时可以让数据的误差表现得更为直观。

图 4-3 是一个横向坐标图，用以展示不同类别所占的比重。系列 1、2、3 可以分别代表不同的属性，而类别 1~6 可以看作是 6 个不同的特例。通过坐标图的描述可以非常直观地看出不同的类别中不同的属性所占的比重。

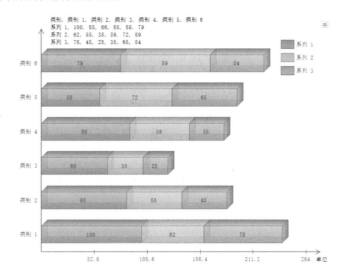

图 4-3 横向坐标图

一个坐标图能够对数据进行展示,其最基本的要求是可以通过不同的行或者列表现出数据的某些具体值,不同的标签使用不同的颜色和样式用以展示不同的系统关系。程序 4-5 展示了对于不同目标的数据提取不同的行进行显示的代码。

【程序 4-5】

```
import pandas as pd
import matplotlib.pyplot as plot
rocksVMines = pd.DataFrame([[1,200,105,3,False],[2,165,80,2,False],
[3,184.5,120,2,False],[4,116,70.8,1,False],[5,270,150,4,True]])

dataRow1 = rocksVMines.iloc[1,0:3]
dataRow2 = rocksVMines.iloc[2,0:3]
plot.scatter(dataRow1, dataRow2)
plot.xlabel("Attribute1")
plot.ylabel(("Attribute2"))
plot.show()

dataRow3 = rocksVMines.iloc[3,0:3]
plot.scatter(dataRow2, dataRow3)
plot.xlabel("Attribute2")
plot.ylabel("Attribute3")
plot.show()
```

通过选定不同目标行中不同的属性,可以对其进行较好的衡量,比较两个行之间的属性关系以及属性之间的相关性,如图 4-4 所示。不同的目标,即使属性千差万别,也可以构建相互关系图。

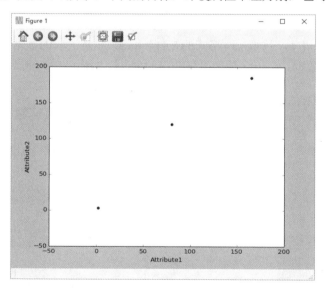

图 4-4　不同目标属性之间的关系

本例中采用的数据较少,随着数据的增加,属性之间一般会呈现一种正态分布,这点可以请读者自行验证。

程序 4-5 可以出现两幅图,第一幅图请读者自行查看,建议将其与第二幅进行比较。

43

4.2.3 玩个大的

现在开始玩个大的。

对于大规模数据来说，由于涉及的目标比较多，而属性特征值又比较多，对其查看更是一项非常复杂的任务。因此为了更好地理解和掌握大数据的处理，将其转化成可视性较强的图形是更好的做法。

前面对小数据集进行了图形化查阅，现在对现实中的数据进行处理。

数据来源于真实的信用贷款，从 50000 个数据记录中随机选取 200 个数据进行计算，而每个数据又有较多的属性值。大多数情况下，数据是以 csv 格式进行存储的，pandas 包同样提供了相关读取程序。具体代码见程序 4-6。

【程序 4-6】

```
import pandas as pd
import matplotlib.pyplot as plot
filePath = ("c://dataTest.csv")
dataFile = pd.read_csv(filePath,header=None, prefix="V")

dataRow1 = dataFile.iloc[100,1:300]
dataRow2 = dataFile.iloc[101,1:300]
plot.scatter(dataRow1, dataRow2)
plot.xlabel("Attribute1")
plot.ylabel("Attribute2")
plot.show()
```

从程序 4-6 可以看到，首先使用 filePath 创建了一个文件路径，用以建立数据地址。之后使用 pandas 自带的 read_csv 读取 csv 格式的文件。dataFile 是读取的数据集，之后使用 iloc 方法获取其中行的属性数据。scattle 是做出分散图的方法，对属性进行画图。最终结果如图 4-5 所示。

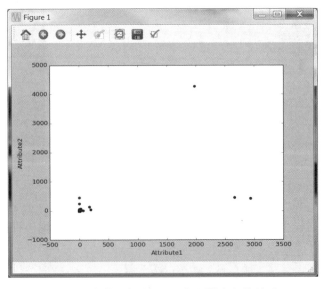

图 4-5 大数据集中不同目标属性之间的关系

数据在(0,0)的位置有较大的集合，表明属性在此的偏离程度较少，而几个特定点是偏离程度较大的点。这可以帮助读者对离群值进行分析。

 在程序 4-6 中出现了两个图，第一个图请读者自行分析。

下面继续对数据集进行分析。程序 4-5 和程序 4-6 让读者看到了对数据同一行中不同的属性进行处理和现实的方法。如果要对不同目标行的同一种属性进行分析，那么如何做呢？请读者参阅程序 4-7。

【程序 4-7】

```python
import pandas as pd
import matplotlib.pyplot as plot
filePath = ("c://dataTest.csv")
dataFile = pd.read_csv(filePath,header=None, prefix="V")

target = []
for i in range(200):
    if dataFile.iat[i,10] >= 7:
        target.append(1.0)
    else:
        target.append(0.0)

dataRow = dataFile.iloc[0:200,10]
plot.scatter(dataRow, target)
plot.xlabel("Attribute")
plot.ylabel("Target")
plot.show()
```

程序 4-7 对数据进行处理时提取了 200 行数据中的第 10 个属性，并对其进行判定，单纯的判定规则是根据均值对其区分，之后计算判定结果，如图 4-6 所示。

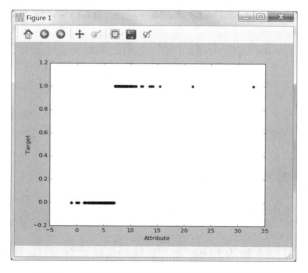

图 4-6　大数据集中不同行相同属性之间的关系

通过图 4-6 可以看到，属性被人为地分成两部分，数据集合的程度也显示了偏离程度。如果下一步需要对属性的离散情况进行反映，则应该使用程序 4-8。

【程序 4-8】

```python
import pandas as pd
import matplotlib.pyplot as plot
filePath = ("c://dataTest.csv")
dataFile = pd.read_csv(filePath,header=None, prefix="V")

target = []
for i in range(200):
    if dataFile.iat[i,10] >= 7:
        target.append(1.0 + uniform(-0.3, 0.3))
    else:
        target.append(0.0 + uniform(-0.3, 0.3))
dataRow = dataFile.iloc[0:200,10]
plot.scatter(dataRow, target, alpha=0.5, s=100)
plot.xlabel("Attribute")
plot.ylabel("Target")
plot.show()
```

在此段程序中，离散的数据被人为地加入了离散变量。具体显示结果请读者自行完成。

 读者可以对程序的属性做出诸多抽取，并尝试使用更多的方法和变量进行处理。

4.3 深度学习理论方法——相似度计算

我们从上一节的内容可以看出，不同目标行之间的属性不同，画出的散点图也是千差万别的。属性不同，对于机器学习来说，就需要一个统一的度量进行计算，即需要对其相似度进行计算。

相似度的计算方法很多，这里选用最常用的两种，即欧几里得相似度和余弦相似度计算。如果读者对此不感兴趣，可以跳过本节继续学习。

4.3.1 基于欧几里得距离的相似度计算

欧几里得距离（Euclidean distance）是最常用计算距离的公式，它用来表示三维空间中两个点的真实距离。

欧几里得相似度计算是一种基于用户之间直线距离的计算方式。在相似度计算中，不同的物品或者用户可以将其定义为不同的坐标点，而特定目标定位坐标原点。使用欧几里得距离计算两个点之间的绝对距离。欧几里得公式距离如下所示。

$$d = \sqrt{(x_1 - x_2)^2 + (y_1 - y_2)^2}$$

从中可以看到，作为计算结果的欧式值显示的是两点之间的直线距离，该值的大小表示两个物品或者用户差异性的大小，即用户的相似性如何。两个物品或者用户距离越大，相似度越小；距离越小，则相似度越大。

 由于在欧几里得相似度计算中，最终数值的大小与相似度成反比，因此在实际中常常使用欧几里得距离的倒数作为相似度值，即 1/d+1 作为近似值。

请参看一个常用的用户-物品推荐评分表的例子，如表 4-3 所示。

表 4-3　用户与物品评分对应表

	物品 1	物品 2	物品 3	物品 4
用户 1	1	1	3	1
用户 2	1	2	3	2
用户 3	2	2	1	1

表 4-3 是 3 个用户对物品的打分表，如果需要计算用户 1 和其他用户之间的相似度，通过欧几里得距离公式可以得出：

$$d_{12} = \sqrt{(1-1)^2 + (1-2)^2 + (3-3)^2 + (1-2)^2} \approx 1.414$$

从上可以看到，用户 1 和用户 2 的相似度为 1.414，而用户 1 和用户 3 的相似度是：

$$d_{13} = \sqrt{(1-2)^2 + (1-2)^2 + (3-1)^2 + (1-1)^2} \approx 2.287$$

从得到的计算值可以看出，d_{12} 分值小于 d_{13} 的分值，因此可以得到用户 2 更加相似于用户 1。

4.3.2　基于余弦角度的相似度计算

与欧几里得距离相似，余弦相似度也将特定目标（物品或者用户）作为坐标上的点，但不是坐标原点，而是与特定的被计算目标进行夹角计算，具体如图 4-7 所示。

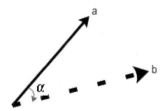

图 4-7　余弦相似度示例

从图 4-7 可以很明显地看出，两条直线分别从坐标原点触发，引出一定的角度。若两个目标较为相似，则其线段形成的夹角较小。若两个用户不相近，则两条射线形成的夹角较大。因此在使用余弦度量的相似度计算中，可以用夹角的大小来反映目标之间的相似性。余弦相似度的计算如下列公式所示。

$$\cos\alpha = \frac{\sum(x_i \times y_i)}{\sqrt{\sum x_i{}^2} \times \sqrt{\sum y_i{}^2}}$$

余弦值一般在[-1,1]之间，而这个值的大小同时与余弦夹角的大小成正比。如果用余弦相似度计算表 4-3 中用户 1 和用户 2 之间的相似性，结果如下：

$$d_{12} = \frac{1\times1 + 1\times2 + 3\times3 + 1\times2}{\sqrt{1^2 + 1^2 + 3^2 + 1^2} \times \sqrt{1^2 + 2^2 + 3^2 + 2^2}} = \frac{14}{\sqrt{12} \times \sqrt{18}} \approx 0.789$$

而用户 1 和用户 3 的相似性结果为：

$$d_{13} = \frac{1\times2 + 1\times2 + 3\times1 + 1\times1}{\sqrt{1^2 + 1^2 + 3^2 + 1^2} \times \sqrt{2^2 + 2^2 + 1^2 + 1^2}} = \frac{8}{\sqrt{12} \times \sqrt{10}} \approx 0.344$$

从计算可得，相对于用户 3，用户 2 与用户 1 更为相似。

4.3.3　欧几里得相似度与余弦相似度的比较

欧几里得相似度是以目标绝对距离作为衡量的标准，而余弦相似度是以目标差异的大小作为衡量标准，其表述如图 4-8 所示。

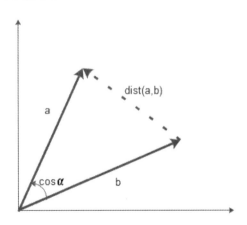

图 4-8　欧几里得相似度与余弦相似度

从图 4-8 可以看出，欧几里得相似度注重目标之间的差异，与目标在空间中的位置直接相关。而余弦相似度是不同目标在空间中的夹角，更加表现在前进趋势上的差异。

欧几里得相似度和余弦相似度具有不同的计算方法和描述特征。一般来说，欧几里得相似度用以表现不同目标的绝对差异性，从而分析目标之间的相似度与差异情况。而余弦相似度更多的是对目标从方向趋势上进行区分，对特定坐标数字不敏感。

> 举例来说，两个目标在不同的两个用户之间的评分分别是（1,1）和（5,5），这两个评分在表述上是一样的，但是在分析用户相似度时，更多的是使用欧几里得相似度，而不是余弦相似度。余弦相似度更好地区分了用户分离状态。

4.4　数据的统计学可视化展示

在 4.3 节中，读者对数据，特别是大数据的处理有了一个基本的认识。通过数据的可视化处理，对数据的基本属性和分布都有了较为直观的理解。但是对于机器学习来说，这里数据需要更多的分析处理，需要用到更为精准和科学的统计学分析。

本节将使用统计学分析对数据进行处理。

4.4.1　数据的四分位

四分位数（Quartile）是统计学中分位数的一种，即把所有数据由小到大排列并分成四等份，处于三个分割点位置的数据就是四分位数。

● 第一四分位数 (Q1)，又称"下四分位数"，等于该样本中所有数据由小到大排列后第 25% 的数据。

● 第二四分位数 (Q2)，又称"中位数"，等于该样本中所有数据由小到大排列后第 50% 数据。

● 第三四分位数 (Q3)，又称"上四分位数"，等于该样本中所有数据由小到大排列后第 75% 的数据。

第三四分位数与第一四分位数的差距又称为四分位距（InterQuartile Range，IQR）。

首先确定四分位数的位置。如果用 n 表示项数，那么三个分位数的位置分别为：

● Q1 的位置：$(n+1) \times 0.25$。

● Q2 的位置：$(n+1) \times 0.5$。

● Q3 的位置：$(n+1) \times 0.75$。

通过图形表示则如图 4-9 所示。

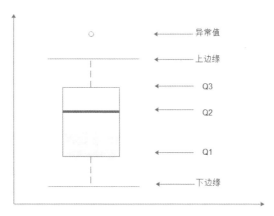

图 4-9　四分位的计算

从图 4-9 可以看到，四分位在图形中根据 Q1 和 Q3 的位置绘制了一个箱体结构，即根据一组数据 5 个特征绘制的一个箱子和两条线段的图形。这种直观的箱线图反映出一组数据的特征分布，还显示了数据的最小值、中位数和最大值。

4.4.2　数据的四分位示例

现在回到数据处理中来，这里依旧使用 4.3 节中的数据集进行数据处理。

首先介绍一下本例中的数据集。本数据集的来源是真实世界中某借贷机构对申请贷款人的背景调查，目的是根据不同借款人的条件，分析判断借款人能否按时归还贷款。一般来说，借款人能否按时归还贷款是所有借贷最为头疼的问题，其中的影响因素很多，判别相对麻烦，判断错误后果也较为严重。通过机器学习，就可以较为轻松地将其转化成一个回归分类问题。

数据集中的数据如图 4-10 所示。

```
20001, 6. 15, 7. 06, 5. 24, 2. 61, 0, 4. 36, 0, 5. 76, 3. 83, 6. 94, 5. 86, 0, 9. 15, 6. 09, 1. 02, 3. 47, 4. 52, 11, 5. 35, 7. 5
7, 0. 22, 12. 69, 0, 3. 55, 4. 58, 8. 02, 6. 59, 5. 16, 7. 45, 13. 04, 0, 4. 35, 0. 25, 0, 7. 17, 5. 27, 4. 48, 0. 02, 0. 48, 6
. 67, 6. 29, 3. 58, 8. 82, 0, 1. 6, 4. 81, 0. 33, 0. 95, 1. 36, 4. 89, 4. 72, 5. 51, 3. 87, 2. 02, 3. 31, 9. 02, 5. 73, 8. 02, 0, 1
. 72, 0. 86, 0, 0, 4. 35, 2. 17, 4. 35, 0, 0, 9. 02, 5. 72, 6. 82, 0. 07, 1. 05, 6. 67, 0. 47, 0, 1. 58, 2. 33, 0. 24, 8. 2, 2. 57,
3. 47, 3. 52, 0. 51, 1. 55, 0, 7. 95, 4. 25, 2. 71, 0, 9. 17, 5. 16, 4. 58, 9. 17, 0. 29, 0, 2. 17, 4. 35, 0, 4. 35, 0, 0, 10. 8
7, 9. 03, 7. 51, 0, 4. 71, 6. 29, 0, 7. 57, 2. 12, 0, 6. 12, 2. 54, 8. 53, 4. 43, 8, 6. 81, 0, 6, 7. 48, 5. 52,
2. 42, 0. 64, 5. 63, 3. 29, 0. 03, 7. 33, 4. 55, 0, 5. 73, 3. 72, 0. 57, 11. 17, 2. 01, 0. 29, 6. 52, 15. 22, 4. 35, 23. 91, 0, 5
. 99, 9. 8, 5. 04, 7. 35, 7. 67, 2. 24, 7. 35, 0. 84, 8. 09, 0. 29, 7. 61, 4. 15, 5. 75, 0, 0, 6. 89, 4. 49, 6. 29, 0.
. 15, 0, 8. 18, 6. 85, 4. 28, 0, 1, 9. 27, 7. 67, 4. 47, 0, 6. 39, 5. 09, 9. 28, 5. 39, 5. 99, 5. 69, 6. 89, 0, 6. 8, 82, 5. 88, 8.
09, 0. 19, 0, 8. 66, 4. 76, 7. 14, 8. 85, 7. 8, 3. 9, 0, 4. 28, 2. 38, 0. 29, 7. 61, 4. 15, 5. 75, 0, 0, 0, 6. 89, 4. 49, 6. 29, 0.
9, 4. 49, 0. 6, 6. 89, 0. 74, 6. 62, 7. 35, 5. 15, 1. 47, 2. 21, 0. 74, 2. 94, 3. 68, 1. 05, 0, 0. 95, 1. 9, 0, 0, 8. 31, 5. 75, 11
. 5, 2. 58, 2. 88, 2. 56, 0. 6, 0. 3, 2. 1, 5. 09, 2. 21, 8. 09, 0. 74, 2. 21, 8. 09, 0, 0, 0, 0, 0, 764, 0, 0, 0, 0, 0, 0, 0, 5, 0
, 701, 0, 0, 0, 0, 0, 0, 0, 0, 0, 0, 0, 0, 0, 121, 0, 0, 4, -1, 0, 0, 0, 0, 0, 0, 0, 0, 0, 0, 0,
1, 49, 0, 0, 1, 1244. 33, 0, 0, 11. 33, 0, 0, 1, -1, -
1, 0, 0, 12, 1267, 5. 78, 77, 1, 1, 1, 1, 1, 1, 1, 1, 5, 0. 38, 1, 5, 1, 1, 1, 35. 4025, 116. 58031, 0, 13, 0, 1
, 0, 182, 51, 200, 123, 598, 379, 358, 0. 94, 0. 88, 1. 48, 22. 74, 11742. 05, 10. 42, 5. 33, 9. 23, 78. 89, 11. 71, 4. 2, 1
223. 99, 65. 53, 1. 5, 107. 99, 44. 21, 6375, 34. 68, 5367. 05, 7. 66, 9. 61, 30. 59, 226, 23. 11, 8. 51, 0. 61, 358, 283,
4, 6, 5, 9, 0, 0, 0, 0, 40, 12, 641, 18, 49, 0, 0, 0, 0, 0, 4, 48. 12, 407, 14, 0, 0, 3, 0, 405, 36, 0, 10, 0, 0, 3, 24, 387, 3
71, 16, 26. 87, 21. 24, 5, 1000, 29, 14, 2, 4, 2, 1, 0, 0, 0, 0, 4, 0, 1, 0. 16, 15. 76, 42, 3. 29, 0. 36, 27. 21, 0. 16, 6. 2
7, 6. 12, 140, -1, -1, -1, -1, -1, -1, -1, -1, -1, -1, -1, -1, -1, -1, -
1, 0, 4, 27, 0, 3, 50, 0, 1, 7, 0, 3, 0, 0. 23, 11, 0, 0, 0, 0, 97, 88, 252, 82, 0, 27, 92, 2867, 0, 185, 334, 12500, 0, 0, 0, 2
0, 1, 0, 0, 0, 0, 0, 0, 0, 0, 6, 1, 1318, 0, 0, 0, 0, 0, 0, 0, 0, 4, 370, 0, 0, 0, 0, 0, 0, 0, 0, 0, 0, 0, 16,
0, 1, 0, 0, 0, 0, 0, 0, 0, 0, 0, 0, 49, -1, 19, 159, 157, 3, 16, -
1, 91, 37, 4, 6074, 754, 1732, 0, 0, 0, 0, 0, 0, 0, 0, 0, 0, 0, 0, 1, 0, 0, 11, 0, 21, 5, 84, 1, 0, 0, 0, 1, 9, 6
70, 1, 0, 0, 0, 0, 0, 0, 0, 0, 0, 122, 0, 0, 0, 0, 0, 51, 0, 0, 0, 0, 0, 0, 0, 0, 0, 0, 0, 0, 0, 2281, 0,
0, 0, 0, 0, 0, 0, 0, 0, 0, 0, 42, -1, -1, -1, -1, -
1, 7, 0, 0, 0, 0, 0, 0, 0, 0, 0, 0, 0, 0, 0, 0, 0, 0, 0, 0, 174, 0, 0, 0, 4, 1, 0, 6, 5645, 1212, 1060, 0, 37, 0
, 0, 0, 0, 0, 0, 0, 43, 0, 2, 0, 0, 0, 0, 0, 0, 0, 0, 0, 13, 0, 0, 0, 0, 0, 0, 619, 115, 0, 0, 0, 0, 0, 93, -
1, 37, 0, 1, 115, 3, 0, 0, 0, 0, 0, 0, 0, 0, 0, 0, 0, 0, 0, 0, 1, 0, 0, 0, 16, 1358, 90, 2, 0, 3494, 0, 244,
0, 17, 17, 0, 0, 0, 0, 2, 101, 1, 1, 0, 0, 0, 0, 0, 0, 0, 0, 0, 0, 5, 0, 0, 0, 0,
, 0, 0, 0, -1, -
```

图 4-10　小贷数据集

这个数据集的形式是每一行为一个单独的目标行，使用逗号分割不同的属性；每一列是不同的属性特征，不同列的含义在现实中至关重要，这里不做解释。具体代码如程序 4-9 所示。

【程序 4-9】

```
from pylab import *
import pandas as pd
import matplotlib.pyplot as plot
filePath = ("c://dataTest.csv")
dataFile = pd.read_csv(filePath,header=None, prefix="V")

print(dataFile.head())
print((dataFile.tail())

summary = dataFile.describe()
print(summary)

array = dataFile.iloc[:,10:16].values
boxplot(array)
plot.xlabel("Attribute")
plot.ylabel(("Score"))
show()
```

首先来看数据的结果：

```
        V0     V1     V2     V3     V4     V5     V6     V7     V8     V9  ...    V1129  \
0  20001   6.15   7.06   5.24   2.61   0.00   4.36   0.00   5.76   3.83  ...        7
1  20002   6.53   6.15   9.85   4.03   0.10   1.32   0.69   6.24   7.06  ...        6
2  20003   8.22   3.23   1.69   0.41   0.02   2.89   0.13  10.05   8.76  ...        1
3  20004   6.79   4.99   1.50   2.85   5.53   1.89   5.41   6.79   6.11  ...        3
4  20005  -1.00  -1.00  -1.00  -1.00  -1.00  -1.00  -1.00  -1.00  -1.00  ...                7

   V1130  V1131  V1132  V1133  V1134  V1135  V1136  V1137  V1138
0      6      1      2      5      7      3      6      8     12
1      7     15      2      6      7      1      8      1     24
2      8      3      1      1      8      8      1      7      6
3      6     20      1      6      8      1      6      5     12
4      8      1      1      8      8      1      8      8      1

[5 rows x 1139 columns]
          V0     V1     V2     V3     V4     V5     V6     V7     V8     V9  ...  \
196   20197   3.59   5.63   6.21   5.24   1.88   1.65   4.74   3.73   7.19  ...
197   20198   7.27   5.31   9.35   2.77   0.00   1.37   0.74   5.77   4.64  ...
198   20199   6.18   5.05   6.43   6.05   1.93   2.58   3.75   7.32   4.19  ...
199   20200   6.12   7.45   1.05   1.03   0.16   1.44   0.32   6.49  10.79  ...
200   20201   5.60   6.29   6.11   2.64   0.11   4.08   2.44   7.04   5.60  ...
```

	V1129	V1130	V1131	V1132	V1133	V1134	V1135	V1136	V1137	V1138
196	6	6	1	1	6	8	9	8	4	28
197	7	1	1	1	1	8	24	7	8	14
198	3	7	1	2	7	7	3	3	7	4
199	7	8	1	2	4	7	6	8	7	12
200	7	7	3	1	7	8	1	2	7	23

[5 rows x 1139 columns]

	V0	V1	V2	V3	V4	\
count	201.000000	201.000000	201.000000	201.000000	201.000000	
mean	20101.000000	5.266219	6.447015	6.156020	3.319303	
std	58.167861	2.273933	2.443789	2.967566	3.134570	
min	20001.000000	-1.000000	-1.000000	-1.000000	-1.000000	
25%	20051.000000	4.130000	5.190000	4.660000	1.200000	
50%	20101.000000	5.240000	6.410000	6.000000	2.830000	
75%	20151.000000	6.590000	7.790000	7.640000	4.570000	
max	20201.000000	13.150000	13.960000	16.620000	28.440000	

	V5	V6	V7	V8	V9	...	\
count	201.000000	201.000000	201.000000	201.000000	201.000000	...	
mean	0.907662	2.680149	2.649254	5.149055	5.532736	...	
std	1.360489	2.292231	2.912611	2.965096	2.763270	...	
min	-1.000000	-1.000000	-1.000000	-1.000000	-1.000000	...	
25%	0.020000	1.270000	0.320000	3.260000	3.720000	...	
50%	0.300000	2.030000	1.870000	4.870000	5.540000	...	
75%	1.390000	3.710000	4.140000	6.760000	7.400000	...	
max	8.480000	12.970000	18.850000	15.520000	13.490000	...	

	V1129	V1130	V1131	V1132	V1133	V1134	\
count	201.000000	201.000000	201.000000	201.000000	201.000000	201.000000	
mean	6.054726	6.039801	7.756219	1.353234	4.830846	7.731343	
std	1.934422	2.314824	9.145232	0.836422	2.161306	0.444368	
min	1.000000	1.000000	1.000000	1.000000	1.000000	7.000000	
25%	6.000000	5.000000	1.000000	1.000000	3.000000	7.000000	
50%	7.000000	7.000000	1.000000	1.000000	6.000000	8.000000	
75%	7.000000	8.000000	15.000000	2.000000	7.000000	8.000000	
max	8.000000	8.000000	35.000000	7.000000	8.000000	8.000000	

	V1135	V1136	V1137	V1138
count	201.000000	201.000000	201.000000	201.000000
mean	10.960199	5.631841	5.572139	16.776119
std	9.851315	2.510733	2.517145	8.507916

min	1.000000	1.000000	1.000000	1.000000
25%	3.000000	3.000000	4.000000	11.000000
50%	8.000000	7.000000	7.000000	17.000000
75%	18.000000	8.000000	7.000000	23.000000
max	36.000000	8.000000	8.000000	33.000000

这一部分是打印出来的计算后的数据头部和尾部,这里为了节省空间,只选择了前 6 个和最后 6 个数据。第一列是数据的编号,对数据目标行进行区分,其后是每个不同目标行的属性。

dataFile.describe()方法是对数据进行统计学估计,count、mean、std、min 分别求得每列数据的计数、均值、方差以及最小值。最后的几个百分比是求得四分位的数据,具体图形如图 4-11 所示。

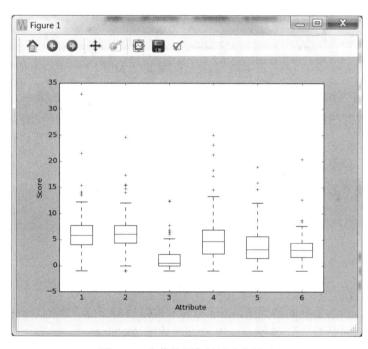

图 4-11   小贷数据集的四分位显示

程序中选择第 11~16 的数据作为分析数据集,从中可以看出,不同的数据列做出的箱体四分位图也是不同的,而部分不在点框体内的数据被称为离群值,一般被视作特异点加以处理。

 读者可以多选择不同的目标行和属性点进行分析。

从图 4-11 可以看出,四分位图是一个以更好、更直观的方式来识别数据中异常值的方法。比起数据处理的其他方式,四分位图能够更有效地让分析人员判断离群值。

4.4.3   数据的标准化

继续对数据进行分析,在进行数据选择的时候可能会遇到某一列的数值过大或者过小的问题,若数据的显示超出其他数据部分较大时则会产生数据图形失真的问题,如图 4-12 所示。

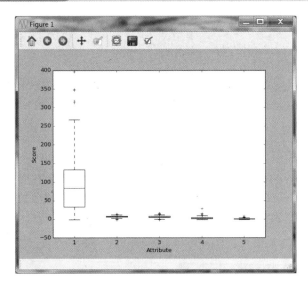

图 4-12   数据超预期的四分位图

因此，需要一个能够对数据进行处理，使其具有共同计算均值的方法，称为数据的标准化处理。

顾名思义，数据的标准化就是将数据根据自身一定的比例进行处理，使之落入一个小的特定区间，一般为(-1,1)之间。这样做的目的是去除数据的单位限制，将其转化为无量纲的纯数值，使得不同单位或量级的指标能够进行比较和加权，其中最常用的就是 0-1 标准化和 Z 标准化。

1. 0-1 标准化（0-1 normalization）

0-1 标准化也叫离差标准化，是对原始数据的线性变换，使结果落到[0,1]区间，转换函数如下：

$$X = \frac{x - min}{max - min}$$

其中，max 为样本数据的最大值，min 为样本数据的最小值。这种方法有一个缺陷，就是当有新数据加入时可能导致 max 和 min 的变化，需要重新定义。

2. Z-score 标准化（Zero-mean normalization）

Z-score 标准化也叫标准差标准化，经过处理的数据符合标准正态分布，即均值为 0，标准差为 1，其转化函数为：

$$X = \frac{x - \mu}{\sigma}$$

其中，μ 为所有样本数据的均值，σ 为所有样本数据的标准差。

一般情况下，通过数据的标准化处理后，数据最终落在(-1,1)之间的概率为 99.7%，而在(-1,1)之外的数据被设置成-1 和 1，以便处理，如程序 4-10 所示。

【程序 4-10】

```
from pylab import *
import pandas as pd
```

```
import matplotlib.pyplot as plot
filePath = ("c://dataTest.csv")
dataFile = pd.read_csv(filePath,header=None, prefix="V")


summary = dataFile.describe()
dataFileNormalized = dataFile.iloc[:,1:6]
for i in range(5):
    mean = summary.iloc[1, i]
    sd = summary.iloc[2, i]

dataFileNormalized.iloc[:,i:(i + 1)] = (dataFileNormalized.iloc[:,i:(i + 1)]
- mean) / sd
array = dataFileNormalized.values
boxplot(array)
plot.xlabel("Attribute")
plot.ylabel(("Score"))
show()
```

从代码中可以看到，数据被处理为标准差标准化的方法，dataFileNormalized 被重新计算并定义，大数值被人为限定在(-1,1)之间，请读者自行运行验证。

程序 4-10 中所使用的数据被人为修改，请读者自行修改验证。这里笔者不再进行演示。此外，读者可以对数据进行处理，验证更多的标准化方法。

4.4.4　数据的平行化处理

从 4.4.2 小节可以看到，对于每种单独的数据属性来说，可以通过数据的四分位法进行处理、查找和寻找离群值，从而对其进行分析处理。

但是对于属性之间的横向比较、每个目标行属性之间的比较，使用四分位法则较难判断。因此，为了描述和表现每一个不同目标行之间数据的差异，需要另外一种处理和展示方法。

平行坐标是一种常见的可视化方法，用于对高维几何和多元数据的可视化。

平行坐标（Parallel Coordinates）为了表示在高维空间的一个点集，在 N 条平行的线的背景下（一般这 N 条线都竖直且等距），一个在高维空间的点被表示为一条拐点在 N 条平行坐标轴的折线，在第 K 个坐标轴上的位置就表示这个点在第 K 维的值。

平行坐标是信息可视化的一种重要技术。为了克服传统的笛卡儿直角坐标系容易耗尽空间、难以表达三维以上数据的问题，平行坐标将高维数据的各个变量用一系列相互平行的坐标轴表示，变量值对应轴上位置。为了反映变化趋势和各个变量间的相互关系，往往将描述不同变量的各点连接成折线。所以平行坐标图的实质是将多维欧式空间的一个点 $X_i(xi_1, xi_2, \cdots, xi_m)$ 映射到多维平面上的一条曲线。

平行坐标图可以表示超高维数据。平行坐标的一个显著优点是具有良好的数学基础，其射影几何解释和对偶特性使其很适合用于可视化数据分析，如程序 4-11 所示。

【程序 4-11】

```
from pylab import *
import pandas as pd
import matplotlib.pyplot as plot
filePath = ("c://dataTest.csv")
dataFile = pd.read_csv(filePath,header=None, prefix="V")

summary = dataFile.describe()
minRings = -1
maxRings = 99
nrows = 10
for i in range(nrows):
    dataRow = dataFile.iloc[i,1:10]
    labelColor = (dataFile.iloc[i,10] - minRings) / (maxRings - minRings)
    dataRow.plot(color=plot.cm.RdYlBu(labelColor), alpha=0.5)
plot.xlabel("Attribute")
plot.ylabel("Score")
show()
```

首先，计算总体的统计量，之后设置计算的最大值和最小值。本例中人为设置最小值为-1、最大值为 99。为了计算简便，选择前 10 行作为目标行。然后使用 for 循环对数据进行训练。

最终图形结果如图 4-13 所示。

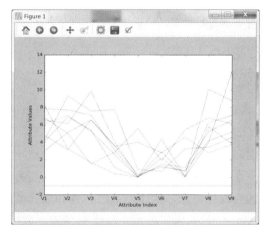

图 4-13　属性的图形化展示

从图 4-13 中可以看出，10 个不同的属性画出了 10 条不同的曲线（这些曲线根据不同的属性从而画出不同的运行轨迹）。

可以选择不同的目标行和不同的属性进行验证，可以观察更多的数据所展示的结果有何不同。

4.4.5　热点图——属性相关性检测

前面笔者对数据集中数据的属性分别进行了横向和纵向的比较。现在请读者换一种思路，如果对数据属性之间的相关性进行检测，那该怎么办呢。

热点图是一种判断属性相关性的常用方法，根据不同目标行数据对应的数据相关性进行检测。程序 4-12 展示了对数据相关性进行检测的方法，根据不同数据之间的相关性做出图形。

【程序 4-12】

```
from pylab import *
import pandas as pd
import matplotlib.pyplot as plot
filePath = ("c://dataTest.csv")
dataFile = pd.read_csv(filePath,header=None, prefix="V")

summary = dataFile.describe()
corMat = DataFrame(dataFile.iloc[1:20,1:20].corr())

plot.pcolor(corMat)
plot.show()
```

最终结果如图 4-14 所示。

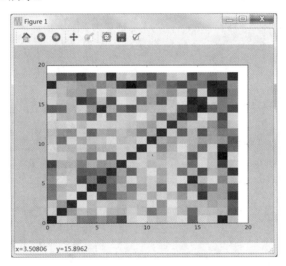

图 4-14　属性之间的相关性图

不同颜色之间显示了不同的相关性，彩色的深浅显示了相关性的强弱程度。对此读者可以通过打印相关系数来直观地显示数据，相关系数打印方法如下：

```
print(corMat)
```

 在此选择前 20 行中的前 20 列的数据属性进行计算，可以对其进行更多的验证和显示处理。

4.5 Python 实战——某地降水的关系处理

上面的章节对数据属性间的处理做了一个大致的介绍，本节将使用这个方法解决一个实际问题。

农业灌溉用水主要来自于天然降水和地下水。随着中原经济区的发展和城镇化水平的提高，城市用水日趋紧张。下面分析河南省降水量的变化及分布规律，为合理调度和利用水资源提供决策。数据集名为 rain.csv，记录了从 2000 年开始到 2011 年之间每月的降水量数据。本节将以其降水量进行统计计算，找出规律并进行分析。

4.5.1 不同年份的相同月份统计

对于不同年份，每月的降水量也是不同的。一般情况下，降水量会随着春、夏、秋、冬的交替呈现不同的状态，横向是一个过程。对于不同的年份来说，每月的降水量应该在一个范围内浮动，而不应偏离均值太大，如程序 4-13 所示。

【程序 4-13】

```
from pylab import *
import pandas as pd
import matplotlib.pyplot as plot
filePath = ("c://rain.csv")
dataFile = pd.read_csv(filePath)

summary = dataFile.describe()
print(summary)

array = dataFile.iloc[:,1:13].values
boxplot(array)
plot.xlabel("month")
plot.ylabel(("rain"))
show()
```

打印结果如下：

	0	1	2	3	4
count	12.000000	12.000000	12.000000	12.000000	12.000000
mean	2005.500000	121.083333	67.833333	102.916667	263.416667
std	3.605551	103.021144	72.148626	137.993714	246.690258
min	2000.000000	0.000000	0.000000	0.000000	70.000000
25%	2002.750000	17.750000	9.750000	3.000000	136.250000
50%	2005.500000	125.000000	39.500000	51.500000	155.000000
75%	2008.250000	204.500000	123.250000	150.000000	232.500000
max	2011.000000	295.000000	192.000000	437.000000	833.000000

	5	6	7	8	9
count	12.000000	12.000000	12.000000	12.000000	12.000000
mean	1134.583333	2365.666667	2529.000000	1875.500000	1992.416667
std	618.225240	705.323180	1120.231226	603.135821	670.834414
min	218.000000	766.000000	865.000000	746.000000	621.000000

25%	685.500000	2117.000000	1770.250000	1723.500000	1630.000000
50%	951.500000	2440.500000	2023.500000	1943.500000	1961.000000
75%	1599.000000	2723.750000	3603.000000	2321.750000	2231.750000
max	2134.000000	3375.000000	4163.000000	2508.000000	3097.000000

	10	11	12
count	12.000000	12.000000	12.000000
mean	1219.250000	159.333333	38.333333
std	743.534938	124.611639	34.494620
min	328.000000	0.000000	0.000000
25%	612.250000	64.000000	18.750000
50%	1208.500000	123.000000	25.500000
75%	1672.250000	278.250000	46.250000
max	2561.000000	357.000000	100.000000

从打印结果可以看到，程序对平均每个月份的降水量进行了计算，获得了其偏移值、均值以及均方差的大小。

通过四分位的计算，可以获得一个波动范围，具体结果见图 4-15。

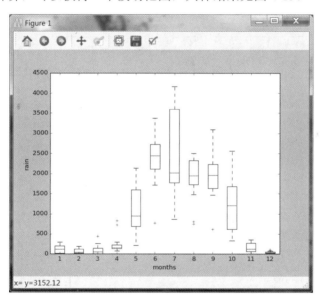

图 4-15　降水量的四分位图

从图 4-15 中可以直观地看出，不同月份之间，降水量有很大的差距，1~4 月降水量明显较少，5 月份开始降水量明显增多，在 7 月份达到顶峰后回落，11 月和 12 月明显减少。

同时可以看到，有几个月份的降水量有明显的偏移，即离群值出现，可能跟年度情况有关，需要继续进行分析。

4.5.2　不同月份之间的增减程度比较

正常情况下，每年降水量都呈现一个平稳的增长或者减少的过程，其下降的坡度（趋势线）则应该是一样的。程序 4-14 展示了这种趋势。

【程序 4-14】

```
from pylab import *
import pandas as pd
import matplotlib.pyplot as plot
filePath = ("c://rain.csv")
dataFile = pd.read_csv(filePath)

summary = dataFile.describe()
minRings = -1
maxRings = 99
nrows = 11
for i in range(nrows):
    dataRow = dataFile.iloc[i,1:13]
    labelColor = (dataFile.iloc[i,12] - minRings) / (maxRings - minRings)
    dataRow.plot(color=plot.cm.RdYlBu(labelColor), alpha=0.5)
plot.xlabel("Attribute")
plot.ylabel(("Score"))
show()
```

最终打印结果如图 4-16 所示。

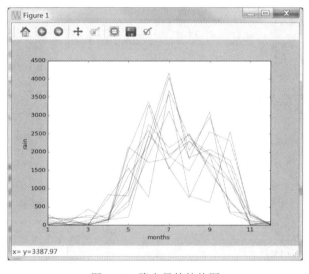

图 4-16　降水量的趋势图

从图 4-16 中可以明显地看出，降水的月份并不是一个规律的上涨或下跌，而是呈现一个不规则的浮动状态，增加最快的为 6~7 月，而下降最快的为 7~8 月，之后有一个明显的回升过程。

4.5.3　每月降水不相关吗

每月的降水量理论上来说应该是具有相互独立性的，即每月的降水量和其他月份没有关系，但是实际是这样的吗？可以通过程序 4-15 来进行分析。

【程序 4-15】

```
from pylab import *
```

```
import pandas as pd
import matplotlib.pyplot as plot
filePath = ("c:// rain.csv")
dataFile = pd.read_csv(filePath)

summary = dataFile.describe()
corMat = DataFrame(dataFile.iloc[1:20,1:20].corr())

plot.pcolor(corMat)
plot.show()
```

计算的最终结果如图 4-17 所示。

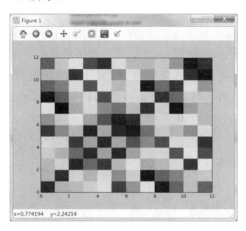

图 4-17　月份之间的相关性显示

从图 4-17 中可以看出，颜色分布比较平均，表示月份之间的降水量并没有太大的相关性，因此可以认为每月的降水是独立行为，每个月的降水量和其他月份没有关系。

4.6　本章小结

上面的章节已经对数据属性间的处理做了一个大致的介绍，并使用了数据分析的方法对其进行分析和整理。本章从直观的观察开始，深入介绍和研究了数据集和分析工具，了解了使用 Python 类库进行数据分析的基本方法。数据分析从最基本的矩阵转换开始，直到对数据集特征值的分析和处理，通过这些为读者掌握和了解简单的数据分析打下基础。

使用相应的类库进行深度学习程序设计是本章的重点，也是笔者希望读者掌握的内容。再一次重复，请读者在程序设计时尽量使用已有的 Python 去进行程序设计。在数据的可视化展示过程中，通过多种数据图形向读者演示了如何通过使用不同的类库非常直观地进行数据分析。希望本章中提供的研究方法和程序设计思路能够帮助读者掌握基本数据集描述性和统计值之间的关系，这些非常有利于对数据的掌握。

本章是机器学习的基础，虽然内容简单，但是非常重要，希望读者能够使用不同的数据集进行处理并演示更多的值。

第 5 章

◀ OpenCV的基础使用 ▶

OpenCV 的全称是 Open Source Computer Vision Library,是 Intel 公司所支持开发的一个计算机视觉处理开源软件库,采用 C 和 C++编写,也提供了 Python、Matlab 等语言的接口,并且可以自由地运行在 Linux/Windows/Mac 等多平台操作系统上。

OpenCV 的目标是让使用者能够通过合理的使用和搭配,构建一个简单易用的计算机视觉处理框架,能够便捷地设计更为复杂的计算机视觉的相关应用,而且 OpenCV 充分利用了 Intel 处理器的高性能多媒体函数库的手工优化性能,提高了运行速度。

目前来说,OpenCV 所包含的能够进行视觉处理的函数和方法接近 1000 个,已经能够极大地满足各行各业的需求,覆盖了如医学影像、设计外观、定位标记、生物体检测等多个行业领域。

本章将全面介绍 OpenCV 的使用。从读取一幅图片开始,学习使用 OpenCV,并逐渐深入学习,掌握使用 OpenCV 处理各种图片数据的方法,为使用神经网络处理数据打下基础。

5.1 OpenCV 基本的图片读取

OpenCV 可以读取各种类型的图像数据,例如常用的 jpg、bmp、png、tiff、pbm 等。除此之外,OpenCV 基本上还支持所有的图像格式。本节将学习使用 OpenCV 代码对图片进行基本的读取和显示。

5.1.1 基本的图片存储格式

在进行 OpenCV 的使用介绍前,希望读者能够了解基本的数据存储形式。在计算机中,图片是以矩阵的形式存储在存储介质中。

例如,首先通过 NumPy 创建一个长宽各为 300 的矩阵,各个点的值为 0。

```
img = np.mat(np.zeros((300,300)))
```

从数值上看,这里是一个[300,300]的矩阵,矩阵中每个具体数值为 0。但是从图片角度来看,这里笔者创建了一个 300×300 像素的图片,其中每个像素点的颜色为黑色。

下面如果通过 OpenCV 代码显示这张图片的话,代码如下:

```
cv2.imshow("test",img)
cv2.waitKey(0)
```

这里第一行是 cv2 的输出图片的固定写法，将刚才生成的一个矩阵以图片的形式在使用者输出端上显示，之后 waitKey 方法要求输出的图像暂时等待，可以通过手动操作的形式取消图片显示。

完整代码如程序 5-1 所示。

【程序 5-1】

```
import numpy as np
import cv2
img = np.mat(np.zeros((300,300)))
cv2.imshow("test",img)
cv2.waitKey(0)
```

程序运行结果如图 5-1 所示。

图 5-1　程序运行结果

 在图像生成时，每个像素都是由一个 8 位的整数来表示，即每个像素值的范围是 0~255。

补充一下，有时候在人为生成像素块的时候，需要人为地制定数据格式，例如上面程序语句应该以如下方式指定：

```
img = np.mat(np.zeros((300,300),dtype = np.uint8))
```

 读者可以自行生成一个多维矩阵，之后通过随机注入数值的方式将矩阵填满，再查看显示的结果。

细心的读者可能已经发现，在本例中，生成的是一个一维的黑色图片。但是对于现实中的图片，一般都是由红绿蓝三种颜色所构成，即基本的三基色，从而在图片的显示时，会由一个3 通道的数据集负责图片的整体显示。

OpenCV 同样提供了此方法：

```
img = cv2.cvtColor(img,cv2.COLOR_GRAY2BGR)
```

这里强制将原始的一维图片转化为三维图片，读者可以通过如下方法查看通道数目：

```
print(img.shape)
```

显示结果如下：

```
(300, 300, 3)
```

可以看到，原本一维的数据被分成了 3 个维度，在图片中分别代表 R、G、B 三个颜色通道，虽然生成的图片依旧是黑色，但是在数据处理时，整个图片已经是由三维图片叠加而成。

图 5-2 显示的是一个 3 通道的图像在 OpenCV 分解的图示。

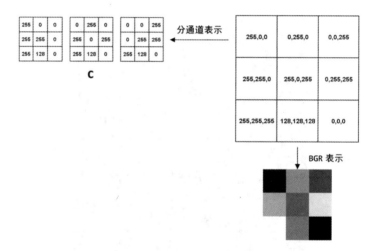

图 5-2　三维图片的显示和存储

可以看到，一个图片被分解成一个 3 个维度的数组，每个维度显示一个颜色的值。值得一提的是，在 OpenCV 中，使用的是与大多数 RGB 通道不同的 BGR 通道，即第一个元素是蓝色（Blue），第二个颜色是绿色（Green），第三个颜色是红色（Red）。

请读者自行打印验证。

5.1.2　图像的读取与存储

对于基本类型的图片，OpenCV 提供了图片的读取与写入操作。imread 和 imwrite 方法分别是 OpenCV 的读方法和写方法。代码如下：

```
image = cv2.imread("jpg1.jpg",cv2.IMREAD_GRAYSCALE)
cv2.imwrite("jpg11.png",image)
```

可以看到，cv2 调用了 imread 方法从当前目录下读取了文件，这里需要注意的是在读取的同时，图片被自动读取为灰度图。

第二行代码将所读取的图片存储到当前目录下，这里传递进了 2 个参数，第一个表示为图片的存储名称，并在存储的时候，图片的类型发生改变，由 jpg 格式改变为 png 格式存储；而第二个参数为内存中所要存储的目标。

在保存的时候，OpenCV 是没有多通道或者单通道这一个说法，根据文件设置的后缀名和对应的文件维度，自动判断保存的通道，并进行自动保存。

OpenCV 在进行数据读写的时候，imread()函数会删除所有图片 Alpha 通道的信息；而 imwrite()函数要求输出的图片格式为 BGR 或者灰度图。

5.1.3　图像的转换

在上一节中，借由 imwrite()函数可以自由地对图像存储的格式进行转换，例如将 jpg 文件转化为 png 格式的文件。但是从深入到更低层的基础上看，任何一个字节都可以表示成 0~255 的任何一个数。在程序 5-1 中，笔者也通过创建矩阵并显式的方式向读者展示了这一个过程，下面将更为详细地描述这方面的内容。

一个 OpenCV 图片由一个 array 类型的多维数组所构成，每个维度默认是 8 位，那么一个三维的 BGR 图像可以认为就是一个 24 位的三维数组。

既然图片可以被人为地表示为一个多维数组，并且其在计算机中存储的本质也是如此，那么可以通过访问平常数组的形式访问这些值。例如 img[0,0]或者 img[0,0,0]。这里前 2 个数是像素的坐标，第三个值显示的是其对应的颜色通道。

在计算机中存储的时候，任何一个图片的存储都占有一定的空间，而为了减少图片的存储便于在有限的内存中更进一步地转换，对于每个图片来说，可以通过 Python 自带的方法，将其转化成标准的一维 Python bytearray 格式：

使用的方法如下：

```
imageByteArray = bytearray(image)
```

程序打印结果如图 5-3 所示。

```
3\xfa\xfe\xfb\xfd\xff\xfd\xff\xff\xfd\xff\xff\xfd\xff\xff\xfd\xff\xff\xfe\xff\xff
\xfc\xf8\xfd\xff\xfb\xff\xff\xfc\xff\xff\xfb\xff\xff\xfb\xff\xf1\xed\xf3\xe2\xde
\xfd\xfd\xfd\xfd\xfd\xfe\xfe\xfe\xfe\xfe\xfe\xfe\xfe\xfe\xfe\xfe\xfe\xfe\xfe\xfe
\xfd\xfe\xfe\xfe\xfe\xfe\xfe\xff\xff\xff\xff\xff\xff\xfe\xfe\xfe\xfe\xfe\xfe\xfd
\xfd\xfd\xfd\xfe\xfe\xfe\xff\xff\xff\xfe\xfe\xfe\xfd\xfd\xfd\xff\xf9\xfe\xfd\xf7
\xfe\xfe\xff\xff\xff\xff\xff\xff\xfe\xfe\xfe\xfe\xfe\xfe\xfe\xfe\xfe\xfe\xfe\xfe
\xfe\xff\xfe\xff\xff\xfe\xff\xff\xfd\xff\xff\xfd\xff\xff\xfd\xff\xff\xfd\xff\xff
\xfc\xf9\xfb\xfd\xfa\xfc\xff\xfd\xff\xff\xfe\xff\xfe\xfb\xfd\xfb\xf6\xf8\xe9\xe3
\xf2\xf7\xff\xfc\xfe\xff\xfc\xfe\xff\xff\xff\xff\xfd\xfd\xff\xfe\xfe\xff\xfe\xfe
\xdf\xe5\xde\xe5\xfd\xf6\xfd\xff\xf8\xff\xfe\xf7\xfe\xf5\xee\xf5\xec\xe5\xec\xea
\xe9\xe0\xed\xd6\xcd\xda\xd5\xcb\xdb\xe1\xd7\xe7\xeb\xe1\xf1\xed\xe3\xf3\xeb\xe1
\xe3\xf7\xe5\xd9\xef\xd4\xc7\xdf\xd0\xc3\xdb\xde\xd1\xeb\xf2\xee\xf3\xf3\xef\xf5
\xcf\xcc\xc2\xd9\xd3\xc9\xe0\xd1\xc6\xe0\xda\xd0\xe7\xdb\xd2\xe7\xd9\xd0\xe4\xdc
\xf8\xf2\xfd\xfc\xf7\xff\xf5\xf0\xf9\xe6\xe1\xea\xe1\xdc\xe5\xec\xe7\xf0\xf8\xf3
```

图 5-3　Python bytearray 的存储格式

图 5-3 中显示的只是一部分数值，具体可以请读者自行打印验证。

同样，bytearray 可以通过矩阵重构的方法还原为原本的图片矩阵，代码如下：

```
imageBGR = np.array(imageByteArray).reshape(300,300)
```

np 是前期导入的 NumPy 模块的简称，通过其 array 方法读取已经被转化后的数组文件，之后重新将其重构成一个[300,300]的矩阵。完整代码如下：

【程序 5-2】

```
import numpy as np
import cv2
image = np.mat(np.zeros((300,300)))
imageByteArray = bytearray(image)
print(imageByteArray)
imageBGR = np.array(imageByteArray).reshape(300,300)
cv2.imshow("cool",imageBGR)
cv2.waitKey(0)
```

程序 5-2 描述了将生成的一个[300,300]的矩阵按数组的形式转化并打印，之后通过调用 NumPy 中数组处理函数重新将其重构并显示。具体内容请读者自行完成。

【程序 5-3】

```
import cv2
import numpy as np
import os

randomByteArray = bytearray(os.urandom(120000))
flatNumpyArray = np.array(randomByteArray).reshape(300,400)
cv2.imshow("cool",flatNumpyArray)
cv2.waitKey(0)
```

程序 5-3 为读者展示了随机生成的一个长度为 120000 的数组，之后将其重构为[300,400]的矩阵，之后将其在显示器上显示。

5.1.4 使用 NumPy 模块对图像进行编辑

本章的前面 3 节对一幅图像在计算机中的生成、存储以及 OpenCV 操作有了基本的介绍。但是掌握这些基本内容还不够，对图像处理来说，需要更多的手段和方法对其进行操作和处理。

前面也通过代码进行演示，OpenCV 中最便捷的、获取图像的方式是使用 imread 函数来读取数据。该函数能够从目标位置读取一个图像，这个被读取的图片是一个数组，并且根据设置的不同，该图像可能是 2 维的也可能是 3 维的。

下面一个简单的例子说明了如何通过对数组的操作修改图片的颜色。

【程序 5-4】

```
import cv2
import numpy as np
```

```
img = np.zeros((300,300))
img[0,0] = 255
cv2.imshow("img",img)
cv2.waitKey(0)
```

程序 5-4 中，生成了一个[300,300]的黑色方块，之后将矩阵的[0，0]位置修改为数值 255，用颜色表示的话就是白色的一个点，那么整体结果就是一个方块的左上角有一个白色的点。具体如图 5-4 所示。

图 5-4　具有一个白点的黑色图

而如果需要对一行或者一列进行操作，NumPy 同样提供了方便的操作方法，如程序 5-5 所示。

【程序 5-5】

```
import cv2
import numpy as np
img = np.zeros((300,300))
img[: ,10] = 255
img[10,: ] = 255
cv2.imshow("img",img)
cv2.waitKey(0)
```

这样的操作是对生成的黑色图片进行操作，画出了横竖 2 条白线，具体如图 5-5 所示。

图 5-5　具有白条的黑色图

使用 NumPy 数组操作的方式对图片进行处理主要的原因有以下两个：首先 NumPy 是专门进行数组操作的 Python 模块，有很多专门的处理函数能够完成更多的任务；其次，其在性能上是经过专门的优化，在规模较大的数据矩阵上有更好的操作性。

使用同样的方法可以对矩阵的一个块进行操作，这个操作请读者自行完成。

5.2 OpenCV 的卷积核处理

在上一节中，介绍了基本的图像创建等操作，读者对使用 OpenCV 对图像进行最基本的操作有了一个了解。但是对图像进行读取仅仅是一个最基本的开始，对图片的处理才是读者需要真正掌握的内容。

5.2.1 计算机视觉的三种不同色彩空间

色彩学中，人们建立了多种色彩模型，以一维、二维、三维甚至四维空间坐标来表示某一色彩，这种坐标系统所能定义的色彩范围即色彩空间。

OpenCV 中可以操作和使用的色彩空间有上百种之多，但是对于计算机视觉处理来说，一般常用的色彩空间有三种，即灰度、BGR 以及 HSV。

- 灰度：将图片中的彩色信息去除，只保留黑白信息的色彩空间称为灰度空间。一般而言灰度空间对人脸的处理特别有效。
- BGR：即蓝绿红空间。在这个空间中，每个像素都是由一个三维数组表示，分别代表蓝、绿、红这三种颜色。BGR 也是 OpenCV 主要的色彩空间。
- HSV：H 是色调，S 是饱和度，V 是黑色度，一般用在数字相机对彩色图片的处理。

在学到前一小节和本小节的时候，可能会有读者去尝试使用不同的颜色合成对彩色图片进行操作，但是色彩合成的结果并不是如文字描述的那样。这实际上是由于显示器的显示色素不同造成的差异，这点请读者不要怀疑 OpenCV 的显示差异。

5.2.2 卷积核与图像特征提取

在 OpenCV 甚至于平常的图像处理中，卷积核是一种最常用的图像处理工具。其主要是通过确定的核块来检测图像的某个区域，之后根据所检测的像素与其周围存在的像素的亮度差值来改变像素明亮度的工具。

例如：

```
kernel33 = np.array[[-1,-1,-1],
```

```
            [-1,8,-1],
            [-1,-1,-1]]
```

这是一个[3,3]的卷积核，其作用是计算中央像素与周围临近像素的亮度差值。如果亮度差值差距过大，本身图像的中央亮度较少，那么经过卷积核以后，中央像素的亮度会增加。即如果一个像素比他周围的像素更加突出，就会提升其本身的亮度。

而与之相反的是：

```
kernel33 = np.array[[1,1,1],
            [1,-8,1],
            [1,1,1]]
```

这个核的作用就是减少中心像素的亮度，如果一个像素比其周围的像素更加昏暗，就会更进一步地减少。

【程序 5-6】

```
import numpy as np
import cv2
from scipy import ndimage

kernel33 = np.array([[-1,-1,-1],
            [-1,8,-1],
            [-1,-1,-1]])

kernel33_D = np.array([[1,1,1],
            [1,-8,1],
            [1,1,1]])

img = cv2.imread("lena.jpg",0)
linghtImg = ndimage.convolve(img,kernel33_D)
cv2.imshow("img",linghtImg)
cv2.waitKey()
```

程序 5-6 执行结果如图 5-6 所示。

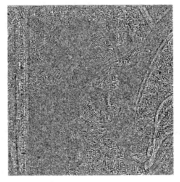

图 5-6　执行降低亮度后的图片

对于程序 5-6，首先需要介绍的是 ndimage，这是一个处理多维图像的函数库，其中包括图像滤波器、傅立叶变换、图像的旋转拉伸以及测量和形态学处理等。

这里使用上文定义的一个 3×3 卷积核，这个核的作用是将读入的图像进行颜色降低。但是由于卷积核降低的程度较大，最后完全造成了失真，使得图片失去了能够表现其形式的特征图谱。

 卷积核是图像处理中一个非常重要的内容，不只在 OpenCV 中，而且还在后续的卷积神经网络中，将大量用到，这点请读者注意一下。

如果换一种卷积特征提取的方法，借用高斯模糊，这也是一种特征提取的常用函数，那么其结果如图 5-7 所示：

 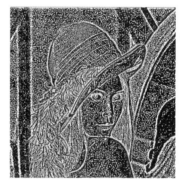

图 5-7 采用 Gauss 模糊处理后提取的图像特征

【程序 5-7】

```
import numpy as np
import cv2
from scipy import ndimage

img = cv2.imread("lena.jpg",0)
blurred = cv2.GaussianBlur(img,(11,11),0)
gaussImg = img - blurred
cv2.imshow("img",gaussImg)
cv2.waitKey()
```

程序 5-7 为读者展示了使用高通滤波后处理的图像，之后求得高通滤波图与原始图的差值并显示，更好地对图像的特征进行提取，这也是一种特征提取的常用方法。实际上，这也是现实中最常用的方法。

5.2.3 卷积核进阶

在 OpenCV 中，大多数对图像处理的函数都会使用内置的卷积核。卷积核在前面已经介绍了，是通过 NumPy 创建一个三维数组来实现卷积核的形式。下面的程序段实现了一个卷积核的计算：

```
def convolve(dateMat,kernel):
m,n = dateMat.shape
km,kn = kernel.shape
newMat = np.ones(((m - km + 1),(n - kn + 1)))
tempMat = np.ones(((km),(kn)))
for row in range(m - km + 1):
    for col in range(n - kn + 1):
        for m_k in range(km):
            for n_k in range(kn):
                tempMat[m_k,n_k] = dateMat[(row + m_k),(col + n_k)] * kernel[m_k,n_k]
        newMat[row,col] = np.sum(tempMat)

return newMat
```

通过传入的矩阵，计算经过卷积处理后的结果以 newMat 的形式返回。具体结果请读者自行测试完成。

通过上面的代码段可以看到，实际上所谓的卷积核就是一组被赋予初始值的权重，它决定了如何对已有的像素块取值来计算新的像素块。卷积核也称为卷积矩阵，其作用是对一个区域内的临近像素做出计算，这种计算又被称为卷积计算。而通常基于核的滤波器被称为卷积滤波器。

OpenCV 中也提供了常用的卷积核函数——fileter2D，这是通过程序设计人员指定的任意核或者卷积矩阵与目标矩阵进行计算。为了更好地讲解请参考图 5-8。

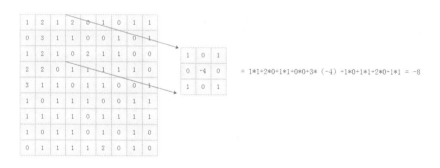

图 5-8　卷积核的计算形式

卷积核是一个二维数组，其中一半使用的是奇数行列进行标识。中心点对应于当前计算图像中最感兴趣的像素位置。其他元素对应于像素周边的临近像素点，每个元素都有一个值，这些值合在一起被称为像素上的权重。

例如图 5-8 中感兴趣的像素权重为-4，而其临近像素的值为 0 或者 1。计算过程是对于感兴趣的值乘以-4，之后与周围的邻近像素计算机进行计算。在图 5-8 中，要求感兴趣的值要低于周边的值，那么通过卷积核的计算以后，这个值被人为地加大差距。顺便一提的是这个处理会让图像锐化,因为该像素值的值与周边值的差距增大。而如果人为地减少某个目标像素值和周边值的差距的话,那么会让整个图片钝化。

filter2D 的具体使用如下:

```
cv2.filter2D(src,-1,kernel,dst)
```

其中 src 是目标图片,-1 指的是每个目标图片的通道位深数,一般要求目标图片和生成图片的位深数一样。Kernel 是图片所使用的卷积核矩阵。

这里需要注意的是,卷积核中所有的权重相加的和为 0。这样做的目的是在卷积核完成后,最终会得到一个边缘突出的图像卷积结果,边缘被转化为白色,而非边缘区域被转化为黑色。

 锐化、边缘检测以及模糊效果处理,都需要使用不同的核。

5.3 本章小结

本章介绍了色彩空间的理念,学习了基本 OpenCV 的图片读取以及二进制的转换,这在后续图片存储时作用很大,很多已有的标准图片库都是使用此种方式对图片进行存储的。

此外还着重介绍了卷积核的使用,说明了卷积核的计算形式和本质特点,这些内容在后续的卷积神经网络中都有非常重要的作用。本章内容虽然不多,但是很重要,希望读者能够认真学习掌握。

第 6 章

◀OpenCV与TensorFlow的融合▶

在上一章中，对 OpenCV 已经做了一个较为基础的介绍，向读者介绍了最基本的图片的读取和对其进行卷积化的操作。除此之外，OpenCV 还有各种不同的模块，例如视频的实时获取、摄像头定位、目标识别、运动分析等，这些都是在 TensorFlow 中需要使用的内容。

本章将继续介绍 OpenCV 的使用，主要偏重于图片的调节，这是使用 TensorFlow 进行图像处理中非常重要的一个部分。图片的数据量也是 TensorFlow 进行图片识别的基础，因此使用 OpenCV 进行图片训练时，需要大量的图片数据，而 OpenCV 提供的多种函数可以对图片进行修改从而提供更多的基础数据，并且对图片特征的提取也能够在训练过程中辅助 TensorFlow 的训练工作。

6.1 图片的自由缩放以及边缘裁剪

图像的基本处理一般是对图片的扩缩裁挖，指的是对一张图片进行扩展、缩减、裁剪或者在图片中挖去一部分形成一个新的图片。当然除此之外还有对图片的偏移倾斜等操作，同样可以生成一个在计算机视觉上的新图片，这些内容本章会一一介绍。

6.1.1 图像的扩缩裁挖

首先对于图片的扩缩来说，OpenCV 提供了一个非常简单的函数对图片进行操作，cv2.resize 函数可以非常简单地实现对函数的缩放。其使用方法如下：

```
img = cv2.resize(dst,(m,n))
```

resize 函数内有 2 个参数，第一个是目标图像，第二个是其缩减的比例。

从数值上看，这里是一个[300,300]的矩阵，矩阵中每个具体数值为 0。但是从图片角度来看，这里笔者创建了一个 300×300 像素的图片，其中每个像素点的颜色为黑色。

下面如果通过 OpenCV 代码显示这张图片的话，代码如下：

```
cv2.imshow("test",img)
cv2.waitKey(0)
```

可以看到，将一个图片读取到内存中，之后重新对其构造，将其改变成 300×300 的矩阵，但是此时可以看到，图片的整体没有变化，只是外形发生了变化。

下面继续看，如果需要对图片进行截取，则需要用到以下的函数：

```
img = cv2.resize(dst)
patch_tree = img[m: n, k:g]
```

这个函数是指使用截取的方法对图片进行截取，其中 m:n 以及 k:g 分别是图片截取空间的大小。截取前后的效果对比如图 6-1 所示。

图 6-1　截取后的图片

6.1.2　图像色调的调整

cv2 除了能够对图像的区域进行设置、自由拉伸和裁剪已有的图像，同样可以像读者用过的图片软件操作工具一样对图片的色彩和亮度进行调节处理，即上文所介绍的对图片的 HSV 进行处理。

HSV 中，H 指的是色调，S 是饱和度，V 是明暗度。OpenCV 采用 HSV 对色彩进行处理的最大的好处就是可以在操作时忽略图像的三通道性质，直接通过操作 HSV 进行处理。而对于具体的数值，H 的取值是[0,180]，其他 2 个通道的取值是[0,255]。程序 6-1 给出改变色调的处理结果，从图中的整体色调中，每个像素点减去 30 个单位的色调，即黄色被大幅度消减。

【程序 6-1】

```
import cv2
img = cv2.imread("lena.jpg")
img_hsv = cv2.cvtColor(img,cv2.COLOR_BGR2HSV)
turn_green_hsv = img_hsv.copy()
turn_green_hsv[:,:,0] = (turn_green_hsv[:,:,0] - 30 ) % 180
turn_green_img = cv2.cvtColor(turn_green_hsv,cv2.COLOR_HSV2BGR)
cv2.imshow("test",turn_green_img)
cv2.waitKey(0)
```

结果如图 6-2 所示。

图 6-2　截取后的图片

程序 6-1 中最关键的代码为第 5 行：

```
turn_green_hsv[:,:,0] = (turn_green_hsv[:,:,0] - 30 ) % 180
```

其中需要讲解的是等式左边的参数，方括号中第一个和第二个参数分别代表图像矩阵的坐标，第三个参数分别代表其 HSV 的选择，0 指的是色调，1 指的是饱和度，2 是明暗度。

如果需要对图像的饱和度和明暗度进行调节，程序如下：

【程序 6-2】
```
import cv2
img = cv2.imread("lena.jpg")
img_hsv = cv2.cvtColor(img,cv2.COLOR_BGR2HSV)
less_color_hsv = img_hsv.copy()
less_color_hsv[:, :, 0] = less_color_hsv[:, :, 0] * 0.6
turn_green_img = cv2.cvtColor(less_color_hsv, cv2.COLOR_HSV2BGR)
cv2.imshow("test",turn_green_img)
cv2.waitKey(0)
```

程序 6-2 改变了图像的饱和度，使之色调变灰，并减少一定的颜色艳丽程度。明暗度的改变请读者自行完成。

而对于更进一步的处理，例如提高细节，这里就需要使用 Gamma 计算，虽然在 Gamma 变换主要是为了减少计算机视觉与人眼视觉的差异而做出的计算方式，但是在深度学习中，可以作为噪音修改的方式增大数据量，如程序 6-3 所示。

【程序 6-3】
```
import cv2
import numpy as np
import matplotlib.pyplot as plt

img = plt.imread("lena.jpg")
gamma_change = [np.power(x/255,0.4) * 255 for x in range(256)]
gamma_img = np.round(np.array(gamma_change)).astype(np.uint8)
img_corrected = cv2.LUT(img, gamma_img)
plt.subplot(121)
plt.imshow(img)
```

```
plt.subplot(122)
plt.imshow(img_corrected)
plt.show()
```

6.1.3 图像的旋转、平移和翻转

对图像的旋转、平移以及翻转变换是图像处理的常用手段,也是深度学习对图片处理的常用功能,可以极大地增加数据量。

OpenCV 中图像的变换主要是通过仿射变换矩阵和函数 warpAffine()完成。仿射变换矩阵的解释如下:

$$M = \begin{bmatrix} a_{00} & a_{01} & b_0 \\ a_{10} & a_{11} & b_1 \end{bmatrix}$$

其中需要说明的是,这个是仿射变换的模板,左边 a 序号是线性变换矩阵,而右边以 b 命名的是图片的平移项。

具体使用的例子如程序 6-4 所示。

【程序 6-4】

```
import cv2
import numpy as np
img = cv2.imread("lena.jpg")
M_copy_img = np.array([
  [0, 0.8, -100],
  [0.8, 0, -12]
  ], dtype=np.float32)
img_change = cv2.warpAffine(img, M_copy_img,(300,300))
cv2.imshow("test",img_change)
cv2.waitKey(0)
```

其中 M_copy_img 是仿射变换矩阵,这里前 2 个矩阵是指将已有图形缩小为原来的 80%后逆时针旋转 90°,之后向左平移 100 个像素,并向下平移 12 个像素。本例效果如图 6-3 所示。

图 6-3　仿射变换后的图片

6.2 使用 OpenCV 扩大图像数据库

本书使用两个章节介绍了 OpenCV 的基本使用，这些不仅仅是为了 TensorFlow，更是为了对图像训练的其他内容服务。因为无论使用何种算法和框架对神经网络进行训练，图片的数据量始终是一个决定训练模型好坏的重要前提。数据扩展是训练模型的一个常用手段，对于模型的鲁棒性以及准确率都有非常重要的帮助。

本节将介绍使用 OpenCV 在已有的图片数据集上通过已有的手段对其进行处理，人为地扩大样本量的方法，从而达到扩大图像数据库的目的。

6.2.1 图像的随机裁剪

图片的随机裁剪是一个常用的扩大图像数据库的手段，好处是对于大多数的图片数据，进行模型之前都要变成统一大小。虽然图片的大小相同，但是不同的裁剪位置却能够提供更多的数据样本，从而提高基本的图片数据库内容。

图 6-4 展示了采用随机数的方式截取图像的一个简单算法。

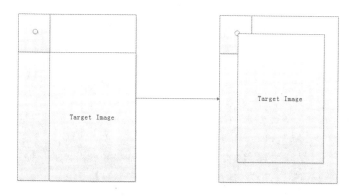

图 6-4　仿射变换后的图片

算法首先确定需要的图片的大小，之后在左上角计算出裁剪后剩下的长宽，之后在其中随机取得一点作为起始点从中截取所需的面积。具体代码如程序 6-5 所示：

【程序 6-5】

```
import cv2
import random
```

```
img = cv2.imread("lena.jpg")
width,height,depth = img.shape
img_width_box = width * 0.2
img_height_box = height * 0.2
for _ in range(9):
  start_pointX = random.uniform(0, img_width_box)
  start_pointY = random.uniform(0, img_height_box)
  copyImg = img[start_pointX:200, start_pointY:200]
  cv2.imshow("test", copyImg)
  cv2.waitKey(0)
```

这里自动生成了 9 个截图后的图片，请读者自行完成测试。

6.2.2 图像的随机旋转变换

图像的随机旋转变换是与上一节所说的图像旋转平移相比而言,在对数据库文件进行扩大时,希望整个图形不要有变化,而平移或者旋转在操作过后,会使得图片出现变形,虽然有时候变形的图片可以更好地对深度学习模型进行训练,但是笔者还是建议读者更多地选择使用真实图片进行训练。

OpenCV 为了解决整个问题,提供了一个现成的函数, 即 getRotationMatrix2D 可以使用。

```
getRotationMatrix2D(...)
getRotationMatrix2D(center, angle, scale)
```

从代码的解释来看, getRotationMatrix2D 中需要提供 3 个参数,分别是 center、angle 以及 scale。第一个参数是图片的依托中心,也就是以哪一点为原点进行选择。第二个参数指的是图片逆时针旋转的角度,第三个参数是缩放的倍数。具体代码如程序 6-6 所示。

【程序 6-6】
```
import cv2

img = cv2.imread("lena.jpg")
rows,cols,depth = img.shape
img_change = cv2.getRotationMatrix2D((cols/2,rows/2),45,1)
res = cv2.warpAffine(img,img_change,(rows,cols))
cv2.imshow("test",res)
cv2.waitKey(0)
```

img_change 是对图像进行了变换,而 warpAffine 对图片重新做了压缩和现实。图 6-5 是图片以中心为原点,进行了逆时针 45°的旋转。当然此时会有黑边,如果想要去除黑边的话,那么需要重新设定一个画框,这里笔者就不再补充,请读者自行完成。

图 6-5　旋转变换后的图片

如果 scale 使用默认值 1，那么整个计算公式可以理解成做了一个仿射变换的矩阵。

6.2.3　图像色彩的随机变换

本节中最后一种方法就是对图像的色彩做随机变换，因为图像在 OpenCV 中是以 HSV 形式存储，因此是对其色调、饱和度和明暗度的改变。

具体内容请参照 6.1.2 小节的内容，程序代码如程序 6-7 所示。

【程序 6-7】

```
import cv2
import  numpy as np
img = cv2.imread("lena.jpg")
img_hsv = cv2.cvtColor(img,cv2.COLOR_BGR2HSV)
turn_green_hsv = img_hsv.copy()
turn_green_hsv[:,:,0] = (turn_green_hsv[:,:,0] + np.random.random() ) % 180
turn_green_hsv[:,:,1] = (turn_green_hsv[:,:,1] + np.random.random() ) % 180
turn_green_hsv[:,:,2] = (turn_green_hsv[:,:,2] + np.random.random() ) % 180
turn_green_img = cv2.cvtColor(turn_green_hsv,cv2.COLOR_HSV2BGR)
cv2.imshow("test",turn_green_img)
cv2.waitKey(0)
```

代码中分别对图像的 H、S、V 做了设定，并进行了随机化的调整。

对于 HSV 的设定，可以设定一个小小的阈值，在阈值范围内进行调整。除此之外，还可以在 HSV 后进行一次 Gamma 变换，这不是为了更好地适应人眼，而是在图像中加入一定的噪音。

6.2.4 对鼠标的监控

使用鼠标在生成的图片上标记出目标位置是基本的数据处理的内容。鼠标操作属于用户接口操作，OpenCV 中同样提供了能够对鼠标操作的函数，这一部分功能主要由 mouse_event 完成。

mouse_event 函数的功能是监控鼠标操作，对鼠标的点击、移动以及放开做出反应，根据不同的操作进行处理。

对鼠标的监控主要通过 OpenCV 内置的函数完成，其事件总共有 10 种，从 0~9 依次为：

```
#define CV_EVENT_MOUSEMOVE 0        滑动
#define CV_EVENT_LBUTTONDOWN 1      左键点击
#define CV_EVENT_RBUTTONDOWN 2      右键点击
#define CV_EVENT_MBUTTONDOWN 3      中间点击
#define CV_EVENT_LBUTTONUP 4        左键释放
#define CV_EVENT_RBUTTONUP 5        右键释放
#define CV_EVENT_MBUTTONUP 6        中间释放
#define CV_EVENT_LBUTTONDBLCLK 7    左键双击
#define CV_EVENT_RBUTTONDBLCLK 8    右键双击
#define CV_EVENT_MBUTTONDBLCLK 9    中间释放
```

当函数事件完成后，会返回 x、y 值，分别代表事件发生时的(x,y)坐标，窗口左上默认为原点，右边为 x 轴，向下为 y 轴。

【程序 6-8】

```python
import cv2

def on_mouse(event, x, y, flags, param):
    rect_start = (0,0)
    rect_end = (0,0)
    # 鼠标左键按下，抬起，双击
    if event == cv2.EVENT_LBUTTONDOWN:
        rect_start = (x,y)
    elif event == cv2.EVENT_LBUTTONUP:
        rect_end = (x, y)
cv2.rectangle(img, rect_start, rect_end,(0,255,0), 2)
img = cv2.imread("lena.jpg")
cv2.namedWindow('test')
cv2.setMouseCallback("test",on_mouse)

while(1):
  cv2.imshow("test",img)

  if cv2.waitKey(1) & 0xFF == ord('q'):
    break
```

```
cv2.destroyAllWindows()
```

当鼠标被按下，触发鼠标 DOWN 事件，位置点被记录；之后当鼠标被弹起，重新记录位置点。之后 OpenCV 使用 rectangle 函数画出框型。

这里需要说明的是，在定义 on_mouse 函数时，使用了回调函数，自动将调入方传入函数内部，rectangle 接受调入的 img 图像，在其上做出图像显示。具体内容请读者自行完成。

6.3　本章小结

在本章中主要学习了采用 OpenCV 对图像的进阶处理，介绍了使用 OpenCV 对图片进行自由缩放以及对其进行旋转平移和 HSV 方面的调整。

掌握这些方法的主要目的是能够通过这些方法对图片样本数据库进行扩容，图片样本库容量的多少是对样本模型训练程度好坏的一个决定性因素。当然除了本章中介绍的一些方法，还有更多的、可以对图片继续微调修改的其他方法，笔者会在读者后续的学习中逐一介绍。

第 7 章

◀Let's play TensorFlow▶

Let's play TensorFlow！

相信读者在读到本章的时候一定怀着非常 Exciting 的心情，但是别忙，在踏入复杂和烦人的理论学习之前，为什么不先在"游乐场"里玩一会呢。

Google 在大力推广 TensorFlow 的同时，还在网上发布了一个新的网站——TensorFlow 游乐场。在正式讲解 TensorFlow 的构建源代码和背后理论之前，笔者想向各位读者介绍这个游乐场。

通过浏览器的自由操作，可以让读者按自己的意愿训练自己的神经网络，并将结果以图形的形式反馈给使用者，以便更加便捷地理解其背后复杂的理论和公式。

本章的第二节将介绍 TensorFlow 的一些基本内容，全部是基本概念和一些术语，在学习过程中可能有些枯燥，因此笔者建议读者一边玩游乐场，一边看这些内容，以便加强理解。

7.1　TensorFlow 游乐场

NumPy 的诞生是为了弥补 Python 本身数组的局限性。Python 本身的数组由于在设计时就存在局限性，例如保存的对象是指针，在进行计算时，结构和形式比较浪费内存和加大 CPU 的运行时间。

其次相对于 Python 本身的 array 模块，虽然其能直接保存数值，但是鉴于 array 本身的设计问题，array 在创建和计算时并不支持多维函数，因此它并不适合数值计算。

7.1.1　I want to play a game

请读者打开网址 http://playground.TensorFlow.org，这是 TensorFlow 游乐场的首页，如图 7-1 所示。

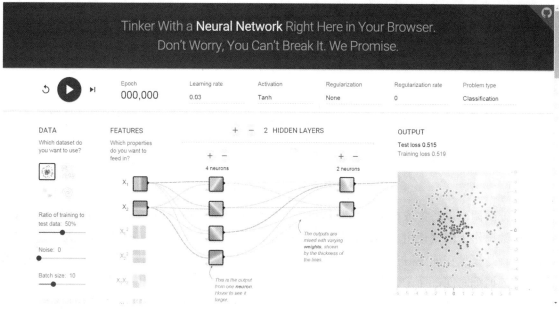

图 7-1　TensorFlow 首页

TensorFlow 首页的最上面中文翻译为"在你的浏览器中就可以玩神经网络！不用担心，怎么玩也玩不坏哦！"，这就告诉了使用者，在这个游乐场中，可以随意在这里玩耍，而不会担心把什么东西弄坏。

 建议读者在页面上随意点点，多试试各种情况，开心地玩一下，不要担心，不会弄坏什么。

第一步首先来看看左边的 DATA 框体，如图 7-2 所示。

图 7-2　不同的数据类型

从图标上可以看到，这里的每组数据，都是不同数据分布类型的一种。第一种是一个环形数据分布，第二种是均匀分布，第三种是集合分布，最后一种是交融分布。

而且从图上可以看到，每个数据集都具有 2 个分布数据，可以成为 X 和 Y，用颜色区分。可以这样说，神经网络的作用就是通过模型的建立和数据的训练，能够把未判定位置的数据判定清楚。

下面继续看左侧，在数据的下方，还有对输入数据特征进行调节的地方，如图 7-3 所示。

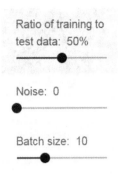

图 7-3　特征微调设置

特征微调可以对生成数据的信息做进一步的设置。第一行是设置多少数据进行训练，而留下多少数据作为测试使用。第二行拉杆是数据集内噪声的多少，一般噪声越多，训练越困难。而第三行是模型在训练时每次放入的数据量的多少，需要注意的是，越多的数据量，并不会增加全部的训练时间，而是会对模型的更新有影响，这点在后续的讲解中会有介绍。

对于生成的结果来说，神经网络的工作结果实际上就是在做出一个区域，例如橙色点完全落在橙色的区域（六角形外）中，而蓝色的点完全落在蓝色的区域（六角形内）中，如图 7-4 所示。

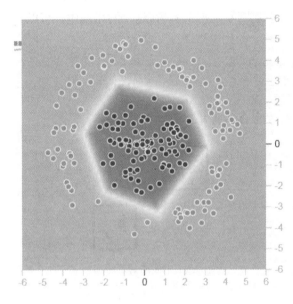

图 7-4　最终的结果分类

这张分类图可以直接地看出，蓝色的数据点完全落在蓝色的框体中，而橙色的数据点在蓝色的外围，这样就可以将不同的数据分开。

但是当数据分布过于复杂，例如图 7-5 这样子的。一般的神经网络就难以将其分开，这就需要增加相关的神经网络层数，如图 7-6 所示。

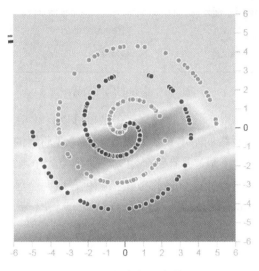

图 7-5　复杂的分类数据

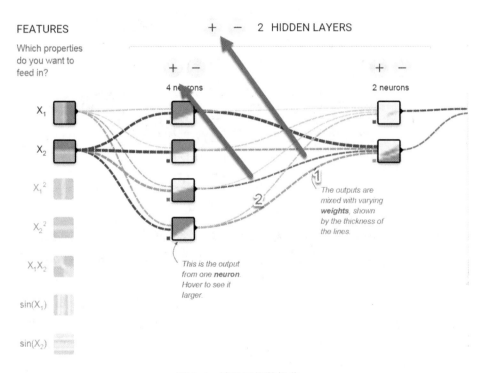

图 7-6　神经网络的操作

图 7-6 代表神经网络模型的设计，这里最上面的加号是对隐藏层的个数进行加减，而第二个加号是对每个单独的隐藏层中节点的个数进行加减的设置。

还有一个部分如图 7-7 所示。

Learning rate	Activation	Regularization	Regularization rate
0.03	ReLU	None	0

图 7-7　单独的属性设置

图 7-7 中是对神经网络模型参数进行设置，在这里可以设计学习率、激活函数以及回归系数等。这些属性参数是神经网络的基本参数和设置内容，在后续的模型学习中会进行学习。

图 7-8 展示了增加隐藏层个数，并且每个隐藏层的神经元个数也相应地增加，那么可以看到，最终结果对数据的分类可以比较好地将数据按颜色分成两个区域。

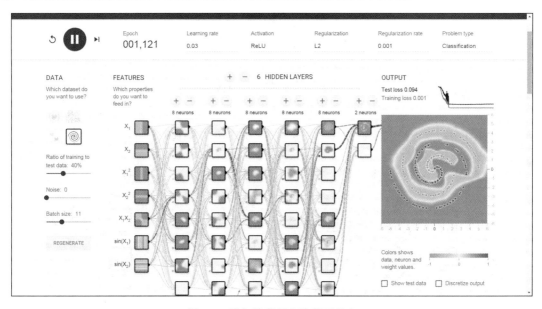

图 7-8　增加隐藏层和隐藏层节点

如果通俗地对神经网络进行解释，若干的隐藏层都会相互作用，对输入的数据进行计算和组合，而其所在的神经网络下一层又会对这一层的输出进行再次计算和组合。这一切都是自动进行的。

神经网络的迷人之处在于，对于输入数据的特征提取和计算，并不是需要人工干预，而是只需要给予足够多的神经网络和神经元，神经网络会自己提取和计算出模型和结果。

而且从输出结果上来看，当神经网络在解决蓝橙分类这样的问题时，对于现实中一些更为复杂的问题，可以通过增加相应的隐藏层和每个层的神经元来确定，这一点为使用计算机解决现实问题打下了基础。

7.1.2　TensorFlow 游乐场背后的故事

TensorFlow 游乐场在潜移默化中使用了人工神经网络进行数据的分类和判定。对于此，用 WIKI 的解释为：当神经元接收到来自其相连的神经元的电信号时，它会变得兴奋（激活）。神经元之间的每个连接的强度不同，一些神经元之间的连接很强，足以激活其他神经元，而另一些连接则会抑制激活。你大脑中的数千亿神经元及其连接一起构成了人类智能，如图 7-9 所示。

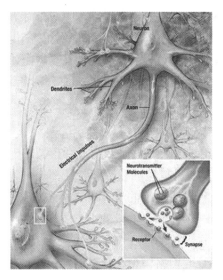

图 7-9　生物神经元网络

通过生物学上的神经元进行研究导致了一种新的计算机模型的诞生——人工神经网络。借由这个人工神经网络，使用者可以使用模式化的数学模型对不同的问题进行处理，并获得最终的解决办法。

前面 TensorFlow 游乐场中，由若干输入数据和隐藏层不同层次的计算，最终获得分类的结果，如图 7-10 所示将公式进行简化表现。

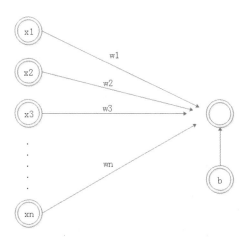

图 7-10　神经元模型的图形表示

其中 $x_1 \sim x_n$ 是一系列的输入值，而 $w_1 \sim w_n$ 是权重，可以理解为输入值对神经元连接的强度，而单独的 b 是 bias，即最终计算值被激活所需的阈值。如果将这个图形模型以数学公式的形式表示出来 ：

$$\sum_{i}^{n} w_i x_i > b$$

可以看到，所谓的神经网络就是使用权重对输入值进行计算，并经由偏置值进行检查，之后将计算结果进行分类，是进行下一层级输出或者直接停止输出。如果输出的数据是二维分类，那么神经元最终可以形成一条光滑的线段将数据进行分类；而如果是多元输出的话，神经元会使用平面将图像进行分类，并进行投影，即一个超平面分割多维空间。

7.1.3 如何训练神经网络

通过前面的讲解可以知道，神经网络就是数学激活模型的一种实现。但是人工神经网络与传统的特征提取训练不同的是，所有模型的参数和特征都是由训练模型自由确定和完成，即模型在训练过程中是一个黑盒过程，所训练的权重模式不是由人工完成的。

如果将人工神经网络看作一个在学习阶段的小学生的话，那么在神经网络的工作和计算过程中，他会犯很多错误。因此在训练的过程中，还会涉及经典的反向传播和梯度下降等算法，但是这些也仅仅是为了让人工神经网络模型在计算时能够更好、更快速地取得最优的成果。

另外重新回到 7.1.1 小节一开始讲的对简单的数据分类，简单的神经网络可以很好地完成分类，而当数据变得更加复杂、两组数据不能够被简单地分开时，即当数据由线性可分变为非线性可分时，就需要将简单的神经网络变得更加复杂，增加更多的隐藏层和隐藏层节点，如图 7-11 所示。

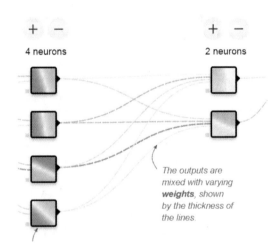

图 7-11 神经元模型的隐藏层

其中的隐藏层有若干个神经元节点，可以说，每个神经单元都在进行相关的特征分类，例如第一个神经元检查数据点的颜色，第二个检测其位置，第三个检测其距离其他数据的相对的位置。

这些检测的结果被称为数据的基本特征，神经元对这些特征检测后，并根据输出与样本的真实分类加强或减少相应特征的强度，通过权重的形式表示出来。

在 TensorFlow 游乐场中演示的各个例子，不同数目的隐藏层和不同数目的神经单元对应不同的功能,增加更多的层和数目可以使得神经网络更加敏感,从而能够建立更加复杂的图形。

更多神经元 + 更深的网络 = 更复杂的模型

这个简单的公式就是人工神经网络能够进行模式识别、数据分类、图像辨认的基本原理。这也是让神经元变得更加聪明,表现更加好的原因。

7.2 初识 Hello TensorFlow

Hello TensorFlow!

忘记在游乐场的欢悦与兴奋,现在开始,笔者将带领读者进入 TensorFlow 的正式学习中。

7.2.1 TensorFlow 名称的解释

首先从名称上来看,TensorFlow 是由 2 个单词构成,Tensor 与 Flow。其中 Tensor 的意思张量,而 Flow 的意思是"飞",指的是数据流图的流动,那么合在一起的意思就是"让张量飞"。 TensorFlow 为张量从流图的一端流动到另一端的计算过程,TensorFlow 也可以看成是将复杂的数据结构传输至人工智能神经网中进行分析和处理的系统。

上文提到了 2 个概念,一是张量,二是数据流。

张量(tensor)理论是数学的一个分支学科,在力学中有重要应用。张量这一术语起源于力学,它最初是用来表示弹性介质中各点应力状态的,后来张量理论发展成为力学和物理学的一个有力的数学工具。张量之所以重要,在于它可以满足一切物理定律必须与坐标系的选择无关的特性。张量概念是矢量概念的推广,矢量是一阶张量。张量是一个可用来表示一些矢量、标量和其他张量之间的线性关系的多线性函数。

TensorFlow 用张量这种数据结构来表示所有的数据。用一阶张量来表示向量,如:v = [1,2, 3, 4,5];用二阶张量表示矩阵,如:m = [[1, 2, 3], [4, 5, 6], [7, 8, 9]]。简单地理解,TensorFlow 中的张量,即任意维度的数据,一维、二维、三维、四维等数据统称为张量。

在介绍 flow 之前,需要知道的是在 TensorFlow 中,数据流图使用"结点"(nodes)和"边"(edges)的有向图来描述数学计算。"节点" 一般用来表示施加的数学操作,但也可以表示数据输入(feed in)的起点和输出(push out)的终点,或者是读取/写入持久变量(persistent variable)的终点。"边"表示"节点"之间的输入/输出关系。

当张量从图中流过时,就产生了"flow",一旦输入端的所有张量准备好,节点将被分配到各种计算设备异步并行地完成执行运算,即数据开始"飞"起来。

这就是这个工具取名为"TensorFlow"的原因。

7.2.2 TensorFlow 基本概念

在介绍了完了 TensorFlow 名称的来历后,需要对 TensorFlow 基本概念进行解释。

在 TensorFlow 中，集成了很多现成的、已经实现的经典机器学习算法，这些算法被称为算子（Operation），如图 7-12 所示。

Category	Examples
Element-wise mathematical operations	Add, Sub, Mul, Div, Exp, Log, Greater, Less, Equal, ...
Array operations	Concat, Slice, Split, Constant, Rank, Shape, Shuffle, ...
Matrix operations	MatMul, MatrixInverse, MatrixDeterminant, ...
Stateful operations	Variable, Assign, AssignAdd, ...
Neural-net building blocks	SoftMax, Sigmoid, ReLU, Convolution2D, MaxPool, ...
Checkpointing operations	Save, Restore
Queue and synchronization operations	Enqueue, Dequeue, MutexAcquire, MutexRelease, ...
Control flow operations	Merge, Switch, Enter, Leave, NextIteration

图 7-12　实现的一些机器学习算子

图中左边的是算子的归类，而右边是算子的具体实现。可以看到，每个算子在定义与实现的时候就被定下了规则、方法、数据类型以及相应的输出结果。这点在后续的学习中会继续介绍。

下面一个比较重要的概念是"结点"（nodes）和"边"（edges）。前面已经说过，节点实际上指的是某个输入数据在算子中的具体运行和实现，TensorFlow 是通过"库"注册机制来定义节点，因此在实际使用时，还可以通过库与库之间的相互连接来进行节点的扩展。

"边"分为两种，一是正常边，即数据 tensor 流动的通道，在正常边上可以自由地计算数据。

第二种边是一种特殊边，又称为"控制依赖"边，其作用是控制节点之间相互依赖，在边的上一个节点完成运算前，特殊的节点不会被执行，即数据的处理要遵循一定的顺序。其次特殊边还有一个作用是为了多线程运行数据的执行，让没有前后依赖顺序的数据计算能够分开执行，最大效率地利用系统设备资源。

最后需要介绍的一个概念就是"会话"（Session）。会话是 TensorFlow 的主要交互方式，一般而言，TensorFlow 处理数据的流程是：建立会话、生成一张空图、添加各个节点和边，形成一个有连接点的图，然后启动图，进行系统的执行。

图 7-13 演示了一个会话的基本流程，这是 TensorFlow 最常用和最简单的会话模型。如果将图 7-13 的模型以代码的形式表现出来，其形式如程序 7-1 所示。

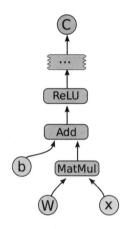

图 7-13　会话的基本流程

【程序 7-1】

```
import TensorFlow as tf
import numpy as np
inputX = np.random.rand(100)
inputY = np.multiply(3,inputX)  + 1
x = tf.placeholder("float32")
weight = tf.Variable(0.25)
bias = tf.Variable(0.25)
y = tf.mul(weight,x) + bias
y_ = tf.placeholder("float32")
loss = tf.reduce_sum(tf.pow((y - y_),2))
train_step = tf.train.GradientDescentOptimizer(0.001).minimize(loss)
sess = tf.Session()
init = tf.global_variables_initializer()
sess.run(init)
for _ in range(1000):
  sess.run(train_step,feed_dict={x:inputX,y_:inputY})
  if _%20 == 0:
    print("W 的 值 为 : ",weight.eval(session=sess),";   bias 的 值 为 :
" ,bias.eval(session=sess))
```

这是一个最简单的 TensorFlow 运行的模型，用以回归计算 x、y 的生成曲线，读者不必现在就掌握这个模型，只需要知道，TensorFlow 在运行会话前，所有的量和计算函数都要设置完成，之后只需要直接初始化数值，使之在对话中运行即可。

这里需要说明的是，在神经网络计算时，一个最重要的内容就是梯度的计算。梯度计算不仅仅用在神经网络中，而且还用在机器学习之中。

在 TensorFlow 中，当一个图在正向计算的同时，复制了自身生成一个反向图，当达到正向图的最终输出后，反向图开始工作，由最终的结果向输入端计算，如图 7-14 所示。

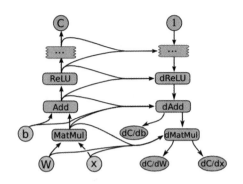

图 7-14 复制计算图进行反向求导

实际上，在具体的计算时，TensorFlow 自带的优化算法可以根据资源节点的配置，自动将不同的任务分配到不同的节点上；同时，有时候用户也可以手动进行任务的分配，达到资源的最优化配置。

7.2.3 TensorFlow 基本架构

前面介绍了 TensorFlow 的基本概念，对其中一些计算概念和流程做了介绍。本小节中，将主要在基本架构上，对 TensorFlow 的基本流程做更进一步的描述。

首先需要对几个概念进行介绍：

- client: 用户会使用，与 Master 和一些 worker process 交流。
- master: 用来与客户端交互，同时调度任务。
- worker process: 工作节点，每个 worker process 可以访问一到多个 device。
- device: TensorFlow 的计算核心，通过将 device 的类型、job 名称、在 worker process 中的索引将 device 命名。可以通过注册机制来添加新的 device 实现，每个 device 实现需要负责内存分配和管理调度 TensorFlow 系统所下达的核运算需求。

可能有的读者使用过分布式系统，例如 Hadoop 或者 Spark，对这种分层式管理并不陌生。Master 是系统总的调度师，对所有的任务和工作进行调度；Client 提出需求，对任务做出具体的设定和结果要求；worker process 是工作节点，是单任务的监视器；device 是任务的具体执行和分配节点，所有的具体计算结果都在 device 下进行处理，如图 7-15 所示。

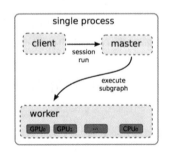
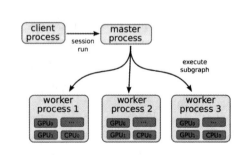

图 7-15 TensorFlow 运行调度的分配

TensorFlow 分为单机式实现和分布式实现。首先在单机式实现中，任务由客户端提出，之后会话将任务提交给单机的 Master，由 Master 分配给单机的任务工作单元进行计算，任务工作单元可以由 CPU 处理，也可以给 GPU 分配任务，这看程序的具体设置。

而在分布式实现中，客户端产生的运行命令交给 Master 去处理，而 Master 将任务交给不同的 worker precess 去处理，具体的 worker precess 处理过程和内容与单机版的一样。

至于任务的哪一部分分配给哪个计算机节点处理，是由 Master 根据内置的算子控制，根据不同节点的处理速度和运行情况操作。可以简单地理解：每个节点使用一个计数，当一个节点开始运算时，计数被设置成 100，之后随着任务的进行，计数逐渐减少；当任务完成时，计数变为 0，节点重新待机，等待下一个任务的来临。

更为复杂的情况和更多需要考虑的因素这里笔者就不再进行介绍。

7.3 本章小结

本章首先介绍了 TensorFlow 游乐场，演示了神经网络运行和计算的能力与机制。随着读者操作的增多，可以看到神经网络运行的机制其实非常简单，通过拥有更多的神经元和深度，神经网络能提取出更多隐藏的特征和建立更复杂的模型，建立更加抽象的层级结构，解决更多的现实问题。

虽然如此，但是制约神经网络发展的除了模型的建立，最大的一个问题就是计算能力的挑战，因为随着隐藏层的增加和神经元的增多，数据的计算能力呈现指数形式增长，因此要求承载着神经网络模型的计算系统要有强大的计算能力。

为了得到更好的结果，在人工神经网络进行计算的时候，还需要选择不同的激活函数、设计不同的网络和算法、进行大量的尝试性计算，这些都是训练神经网络所需要的内容。

在 Google 正式推出 TensorFlow 之前，已经有了很多类似的平台，有的还取得了很高的关注度和应用程度。Theano、Caffe、Torch 以及最新推出的 PyTorch，都是应用范围相当广泛的神经网络框架。

TensorFlow 在设计的时候，就吸取了每一个平台的精华和优秀的设计思想，而最为显眼的是易用性、跨平台性以及高效的可扩展性，逐渐吸引了更多程序员的关注，TensorFlow 就是为了解决这些问题而诞生，基于成本不是很高的计算设备，让更多的学习者能够简单地掌握其中的使用方法。

第 8 章

◀Hello TensorFlow，从0到1▶

Hello TensorFlow！

从本章开始，笔者将正式进入 TensorFlow 的学习。其实对于 TensorFlow，读者大可不必想像得特别困难，反而应该简单地将其视作一个供普通学习者和研究者使用的、好学易懂的神经网络平台。

TensorFlow 编写使用的是 Python 语言，这在前面的章节中，笔者已经带领读者初步学习了 Python 语言的基本概念和语法形式，这也是为了从本章开始的 TensorFlow 的程序设计打下基础。

8.1 TensorFlow 的安装

首先对于读者来说，使用 TensorFlow 必须先要安装 TensorFlow。在本书的第 2 章，笔者带领读者安装了集成多个 Python 类库的安装程序 Anaconda。这将帮助读者最为方便地安装 TensorFlow。

1. 第一步：Python 版本的确定

首先是对于 Python 版本的要求，TensorFlow 要求在 Windows 安装时，Python 最低版本号为 3.5，因此这里笔者建议读者选择 Anaconda 4.2 版本或后续版本作为安装环境。

打开 Anaconda prompt，输入 python 命令，可以查看已安装的 Python 和 Anaconda 版本号，如图 8-1 所示。

图 8-1　查看已经安装的 Python 和 Anaconda 版本号

2. 第二步：TensorFlow 安装

在 Anaconda 4.2 版本中集成了最为常用的 Python 第三方类库，可以使用 conda list 命令查阅。对于已经满足安装条件的计算机，TensorFlow 提供了较为简单的安装命令。

```
pip install -upgrade
https://storage.googleapis.com/tensorflow/windows/cpu/tensorflow-0.12.0rc0-cp3
5-cp35m-win_amd64.whl
```

使用此命令可以直接下载和安装对应版本的 TensorFlow 程序。

通过 pip 安装，是一种常用的 Python 类库安装方式，会提示错误 "Http error 404"。出现这种问题一般情况下是网络连接故障所致，因此可以直接将 https 及后面的地址复制，并粘贴到浏览器地址栏中手动下载文件。

```
https://storage.googleapis.com/tensorflow/windows/cpu/tensorflow-0.12.0rc0-
cp35-cp35m-win_amd64.whl
```

之后重新调用 pip 命令安装下载的 TensorFlow 安装文件。

```
pip install 本地保存地址\tensorflow_gpu-0.12.0rc0-cp35-cp35m-win_amd64.whl
```

相对于本地安装，笔者更建议读者使用 Anaconda prompt 在线安装的方式进行，可以自动升级 TensorFlow 所依赖的类库。

3. 第三步：验证 Tensoflow 安装

最后是对 TensorFlow 程序的安装验证，在 Anaconda prompt 中输入以下代码段：

```
import tensorflow as tf
sess = tf.Session()
a = tf.constant(1)
b = tf.constant(2)
print(sess.run(tf.add(a,b)))
```

验证 Tensoflow 安装如图 8-2 所示。

图 8-2　验证 TensorFlow 安装

当 Aa nconda prompt 显示计算结果后，恭喜您，TensorFlow 已经安装完毕。

8.2 TensorFlow 常量、变量和数据类型

TensorFlow 用张量这种数据结构来表示所有的数据，对此读者可以把一个张量想象成一个 n 维的数组或列表。而一个张量有一个静态类型和动态类型的维数，张量可以在图中的节点之间流通。

因此基于特殊的数据和处理方式，TensorFlow 中数据类型也会因此而随之改变，常规的数据并不适合 TensorFlow 框架的使用。TensorFlow 本身定义了一套特殊的函数，能够根据需要将不同的量设置成所需要的形式。

使用 TensorFlow 的第一步就是在程序中引入 TensorFlow，打开 PyCharm 新建工程，如图 8-3 所示。

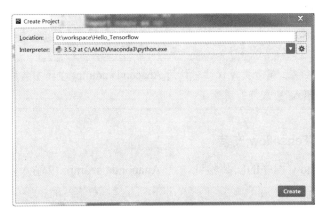

图 8-3　创建 TensorFlow 工程文件

右击工程名 hello_TensorFlow，新建一个 Python file，在弹出的对话框中输入文件名 "hello_TensorFlow"，单击 OK 按钮来确定，如图 8-4 所示。

图 8-4　输入文件名

之后出现 PyCharm 程序设计界面（如图 8-5 所示），左边是树形程序框架，右边是程序编写框，对程序进行编写，而最下方是程序代码执行结果，这里将 TensorFlow 测试代码复制到编写框中，右击文件名 "hello_TensorFlow.py"，在弹出的菜单中选择 "run" 命令，即可运行程序。

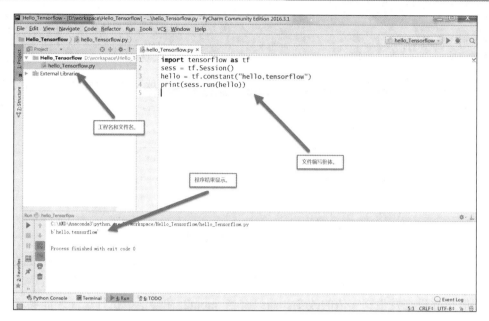

图 8-5　PyCharm 使用界面

下面将对代码进行详细讲解。

首先是 TensorFlow 包的引入，其代码如下：

```
import tensorflow as tf
```

这里将 TensorFlow 引入到程序中，可以使得后续的程序编写使用现成的 TensorFlow 包，另外笔者会在后面的章节中将 TensorFlow 简称成 tf，这点请读者注意。

TensorFlow 中的常量创建方法，其代码如下：

```
hello = tf.constant('Hello, tensorflow!', dtype=tf.string)
```

其中，'Hello, tensorflow!'是常量初始值；tf.string 是常量类型，在平时编写时可以省略。

```
a = tf.constant(1)
```

这里创建了一个以常数为底的初始值，省略了 tf.int 的常量类型。

而 TensorFlow 中变量的创建方法如下：

```
a = tf.Variable(1.0, dtype=tf.float32)
b = tf.Variable(1.0, dtype=tf.float64)
```

【程序 8-1】

```
import tensorflow as tf

input1 = tf.constant(1)
print(input1)

input2 = tf.Variable(2,tf.int32)
print(input2)
```

```
input2 = input1
sess = tf.Session()
print(sess.run(input2))
```

程序 8-1 展示了一个被定义成 input1 的常量和一个被定义成变量的 input2，其值分别为 1 和 2，此时将 input1 的值和 input2 的值打印出来，之后调用会话，使图完整运行后，重新打印运行后的值，结果如图 8-6 所示。

```
Tensor("Const:0", shape=(), dtype=int32)
Tensor("Variable/read:0", shape=(), dtype=int32)
1
```

图 8-6 程序 8-1 打印结果

从中可以看到，程序 8-1 中首先对 input1 进行打印，此时打印结果是一个 int32 类型的张量而不是一个具体的数值。而对于 input2 来说，此时仍旧是 read: 0 状态，表示虽然其被赋予了新值，但是并没有发生真实值的改变。而只有当 input2 在会话中执行过，才能够真正发生真实值的改变。

下面是对于数据结构的一些说明。对于 tf 中的浮点型数据，需要知道 tf 中常用的有两种：float32 与 float64，这两种在作为常量使用的时候没什么问题，当处于变量的创建和修改时会相互影响，这里笔者建议程序编写之前定义好数据的类型。TensorFlow 中几种常用的数据类型参见表 8-1。

表 8-1 TensorFlow中几种常用的数据类型

数据类型	说明	数据类型	说明
tf.int	8位整数	tf.string	字符串
tf.int1	16位整数	tf.bool	布尔型
tf.int32	32位整数	tf.complex64	64位复数
tf.int64	64位整数	tf.complex128	128位复数
tf.uint8	8位无符号整数	tf.float32	32位浮点数
tf.uint16	16位无符号整数		
tf.float16	16位浮点数		

除了一般框架中常见的数据常量和数据变量外，TensorFlow 还存在一种特殊的数据类型——占位符（placeholder）。因为 TensorFlow 特殊的数据计算和处理形式，图进行计算时，可以从外界传入数值。而 TensorFlow 并不能直接对传入的数据进行处理，因此使用 placeholder 保留一个数据的位置，之后可以在 TensorFlow 会话运行的时候进行赋值。

```
input1 = tf.placeholder(tf.float32)
```

tf.placeholder 是占位符的函数，其中的参数是传入的数据类型，这里可以看到，当定义一个参数是 tf.float32 时，传入的参数必然也必须是 float32 类型的，如果传入其他类型的数据，系统会报错。这点在后续的程序编写时会讲解到。

【程序 8-2】

```
import tensorflow as tf

input1 = tf.placeholder(tf.int32)
input2 = tf.placeholder(tf.int32)

output = tf.add(input1, input2)

sess = tf.Session()
print(sess.run(output, feed_dict={input1:[1], input2:[2]}))
```

程序 8-2 演示了使用占位符进行输出的例子，input1 和 input2 是 2 个 int 类型的占位符，此时数据并不能直接发生改变，而是在会话进行的过程中不停地填入数据集进行数据的处理。

程序 8-2 的一些具体细节在 8.3 节解释，希望进一步了解的读者可以跳过去看看。

读者可以把这个过程想象成马克沁重机枪（图 8-7），机枪平时里面是不存储任何弹药的，只有当开火时，才有源源不断的子弹被送入机枪。

图 8-7　马克沁重机枪

同理占位符在平时只是作为一个空的张量在 TensorFlow 的图中构成一个边，只有当图完全启动后，才有真实的数据被填入和计算。

在程序 8-1 中，tf.add(input1, input2)是 TensorFlow 中一个加法函数，除了这个加法函数之外，TensorFlow 还提供了大量普通计算函数供程序设计使用，参见表 8-2。

表 8-2　TensorFlow 中几种常用的函数

操　作	描　述
tf.add(x, y, name=None)	求和
tf.sub(x, y, name=None)	减法
tf.mul(x, y, name=None)	乘法
tf.div(x, y, name=None)	除法
tf.mod(x, y, name=None)	取模
tf.abs(x, name=None)	求绝对值
tf.neg(x, name=None)	取负 ($y = -x$).

（续表）

操　　作	描　　述
tf.sign(x, name=None)	返回符号 $y = \text{sign}(x) = -1 \text{ if } x < 0; 0 \text{ if } x == 0; 1 \text{ if } x > 0.$
tf.inv(x, name=None)	取反
tf.square(x, name=None)	计算平方 $(y = x * x = x\text{^2}).$
tf.sqrt(x, name=None)	开根号 $(y = \text{\textbackslash sqrt}\{x\} = x\text{^}\{1/2\}).$
tf.exp(x, name=None)	计算e的次方
tf.log(x, name=None)	计算log
tf.maximum(x, y, name=None)	返回最大值 $(x > y ? x : y)$
tf.minimum(x, y, name=None)	返回最小值 $(x < y ? x : y)$
tf.cos(x, name=None)	三角函数cosine
tf.sin(x, name=None)	三角函数sine
tf.tan(x, name=None)	三角函数tan
tf.atan(x, name=None)	三角函数ctan

下面补充一些细节问题。

首先第一个问题。在程序 8-2 中，tf.add(input1, input2)是 TensorFlow 中一个加法函数。前面已经说过，TensorFlow 是以图的形式在对话中统一运行。

tf.add(input1, input2)就是这样运行的一个函数，从深一步的源代码来看，这里括号内的参数 input1 与 input2 都是一个张量对象。在 TensorFlow 设计之初，就鼓励用户去建立复杂的表达式（如整个神经网络及其梯度）来形成计算图。之后将整个计算图的运行过程交给一个 TensorFlow 的对话，此对话可以运行整个计算过程，这种运行方式相比较传统一条一条的执行效率高得多。

第二个问题，在程序 8-2 对占位符传递数据时，使用的是 Feeding_dict 函数。Feeding 是 TensorFlow 的一种机制，它允许你在运行时使用不同的值替换一个或多个 tensor 的值。feed_dict 将 tensor 对象映射为 NumPy 的数组（和一些其他类型），同时在执行 step 时，这些数组就是 tensor 的值。

8.3　TensorFlow 矩阵计算

TensorFlow 中矩阵的生成与计算是所有结构计算中最为重要和复杂的，因此，本章将抽出一节重点介绍 TensorFlow 中矩阵的生成与计算。

首先创建一个张量矩阵，TensorFlow 中使用常量创建函数，即 tf.constant 来创建一个矩阵。

```
tf.constant([1,2,3],shape=[2,3])
```

这行代码创建了一个 2 行 3 列的矩阵，可能有读者奇怪，这里输入的数值只有 3 个，但是却要求生成一个 2 行 3 列的矩阵，那么看看生成的结果：

```
[[1 2 3]
```

```
[3 3 3]]
```

这里自动生成了一个符合要求的矩阵,输入的数据 1、2、3 被放在第一行,而第二行中自动由第一行,也就是输入的数值进行补完。这是 TensorFlow 矩阵生成的一种优化结果。

如果想随机生成矩阵张量,则需要使用以下函数:

```
tf.random_normal(shape,mean=0.0,stddev=1.0,dtype=tf.float32,seed=None,name=
None)
    tf.truncated_normal(shape, mean=0.0, stddev=1.0, dtype=tf.float32, seed=None,
name=None)
    tf.random_uniform(shape,minval=0,maxval=None,dtype=tf.float32,seed=None,nam
e=None)
```

以上这三个函数都是用于生成随机数 tensor 的,尺寸是 shape。

- random_normal:正态分布随机数,均值 mean,标准差 stddev。
- truncated_normal:截断正态分布随机数,均值 mean,标准差 stddev,不过只保留 [mean-2*stddev,mean+2*stddev]范围内的随机数。
- random_uniform:均匀分布随机数,范围为[minval,maxval]。

对于已经生成的矩阵,可以通过 tf.shape(Tensor)获取到矩阵张量的形状:

```
tf.shape(Tensor)
```

对于需要对矩阵重新排列的用法来说,tf.reshape(tensor, shape, name=None)是一个常用的方法。与 NumPy 中 reshape 类似,其是将矩阵张量按照新的 shape 重新排列。

- 如果 shape=[-1],表示要将 tensor 展开成一个 list。
- 如果 shape=[a,b,c,...],其中 a,b,c,...均大于 0,那么就是常规用法。
- 如果 shape=[a,-1,c,...],此时 b=-1,a,c,...依然大于 0,这表示 tf 会根据 tensor 的原尺寸,自动计算 b 的值。

TensorFlow 中几种常用的矩阵函数参见表 8-3。

表 8-3　TensorFlow 中几种常用的矩阵函数

操　作	描　述
tf.diag(diagonal, name=None)	返回一个给定对角值的对角tensor # 'diagonal' is [1, 2, 3, 4] tf.diag(diagonal) ==> [[1, 0, 0, 0] [0, 2, 0, 0] [0, 0, 3, 0] [0, 0, 0, 4]]
tf.diag_part(input, name=None)	功能与上面相反
tf.trace(x, name=None)	求一个 2 维tensor足迹,即对角值diagonal之和

（续表）

操　作	描　述
tf.transpose(a, perm=None, name='transpose')	调换tensor的维度顺序 按照列表perm的维度排列调换tensor顺序， 如定义，则perm为(n-1…0) # 'x' is [[1 2 3],[4 5 6]] tf.transpose(x) ==> [[1 4], [2 5],[3 6]] # Equivalently tf.transpose(x, perm=[1, 0]) ==> [[1 4],[2 5], [3 6]]
tf.matmul(a, b, transpose_a=False, transpose_b=False, a_is_sparse=False, b_is_sparse=False, name=None)	矩阵相乘
tf.matrix_determinant(input, name=None)	返回方阵的行列式
tf.matrix_inverse(input, adjoint=None, name=None)	求方阵的逆矩阵，adjoint为True时，计算输入共轭矩阵的逆矩阵
tf.cholesky(input, name=None)	对输入方阵cholesky分解， 即把一个对称正定的矩阵表示成一个下三角矩阵L和其转置的乘积的分解A=LL^T
tf.matrix_solve(matrix, rhs, adjoint=None, name=None)	求解tf.matrix_solve(matrix, rhs, adjoint=None, name=None) matrix为方阵，shape为[M,M]，rhs的shape为[M,K]，output为[M,K]

8.4　Hello TensorFlow

Hello TensorFlow!

前面章节的内容对 TensorFlow 的基本概念有了一个大概介绍。可能有的读者在读到这里会很诧异，大名鼎鼎的 TensorFlow 怎么会这么简单。从代码量上来看，TensorFlow 主要是利用已有的函数去实现一些具体的计算。

然而事实是这样的吗？

与 Hadoop 类似，TensorFlow 有自己的入门程序：Hello Regular Network。

先来看看一个回归分析的具体应用。图 8-8 是一个需要设计的神经网络，这里准备建立一个有一个隐藏层的神经网络去实现回归分析，这个神经网络有输入层、隐藏层与输出层。程序 8-3 具体实现了这个神经网络模型。

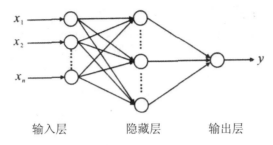

输入层　　　　　隐藏层　　　　　输出层

图 8-8　有一个隐藏层的反馈神经网络

【程序 8-3】

```python
import tensorflow as tf
import numpy as np

"""
这里是一个非常好的大数据验证结果，随着数据量的上升，集合的结果也越来越接近真实值，
这也是反馈神经网络的一个比较好的应用
这里不是很需要各种激励函数
而对于 dropout，这里可以看到加上 dropout，loss 的值更快。
随着数据量的上升，结果就更加接近于真实值。
"""

inputX = np.random.rand(3000,1)
noise = np.random.normal(0, 0.05, inputX.shape)
outputY = inputX * 4 + 1 + noise

#这里是第一层
weight1 = tf.Variable(np.random.rand(inputX.shape[1],4))
bias1 = tf.Variable(np.random.rand(inputX.shape[1],4))
x1 = tf.placeholder(tf.float64, [None, 1])
y1_ = tf.matmul(x1, weight1) + bias1

y = tf.placeholder(tf.float64, [None, 1])
loss = tf.reduce_mean(tf.reduce_sum(tf.square((y2_ - y)),
reduction_indices=[1]))
train = tf.train.GradientDescentOptimizer(0.25).minimize(loss)  # 选择梯度下降
法

init = tf.initialize_all_variables()
sess = tf.Session()
sess.run(init)

for i in range(1000):
    sess.run(train, feed_dict={x1: inputX, y: outputY})
```

```
print(weight1.eval(sess))
print("--------------------")
print(bias1.eval(sess))
print("-----------------结果是------------------")

x_data = np.matrix([[1.],[2.],[3.]])
print(sess.run(y1_,feed_dict={x1: x_data}))
```

这个是一个最简单的一元回归分析函数，现在对这个程序做一个分析。

首先最上端导入了在程序设计时所需要的包：

```
import tensorflow as tf
import numpy as np
```

这是告诉程序需要使用 TensorFlow 与 NumPy，将其应用包导入进来。

```
inputX = np.random.rand(3000,1)
noise = np.random.normal(0, 0.05, inputX.shape)
outputY = inputX * 4 + 1 + noise
```

使用 NumPy 中的随机生成数据功能生成一个 $y = 4x + 1$ 的线性曲线，数据 inputX、noise 为随机生成的输入数与满足偏差为 0.05 的正态分布的噪音数。

下面创建了有一个隐藏层的反馈神经网络去计算这个线性曲线：

```
weight1 = tf.Variable(np.random.rand(inputX.shape[1],4))
bias1 = tf.Variable(np.random.rand(inputX.shape[1],4))
x1 = tf.placeholder(tf.float64, [None, 1])
y1_ = tf.matmul(x1, weight1) + bias1
```

这里 weight1 与 bias1 分别是神经网络隐藏层的变量，因为这个变量在后续的图计算过程是需要重新根据误差算法不停地重新赋值，所以被设置成 tf 变量。

程序段中 x1 与 y1_在写作时就有些不同，这里 x1 是占位符，占位符的作用是在 tf 图计算时不停地输入数据；而 y1_是神经网络设立的模型目标，其形式为：

$$Y = x \times w + b$$

即这个模型是一个一元线性回归模型。

```
y = tf.placeholder(tf.float64, [None, 1])
loss = tf.reduce_mean(tf.reduce_sum(tf.square((y2_ - y)),
reduction_indices=[1]))
train = tf.train.GradientDescentOptimizer(0.25).minimize(loss)  # 选择梯度下降
法
```

程序中，这里训练模型的真实值 y 同样被设置成一个占位符。loss 定义的是损失函数，这里采用的是最小二乘法的损失函数，即计算模型输出值与真实值之间的误差的最小二乘法。

最小二乘法在后续的章节中会进行介绍，这里读者只需了解即可。

train 是采用梯度下降算法计算的训练方法，图 8-9 使用流程图展示了这一步骤。

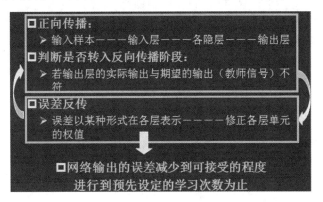

图 8-9　神经网络的反向传播算法

```
init = tf.initialize_all_variables()
sess = tf.Session()
sess.run(init)
```

当全部数据和模型被设置完毕以后，tf.initialize_all_variables()启动数值的初始化工作，之后对话被启动，框架准备开始执行任务。

```
for i in range(1000):
    sess.run(train, feed_dict={x1: inputX, y: outputY})
```

在设定的循环次数下会话被启动，而 feed 会把设定的值依次传送到训练模型中。

```
print(weight1.eval(sess))
print("--------------------")
print(bias1.eval(sess))
print("--------------------")
```

训练完成后，可以把结果进行打印，在整个公式中，最需要知道的就是 weight 和 bias 的值，可以直接被打印出来。

```
x_data = np.matrix([[1.],[2.],[3.]])
print(sess.run(y1_,feed_dict={x1: x_data}))
```

而模型训练结束后被存储在上文设定的 y1_模型中。需要注意的是，当训练结束后，模型就已经被训练完毕被存储在系统中，因此当需要时只需要按要求调用即可。

其实可以简单地理解，TensorFlow 实际上就是一个函数解释器，能够把计算好的关于神经网络的神经程序以程序设定步骤的形式解释出来。

而如果需要加大更多的隐藏层，例如在前面 TensorFlow 游乐场中看到的一样，则值需要编写更多的步骤，即：

```
#这里是第二层
weight2 = tf.Variable(np.random.rand(4,1))
bias2 = tf.Variable(np.random.rand(inputX.shape[1],1))
y2_ = tf.matmul(y1_, weight2) + bias2
```

第二层的设置与第一层相似，但是需要注意的是，第二层将第一层计算后的输出值作为输入值进行输入，并重新计算。完整代码如程序 8-4 所示。

【程序 8-4】

```
import tensorflow as tf
import numpy as np


"""
这里是一个非常好的大数据验证结果，随着数据量的上升，集合的结果也越来越接近真实值，
这也是反馈神经网络的一个比较好的应用
这里不是很需要各种激励函数
而对于 dropout，这里可以看到加上 dropout，loss 的值更快。
随着数据量的上升，结果就更加接近于真实值。
"""

inputX = np.random.rand(3000,1)
noise = np.random.normal(0, 0.05, inputX.shape)
outputY = inputX * 4 + 1 + noise

#这里是第一层
weight1 = tf.Variable(np.random.rand(inputX.shape[1],4))
bias1 = tf.Variable(np.random.rand(inputX.shape[1],4))
x1 = tf.placeholder(tf.float64, [None, 1])
y1_ = tf.matmul(x1, weight1) + bias1
#这里是第二层
weight2 = tf.Variable(np.random.rand(4,1))
bias2 = tf.Variable(np.random.rand(inputX.shape[1],1))
y2_ = tf.matmul(y1_, weight2) + bias2


y = tf.placeholder(tf.float64, [None, 1])


loss = tf.reduce_mean(tf.reduce_sum(tf.square((y2_ - y)),
reduction_indices=[1]))
train = tf.train.GradientDescentOptimizer(0.25).minimize(loss)#选择梯度下降法

init = tf.initialize_all_variables()
```

```
sess = tf.Session()
sess.run(init)

for i in range(1000):
    sess.run(train, feed_dict={x1: inputX, y: outputY})

print(weight1.eval(sess))
print("---------------------")
print(weight2.eval(sess))
print("---------------------")
print(bias1.eval(sess))
print("---------------------")
print(bias2.eval(sess))
print("-----------------结果是-------------------")

x_data = np.matrix([[1.],[2.],[3.]])
print(sess.run(y2_,feed_dict={x1: x_data}))
```

与程序 8-3 相类似，不过在最终的模型验证和数据输入的时候，产生了一个计算流程图，由于一个模型被人为设置成 2 个，而最终的结果也由 y1_改成 y2_。

具体结果请读者自行完成。

8.5　本章小结

在本章中，笔者初步介绍了 TensorFlow 的基本概念以及矩阵计算方式，也介绍了在 TensorFlow 程序编写时需要设置的常量、变量以及占位符；然后着重介绍了在 TensorFlow 中最常用的矩阵计算，这是 TensorFlow 图计算最常用的数据处理类型和计算格式。

可能有读者认为，TensorFlow 编写程序相对简单。但是，这个简单是基于使用者对所设计的算法和步骤深刻理解的基础上的。前文也说了，TensorFlow 实际上就是一个函数解释器，可以把设计的算法和函数用最简单的方法实现，从而能达到神经网络做计算的要求。如果对它背后的公式和内容不理解的话，那么很难想象能够编写出好的程序。

从下一章开始，笔者将从最基本的 BP 算法开始，逐步讲解 TensorFlow 公式和算法所涉及的内容，希望能够加深对 TensorFlow 背后更深内容的理解。

第 9 章

◀ TensorFlow 重要算法基础 ▶

本章内容是全书的重点之一，也是神经网络的最重要的内容。

在上一章中，笔者介绍了 TensorFlow 的基本语法结构和写法，并通过一个简单的入门例子向读者演示了 TensorFlow 的入门程序：Hello TensorFlow！

虽然从代码来看，通过 TensorFlow 构建一个可用的神经网络程序对回归进行拟合分析并不是一件很难的事，但是，笔者在上一章的最后也说了，从代码量上来看，构建一个普通的神经网络是比较简单，但是其背后的原理却不容小觑。

从本章开始，笔者将从 BP 神经网络开始说起，介绍它的概念、原理以及它背后的数学原理。可能本章的后半部分阅读起来有一定的困难，读者需要尽力弄懂这些内容。

9.1　BP 神经网络简介

在介绍 BP 神经网络之前，人工神经网络是必需介绍的内容。人工神经网络（artificial neural network，ANN）的发展经历了大约半个世纪，从 20 世纪 40 年代初到 80 年代，神经网络的研究经历了低潮和高潮几起几落的发展过程。

1943 年，心理学家 W・McCulloch 和数理逻辑学家 W・Pitts 在分析、总结神经元基本特性的基础上提出神经元的数学模型（McCulloch-Pitts 模型，简称 MP 模型），标志着神经网络研究的开始。但由于受到当时研究条件的限制，很多工作不能模拟，在一定程度上影响了 MP 模型的发展。尽管如此，MP 模型对后来的各种神经元模型及网络模型都有很大的启发作用，在此后的 1949 年，D.O.Hebb 从心理学的角度提出了至今仍对神经网络理论有着重要影响的 Hebb 法则。

1945 年，冯・诺依曼领导的设计小组试制成功存储程序式电子计算机，标志着电子计算机时代的开始。1948 年，他在研究工作中比较了人脑结构与存储程序式计算机的根本区别，提出了以简单神经元构成的再生自动机网络结构。但是，由于指令存储式计算机技术的发展非常迅速，迫使他放弃了神经网络研究的新途径，继续投身于指令存储式计算机技术的研究，并在此领域做出了巨大贡献。虽然，冯・诺依曼的名字是与普通计算机联系在一起的，但他也是人工神经网络研究的先驱之一。

1958 年，F·Rosenblatt 设计制作了"感知机"，它是一种多层的神经网络。这项工作首次把人工神经网络的研究从理论探讨付诸工程实践。感知机由简单的阈值性神经元组成，初步具备了诸如学习、并行处理、分布存储等神经网络的一些基本特征，从而确立了从系统角度进行人工神经网络研究的基础。

1980 年，B.Widrow 和 M.Hoff 提出了自适应线性元件网络（ADAptive LINear NEuron，ADALINE），这是一种连续取值的线性加权求和阈值网络。后来，在此基础上发展了非线性多层自适应网络。Widrow-Hoff 的技术被称为最小均方误差（least mean square，LMS）学习规则。从此神经网络的发展进入了第一个高潮期。

的确，在一个有限范围内，感知机有较好的功能，并且收敛定理得到证明。单层感知机能够通过学习把线性可分的模式分开，但对像 XOR（异或）这样简单的非线性问题却无法求解，这一点让人们大失所望，甚至开始怀疑神经网络的价值和潜力。1999 年，麻省理工学院著名的人工智能专家 M.Minsky 和 S.Papert，出版了颇有影响力的 *Perceptron* 一书，从数学上剖析了简单神经网络的功能和局限性，并且指出多层感知器还不能找到有效的计算方法，由于 M.Minsky 在学术界的地位和影响，其悲观的结论被大多数人不做进一步分析而接受；加之当时以逻辑推理为研究基础的人工智能和数字计算机的辉煌成就，大大减低了人们对神经网络研究的热情。20 世纪 60 年代末期，人工神经网络的研究进入了低潮。尽管如此，神经网络的研究并未完全停顿下来，仍有不少学者在极其艰难的条件下致力于这一研究。1972 年 T.Kohonen 和 J.Anderson 不约而同地提出具有联想记忆功能的新神经网络；1976 年，S.Grossberg 与 G.A.Carpenter 提出了自适应共振理论（adaptive resonance theory，ART），并在以后的若干年内发展了 ART1、ART2、ART3 这 3 个神经网络模型，从而为神经网络研究的发展奠定了理论基础。

进入 20 世纪 80 年代，特别是 80 年代末期，对神经网络的研究从复兴很快转入了新的热潮。这主要是因为：一方面经过十几年迅速发展的、以逻辑符号处理为主的人工智能理论和冯·诺依曼计算机在处理诸如视觉、听觉、形象思维、联想记忆等智能信息处理问题上受到了挫折；另一方面，并行分布处理的神经网络本身的研究成果，使人们看到了新的希望。1982 年美国加州工学院的物理学家 J.Hoppfield 提出了 HNN（hoppfield neural network）模型，并首次引入了网络能量函数概念，使网络稳定性研究有了明确的判据，其电子电路实现为神经计算机的研究奠定了基础，同时开拓了神经网络用于联想记忆和优化计算的新途径。1983 年 K.Fukushima 等提出了神经认知机网络理论；1985 年 D.H.Ackley、G.E.Hinton 和 T.J.Sejnowski 将模拟退火概念移植到 Boltzmann 机模型的学习之中，以保证网络能收敛到全局最小值。1989 年，D.Rumelhart 和 J.McCelland 等提出了 PDP（parallel distributed processing）理论则致力于认知微观结构的探索，同时发展了多层网络的 BP 算法，使 BP 网络成为目前应用最广的网络。

"反向传播（backpropagation）"一词的使用出现在 1985 年后，它的广泛使用是在 1989 年 D.Rumelhart 和 J.McCelland 所著的 *Parallel Distributed Processing* 这本书出版以后。1987 年，T.Kohonen 提出了自组织映射（self organizing map，SOM）。1987 年，美国电气和电子工程师学会 IEEE（institute for electrical and electronic engineers）在圣地亚哥（San Diego）召开了盛大规模的神经网络国际学术会议，国际神经网络学会（international neural networks society）

也随之诞生。

1988 年，学会的正式杂志 Neural Networks 创刊；从 1988 年开始，国际神经网络学会和 IEEE 每年联合召开一次国际学术年会；1990 年 IEEE 神经网络会刊问世，各种期刊的神经网络特刊层出不穷，神经网络的理论研究和实际应用进入了一个蓬勃发展的时期。

BP 算法（反向传播算法）的学习过程，由信息的正向传播和误差的反向传播两个过程组成。输入层各神经元负责接收来自外界的输入信息，并传递给中间层各神经元；中间层是内部信息处理层，负责信息变换，根据信息变化能力的需求，中间层可以设计为单隐层或者多隐层结构；最后一个隐层传递到输出层各神经元的信息，经进一步处理后，完成一次学习的正向传播处理过程，由输出层向外界输出信息处理结果。当实际输出与期望输出不符时，进入误差的反向传播阶段。误差通过输出层，按误差梯度下降的方式修正各层权值，向隐层、输入层逐层反传。周而复始的信息正向传播和误差反向传播过程，是各层权值不断调整的过程，也是神经网络学习训练的过程，此过程一直进行到网络输出的误差减少到可以接受的程度，或者预先设定的学习次数为止。

目前神经网络的研究方向和应用很多，反映了多学科交叉技术领域的特点。主要的研究工作集中在以下几个方面：

- 生物原型研究。从生理学、心理学、解剖学、脑科学、病理学等生物科学方面研究神经细胞、神经网络、神经系统的生物原型结构及其功能机理。

- 建立理论模型。根据生物原型的研究，建立神经元、神经网络的理论模型。其中包括概念模型、知识模型、物理化学模型、数学模型等。

- 网络模型与算法研究。在理论模型研究的基础上构建具体的神经网络模型，以实现计算机模拟或准备制作硬件，包括网络学习算法的研究。这方面的工作也称为技术模型研究。

- 人工神经网络应用系统。在网络模型与算法研究的基础上，利用人工神经网络组成实际的应用系统，例如，完成某种信号处理或模式识别的功能、构作专家系统、制成机器人等。

纵观当代新兴科学技术的发展历史，人类在征服宇宙空间、基本粒子、生命起源等科学技术领域的进程中历经了崎岖不平的道路。我们也会看到，探索人脑功能和神经网络的研究将伴随着重重困难的克服而日新月异。

9.2 BP 神经网络中的两个基础算法

在正式介绍 BP 神经网络之前，需要首先介绍两个非常重要的算法，即随机梯度下降算法和最小二乘法。

最小二乘法是统计分析中最常用的逼近计算的一种算法，其交替计算结果使得最终结果尽可能地逼近真实结果。而随机梯度下降算法是其充分利用了 TensorFlow 框架的图运算特性的迭代和高效性，通过不停地判断和选择当前目标下最优路径，使得能够在最短路径下达到最优的结果，从而提高大数据的计算效率。

9.2.1　最小二乘法（LS 算法）详解

LS 算法是一种数学优化技术，也是一种机器学习常用算法。它通过最小化误差的平方和寻找数据的最佳函数匹配。利用最小二乘法可以简便地求得未知的数据，并使得这些求得的数据与实际数据之间误差的平方和为最小。最小二乘法还可用于曲线拟合，其他一些优化问题也可通过最小化能量或最大化熵用最小二乘法来表达。

由于最小二乘法不是本章的重点内容，笔者只通过一个图示向读者演示了 LS 算法的原理。LS 算法原理如图 9-1 所示。

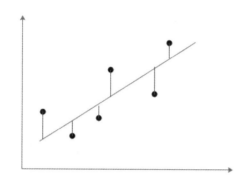

图 9-1　最小二乘法原理

从图 9-1 可以看到，若干个点依次分布在向量空间中，如果希望找出一条直线和这些点达到最佳匹配，那么最简单的一个方法就是希望这些点到直线的值最小，即下面最小二乘法实现公式最小。

$$f(\mathrm{x}) = a\mathrm{x} + b$$

$$\delta = \sum (f(\mathrm{x}_i) - \mathrm{y}_i)^2$$

这里直接应用的是真实值与计算值之间的差的平方和，具体而言，这种差值有个专门的名称为"残差"。基于此，表达残差的方式有以下三种：

- 范数：残差绝对值的最大值 $\max\limits_{1 \le i \le m} |r_i|$，即所有数据点中残差距离的最大值。
- L1-范数：绝对残差和 $\sum_{i=1}^{m} |r_i|$，即所有数据点残差距离之和。
- L2-范数：残差平方和 $\sum_{i=1}^{m} r_i^2$。

也可以看到，所谓的最小二乘法也就是 L2 范数的一个具体应用。通俗地说，就是看模型计算的结果与真实值之间的相似性。

因此，最小二乘法的定义可由如下公式定义：

对于给定的数据 $(x_i, y_i)(i = 1, \dots, \mathrm{m})$，在确定的假设空间 $\boldsymbol{H}$ 中，求解 $f(x) \in \boldsymbol{H}$，使得残差

$\delta = \sum (f(x_i) - y_i)^2$ 的 2-范数最小。

看到这里可能有读者又会提出疑问，这里的 $f(x)$ 又该如何表示？实际上函数 $f(x)$ 是一条多项式曲线：

$$f(x, w) = w_0 + w_0 x + w_0 x^2 + w_0 x^3 + \ldots + w x^n$$

那么继续讨论下去，所谓的最小二乘法就是找到这么一组权重 w，使得 $\delta = \sum (f(x_i) - y_i)^2$ 最小。那么问题就又来了，如何能使得最小二乘法最小。

而对于求出最小二乘法的结果，通过数学上的微积分处理方法，这是一个求极值的问题，这里只需要对权值依次求偏导数，最后令偏导数为 0，即可求出极值点。

$$\frac{\partial f}{\partial w_0} = 2\sum_1^m (w_0 + w_1 x_i - y_i) = 0$$

$$\frac{\partial f}{\partial w_1} = 2\sum_1^m (w_0 + w_1 x_i - y_i) x_i = 0$$

$$\cdot$$
$$\cdot$$
$$\cdot$$

$$\frac{\partial f}{\partial w_n} = 2\sum_1^m (w_0 + w_n x_i - y_i) x_i = 0$$

具体实现最小二乘法的代码如程序 9-1：

【程序 9-1】

```python
import numpy as np
from matplotlib import pyplot as plt

A = np.array([[5],[4]])
C = np.array([[4],[6]])
B = A.T.dot(C)
AA = np.linalg.inv(A.T.dot(A))
l=AA.dot(B)
P=A.dot(l)
x=np.linspace(-2,2,10)
x.shape=(1,10)
xx=A.dot(x)
fig = plt.figure()
ax= fig.add_subplot(111)
ax.plot(xx[0,:],xx[1,:])
ax.plot(A[0],A[1],'ko')
```

```
ax.plot([C[0],P[0]],[C[1],P[1]],'r-o')
ax.plot([0,C[0]],[0,C[1]],'m-o')

ax.axvline(x=0,color='black')
ax.axhline(y=0,color='black')

margin=0.1
ax.text(A[0]+margin, A[1]+margin, r"A",fontsize=20)
ax.text(C[0]+margin, C[1]+margin, r"C",fontsize=20)
ax.text(P[0]+margin, P[1]+margin, r"P",fontsize=20)
ax.text(0+margin,0+margin,r"O",fontsize=20)
ax.text(0+margin,4+margin, r"y",fontsize=20)
ax.text(4+margin,0+margin, r"x",fontsize=20)
plt.xticks(np.arange(-2,3))
plt.yticks(np.arange(-2,3))

ax.axis('equal')
plt.show()
```

最终结果如图 9-2 所示。

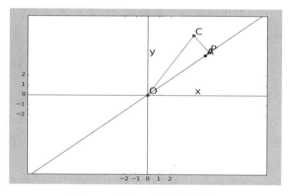

图 9-2　最小二乘法拟合曲线

9.2.2　道士下山的故事——梯度下降算法

在介绍随机梯度下降算法之前，给大家讲一个道士下山的故事。请读者看图 9-3。

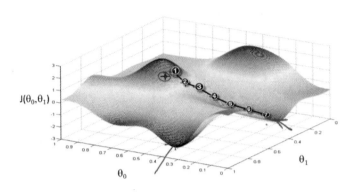

图 9-3　模拟随机梯度下降算法的演示图

这是一个模拟随机梯度下降算法的演示图。为了便于理解，笔者将其比喻成道士想要出去游玩的一座山。

设想道士有一天和道友一起到一座不太熟悉的山上去玩，在兴趣盎然中很快地登上了山顶。但是天有不测，下起了雨。如果这时需要道士和其同来的道友以最快的速度下山，那么怎么办呢？

如果想最快的速度下山，那么最好的办法就是顺着坡度最陡峭的地方走下去。但是由于不熟悉路，道士在下山的过程中，每走过一段路程则需要停下来观望从而选择最陡峭的下山路。这样一路走下来的话，可以在最短时间内走到底。

从图上可以近似的表示为：

①→ ② → ③ → ④ → ⑤ → ⑥ → ⑦

每个数字代表每次停顿的地点，这样只需要在每个停顿的地点选择最陡峭的下山路即可。

这就是一个道士下山的故事。随机梯度下降法和这个类似，如果想要使用最迅捷的方法，那么最简单的办法就是在下降一个梯度的阶层后，寻找一个当前获得的最大坡度继续下降。这就是随机梯度算法的原理。

从上面的例子可以看到，随机梯度下降算法就是不停地寻找某个节点中下降幅度最大的那个趋势进行迭代计算，直到将数据收缩到符合要求的范围为止。通过数学公式表达的方式计算的话，公式如下：

$$f(\theta) = \theta_0\, x_0 + \theta_1\, x_1 + ... + \theta_n\, x_n = \sum \theta_i\, x_i$$

在讲上一节最小二乘法的时候，笔者通过最小二乘法说明了直接求解最优化变量的方法。也介绍了在求解过程中的前提条件是要求计算值与实际值的偏差的平方最小。

但是在随机梯度下降算法中，对于系数需要通过不停地求解出当前位置下最优化的数据。这通过数学方式表达的话就是不停地对系数 θ 求偏导数。即公式如下所示：

$$\frac{\partial}{\partial \theta} f(\theta) = \frac{\partial}{\partial \theta} \frac{1}{2} \sum (f(\theta) - y_i)^2 = (f(\theta) - y)x_i$$

公式中 θ 的会向着梯度下降的最快方向减少，从而推断出 θ 的最优解。

因此可以说随机梯度下降算法最终被归结为通过迭代计算特征值从而求出最合适的值。θ 求解的公式如下：

$$\theta = \theta - \alpha(f(\theta) - y_i)x_i$$

公式中 α 是下降系数。用较为通俗的话表示就是用以计算每次下降的幅度大小。系数越大则每次计算中差值较大，而系数越小则差值越小，但是计算时间也相对延长。

随机梯度下降算法将梯度下降算法通过一个模型来表示的话，可以如图 9-4 所示这样。

图 9-4 随机梯度下降算法过程

从图中可以看到，实现随机梯度下降算法的关键是拟合算法的实现。而本例的拟合算法实现较为简单，通过不停地修正数据值从而达到数据的最优值。

随机梯度下降算法在神经网络特别是机器学习中应用较广，但是由于其天生的缺陷，噪音较多，使得在计算过程中并不是都向着整体最优解的方向优化，往往可能只是一个局部最优解。因此为了克服这些困难，一个最好的办法就是增大数据量，在不停地使用数据进行迭代处理的时候，能够确保整体的方向是全局最优解，或者最优结果在全局最优解附近。

【程序 9-2】

```
x = [(2, 0, 3), (1, 0, 3), (1, 1, 3), (1,4, 2), (1, 2, 4)]
y = [5, 6, 8, 10, 11]

epsilon = 0.002

alpha = 0.02
diff = [0, 0]
max_itor = 1000
error0 = 0
error1 = 0
cnt = 0
m = len(x)
```

```
theta0 = 0
theta1 = 0
theta2 = 0

while True:
    cnt += 1

    for i in range(m):
        diff[0] = (theta0 * x[i][0] + theta1 * x[i][1] + theta2 * x[i][2]) - y[i]
        theta0 -= alpha * diff[0] * x[i][0]
        theta1 -= alpha * diff[0] * x[i][1]
        theta2 -= alpha * diff[0] * x[i][2]

    error1 = 0
    for lp in range(len(x)):
        error1 += (y[lp] - (theta0 + theta1 * x[lp][1] + theta2 * x[lp][2])) **
2 / 2
    if abs(error1 - error0) < epsilon:
        break
    else:
        error0 = error1

print('theta0 : %f, theta1 : %f, theta2 : %f, error1 : %f' % (theta0, theta1,
theta2, error1))
print('Done: theta0 : %f, theta1 : %f, theta2 : %f' % (theta0, theta1, theta2))
print('迭代次数: %d' % cnt)
```

最终结果打印如下:

```
theta0 : 0.100684, theta1 : 1.564907, theta2 : 1.920652, error1 : 0.569459
Done: theta0 : 0.100684, theta1 : 1.564907, theta2 : 1.920652
迭代次数: 2118
```

从结果上看，这里需要迭代 2118 次即可获得最优解。

9.3 TensorFlow 实战——房屋价格的计算

在介绍完基本理论之后，下面笔者将带领读者使用 TensorFlow 解决实际生活中的一个问题，即房屋价格和面积之间的关系。这是一个简单的模型，目前也仅仅考虑了房屋面积的大小和价格的直接关系。虽然这在现实中是过于简单的计算方法，但是在本例中可以综合运用到上文学习到的 2 个理论方法，希望本例能够加深读者对其中算法的理解。

除此之外，笔者将借此向读者介绍通过 TensorFlow 创建一个完整程序的例子。在之前的代码练习中，基本上都是以 Python 为主，这里将据此完整分析本例，从数据的分析到模型的训练和结果的输出。

9.3.1 数据收集

首先从收集到的一组数据开始，图 9-5 展示了某城市房屋的价格与面积之间的关系，每个数据点代表一个例子，即输出值（房屋价格）与输入值（房屋面积）之间的关系。

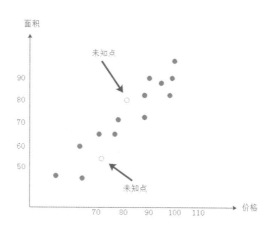

图 9-5　房屋的价格与面积之间的关系

这是基于已有数据的统计展示，也是对已经有价格的房屋面积的呈现的一一对应的关系，虽然从图中可以看出，大多数的数据都可以有对应的关系，但是有某些位置价格还未确定的数据点，即待定样本点，就无法较为准确地判定其输出值。

9.3.2 模型的建立与计算

现在可以看到，本例子需要建立一个可用的模型，即输入数据点的输入值，即可准确地得出预测输出值。

首先是对于模型的选择，需要一个能够拟合收集到数据的最佳模型，这个模型既可以是线性模型，也可以是指数模型。

随着图 9-6 给出的不同模拟拟合函数，似乎从图上可以看到，这些拟合函数都可以反映出房屋价格和面积之间的关系。

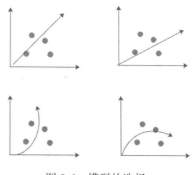

图 9-6　模型的选择

117

为了比较和分辨出哪个模型能够更好地反映出现实的价格和面积的关系,因此需要一个判定拟合模型最符合最佳关系的函数。这个函数被称为"损失函数"或者"成本函数"。成本函数代表的是每个模型上的每个数据点与实际输出值之间偏差的绝对值。因为有的时候差值是负数,所以会以差值的平方代替。即:

$$\delta = \sum (f(\mathrm{x}_i) - \mathrm{y}_i)^2$$

这也是最小二乘法的公式。

 真实情况下,除了最小二乘法,还有其他的损失函数,等后文需要的时候再说。

当然了,无论选择线性模型和曲线模型,都可以拟合出模型,但是本例中将通过线性模型来对数据进行建模。线性模型的表达式为:

$$y = \mathrm{w} \times \mathrm{x} + b = f(\mathrm{x}, \mathrm{w})$$

- w: 系数权重;
- x: 房屋面积;
- b: 偏置系数;
- y: 输出价格。

从公式上看,这里所需要计算的主要是两个参数,即系数权重与偏置系数。因此模型曲线的建立转化为求 w 和 b 的值上。

如果用传统的方法去求取系数值,在本例中虽然也可以较为简单地求得 w 和 b 的值,但是随着系数的增加,其求解难度会呈现指数级的增加,这在计算过程中往往就会成为"计算噩梦",使得最终无法求解最终的结果。

梯度下降算法是能够逐步计算出最优解的方法(图 9-7),其牺牲了在系数低状态时的便捷性,换得了对所求系数多的时候能够计算下去的方法。

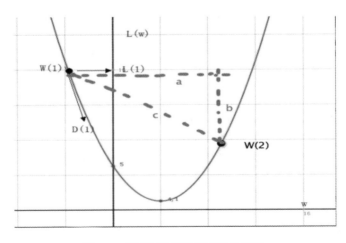

图 9-7　梯度下降算法对系数的更新

梯度下降算法 ed 计算在 9.2.2 节中已经有演示，这里就不做介绍。

9.3.3 TensorFlow 程序设计

现在可以看到，本例子需要建立一个可用的模型，即输入数据点的输入值，可准确地得出预测输出值。

步骤一

首先是程序所需要使用的包的导入：

```
import tensorflow as tf
import numpy as np
```

其中 TensorFlow 是计算时使用的，而 NumPy 是常用的数据处理函数库。

其次是获取房价和房屋面积的数据，本例中数据采用随机生成的形式，可以由如下函数生成：

```
xs = np.random.randint(46,99,100)
ys = 1.7 * xs
```

这里由 NumPy 中的随机函数随机生成 100 个范围在 46 到 99 的整型数，之后计算房屋的价格，这里把房屋的面积乘以 1.7 作为房屋的价格。

下面是关于 TensorFlow 程序模型的建立，首先第一步就是 TensorFlow 的 2 个基本组件：占位符与变量。

前面已经说过，占位符的作用是把数据像子弹一样源源不断地填入到 TensorFlow 的程序图中，而变量的作用是可以即时地赋予新的数据。

```
x = tf.placeholder(tf.float32)
y = tf.placeholder(tf.float32)
```

这里的 x 和 y 分别被定义为一个 float32 位的占位符，其作用是把真实值导入到计算图中。

```
w = tf.Variable(0.1)
b = tf.Variable(0.1)
```

步骤二

w 和 b 是在模型运行时所用到的系数，被定义为 TensorFlow 变量，在计算时需要不停地改变其中的变量以便模型能够更好地拟合。这里有一点需要读者注意，这里变量的初始值被设定为 0.1，这是数据格式的另一种表示方式，即 w 和 b 均为 float32 格式的数据。

下面是模型拟合曲线的建立：

```
y_ = tf.multiply(w,x) + b
```

y_ 就是定义了一个计算公式，即 w 与 x 的乘积之后与 b 求和。这也是笔者定义的拟合公式。

之后还有一个非常重要的内容就是损失函数的确定，在上文中，使用了最小二乘法作为模型的损失函数，这里需要将其转化成代码的形式。

```
cost = tf.reduce_sum(tf.pow((y - y_),2))
```

其中 y 与 y_ 分别为真实值与拟合曲线计算出的值，其差值的平方和作为损失函数。而梯度下降是为了在图计算的过程中寻找梯度下降最快的那个方向，即可用于计算修正系数。

TensorFlow 中自带了梯度下降函数：

```
train_step = tf.train.GradientDescentOptimizer(0.02).minimize(cost)
```

函数中需要设定学习率以及所需要最小化的目标，即要求最小化损失函数。

有了线性模型、损失函数以及定义完毕梯度下降函数，即可以将数据进入模型的训练阶段。

步骤三

任何一个 TensorFlow 构成的计算图都要在一个会话中进行，因此需要创建一个会话，初始化变量，之后将图使用会话的 run 函数去执行。

```
init = tf.initialize_all_variables()
sess = tf.Session()
sess.run(init)
for _ in range(10):
    sess.run(train_step,feed_dict={x:xs,y:ys})
```

for 循环设置了循环次数，这里可以使用固定的循环次数，也可以设置损失函数的值为计算门槛。

整体的计算函数分解如图 9-8 表示。

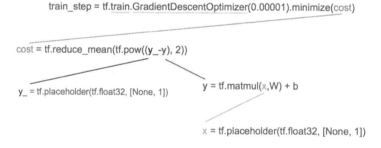

图 9-8　函数分解图

而对于整体步骤，首先是将输入的数据进入模型中，之后构建数据模型，根据梯度下降算法更新一次模型的权重值，之后进入下一次迭代，如图 9-9 所示。

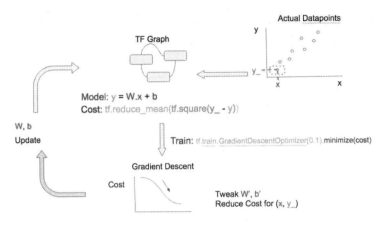

图 9-9　迭代的梯度下降过程

下一次迭代过程中，重复以上这个步骤，但是使用一个不同的数据点去计算。直到达到预定的迭代次数或者损失函数的差值在阈值之内，从而停止神经网络的训练。

> 在大多数情况下，数据点越多，模型的训练和学习效果越高；而当数据量不足时，可以通过增大迭代次数重复使用已用的数据点，虽然此时数据不一样，但是在计算时 w 和 b 已经发生了变化，因此并不影响权重更新。

9.4　反馈神经网络反向传播算法

反向传播算法是神经网络的核心与精髓，在其训练实践中取拥有一个举足轻重的地位。

用通俗话语解释的话，所谓的反向传播算法就是复合函数的链式求导法则的一个强大应用，而且实际上的应用比起理论上的推导强大得多。本节将主要介绍反向传播算法的一个最简单模型的推导，虽然模型简单，但是这个简单的模型是应用最为广泛的基础。

9.4.1　深度学习基础

机器学习在理论上可以看作是统计学在计算机科学上的一个应用。在统计学上，一个非常重要的内容就是拟合和预测，即基于以往的数据，建立光滑的曲线模型实现数据结果与数据变量的对应关系。

深度学习为统计学的应用，同样是为了这个目的，寻找结果与影响因素的一一对应关系。只不过样本点由狭义的 x 和 y 扩展到向量、矩阵等广义的对应点。而此时，由于数据的复杂，对应关系模型的复杂度也随之增加，而不能由一个简单的函数表达。

数学上通过建立复杂的高次多元的函数解决复杂模型拟合的问题，但是大多数都失败，因为过于复杂的函数式是无法进行求解，也就是其公式的获取不可能。

基于前人的研究，科研工作人员发现可以通过神经网络来表示这样的一个一一对应的关系，而神经网络本质就是一个多元复合函数，通过增加神经网络的层次和神经单元，可以更好地表达函数的复合关系，如图 9-10 所示。

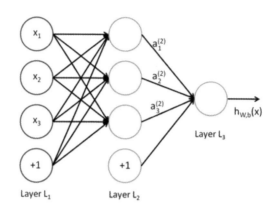

图 9-10　多层神经网络的表示

这是多层神经网络的一个图像表达方式，这与我们在前面 TensorFlow 游乐场中看到的神经网络模型类似。事实上也是如此，通过设置输入层、隐藏层与输出层可以形成一个多元函数求解相关问题。

如果通过数学表达式将多层神经网络模型表达出来，则公式如图 9-11 所示。

$$a_1 = f(w_{11} \times x_1 + w_{12} \times x_2 + w_{13} \times x_3 + b_1)$$
$$a_2 = f(w_{21} \times x_1 + w_{22} \times x_2 + w_{23} \times x_3 + b_2)$$
$$a_3 = f(w_{31} \times x_1 + w_{32} \times x_2 + w_{33} \times x_3 + b_3)$$
$$h(x) = f(w_{11} \times a_1 + w_{12} \times a_2 + w_{13} \times a_3 + b_1)$$

图 9-11　多层神经网络的数学表达

其中 x 是输入数值，而 w 是相邻神经元之间的权重，也就是神经网络在训练过程中需要学习的参数。而与线性回归相类似的是，神经网络学习同样需要一个"损失函数"，即训练目标通过调整每个权重值 w 来使得损失函数最小。前面在讲解梯度下降算法的时候已经说过，如果权重过多或者指数过大时，直接求解系数是不可能的，因此梯度下降算法是能够求解权重的比较好的方法。

9.4.2　链式求导法则

在前面梯度下降算法的介绍中，并没有对其背后的原理做出更为详细的介绍。实际上梯度下降算法就是链式法则的一个具体应用，如果把前面公式中损失函数以向量的形式表示为：

$$h(x) = f(w_{11}, w_{12}, w_{13}, w_{14} \ldots w_{ij})$$

那么其梯度向量则为：

$$\nabla h = \frac{\partial f}{\partial W_{11}} + \frac{\partial f}{\partial W_{12}} + ... + \frac{\partial f}{\partial W_{ij}}$$

因此可以看到，其实所谓的梯度向量就是求出函数在每个向量上的偏导数之和。这也是链式法则善于解决的方面。

下面以 $e=(a+b)\times(b+1)$，其中 $a=2$、$b=1$ 为例子，计算其偏导数。

$e=(a+b)\times(b+1)$ 的示意图如图 9-12 所示。

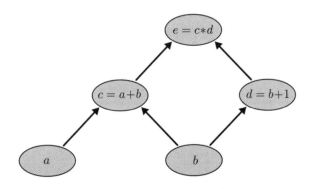

图 9-12　$e=(a+b)\times(b+1)$ 示意图

本例中为了求得最终值 e 对各个点的梯度，那么需要将各个点与 e 所联系在一起，例如期望求得 e 对输入点 a 的梯度，则只需要求得：

$$\frac{\partial e}{\partial a} = \frac{\partial e}{\partial c} \times \frac{\partial c}{\partial a}$$

这样就把 e 与 a 的梯度联系在一起，同理可得：

$$\frac{\partial e}{\partial b} = \frac{\partial e}{\partial c} \times \frac{\partial c}{\partial b} + \frac{\partial e}{\partial d} \times \frac{\partial d}{\partial b}$$

用图示表示为图 9-13。

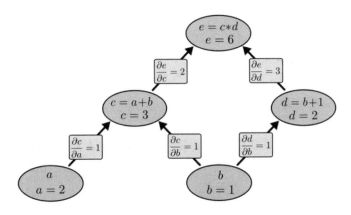

图 9-13　链式法则的应用

这样做的好处是显而易见的，求 e 对 a 的偏导数则只要建立一个 e 到 a 的路径，图中经过

c，那么通过相关的求导链接就可以得到所需要的值。而对于求 e 对 b 的偏导数，也只需要建立所有 e 到 b 路径中的求导路径，从而获得需要的值。

9.4.3 反馈神经网络原理与公式推导

在求导过程中，可能有读者已经注意到，如果拉长了求导过程或者增加了其中的单元，那么就会大大增加其中的计算过程，即很多偏导数的求导过程会被反复地重复，因此在实际上对于权值达到上十万或者上百万的神经网络来说，这样的重复冗余所导致的计算量是很大的。

同样是为了求得对权重的更新，反馈神经网络算法将训练误差 E 看作以权重向量中每个元素为变量的高维函数，通过不断更新权重，寻找训练误差的最低点，按误差函数梯度下降的方向更新权值。

 具体计算公式在本节后半部分进行推导。

首先求得最后的输出层与真实值之间的差距，如图 9-14 所示。

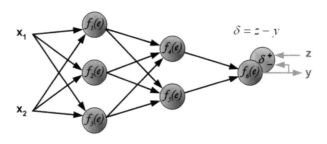

图 9-14 反馈神经网络最终误差的计算

之后以计算出的测量值与真实值为起点，反向传播到上一个节点，并计算出节点的误差值，如图 9-15 所示。

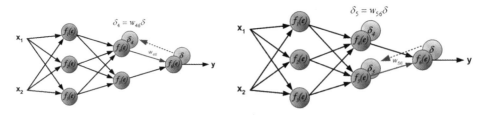

图 9-15 反馈神经网络输出层误差的传播

以后将计算出的节点误差重新设置为起点，依次向后传播误差。此时需要注意的是，对于隐藏层，误差并不是像输出层一样由单个节点确定，而是由多个节点确定，因此对其的计算要求得到所有的误差值之和，如图 9-16 所示。

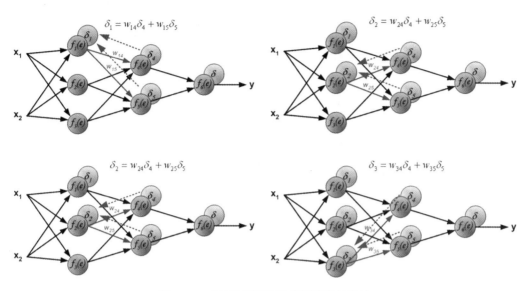

图 9-16　反馈神经网络隐藏层误差的计算

通俗地解释，一般情况下误差的产生是由于输入值与权重的计算产生了错误，而对于输入值来说，输入值往往是固定不变的，因此对于误差的调节，则需要对权重进行更新。而权重的更新又是以输入值与真实值的偏差为基础，当最终层的输出误差被反向一层层地传递回来后，每个节点被相应地分配适合其在神经网络地位中所担负的误差，即只需要更新其所需承担的误差量，如图 9-17 所示。

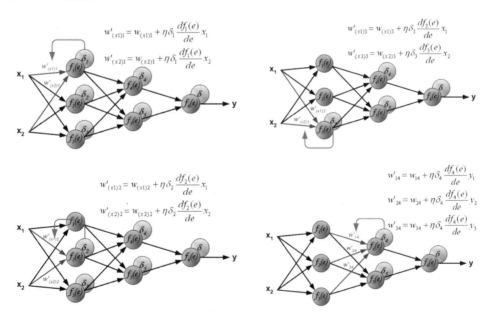

$$w'_{15} = w_{15} + \eta \delta_5 \frac{df_5(e)}{de} y_1$$

$$w'_{25} = w_{25} + \eta \delta_5 \frac{df_5(e)}{de} y_2$$

$$w'_{35} = w_{35} + \eta \delta_5 \frac{df_5(e)}{de} y_3$$

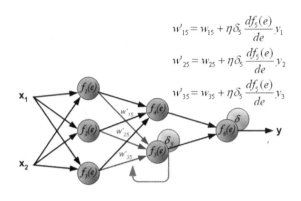

$$w'_{46} = w_{46} + \eta \delta \frac{df_6(e)}{de} y_4$$

$$w'_{56} = w_{56} + \eta \delta \frac{df_6(e)}{de} y_5$$

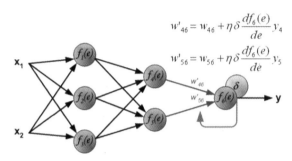

图 9-17　反馈神经网络权重的更新

即在每一层，需要维护输出对当前层的微分值，该微分值相当于被复用于之前每一层里权值的微分计算。因此空间复杂度没有变化，同时也没有重复计算，每一个微分值都在之后的迭代中使用。

下面介绍一下公式的推导。公式的推导需要使用一些高等数学的知识，因此读者可以自由选择学习。

首先是算法的分析，前面已经说过，对于反馈神经网络算法主要需要知道输出值与真实值之间的差值。

- 对输出层单元，误差项是真实值与模型计算值之间的差值。
- 对于隐藏层单元，因为缺少直接的目标值来计算隐藏单元的误差，因此需要以间接的方式来计算隐藏层的误差项对受隐藏单元影响的每一个单元的误差进行加权求和。
- 权值的更新方面，主要依靠学习速率、该权值对应的输入，以及单元的误差项。

1. 定义一：前向传播算法

对于前向传播的值传递，隐藏层输出值定义如下：

$$a_h^{H1} = W_h^{H1} \times X_i$$
$$b_h^{H1} = f(a_h^{H1})$$

其中 X_i 是当前节点的输入值，W_h^{H1} 是连接到此节点的权重，a_h^{H1} 是输出值。f 是当前阶段的激活函数，b_h^{H1} 为当年节点的输入值经过计算后被激活的值。

而对于输出层，定义如下：

$$a_k = \sum W_{hk} \times b_h^{Hl}$$

其中 W_{hk} 为输入的权重，b_h^{Hl} 为输入到输出节点的输入值。这里对所有输入值进行权重计算后求得的值，作为神经网络的最后输出值 a_k。

2. 定义二：反向传播算法

与前向传播类似，需要首先定义两个值 δ_k 与 δ_h^{Hl}：

$$\delta_k = \frac{\partial L}{\partial a_k} = (Y - T)$$

$$\delta_h^{Hl} = \frac{\partial L}{\partial a_h^{Hl}}$$

其中 δ_k 为输出层的误差项，其计算值为真实值与模型计算值之间的差值。Y 是计算值，T 是输出真实值。δ_h^{Hl} 为输出层的误差。

 对于 δ_k 与 δ_h^{Hl} 来说，无论定义在哪个位置，都可以看作当前的输出值对于输入值的梯度计算。

由前面的分析可以看到，所谓的神经网络反馈算法，就是逐层将最终误差进行分解，即每一层只与下一层打交道。那么介于此可以假设每一层均为输出层的前一个层级，通过计算前一个层级与输出层的误差得到权重的更新，如图 9-18 所示。

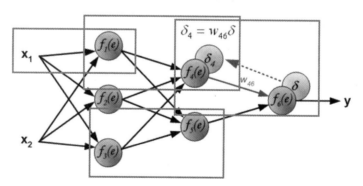

图 9-18　权重的逐层反向传导

因此反馈神经网络计算公式定义为：

$$\delta_h^{Hl} = \frac{\partial L}{\partial a_h^{Hl}}$$

$$= \frac{\partial L}{\partial b_h^{Hl}} \times \frac{\partial b_h^{Hl}}{\partial a_h^{Hl}}$$

$$= \frac{\partial L}{\partial b_h^{Hl}} \times f'(a_h^{Hl})$$

$$= \frac{\partial L}{\partial a_k} \times \frac{\partial a_k}{\partial b_h^{Hl}} \times f'(a_h^{Hl})$$

$$= \delta_k \times \sum W_{hk} \times f'(a_h^{Hl})$$

$$= \sum W_{hk} \times \delta_k \times f'(a_h^{Hl})$$

即当前层输出值对误差的梯度可以通过下一层的误差与权重和输入值的梯度乘积获得。公式 $\sum W_{hk} \times \delta_k \times f'(a_h^{Hl})$ 中 δ_k 若为输出层则可以通过 $\delta_k = \frac{\partial L}{\partial a_k} = (Y - T)$ 求得，而 δ_k 为非输出层时，则可以使用逐层反馈的方式求得 δ_k 的值。

这里读者千万要注意，对于 δ_k 与 δ_h^{Hl} 来说，其计算结果都是当前的输出值对于输入值的梯度计算，是权重更新过程中一个非常重要的数据计算内容。

或者换一种表述形式将前公式表示为：

$$\delta^l = \sum W_{i,j}^l \times \delta_j^{l+1} \times f'(a_i^l)$$

可以看到，通过更为泛化的公式，把当前层的输出对输入的梯度计算转化成求下一个层级的梯度计算值。

3. 定义三：权重的更新

反馈神经网络计算的目的是对权重的更新，因此与梯度下降算法类似，其更新可以仿照梯度下降对权值的更新公式：

$$\theta = \theta - \alpha(f(\theta) - y_i)x_i$$

即：

$$W_{ji} = W_{ji} + \alpha \times \delta_j^l \times x_{ji}$$

$$b_{ji} = b_{ji} + \alpha \times \delta_j^l$$

其中 ji 表示为反向传播时对应的节点系数，通过对 δ_j^l 的计算，就可以更新对应的权重值。W_{ji} 的计算公式如上所示。

对于没有推导的 b_{ji}，其推导过程与 W_{ji} 类似，但是在推倒过程中输入值是被消去的，请读者自行学习。

9.4.4　反馈神经网络原理的激活函数

现在回到反馈神经网络的函数：

$$\delta^l = \sum W_{ij}^l \times \delta_j^{l+1} \times f\,'\left(a_i^l\right)$$

对于此公式中的 W_{ij}^l 和 δ_j^{l+1} 以及所需要计算的目标 δ^l 已经做了较为详尽的解释。但是对于 $f\,'\left(a_i^l\right)$ 来说，却一直没有做出介绍。

回到前面生物神经元的图示中，传递进来的电信号通过神经元进行传递，由于神经元的突触强弱是有一定的敏感度的，也就是只会对超过一定范围的信号进行反馈。即这个电信号必须大于某个阈值，神经元才会被激活引起后续的传递。

在训练模型中同样需要设置神经元的阈值，即神经元被激活的频率用于传递相应的信息，模型中这种能够确定是否当前神经元节点的函数被称为"激活函数"，如图 9-19 所示。

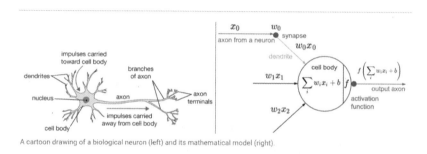

图 9-19　激活函数示意图

激活函数代表了生物神经元中接收的信号强度，目前应用范围较广的是 sigmoid 函数。因为其在运行过程中只接受一个值输出，也为一个值的信号，且其输出值为 0 到 1 之间。

$$y = \frac{1}{1 + e^{-x}}$$

其图形如图 9-20 所示。

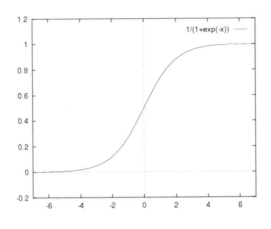

图 9-20 sigmoid 激活函数图

而其导函数求法也较为简单，即：

$$y' = \frac{e^{-x}}{(1 + e^{-x})^2}$$

换一种表示方式为：

$$f(x)' = f(x) \times (1 - f(x))$$

Sigmoid 输入一个实值的数，之后将其压缩到 0~1。特别是对于较大值的负数被映射成 0，而大的正数被映射成 1。

顺带说一句，Sigmoid 函数在神经网络模型中占据了长久的一段统治地位，但是目前已经不常使用，主要原因是其非常容易区域饱和，当输入开始是非常大或者非常小的时候，其梯度区域零，会造成在传播过程中产生接近于 0 的梯度。这样在后续的传播时会造成梯度消散的现象，因此并不适合现代的神经网络模型使用。

除此之外，近年来涌现出大量新的激活函数模型，例如 Maxout、Tanh 和 ReLU 模型，这些都是为了解决传统的 sigmoid 模型在更深程度上的神经网络所产生的各种不良影响。

 具体的使用和影响会在后面的 TensorFlow 实战中进行介绍。

9.4.5 反馈神经网络原理的 Python 实现

本节将使用 Python 语言对神经网络的反馈算法做一个实现。相信笔者经过前几节的解释，对神经网络的算法和描述有了一定的理解，本节中将使用 Python 代码去实现一个自己的反馈神经网络。

为了简化起见，这里的神经网络被设置成三层，即只有一个输入层，一个隐藏层以及最终的输出层，如图 9-21 所示。

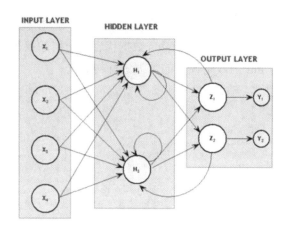

图 9-21　一个隐含层的神经网络

首先是辅助函数的确定：

```
def rand(a, b):
    return (b - a) * random.random() + a

def make_matrix(m,n,fill=0.0):
    mat = []
    for i in range(m):
        mat.append([fill] * n)
    return mat

def sigmoid(x):
    return 1.0 / (1.0 + math.exp(-x))

def sigmod_derivate(x):
    return x * (1 - x)
```

这里首先定义了随机值，使用 random 包中的 random 函数生成了一系列随机数，之后的 make_matrix 函数生成了相对应的矩阵。Sigmoid 和 sigmod_derivate 分别是激活函数和激活函数的倒函数。这也是前文所定义的内容。

然后进入 BP 神经网络类的正式定义，类的定义需要对数据进行内容的设定。

```
def __init__(self):
    self.input_n = 0
    self.hidden_n = 0
    self.output_n = 0
    self.input_cells = []
    self.hidden_cells = []
    self.output_cells = []
    self.input_weights = []
    self.output_weights = []
```

init 函数是数据内容的初始化，即在其中设置了输入层，隐藏层已经输出层中节点的个数；各个 cell 数据是各个层中节点的数值；weights 数据代表各个层的权重。

setup 函数的作用是对 init 函数中设定的数据进行初始化。

```
def setup(self,ni,nh,no):
    self.input_n = ni + 1
    self.hidden_n = nh
    self.output_n = no

    self.input_cells = [1.0] * self.input_n
    self.hidden_cells = [1.0] * self.hidden_n
    self.output_cells = [1.0] * self.output_n

    self.input_weights = make_matrix(self.input_n,self.hidden_n)
    self.output_weights = make_matrix(self.hidden_n,self.output_n)

    # random activate
    for i in range(self.input_n):
        for h in range(self.hidden_n):
            self.input_weights[i][h] = rand(-0.2, 0.2)
    for h in range(self.hidden_n):
        for o in range(self.output_n):
            self.output_weights[h][o] = rand(-2.0, 2.0)
```

首先需要注意，输入层节点个数被设置成 ni+1，这是由于其中包含 bias 偏置数；各个节点与 1.0 相乘是初始化节点的数值；各个层的权重值根据输入、隐藏以及输出层中节点的个数被初始化并被赋值。

定义完各个层的数目后，下面进入正式的神经网络内容的定义。首先是对于神经网络前向的计算。

```
1def predict(self,inputs):
    for i in range(self.input_n - 1):
        self.input_cells[i] = inputs[i]

    for j in range(self.hidden_n):
        total = 0.0
        for i in range(self.input_n):
            total += self.input_cells[i] * self.input_weights[i][j]
        self.hidden_cells[j] = sigmoid(total)

    for k in range(self.output_n):
        total = 0.0
        for j in range(self.hidden_n):
            total += self.hidden_cells[j] * self.output_weights[j][k]
```

```
                self.output_cells[k] = sigmoid(total)


        return self.output_cells[:]
```

代码段中将数据输入到函数中，通过隐藏层和输出层的计算，最终以数组的形式输出。同时读者也注意到，在进行前向计算时各个层被分开编写，这样做的好处就是对各个层的计算有不同设计方式可以实现，从而能够应对更多问题。

反馈神经网络的 Python 实现最终如程序 9-3 所示。

【程序 9-3】

```python
import numpy as np
import math
import random

def rand(a, b):
    return (b - a) * random.random() + a

def make_matrix(m,n,fill=0.0):
    mat = []
    for i in range(m):
        mat.append([fill] * n)
    return mat

def sigmoid(x):
    return 1.0 / (1.0 + math.exp(-x))

def sigmod_derivate(x):
    return x * (1 - x)

class BPNeuralNetwork:

    def __init__(self):
        self.input_n = 0
        self.hidden_n = 0
        self.output_n = 0
        self.input_cells = []
        self.hidden_cells = []
        self.output_cells = []
        self.input_weights = []
        self.output_weights = []

    def setup(self,ni,nh,no):
        self.input_n = ni + 1
```

```python
        self.hidden_n = nh
        self.output_n = no

        self.input_cells = [1.0] * self.input_n
        self.hidden_cells = [1.0] * self.hidden_n
        self.output_cells = [1.0] * self.output_n

        self.input_weights = make_matrix(self.input_n,self.hidden_n)
        self.output_weights = make_matrix(self.hidden_n,self.output_n)

        # random activate
        for i in range(self.input_n):
            for h in range(self.hidden_n):
                self.input_weights[i][h] = rand(-0.2, 0.2)
        for h in range(self.hidden_n):
            for o in range(self.output_n):
                self.output_weights[h][o] = rand(-2.0, 2.0)

    def predict(self,inputs):
        for i in range(self.input_n - 1):
            self.input_cells[i] = inputs[i]

        for j in range(self.hidden_n):
            total = 0.0
            for i in range(self.input_n):
                total += self.input_cells[i] * self.input_weights[i][j]
            self.hidden_cells[j] = sigmoid(total)

        for k in range(self.output_n):
            total = 0.0
            for j in range(self.hidden_n):
                total += self.hidden_cells[j] * self.output_weights[j][k]
            self.output_cells[k] = sigmoid(total)

        return self.output_cells[:]

    def back_propagate(self,case,label,learn):

        self.predict(case)
        #计算输出层的误差
        output_deltas = [0.0] * self.output_n
        for k in range(self.output_n):
            error = label[k] - self.output_cells[k]
```

```
            output_deltas[k] = sigmod_derivate(self.output_cells[k]) * error

        #计算隐藏层的误差
        hidden_deltas = [0.0] * self.hidden_n
        for j in range(self.hidden_n):
            error = 0.0
            for k in range(self.output_n):
                error += output_deltas[k] * self.output_weights[j][k]
            hidden_deltas[j] = sigmod_derivate(self.hidden_cells[j]) * error

        #更新输出层权重
        for j in range(self.hidden_n):
            for k in range(self.output_n):
                self.output_weights[j][k] += learn * output_deltas[k] *
self.hidden_cells[j]

        #更新隐藏层权重
        for i in range(self.input_n):
            for j in range(self.hidden_n):
                self.input_weights[i][j] += learn * hidden_deltas[j] *
self.input_cells[i]

        error = 0
        for o in range(len(label)):
            error += 0.5 * (label[o] - self.output_cells[o]) ** 2

        return error

    def train(self,cases,labels,limit = 100,learn = 0.05):
        for i in range(limit):
            error = 0
            for i in range(len(cases)):
                label = labels[i]
                case = cases[i]
                error += self.back_propagate(case, label, learn)
        pass

    def test(self):
        cases = [
            [0, 0],
            [0, 1],
            [1, 0],
            [1, 1],
```

135

```
        ]
        labels = [[0], [1], [1], [0]]
        self.setup(2, 5, 1)
        self.train(cases, labels, 10000, 0.05)
        for case in cases:
            print(self.predict(case))

if __name__ == '__main__':
    nn = BPNeuralNetwork()
    nn.test()
```

其中的 train 函数和 test 函数分别是程序的训练和测试函数，训练函数中依次将数据输入到计算模型中，而测试数据被用于对数据结果进行测试，最终打印结果如图 9-22 所示。

[0.09026010223414448]
[0.9088942200464757]
[0.8999984121991694]
[0.08909449592645467]

图 9-22 程序 9-3 计算结果

程序训练的结果与真实值 labels = [[0], [1], [1], [0]]基本类似，因此可以认为在本例中训练模型是有效的。

9.5 本章小结

本章内容是全书的重点之一，也是神经网络的最重要的内容。

反馈神经网络最基本的 2 个算法:最小二乘法以及梯度下降方法,本章都做了详尽的解释。这是神经网络的最基础最核心的内容。虽然随着计算机硬件的提高和编程能力的加强，以及对神经网络研究的加深，在实际使用中有更好的算法代替;但是其基本理论和思路都是类似的,并没有太大的变化,无非也就是细枝末节的修改。因此笔者建议读者对此章的内容要重点学习。

对于反馈神经网络，简单地说就是一个基于上述两个内容的一个链式法则的具体应用，虽然相对于传统的链式法则，神经网络的链式法则为了节省空间和计算时间，将每个节点进行递归计算，从而使得神经网络的反馈计算能够在多隐藏层和多节点的前提下运行。

本章使用 Python 语言实现了基础算法，笔者并不是要求读者去独立完成和编写，而是希望能对算法的具体执行过程有更进一步的了解，因为在后面的 TensorFlow 框架中，这些算法都是被完整封装而不能够探究其内容。

从下一章开始，将进入使用 TensorFlow 解决问题的章节，本书写作的目的是使用 TensorFlow 做出图像识别。不用担心，笔者还会从最简单的 demo 开始，一步步带领读者从理论到实践去逐步解决问题。

第 10 章
TensorFlow数据的生成与读取详解

对于任何一个数据处理的框架，数据的生成与读写都是异常复杂和需要谨慎处理的，特别是对 TensorFlow 这样专门用作数据分析的分布式处理框架，更是重中之重。

TensorFlow 数据处理框架的数据制作与读写所面临的最大挑战是，要覆盖所有数据的可能性因素，这里不仅仅要考虑输入的数据格式、框架所在的硬件、操作系统、数据存储环境等，还要处理和应对大量的不同的读取方式以及庞大的数据吞吐量。

本章将详细介绍 TensorFlow 在数据生成与读取方面的内容，介绍读取数据的线程和队列的基本概念和原理，之后会介绍 TensorFlow 数据集的制作，以及数据的输入输出原理和程序设计。

本书的目标偏向于图像处理，因此在程序的编写上将以输入图形文件为主，相对于文本的输入，图像文件更为复杂，相信读者学习完本章内容同样会对编写其他的输入输出格式打下坚实的基础。

10.1 TensorFlow 的队列

队列（queue）是一种最为常用的数据输入输出方式，其通过先进先出的线性数据结构，一端只负责增加队列中的数据元素，而数据的输出和删除在队列的另一端实现。在称呼上，能够增加数据元素的队列一端被称为队尾，而输出和删除数据元素的一端被称为队首。

与 Python 中所使用的队列类似，TensorFlow 同样应用队列作为数据的一种基本输入输出方式，可以将新的数据插入到队列的队尾，而在队首将数据输出和删除。当然在 TensorFlow 中可以这样认为，队列在 TensorFlow 是出于一种有状态节点的地位，随着其他节点在图中状态的改变，队列这个"节点"的状态可以随之改变，

10.1.1 队列的创建

队列的使用和 Python 中队列的函数类似，甚至于其函数名也是参考 Python 中函数命名。其函数如表 10-1 所示。

表 10-1　队列常用方法汇总

操　作	描　述
class tf.QueueBase	基本的队列应用类，队列（queue）是一种数据结构，该结构通过多个步骤存储tensors，并且对tensors进行入列（enqueue）与出列（dequeue）操作
tf.enqueue(vals, name=None)	将一个元素编入该队列中。如果在执行该操作时队列已满，那么将会阻塞直到元素编入队列之中
tf.enqueue_many(vals, name=None)	将零个或多个元素编入该队列中
tf.dequeue(name=None)	将元素从队列中移出，如果在执行该操作时队列已空，那么将会阻塞直到元素出列，返回出列的tensors的tuple
tf.dequeue_many(n, name=None)	将一个或多个元素从队列中移出
tf.size(name=None)	计算队列中的元素个数
tf.close	关闭该队列
f.dequeue_up_to(n, name=None)	从该队列中移出n个元素并将之连接
tf.dtypes	列出组成元素的数据类型
tf.from_list(index, queues)	根据queues[index]的参考队列创建一个队列
tf.name	返回队列最下面元素的名称
tf.names	返回队列每一个组成部分的名称
class tf.FIFOQueue	在出列时依照先入先出顺序
class tf.PaddingFIFOQueue	一个FIFOQueue ，同时根据padding支持batching变长的tensor
class tf.RandomShuffleQueue	该队列将随机元素出列

一般而言，创建一个队列首先要选定数据出入类型，例如是使用 FIFOQueue 函数设定数据为先入先出，还是 RandomShuffleQueue 这种随机元素出列的方式。

```
q = tf.FIFOQueue(3,"float")
```

函数的第一个参数是队列中数据的个数，第二个参数是队列中元素的类型。

之后要对队列中元素进行初始化和进行操作，需要特别注意的是，TensorFlow 中任何操作都是在"会话"中进行，因此其基本的操作都要由会话（Session）完成。

```
sess = tf.Session()
init = q.enqueue_many(([0.1, 0.2, 0.3],))
sess.run(init)
```

enqueue_many 函数将上文中创建的 FIFOQueue 函数进行了填充，因为 q 被设置成包含 3 个元素的函数，因此其一次性被填充进 3 个数据。但是实际上，此时的数据填充并没有完成，而是做出了一个预备工作，真正的工作要在会话中完成，因此还需要运行会话中的 run 函数。

【程序 10-1】

```
import tensorflow as tf

with tf.Session() as sess:
    q = tf.FIFOQueue(3,"float")
    init = q.enqueue_many(([0.1, 0.2, 0.3],))
    init2 = q.dequeue()
    init3 = q.enqueue(1.)

    sess.run(init)
    sess.run(init2)
    sess.run(init3)

    quelen = sess.run(q.size())
    for i in range(quelen):
        print(sess.run(q.dequeue()))
```

在程序 10-1 中，首先设定了一个"先入先出"的队列，之后被填充进入数据。dequeue 函数将其中的数据弹出。此时为了能够让这个队列操作完成，这步操作被命名为 init2，下面的 init3 同样是在对话中完成。之后通过对话操作对这 3 个步骤进行处理。

size 函数获取了当前队列的数据个数，之后通过一个 for 循环将队列中的数据弹出。最终打印结果如下：

```
0.2
0.3
1.0
```

其中可以看到第一次 init 的 3 个数值中 0.1 被 dequeue，取而代之的是 enqueue 函数进去的 1 这个数值。

> dequeue 是一个可以堵塞队列的函数，如果其中没有数据被弹出，则会堵塞队列直到数据被填充之后被弹出。

从程序 10-1 可以看到，队列的操作是在主线程的对话中依次完成。这样做的好处不易堵塞队列，出了 bug 容易查找等。例如数据执行入队操作后从硬盘上输入数据到内存中供后续使用，但是这样的操作会造成数据的读取和输入较慢，处理相对困难。

TensorFlow 中提供了 QueueRunner 函数用以解决异步操作问题。其可创建一系列的线程同时进入主线程内进行操作，数据的读取与操作是同步，即主线程在进行训练模型的工作的同时将数据从硬盘读入。

【程序 10-2】

```
import tensorflow as tf
```

```
with tf.Session() as sess:
    q = tf.FIFOQueue(1000,"float32")
    counter = tf.Variable(0.0)
    add_op = tf.assign_add(counter, tf.constant(1.0))
    enqueueData_op = q.enqueue(counter)

    qr = tf.train.QueueRunner(q, enqueue_ops=[add_op, enqueueData_op] * 2)
    sess.run(tf.initialize_all_variables())
    enqueue_threads = qr.create_threads(sess, start=True)  # 启动入队线程

    for i in range(10):
        print(sess.run(q.dequeue()))
```

在程序 10-2 中首先创建了 1 个数据处理函数，add_op 的操作是将整数 1 叠加到变量 counter 上去。为了执行这个操作，qr 创建了一个队列管理器 QueueRunner，其调用了 2 个线程去完成此项任务。create_threads 函数是对线程进行了启动。此时线程已经开始运行。

而在 for 循环中，主程序同时也对队列进行操作，即不停地将数据从队列中弹出，结果如图 10-1 所示。

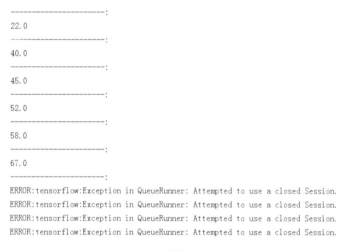

图 10-1　程序 10-2 执行结果

从中可以看到，程序首先是正常输出，但是在后半部分程序执行时会报错。

```
ERROR:tensorflow:Exception in QueueRunner: Attempted to use a closed Session.
```

提示为队列管理器企图关闭会话，即循环已经结束了，会话要关闭，main 函数已经结束。如果换一种表述形式：

【程序 10-3】
```
import tensorflow as tf

q = tf.FIFOQueue(1000,"float32")
```

```
counter = tf.Variable(0.0)
add_op = tf.assign_add(counter, tf.constant(1.0))
enqueueData_op = q.enqueue(counter)

sess = tf.Session()
qr = tf.train.QueueRunner(q, enqueue_ops=[add_op, enqueueData_op] * 2)
sess.run(tf.initialize_all_variables())
enqueue_threads = qr.create_threads(sess, start=True)  # 启动入队线程

for i in range(10):
    print(sess.run(q.dequeue()))
```

可以看到此时的会话并没有报错，但是程序也没有结束，而是被挂起。造成这种情况的原因是 add 操作和入队操作没有同步，即 TensorFlow 在队列设计时为了优化 IO 系统，队列的操作一般使用批处理，这样入队线程没有发送结束的信息而程序主线程期望将程序结束，因此造成线程堵塞程序被挂起。

> TensorFlow 中一般遇到程序挂起的情况指的是数据输入与处理没有同步，即需要数据时却没有数据被输入到队列中，那么线程就会被整体挂起。而此时 tf 也不会报错而是一直处于等待状态。

10.1.2　线程同步与停止

可以看到，TensorFlow 中的会话是支持多线程的，多个线程可以很方便地在一个会话下共同工作，并行地相互执行。但是通过程序演示也看到，这种同步会造成某个线程想要关闭对话时，对话被强行关闭而未完成工作的线程也被强行关闭。

TensorFlow 为了解决多线程的同步和处理问题，提供了 Coordinator 和 QueueRunner 函数来对线程进行控制和协调。在使用上，这 2 个类必须被同时工作，共同协作来停止会话中所有线程，并向等待所有工作线程终止的程序报告。

【程序 10-4】

```
import tensorflow as tf

q = tf.FIFOQueue(1000,"float32")
counter = tf.Variable(0.0)
add_op = tf.assign_add(counter, tf.constant(1.0))
enqueueData_op = q.enqueue(counter)

sess = tf.Session()
qr = tf.train.QueueRunner(q, enqueue_ops=[add_op, enqueueData_op] * 2)
sess.run(tf.initialize_all_variables())
```

```
enqueue_threads = qr.create_threads(sess, start=True)

coord = tf.train.Coordinator()
enqueue_threads = qr.create_threads(sess, coord = coord,start=True)

for i in range(0, 10):
    print(sess.run(q.dequeue()))

coord.request_stop()
coord.join(enqueue_threads)
```

在程序 10-4 中，create_threads 函数被添加了一个新的参数：线程协调器，用于协调线程之间的关系，之后启动线程以后，线程协调器在最后负责对所有线程的接受和处理，即当一个线程结束时，线程协调器会对所有的线程发出通知，协调其完毕。

10.1.3 队列中数据的读取

TensorFlow 的队列支持很多，最简单的数据输入和读取方式就是对常量的读取，使用的是前面所介绍的 placeholder。但是这种数据读取方式需要手动传递 array 类型的数据。之后其 feed 自动在其内部构建出一个迭代器对数据进行迭代。

第二种方式即是本节所说的通过队列的形式对数据进行读取。这种数据读取方式节省了大量的冗余操作，数据的读取端只需要和队列打交道，而不需要和数据底层的读取方式以及数据的类型打交道。从而避免了数据的预处理等一些耗费大量时间和精力的工作。

在前面的队列程序演示中，笔者使用的是 FIFOQueue 函数，这个函数创建一个先进先出的有序队列，主要用于对数据输入顺序有要求的神经网络模型，例如时序分析等。还有一种队列的创建方法是 RandomShuffleQueue 函数，主要用于无序的读取和输出数据样本。

图 10-2 是通过队列读取数据的一个整体流程。首先由一个单线程将文件名输入队列，之后使用两个 Reader 同时从队列中获取文件名读取数据，Decoder 使用对应的文件名将数据解码后堆入样本队列，最后取出数据样本。

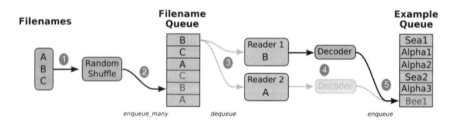

图 10-2　队列读取数据流程

这里的步骤如下：

（1）从磁盘读取数据的名称与路径。

（2）将文件名堆入列队尾部。

（3）从队列头部读取文件名并读取数据。

（4）Decoder 将读取的数据解码。

（5）将数据输入样本队列，供后续使用。

10.2 CSV 文件的创建与读取

CSV 文件是最常用的一个文件存储方式。逗号分隔值（Comma-Separated Values，CSV，有时也称为字符分隔值，因为分隔字符也可以不是逗号）文件以纯文本形式存储表格数据（数字和文本）。纯文本意味着该文件是一个字符序列，不包含必须像二进制数字那样被解读的数据。CSV 文件由任意数目的记录组成，记录间以某种换行符分隔；每条记录由字段组成，字段间的分隔符是其他字符或字符串，最常见的是逗号或制表符。通常，所有记录都有完全相同的字段序列。

10.2.1 CSV 文件的创建

对于 CSV 文件的创建，Python 语言有较好的方法对其进行实现，而这里只需要按需求对其格式进行整理即可。

在本书中，TensorFlow 的 CSV 文件读取主要用作对所需加载文件的地址和标签进行记录，如图 10-3 所示。

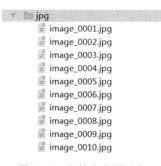

图 10-3　文件夹中图片名

新建名为 jpg 的文件夹，其中有若干图片是需要对其读取地址和标签的对象。其代码如下：

【程序 10-5】

```
import os
path = 'jpg'
filenames=os.listdir(path)
strText = ""

with open("train_list.csv", "w") as fid:
    for a in range(len(filenames)):
```

```
        strText = path+os.sep+filenames[a]  + "," + filenames[a].split('_')[0]
+ "\n"
        fid.write(strText)
    fid.close()
```

path 首先作为文件夹的路径被设定，之后的 filenames 是读取文件路径。而 strText 是字符串，供 CSV 文件写入使用。通过调用文件夹内容的递归查询，重新以需要的格式拼接字符串并重新写入，其格式如图 10-4 所示。

```
jpg\image_0001.jpg,1
jpg\image_0002.jpg,1
jpg\image_0003.jpg,1
jpg\image_0004.jpg,1
jpg\image_0005.jpg,1
```

图 10-4　图片地址和标签

在这里可以看到，每一行被逗号分成两部分，前面一部分是图片的地址，而后面一部分是设定的标签名。标签名在本例中设置成 1，或者可以用图片名称的第一个单词记录，如果需要，可以根据需求设定不同的标签。

10.2.2　CSV 文件的读取

对于在 TensorFlow 使用 CSV 文件，则需要使用特殊的 CSV 读取。这通常是为了读取硬盘上图片文件而使用的，方便 TensorFlow 框架在使用时能够一边读取图片一边对图片数据进行处理。这样做的好处能够防止一次性读入过多的数据造成框架资源被耗尽。

对于从 CSV 中读取数据，在第一节中设定的 CSV 格式文件，里面分别存有图片的地址和标签，因此需要 2 个数组分别存放读取的图片地址和标签。而对于 CSV 文件中数据的读取，只需要调用 readlines 函数，直接从 CSV 中读取即可。

```
image_add_list = []
image_label_list = []
with open("train_list.csv") as fid:
    for image in fid.readlines():
        image_add_list.append(image.strip().split(",")[0])
        image_label_list.append(image.strip().split(",")[1])
```

下面将读取的图片转化成需要的格式。在 TensorFlow 中其计算图接受的是一个张量，因此需要先将图片转化成可以被接受的格式。代码如下：

```
def get_image(image_path):
    return
tf.image.convert_image_dtype(tf.image.decode_jpeg(tf.read_file(image_path),
channels=1),
    dtype=tf.float32)
```

这里如果将这个长度的代码拆分的话，可以看到：

- tf.read_file(image_path): 读取图片地址的函数。
- tf.image.decode_jpeg: 对读取进来的图片解码成 JPG 格式，并在此设定了图像的通道，需要注意的是，当 channels=1 的时候，读取的图像为灰度，也是笔者在后续使用的。
- tf.image.convert_image_dtype: 对图像进行转化，将图像矩阵转化成 TensorFlow 需要的张量格式。

完整代码如下：

【程序 10-6】

```
import tensorflow as tf
import cv2

image_add_list = []
image_label_list = []
with open("train_list.csv") as fid:
    for image in fid.readlines():
        image_add_list.append(image.strip().split(",")[0])
        image_label_list.append(image.strip().split(",")[1])
img=tf.image.convert_image_dtype(tf.image.decode_jpeg(tf.read_file('jpg\\im
age_0000.jpg'),channels=1)
,dtype=tf.float32)
print(img)
```

打印结果如下所示。

```
Tensor("convert_image:0", shape=(?, ?, 1), dtype=float32)
```

可以看到这里生成的数据格式是 Tensor，但是其 shape 是属于位置，因此对于输入的数据来说，其 shape 并没有指定。不过一般而言，使用的训练图片和测试图片都是预先知道大小，因此这里可以根据需要指定。

【程序 10-7】

```
import tensorflow as tf
import cv2

image_add_list = []
image_label_list = []
with open("train_list.csv") as fid:
    for image in fid.readlines():
        image_add_list.append(image.strip().split(",")[0])
        image_label_list.append(image.strip().split(",")[1])


def get_image(image_path):
    return tf.image.convert_image_dtype(
```

```
        tf.image.decode_jpeg(
            tf.read_file(image_path), channels=1),
        dtype=tf.uint8)

    img =
tf.image.convert_image_dtype(tf.image.decode_jpeg(tf.read_file('jpg\\020.jpg'),
channels=1),dtype=tf.float32)

    with tf.Session() as sess:
        cv2Img = sess.run(img)
        img2 = cv2.resize(cv2Img, (200,200))
        cv2.imshow('image', img2)
        cv2.waitKey()
```

程序 10-7 演示了如何将图片重新读取出来，这里通过会话的 run 函数重新获取了图片的矩阵信息，之后 cv2 包重构了矩阵大小并将其重新显示。

 cv2 包的介绍在前面已经有过详细说明。

10.3 TensorFlow 文件的创建与读取

除了典型的 CSV 文件提供数据的存储地址和标签外，TensorFlow 还有专门的文件存储和读取格式：TFRecords 文件。这是 TensorFlow 专门提供的、允许将任意数据转化成 TensorFlow 所支持的格式，使得相应的数据集更容易与网络应用架构相匹配。

10.3.1 TFRecords 文件的创建

TFRecords 是 TensorFlow 专用的数据文件格式。其中包含了 tf.train.Example 协议内存块（protocol buffer），这只包含特征值与数据内容的一种数据格式。通过 tf.python_io.TFRecordWriter 类，可以获取相应的数据并将其填入到 Example 协议内存块中，最终生成 TFRecords 文件。

换句话说，一个 tf.train.Example 包含着若干数据的特征（Features），而 Features 中又包含着 Feature 字典。更进一步的细节说明，任何一个 Feature 中又包含着 FloatList，或者 ByteList，或者 Int64List，这三种数据格式之一。TFRecords 就是通过一个包含着二进制文件的数据文件，将特征和标签进行保存以便于 TensorFlow 读取。

```
writer = tf.python_io.TFRecordWriter(TFRecordsPath)
for i in range(0, n):
    # 创建样本 example
```

```
    # ...
    serialized = example.SerializeToString()
    writer.write(serialized)
writer.close()
```

上面代码段是 TFRecords 写入文件的经典格式，即对样本的序列化之后进行写操作完成。至于 TFRecords 写入格式，可以直接看源码，下面是 TFRecords 的核心部分：

```
BytesList = _reflection.GeneratedProtocolMessageType('BytesList',
(_message.Message,), dict(
    DESCRIPTOR = _BYTESLIST,
    __module__ = 'tensorflow.core.example.feature_pb2'
    # @@protoc_insertion_point(class_scope:tensorflow.BytesList)
    ))
_sym_db.RegisterMessage(BytesList)

FloatList = _reflection.GeneratedProtocolMessageType('FloatList',
(_message.Message,), dict(
    DESCRIPTOR = _FLOATLIST,
    __module__ = 'tensorflow.core.example.feature_pb2'
    # @@protoc_insertion_point(class_scope:tensorflow.FloatList)
    ))
_sym_db.RegisterMessage(FloatList)

Int64List = _reflection.GeneratedProtocolMessageType('Int64List',
(_message.Message,), dict(
    DESCRIPTOR = _INT64LIST,
    __module__ = 'tensorflow.core.example.feature_pb2'
    # @@protoc_insertion_point(class_scope:tensorflow.Int64List)
    ))
_sym_db.RegisterMessage(Int64List)
```

从源码中摘录的部分可以看到，可以接受 3 种数据格式，分别为 BytesList、FloatList 以及 Int64List。

【程序 10-8】

```
import tensorflow as tf
import numpy as np
a_data = 0.834

b_data = [17]

c_data = np.array([[0,1,2],[3,4,5]])
c = c_data.astype(np.uint8)
c_raw = c.tostring()    #转化成字符串
```

```
example = tf.train.Example(
        features=tf.train.Features(
            feature={
                'a': tf.train.Feature(
                    float_list=tf.train.FloatList(value=[a_data])    # 方括号表示
输入为 list
                ),
                'b': tf.train.Feature(
                    int64_list=tf.train.Int64List(value=b_data)    # b_data 本身
就是列表
                ),
                'c': tf.train.Feature(
                    bytes_list=tf.train.BytesList(value=[c_raw])    #c_raw 被转化
成 byte 格式
                )
            }
        )
    )
```

从上面的代码段可以看到，a_data、b_data 以及 c_data 是 3 种不同类型的数据。a_data 为
float 类型，因此在下面写入时使用 FloatList 格式；b_data 用作列表的写入；而对于其他类型
的数据，例如数组或者字符串等，则需要统一地设置成二进制的形式进行写入。

程序 10-9 演示了随机生成一个数据并将其保存为 TFRecords 的例子。

【程序 10-9】

```
import tensorflow as tf
import numpy as np

writer = tf.python_io.TFRecordWriter("trainArray.tfrecords")
for _ in range(100):
    randomArray = np.random.random((1,3))
    array_raw = randomArray.tobytes()
    example = tf.train.Example(features=tf.train.Features(feature={
        "label": tf.train.Feature(int64_list=tf.train.Int64List(value=[0])),
        'img_raw':
tf.train.Feature(bytes_list=tf.train.BytesList(value=[array_raw]))
    }))
    writer.write(example.SerializeToString())
writer.close()
```

首先第一步是生成随机数组。

```
randomArray = np.random.random((1,3))
```

之后需要注意的是，任何一个 TFRecords 能够保存的只能是二进制数据，因此必须要有一个专门的步骤将数组转化成二进制形式。

```
array_raw = randomArray.tobytes()
```

之后在 for 循环中，每次使用 NumPy 的随机模式生成一个 1 行 3 列的数组，将其转化为二进制后写入 example 中。

10.3.2 TFRecords 文件的读取

TFRecords 的文件读取稍微麻烦一点。首先要将在 TFRecords 中的数据以输入的格式读取出来，笔者在程序 10-7 中演示了写入 3 个不同类型的数据到 TFRecords，现在需要将其读取出来，具体实现的代码段如下：

```
filename_queue = tf.train.string_input_producer(["dataTest.tfrecords"],
num_epochs=None)
reader = tf.TFRecordReader()
_, serialized_example = reader.read(filename_queue)

features = tf.parse_single_example(
    serialized_example,
    features={
        'a': tf.FixedLenFeature([], tf.float32),
        'b': tf.FixedLenFeature([], tf.int64),
        'c': tf.FixedLenFeature([], tf.string)
    }
)

a = features['a']
b = features['b']
c_raw = features['c']
c = tf.decode_raw(c_raw, tf.uint8)
c = tf.reshape(c, [2, 3])
```

首先定义了一个数据队列，将文件名推入队列中。队列根据文件名读取数据，Decoder 将读出的数据解码。但是如果读者运行了此代码段并进行打印的话，可以发现，这个代码段是无法进行执行的，因为与刚才的 writer 不同，这个 reader 是符号化的，只有在 sess 中 run 才会执行。

如果需要将数据打印或者进一步地执行，则需要使用专门的读取函数 tf.train.shuffle_batch 来执行。具体使用的代码段如下：

```
a_batch, b_batch, c_batch = tf.train.shuffle_batch([a, b, c], batch_size=1,
capacity=200, min_after_dequeue=100, num_threads=2)
sess = tf.Session()
init = tf.initialize_all_variables()
sess.run(init)

tf.train.start_queue_runners(sess=sess)
```

```
a_val, b_val, c_val = sess.run([a_batch, b_batch, c_batch])
print(a_val)
print("-----------------------------")
print(b_val)
print("-----------------------------")
print(c_val)
```

tf.train.shuffle_batch 函数用于从 TFRecords 中读取数据，并且保证每次读取出的数据其内容与标签同步，不会造成不匹配的现象。其返回值就是 RandomShuffleQueue.dequeue_many()，即从队列中弹出若干个元素并在队列中进行删除操作。

更进一步的解释请读者参考 10.1.3 节中图 10-2。在前面已经说了，batch 进行读取的时候，TensorFlow 新建一个队列 queues 和 QueueRunners。而 tf.train.shuffle_batch 函数的具体用处就是构建了一个新的读取队列，不断地把单个元素送入到队列中。而为了保证队列不陷入停滞状态，从而通过 QueueRunners 启动了一个专门的线程来完成。

当队列中的个数达到 batch_size 和 min_after_dequeue 之和后，队列会随机将 batch_size 个元素弹出。事实上，其返回值就是 RandomShuffleQueue.dequeue_many 函数的返回值。可以认为，tf.train.shuffle_batch 函数的功能就是将解码完毕的样本加入一个队列中，按需要弹出一个 batch_size 大小的样本。

可能有读者注意到，在会话（Session）正式启动之前，有一条启动线程的代码：

```
tf.train.start_queue_runners(sess=sess)
```

这个函数的作用就是在会话启动前，需要让 TensorFlow 知道哪些线程要启动，否则有可能造成队列被挂起从而堵塞 TensorFlow 框架的运行。这个调用在会话执行前就已经开始运行，能够自动地启动框架内的线程对队列进行填写，以便队列在会话真正进行输出的时候能够有数据输出，否则会造成大量的错误。

10.3.3 图片文件的创建与读取

首先是对文件位置的确定，图 10-5 设置了加载图片数据目录。

图 10-5　图片加载目录

可以看到，数据图片被归类到不同的图片文件中，这也是图片分类的常用手段。

程序 10-10 演示了读取硬盘上图片文件将其保存为 TFRecords 的例子，在这个例子中，使用每个图片的文件名作为标签，这也是文件处理的常用手段之一。

【程序 10-10】

```
import os
import tensorflow as tf
from PIL import Image


path = "jpg"
filenames=os.listdir(path)
writer = tf.python_io.TFRecordWriter("train.tfrecords")

for name in os.listdir(path):
    class_path = path + os.sep + name
    for img_name in os.listdir(class_path):
        img_path = class_path+os.sep+img_name
        img = Image.open(img_path)
        img = img.resize((500,500))
        img_raw = img.tobytes()
        example = tf.train.Example(features=tf.train.Features(feature={
            "label":
tf.train.Feature(int64_list=tf.train.Int64List(value=[name])),
            'image':
tf.train.Feature(bytes_list=tf.train.BytesList(value=[img_raw]))
            }))
        writer.write(example.SerializeToString())
```

程序 10-10 首先定义了需要导入的包和图片存储的路径：

```
import os
import tensorflow as tf
from PIL import Image
path = "jpg"
filenames=os.listdir(path)
writer = tf.python_io.TFRecordWriter("train.tfrecords")
```

之后的一个 for 循环，从文件夹中取出下一层的文件夹名和每个文件夹中的图片文件名称，之后将图片文件取出改变其矩阵大小，并以字符串的形式进行存储。之后的 example 分别以图片所属的文件夹名称和图片本身作为标签和特征写入到 TFRecords 中进行存储。

至于在 TFRecords 文件中，同样需要使用 TFRecordReader，具体程序见程序 10-11。

【程序 10-11】

```
import tensorflow as tf
```

```
import cv2

filename = "train.tfrecords"
filename_queue = tf.train.string_input_producer([filename])

reader = tf.TFRecordReader()
_, serialized_example = reader.read(filename_queue)    #返回文件名和文件
features = tf.parse_single_example(serialized_example,
    features={
        'label': tf.FixedLenFeature([], tf.int64),
        'image' : tf.FixedLenFeature([], tf.string),
    })

img = tf.decode_raw(features['image'], tf.uint8)
img = tf.reshape(img, [300, 300,3])

img = tf.cast(img, tf.float32) * (1. / 128) - 0.5
label = tf.cast(features['label'], tf.int32)
```

程序 10-11 中首先定义了 TFRecords 的文件名，之后 TFRecordReader 中的 read 函数将读取文件，之后通过特征名和标签名进行解析。在这里需要注意的是，因为图片在存储时是以字符串形式存储的矩阵，因此解析时需要以字符串格式进行解析。之后重新调整解析后的字符串格式和维度，重新生成图片文件。

此时生成的 img 是以张量的形式输出，如果需要查阅最终生成的图片，需要的具体程序见程序 10-12 所示。

【程序 10-12】

```
import tensorflow as tf
import cv2

filename = "train.tfrecords"
filename_queue = tf.train.string_input_producer([filename])

reader = tf.TFRecordReader()
_, serialized_example = reader.read(filename_queue)    #返回文件名和文件
features = tf.parse_single_example(serialized_example,
    features={
        'label': tf.FixedLenFeature([], tf.int64),
        'image' : tf.FixedLenFeature([], tf.string),
    })

img = tf.decode_raw(features['image'], tf.uint8)
img = tf.reshape(img, [300, 300,3])
```

```
sess = tf.Session()
init = tf.initialize_all_variables()

sess.run(init)
threads = tf.train.start_queue_runners(sess=sess)

img = tf.cast(img, tf.float32) * (1. / 128) - 0.5
label = tf.cast(features['label'], tf.int32)

imgcv2 = sess.run(img)
cv2.imshow("cool",imgcv2)
cv2.waitKey()
```

因为此时图片被解析后生成的是一个张量，所以需要通过会话重新将其解析成图片矩阵。前面已经说过，数据其实是被直接填充到队列里，因此必须使用 tf.train.start_queue_runners 先启动队列，之后通过会话的 run 函数正式执行图片格式的解析。

cv2 在前面已经介绍，是对图片修正和显示的包，在此可以对图片进行显示。

可能有读者注意到，在程序 10-12 中，只有第一张图片被显示，这是因为 TFRecordReader 在每次读取时，总是仅仅通过 Iterator 的方式读取当前队列的第一个元素，其他元素在队列中进行等待。

```
for serialized_example in tf.python_io.tf_record_iterator("train.tfrecords"):
    example = tf.train.Example()
    example.ParseFromString(serialized_example)

    image = example.features.feature['image'].bytes_list.value
    label = example.features.feature['label'].int64_list.value
    print image, label
```

上面的代码段通过 Iterator 对 train.tfrecords 进行迭代，每次取出其中的一个元素解析后将其特征和标签输出。

为了增加读取的通用性，可以将程序 10-11 改成专门的读取相关数据的函数，其形式如下：

```
def read_and_decode(filename):
    filename_queue = tf.train.string_input_producer([filename])

    reader = tf.TFRecordReader()
    _, serialized_example = reader.read(filename_queue)
    features = tf.parse_single_example(serialized_example,
        features={
            'label': tf.FixedLenFeature([], tf.int64),
            'image' : tf.FixedLenFeature([], tf.string),
        })
```

```
img = tf.decode_raw(features['image'], tf.uint8)
img = tf.reshape(img, [300, 300,3])

img = tf.cast(img, tf.float32) * (1. / 128) - 0.5
label = tf.cast(features['label'], tf.int32)

return img,label
```

如果需要将数据取出供图使用，可以使用前文所介绍的 tf.train.shuffle_batch 函数。这里需要详细介绍一下其中的参数：

```
shuffle_batch(tensors, batch_size, capacity, min_after_dequeue…
```

shuffle_batch 中主要有 4 个参数：

- tensors：输入的文件张量，即由 TFRecords 解析获得的张量文件。
- batch_size：每次弹出的元素数目。
- capacity：队列能够容纳的最大元素个数。
- min_after_dequeue：指出队列操作后还可以供随机采样出批量数据的样本池大小，显然，capacity 要大于 min_after_dequeue，官网推荐：min_after_dequeue + (num_threads + a small safety margin) * batch_size，还有一个参数就是 num_threads，表示所用线程数目。

读取数据的程序段如下所示。

```
img_batch,label_batch = tf.train.shuffle_batch([img,label],batch_size=3,
                                               capacity=10,
                                               min_after_dequeue=6)

init = tf.initialize_all_variables()

sess = tf.Session()
sess.run(init)
threads = tf.train.start_queue_runners(sess=sess)
for _ in range(10):
    val = sess.run(img_batch)
    label = sess.run(label_batch)
```

可以看到，这里同样是使用了 train.start_queue_runners 函数去启动 Tesnorflow 中所有队列，因为生成的 img_batch、label_batch 在队列中，所以通过一个 for 循环不停地从中获取数据。完整代码如程序 10-13 所示。

【程序 10-13】

```
import tensorflow as tf
import cv2
import Test2
```

```
filename = "train.tfrecords"
img,label = Test2.read_and_decode(filename)

img_batch,label_batch = tf.train.shuffle_batch([img,label],batch_size=1,
                                    capacity=10,
                                    min_after_dequeue=1)

init = tf.initialize_all_variables()
sess = tf.Session()
sess.run(init)
threads = tf.train.start_queue_runners(sess=sess)

for _ in range(10):
    val = sess.run(img_batch)
    label = sess.run(label_batch)
    val.resize((300,300,3))
    cv2.imshow("cool",val)
    cv2.waitKey()
    print(label)
```

这里通过一个 for 循环，将图片不停地读出，之后 cv2 将其重构为可以显示的图片文件，最后打印出图片标签。

当然了，一般情况下，不需要直接读取 img_batch、label_batch 中的内容，而只需将其传递给需要进行递归的数据即可。

10.4　本章小结

TensorFlow 数据的生成与读取是非常重要的，但是由于很多原因，它不被重视，因此在 TensorFlow 的学习过程中，大多数读者往往只会使用给定的、制作好的数据集，而不会使用自己的数据集去训练框架。

本书是国内第一本全面介绍 TensorFlow 数据的生成与读取的书，详细介绍了 TensorFlow 队列的生成，讲解了在文件传输过程中由于线程的异步会造成主线程的崩溃和造成队列堵塞的原因；其次讲解了 CSV 文件的创建与读取，这是通过传统的方式对硬盘上信息进行提取和训练的常用方式。TFRecords 是 TensorFlow 专用的读写方式，它通过二进制的形式把数据写入文件中，使之可以通过迭代的方式进行读取。

每一种数据的读写方式都有其优缺点，CSV 文件的读写主要是经过文件的转化和重构，这在系统资源不是很强的时候训练开销较大、速度较慢；而 TFRecords 主要的问题是在生成过程中会产生大量的冗余文件，大大占有了硬件的内存空间。因此，在实际应用中究竟使用哪种数据生成和读取方式还需要看实际情况进行取舍。

第 11 章

回归分析——从TensorFlow
陷阱与细节开始

前面已经介绍了 TensorFlow 的一些基本数据类型和其构成的原理，介绍了 TensorFlow 框架在运行时是由"图"在背后完成，任何一个看似简单的任务都必须由"会话"去完成。

在对原理讲解时，主要介绍了其中的数学知识。在神经网络中应用最广的是最小二乘法与梯度下降算法，最小二乘法的作用是能够获取模型的计算值与真实值之间的差距而梯度下降算法使得原本计算非常复杂的权重更新变得简单易用。

神经网络的核心思想是误差反馈的计算，在神经网络中，通过分配输出误差的梯度从而使得权重更新被分配到符合每个神经元地位的权值之上。更值得一提的是，反馈计算的核心是导数计算的链式法则，然而在实际中，链式法则往往会造成计算量爆发，计算量特别大，因而在隐藏层或者神经元过多时都会造成计算量的指数增长。而结合了梯度下降算法获得的链式法则把反馈计算的链式推导限定在直接相连的权重线的两端，从而大大减少了计算量。

本章开始将正式进入 TensorFlow 程序设计的内容，从最简单的线性回归开始，逐步过渡到逻辑回归。当然本章并不是简单地介绍这些程序的编写，而是希望引导读者在进入更为复杂的程序编写前，了解 TensorFlow 程序设计的各种陷阱和掌握其细节处理的内容。

11.1　TensorFlow 线性回归

线性回归是利用数理统计中回归分析，来确定两种或两种以上变量间相互依赖的定量关系的一种统计分析方法，运用十分广泛。其表达形式为 $y = w'x+e$，e 为误差服从均值为 0 的正态分布。

线性回归是获取数据变量与影响因素之间关系的一种因素。在回归分析中如果只包含一个自变量和一个因变量，且二者关系可以用一条直线近似地表示，那么这种回归分析被称为一元线性回归。而如果包含两个或者两个以上影响因素或自变量的话，那么这种回归就会被称为多元线性回归。

11.1.1　线性回归详解与编程实战

线性回归是数学分析,即回归分析中一种经过严格测试和研究并在实际中应用非常广泛的一种回归类型。这是因为线性回归模型依赖于其未知参数的模型比非线性依赖于其位置参数的模型更容易拟合,而且产生的估计的统计特性也更容易确定。

线性回归有很多实际用途。分为以下两大类:

(1)如果目标是预测或者映射,线性回归可以用来对观测数据集的和 x 的值拟合出一个预测模型。当完成这样一个模型以后,对于一个新增的 x 值,在没有给定与它相配对的 y 的情况下,可以用这个拟合过的模型预测出一个 y 值。

这是比方差分析进一步的作用,就是根据现在,预测未来。虽然,线性回归和方差都是需要因变量为连续变量,自变量为分类变量,自变量可以有一个或者多个,但是,线性回归增加另一个功能,也就是凭什么预测未来,就是凭回归方程。这个回归方程的因变量是一个未知数,也是一个估计数,虽然估计,但是,只要有规律,就能预测未来。

(2)给定一个变量 Y 和一些变量 X_1,…,X_p,这些变量有可能与 Y 相关,线性回归分析可以用来量化 Y 与 X_j 之间相关性的强度,评估出与 Y 不相关的 X_j,并识别出哪些 X_j 的子集包含了关于 Y 的冗余信息。

下面笔者使用一种数据说明线性回归。假设随机生成一个数组,其中包含若干个数字。代码如下:

```
x_data = np.random.randn(10)
```

这里随机生成了 10 个数字,之后根据 $y = y(x) = 0.3 \times x + 0.15$ 可以得到一系列的结果。

如果此时假设 $y = y(x)$ 这个函数是属于未知状态,想要一个最简单的方式来模拟这组数据,最首要考虑的是将其图像化表示出来,如图 11-1 所示。

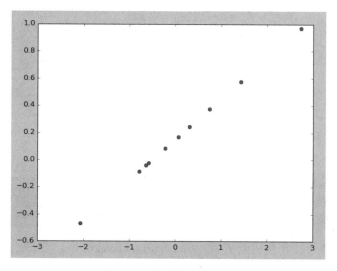

图 11-1　数据图像化表示

可以看到，这组数据近似地在复合一条直线的角度，因此使用一阶的线性方程最为合适。

TensorFlow 使用线性回归对数据进行分析是一种基本的简单技能，主要通过最小二乘法求得真实值与模型计算值之间的差距，之后通过梯度下降算法可以求得权重的修正值。程序 11-1 演示了通过 TensorFlow 进行线性回归计算的方法。

【程序 11-1】

```python
import tensorflow as tf
import numpy as np
import matplotlib.pyplot as plt

x_data = np.random.randn(10)
y_data = x_data * 0.3 + 0.15

weight = tf.Variable(0.5)
bias = tf.Variable(0.0)
y_model = weight * x_data + bias

loss = tf.pow((y_model - y_data),2)
train_op = tf.train.GradientDescentOptimizer(0.01).minimize(loss)

sess = tf.Session()
init = tf.initialize_all_variables()
sess.run(init)

for _ in range(200):
    sess.run(train_op)
    print(weight.eval(sess),bias.eval(sess))

plt.plot(x_data, y_data, 'ro', label='Original data')
plt.plot(x_data, sess.run(weight) * x_data + sess.run(bias), label='Fitted
line')
plt.legend()
plt.show()
```

从中可以看到，首先通过 np 包生成了 10 个随机数，之后使用给定的函数关系生成 X 值和 Y 值之间对应的关系。

```python
weight = tf.Variable(0.5)
bias = tf.Variable(0.0)
y_model = weight * x_data + bias
```

weight 和 bias 是通过 tf 生成的变量，这 2 个值在 TensorFlow 图框架计算过程中是根据梯度值不停地进行调整。y_model 是计算的模型值，这里采用理论计算的方式，即 weight 与 x_data 的乘积加上 bias。

```
loss = tf.pow((y_model - y_data),2)
train_op = tf.train.GradientDescentOptimizer(0.01).minimize(loss)
```

损失函数和求导规则采用传统的最小二乘法和随机梯度下降算法进行，设置的学习率是0.01，使得计算能够完成。

最后的数值迭代过程中，这里使用的是批量计算的方式进行计算，这样做的好处是可以一次性把所有的数据读取到内存中，让计算模型可以在最短时间内对数据进行处理。

最终计算结果如图 11-2 所示。

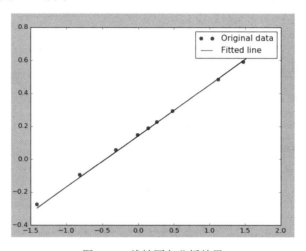

图 11-2　线性回归分析结果

到此通过 TensorFlow 编写的线性回归程序基本上已经完成。可能有读者认为自己已经掌握了线性回归的编写，但是请回到本章的标题，本章的主要内容是介绍 TensorFlow 在程序设计时产生的陷阱与需要注意的细节问题。那么聪明的你一定能猜出来，这个看似简单的线性回归程序中隐藏着很多的陷阱，还需要优化进行调节，那么从下一小节开始，将会带领大家通过不同的方式对其细节进行调整。

11.1.2　线性回归编程中的陷阱与细节设计

本节内容介绍程序设计中的陷阱与细节,笔者将会从头开始一步步地带领读者见识其中的陷阱。

首先对于训练模型来说，数据量的多少是训练模型能否成功的一个最为关键性问题。程序11-1 中随机生成的数据只有 10 个，这在目前是完美地达到了模型训练目的。

但是如果数据量增大，达到 100 个的时候，会产生什么问题？代码如下：

```
x_data = np.random.randn(100)
```

此时运行程序来查看通过改动生成数据量的多少对整体模型的影响，其结果如图 11-3所示。

```
weighe:    4.00516e+34  |  bias:   -3.57422e+34
weighe:   -6.02999e+34  |  bias:    5.38119e+34
weighe:    9.07848e+34  |  bias:   -8.10168e+34
weighe:   -1.36682e+35  |  bias:    1.21975e+35
weighe:    2.05782e+35  |  bias:   -1.8364e+35
weighe:   -3.09816e+35  |  bias:    2.76481e+35
```

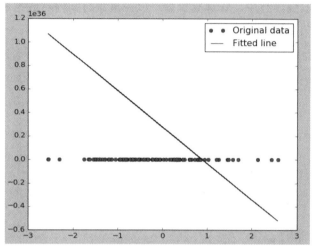

图 11-3　扩大数据后线性回归分析结果

从结果的图形合成可以看到，生成的回归模型严重偏离正确的数据曲线。权重值和偏置值并不能收敛到一个固定的常数，因此可以认为此模型的训练是失败的。

现在分析模型训练失败的原因。对于原因的分析最重要的就是观察其与正常输出模型的差异性。从前文描述来看，这里最大的改变量就是数据容量的改变。而数据容量的变化在模型中最大的影响因素就是数据的输入量。

在程序 11-1 中，数据的输入是批量输入，这样做的好处是可以最大限度地节省从硬盘读取数据的时间从而使数据能够在最短时间内进入框架运行。但是这样做使得数据量繁杂，而目前也是因为修改了数据量从而使得模型训练失败，那么如果对输入的数据量进行修改，能不能修正输出的数据使得结果能够符合要求。

因此可以转化数据的输入方式，由批量输入转化为逐个输入，代码如下：

```
for (x,y) in zip(x_data,y_data):
    sess.run(train_op,feed_dict={x_:x,y_:y})
```

而对于数据方式的改变，相应的模型需要做出调整，即 x 和 y 需要作为输入量进行输入。请读者回忆下，在前面学习的内容中，TensorFlow 有专门的作为数据输入的占位符，因此在新的模型中需要使用占位符作为数据输入的占位点。

```
x_ = tf.placeholder(tf.float32)
y_ = tf.placeholder(tf.float32)
```

而对于损失函数，应改为：

```
loss = tf.pow((y_model - y_),2)
```

此时模型修改成程序 11-2 所示：

【程序 11-2】

```
import tensorflow as tf
import numpy as np
import matplotlib.pyplot as plt

x_data = np.random.randn(100)#.astype(np.float32)
y_data = x_data * 0.3 + 0.1

weight = tf.Variable(0.5)
bias = tf.Variable(0.0)
x_ = tf.placeholder(tf.float32)
y_ = tf.placeholder(tf.float32)
y_model = weight * x_ + bias

loss = tf.pow((y_model - y_),2)
train_op = tf.train.GradientDescentOptimizer(0.01).minimize(loss)

sess = tf.Session()
init = tf.initialize_all_variables()
sess.run(init)

for _ in range(10):
    for (x,y) in zip(x_data,y_data):
        sess.run(train_op,feed_dict={x_:x,y_:y})
    print("weighe: ",weight.eval(sess)," | bias: ",bias.eval(sess))

plt.plot(x_data, y_data, 'ro', label='Original data')
plt.plot(x_data, sess.run(weight) * (x_data) + sess.run(bias), label='Fitted
line')
plt.legend()
plt.show()
```

从中可以看到，此时代码被修改为使用 tf 占位符的模式。这样做的好处是使用了 TensorFlow 框架特有的数据格式，数据在输入时被修改成图运算需要的张量模式。

从图 11-4 中可以看到，大概经过 6 次完整的数据输入后 weight 和 bias 产生了收敛，最终生成的数据拟合曲线图也符合真实的图形，因此可以认为这次修改是成功的。

```
weighe:  0.322718 | bias:  0.081424
weighe:  0.302738 | bias:  0.0969335
weighe:  0.300348 | bias:  0.0995207
weighe:  0.300046 | bias:  0.0999272
weighe:  0.300006 | bias:  0.0999891
weighe:  0.300001 | bias:  0.0999984
weighe:  0.3      | bias:  0.0999998
weighe:  0.3      | bias:  0.0999999
weighe:  0.3      | bias:  0.0999999
weighe:  0.3      | bias:  0.0999999
```

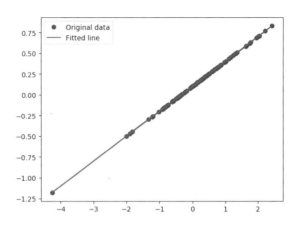

图 11-4　修改模型后线性回归分析结果

下面继续对程序进行调整，首先对于模型的计算 y_model = weight * x_ + bias，这是完全按传统的形式进行设计，乘法和加法完全由数学符号完成。虽然这样也可以胜任工作，但是对于 TensorFlow 的图运算来说无疑是增大开销，特别是模型的设计，在每次运算时都需要使用这样的转化，因此笔者建议使用 tf 特有的函数进行处理。同样这样做的弊端还在于当传输的数据为张量时也可以较好地完成而整体程序不会报错。

代码段如下：

```
y_model = tf.add(tf.mul(x_, weight), bias)
```

当读者看到这里应该会认为调整的基本都已经结束。很遗憾地告诉你，在修改后的程序 11-2 中还有一个非常重要的内容没有处理，猜猜看，是哪里？

前面介绍时已经做了说明，损失函数是神经网络中非常重要的一环，同样使用的是常用的损失函数，即：

```
loss = tf.pow((y_model - y_),2)
```

损失函数除了可以计算当前数据与真实值之间的差距，还可以通过其设定当计算误差小于一个阈值时，模型训练结束。具体代码如 11-3 所示：

【程序 11-3】
```
import tensorflow as tf
import numpy as np
import matplotlib.pyplot as plt

threshold = 1.0e-2
x_data = np.random.randn(100).astype(np.float32)
y_data = x_data * 3 + 1

weight = tf.Variable(1.)
bias = tf.Variable(1.)
x_ = tf.placeholder(tf.float32)
```

```
y_ = tf.placeholder(tf.float32)
y_model = tf.add(tf.mul(x_, weight), bias)

loss = tf.reduce_mean(tf.pow((y_model - y_),2))
train_op = tf.train.GradientDescentOptimizer(0.01).minimize(loss)

sess = tf.Session()
init = tf.initialize_all_variables()
sess.run(init)
flag = 1
while(flag):

    for (x,y) in zip(x_data,y_data):
        sess.run(train_op,feed_dict={x_:x,y_:y})
print(weight.eval(sess), bias.eval(sess))

    if sess.run(loss,feed_dict={x_:x_data,y_:y_data}) <= threshold:
        flag = 0

plt.plot(x_data, y_data, 'ro', label='Original data')
plt.plot(x_data, sess.run(weight) * (x_data) + sess.run(bias), label='Fitted
line')
plt.legend()
plt.show()
```

程序 11-3 可以看到 threshold = 1.0e-2 是被人为设置的阈值，当误差小于 0.01 时模型训练即可停止，之后一个 flag 和 while 循环确保训练在没有达到阈值之前不会停止。这种使用 flag 作为模型控制的开关的方式在后面神经网络设计中是一种较为常见的方式。

最后损失函数的输出结果如下：

```
0.046944
0.000606558
```

 有兴趣的读者可以打印出损失函数观察损失函数的变化。

11.1.3　TensorFlow 多元线性回归

对于线性回归的分类，除了前面介绍过的一元线性回归，还有一种称为多元线性回归。

一元线性回归是一个主要影响因素作为自变量来解释因变量的变化。在现实问题研究中，因变量的变化往往受几个重要因素的影响，此时就需要用两个或两个以上的影响因素作为自变量来解释因变量的变化，这就是多元回归亦称多重回归。当多个自变量与因变量之间是线性关系时，所进行的回归分析就是多元线性回归。

多元线性回归的模型为：

$$Y = x_1 \times w_1 + x_2 \times w_2 + b$$

其中 x_1 与 w_1 分别是输入值与权重，因此可以递推得到：

$$Y = x_1 \times w_1 + x_2 \times w_2 + ... + x_n \times w_n + b$$

这是多元线性回归的一般形式，多元线性回归模型的参数估计，同一元线性回归方程一样，也是在要求误差平方和为最小的前提下，用最小二乘法求解参数。

程序 11-4 演示了使用多元线性回归进行模型计算的代码。

【程序 11-4】

```
import tensorflow as tf
import numpy as np
import matplotlib.pyplot as plt

threshold = 1.0e-2
x1_data = np.random.randn(100).astype(np.float32)
x2_data = np.random.randn(100).astype(np.float32)
y_data = x1_data * 2 + x2_data * 3 + 1.5

weight1 = tf.Variable(1.)
weight2 = tf.Variable(1.)
bias = tf.Variable(1.)
x1_ = tf.placeholder(tf.float32)
x2_ = tf.placeholder(tf.float32)
y_ = tf.placeholder(tf.float32)

y_model = tf.add(tf.add(tf.mul(x1_, weight1), tf.mul(x2_, weight2)),bias)
loss = tf.reduce_mean(tf.pow((y_model - y_),2))

train_op = tf.train.GradientDescentOptimizer(0.01).minimize(loss)

sess = tf.Session()
init = tf.initialize_all_variables()
sess.run(init)
flag = 1
while(flag):
    for (x,y) in zip(zip(x1_data, x2_data),y_data):
        sess.run(train_op, feed_dict={x1_:x[0],x2_:x[1], y_:y})
    if sess.run(loss, feed_dict={x1_:x[0],x2_:x[1], y_:y}) <= threshold:
        flag = 0

fig = plt.figure()
ax = Axes3D(fig)
X, Y = np.meshgrid(x1_data, x2_data)
Z = sess.run(weight1) * (X) + sess.run(weight2) * (Y) + sess.run(bias)
ax.plot_surface(X, Y, Z, rstride=1, cstride=1, cmap=plt.cm.hot)
ax.contourf(X, Y, Z, zdir='z', offset=-1, cmap=plt.cm.hot)
```

```
ax.set_zlim(-1, 1)
```

plt.show()首先建立了数据模型：

$$Y = x_1 \times 2 + x_2 \times 3 + 1.5$$

此时模型中是 2 个变量，分别与输入的 2 个值相乘，之后加上一个偏置数共同完成模型的设计。

之后是对模型中参数进行设置，这里定义了 5 个参数，分别为 weight1 与 weight2 以及偏置 bias，采用的是 tf.Variable 函数，用于在模型进行梯度计算时进行数值更新。x1_ 和 x2_ 以及 y_是占位符，需要对数据进行不断地填充供模型使用。

```
weight1 = tf.Variable(1.)
weight2 = tf.Variable(1.)
bias = tf.Variable(1.)
x1_ = tf.placeholder(tf.float32)
x2_ = tf.placeholder(tf.float32)
y_ = tf.placeholder(tf.float32)
```

最后是模型的建立，在程序 11-4 中，模型由上述公式设计，因此将其转化为 tf 描述的代码为：

```
y_model = tf.add(tf.add(tf.mul(x1_, weight1), tf.mul(x2_, weight2)),bias)
```

最后是数据的输入过程，此时数据输入有 3 个部分，分别为 x1_ 和 x2_ 以及 y_。在这里为了将数据一次性输入到模型中，使用的是 Python 语言中的 zip 函数进行处理，代码段如下：

```
for (x,y) in zip(zip(x1_data, x2_data),y_data):
  sess.run(train_op, feed_dict={x1_:x[0],x2_:x[1], y_:y})
if sess.run(loss, feed_dict={x1_:x[0],x2_:x[1], y_:y}) <= threshold:
flag = 0
```

同样地还是设置阈值数，当模型的损失函数小于阈值时，模型的训练结束，打印训练结果。具体结果如图 11-5 所示。

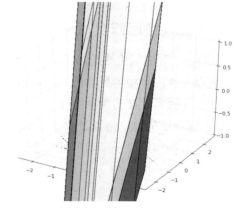

weight1: 2.00541 weight2: 2.9757 bias: 1.50088

图 11-5 多元线性回归分析结果

在这里可以看到左边的图较好地计算出模型中的权重，而右侧是数据平面的 3D 切割图。

 提 示 读者可以尝试使用更多的变量数去拟合模型，创建更多的多元回归模型。

11.2 多元线性回归实战编程

首先回顾一下本书在前面章节的一个实际问题，解决房屋价格和面积之间的关系。在那个例子中，笔者使用的也是线性回归求取了房屋面积与房屋价格之间的关系，即给定一个变量，之后建立结果与变量之间的模型，最后通过模型求取未知变量的预测结果，也就是最终房价的结果。

回溯一下模型训练的步骤：

● 找到一条离所有数据点距离和最小的直线。

● 使用这条直线去预测未知的房价，如图 11-6 所示。

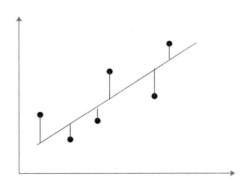

图 11-6 单一线性回归预测图形

11.2.1 多元线性回归实战的编程——房屋价格计算

但是实际上，对房屋价格的影响因素不仅仅只是面积，其中房间数量的多少、所处的位置、房屋的朝向以及社区环境的好坏都是影响因素。在本小节中将在原本的仅仅考虑房屋面积与价格之上增加一个因素，即房间的数量。

图 11-7 展示了房屋价格以及房屋面积和房间数的空间点数据。参考前面知识可以看到，需要建立一个数据与结果一一对应的平面去帮助我们预测结果。

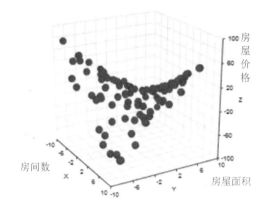

图 11-7　房屋价格与房屋面积和房间数之间关系

【程序 11-5】

```
import tensorflow as tf
import numpy as np
import matplotlib.pyplot as plt


threshold = 1.0e-2
x1_data = np.random.randn(100).astype(np.float32)
x2_data = np.random.randn(100).astype(np.float32)
y_data = x1_data * 2 + x2_data * 3 + 1.5


weight1 = tf.Variable(1.)
weight2 = tf.Variable(1.)
bias = tf.Variable(1.)
x1_ = tf.placeholder(tf.float32)
x2_ = tf.placeholder(tf.float32)
y_ = tf.placeholder(tf.float32)


y_model = tf.add(tf.add(tf.mul(x1_, weight1), tf.mul(x2_, weight2)),bias)
loss = tf.reduce_mean(tf.pow((y_model - y_),2))


train_op = tf.train.GradientDescentOptimizer(0.01).minimize(loss)


sess = tf.Session()
init = tf.initialize_all_variables()
sess.run(init)
flag = 1
while(flag):
    for (x,y) in zip(zip(x1_data, x2_data),y_data):
        sess.run(train_op, feed_dict={x1_:x[0],x2_:x[1], y_:y})
    if sess.run(loss, feed_dict={x1_:x[0],x2_:x[1], y_:y}) <= threshold:
```

167

```
       flag = 0
 print("weight1: ",weight1.eval(sess),"weight2: ",weight2.eval(sess),"bias:
",bias.eval(sess))
```

具体结果请读者自行打印完成。

11.2.2 多元线性回归实战的推广——数据的矩阵化

上一节简单演示了一个二元线性回归预测房屋价格的问题,但是在上一节的开头就已经提到,"对房屋价格的影响因素不仅仅只是面积,其中房间数量的多少、所处的位置、房屋的朝向以及社区环境的好坏都是影响因素。"因此在进行程序设计时需要考虑这些更多的因素。

对于程序设计人员来说,其工作就是把上面需要考虑到的因素通过语言的形式表示出来,因此上述语言可以使用如下公式进行描述:

$$Y = x_1 \times w_1 + x_2 \times w_2 + ... + x_n \times w_n + b$$

即结果可以由输入值和对应的权重和求得。从计算上看,虽然这可以解决输入的问题,得到计算结果并生成拟合曲线,但是相对而言计算过程较为复杂,容易产生错误。因此在 TensorFlow 中有专门用于解决多元乘法的方法,即数据的矩阵化表示,如图 11-8 所示。

图 11-8　矩阵的计算方法

与大多数 Python 科学计算包类似,TensorFlow 包提供的矩阵化计算包可以完成基本的矩阵化生成与运算。首先是矩阵的生成使用如下代码:

```
matrix1 = tf.constant([[3., 3.]])
matrix2 = tf.constant([3, 3])
```

matrix1 和 matrix2 分别是生成了 2 个矩阵常量,在这里稍有不同的是,matrix1 生成的是一个(1,2)大小的矩阵,而 matrix2 是一个(2,1)大小的矩阵。完成程序如下:

【程序 11-6】

```
import tensorflow as tf

matrix1 = tf.constant([[3., 3.]])
matrix2 = tf.constant([3., 3.])

sess = tf.Session()

print(matrix1)
```

```
print(sess.run(matrix1))
print("---------------------")
print(matrix2)
print(sess.run(matrix2))
```

需要注意的是，生成的这 2 个常量实际上是 TensorFlow 张量的现实结果，如果需要打印出具体的数值，则必须在图中进行处理，打印结果如下所示：

```
Tensor("Const:0", shape=(1, 2), dtype=float32)
[[ 3.  3.]]
---------------------
Tensor("Const_1:0", shape=(2,), dtype=int32)
[3 3]
```

可以看到第一行打印出的是 matrix1 的张量信息，这里显示了 matrix1 是一个（1，2）大小的张量，第二行是 matrix1 的值，为[[3,3]]的矩阵。第三行是 matrix2 的矩阵张量信息，其中包含一个值为[3,3]的（2,1）大小的矩阵。

而对于这两个矩阵可以使用 TensorFlow 框架中既定的矩阵运算进行计算。在 TensorFlow 及本书后续内容的学习中将主要用到矩阵的相乘与相加运算。首先对于两个矩阵相加，代码如下：

【程序 11-7】

```
import tensorflow as tf

matrix1 = tf.constant([[3., 3.]])
matrix2 = tf.constant([3., 3.])

sess = tf.Session()
print(sess.run(tf.add(matrix1,matrix2)))
```

这里可以看到，这里是 2 个矩阵相加的结果，如下所示：

```
[[ 6.  6.]]
```

而对于矩阵的乘法，固有的乘法分为两种，分别是点乘法和内积乘法。TensorFlow 中同样分成这两种，采用不同的函数进行处理。

```
result1 = tf.mul(matrix1,matrix2)
result2 = tf.matmul(matrix1,matrix2)
```

tf.mul 和 tf.matmul 是 TensorFlow 中矩阵乘法和矩阵内积乘法的函数。需要说明的是，这 2 种乘法法则是不尽相同的。

tf.mul 中的乘法要求进行乘法运算的矩阵在 shape 上是完全一样，而内积乘法 tf.matmul 不要求那么多，而是要求第一个矩阵的列向量数和第二个矩阵的行向量数相同。

【程序 11-8】

```
import tensorflow as tf
```

```
matrix1 = tf.constant([1, 2, 3, 4, 5, 6], shape=[2, 3])
matrix2 = tf.constant([1, 1, 1, 1, 1, 1], shape=[2, 3])
result1 = tf.mul(matrix1,matrix2)

sess = tf.Session()
print(sess.run(result1))
```

从上可以看到，matrix1 与 matrix2 分别为 tf 生成具有相同 shape 大小的矩阵，使用一般乘积的方法计算结果如下：

$$\begin{pmatrix} 1 & 2 & 3 \\ 4 & 5 & 6 \end{pmatrix} \otimes \begin{pmatrix} 1 & 1 & 1 \\ 1 & 1 & 1 \end{pmatrix} = \begin{pmatrix} 1 & 2 & 3 \\ 4 & 5 & 6 \end{pmatrix}$$

其中的带有一个圆圈的乘法符号在数学中是乘积的意思，即进行一一对应的相乘，最终打印结果：

```
[[1 2 3]
 [4 5 6]]
```

而使用内积乘法进行计算的矩阵，其形式为：

$$\begin{pmatrix} 1 & 2 & 3 \\ 4 & 5 & 6 \end{pmatrix} \times \begin{pmatrix} 1 & 1 & 1 \\ 1 & 1 & 1 \end{pmatrix} = \begin{pmatrix} 6 & 6 \\ 15 & 15 \end{pmatrix}$$

【程序 11-9】

```
import tensorflow as tf

matrix1 = tf.constant([1, 2, 3, 4, 5, 6], shape=[2, 3])
matrix2 = tf.constant([1, 1, 1, 1, 1, 1], shape=[3, 2])
result2 = tf.matmul(matrix1,matrix2)

sess = tf.Session()
print(sess.run(result2))
```

最终打印结果如下所示：

```
[[ 6  6]
 [15 15]]
```

还有一种随机生成矩阵的方式，这里的随机生成主要用到 2 种方法：tf.truncated_normal 函数和 tf.random_normal 函数。

● tf.truncated_normal：从截断的正态分布中输出随机值。生成的值服从具有指定平均值和标准偏差的正态分布，如果生成的值大于平均值 2 个标准偏差的值则丢弃重新选择。

● tf.random_normal：从正态分布中输出随机值。

其参数功能方法如下：

170

- shape：一维的张量，也是输出的张量。
- mean：正态分布的均值。
- stddev：正态分布的标准差。
- dtype：输出的类型。
- seed：一个整数，当设置之后，每次生成的随机数都一样。
- name：操作的名字。

具体使用：

```
tf. Variable (tf.random_normal([2,2],seed=1))
```

除此之外 TensorFlow 中还有其他相关的矩阵计算函数，在后文遇到时会一一介绍。

而对于变量，矩阵的初始化一般采用如下形式：

```
matrix1 = tf.Variable(tf.ones([m,n]))
matrix2 = tf.Variable(tf.zeros([m,n]))
```

这里 tf 矩阵在初始化时就创建了 2 个变量矩阵，因为变量矩阵在 TensorFlow 图运行的过程中其值在不停地改变，因此可以根据需要将其赋值为 1 或者 0。

【程序 11-10】

```
import tensorflow as tf

matrix1 = tf.Variable(tf.ones([3,3]))
matrix2 = tf.Variable(tf.zeros([3,3]))
result = tf.matmul(matrix1,matrix2)

init=tf.initialize_all_variables()
sess = tf.Session()
sess.run(init)

print(sess.run(matrix1))
print("-------------")
print(sess.run(matrix2))
```

需要注意的是，由于此时 matrix1 和 matrix2 被设置成变量，因此在调用之前需要对其初始化防止以前运算的残留对其产生影响。

TensorFlow 中比较重要的参数，除了 Constant 以及 variable 之外，还有 placehoder，其使用方式如下：

```
tf.placeholder('float',[m,n])
```

这里括号内第一个参数为数据类型，而第二个参数为矩阵的大小。使用代码如下：

【程序 11-11】

```
import tensorflow as tf
```

```
a = tf.constant([[1,2],[3,4]])
matrix2 = tf.placeholder('float32',[2,2])
matrix1 = matrix2
sess = tf.Session()
a = sess.run(a)
print(sess.run(matrix1,feed_dict={matrix2:a}))
```

 还有其他部分请读者自行测试完成。

现在使用矩阵方法对其进行修正，具体程序见程序 11-12。

【程序 11-12】

```
import tensorflow as tf
import numpy as np

houses = 100
features = 2

#设计的模型为 2 * x1 + 3 * x2
x_data = np.zeros([houses,2])
for house in range(houses):
    x_data[house,0] = np.round(np.random.uniform(50., 150.))
    x_data[house,1] = np.round(np.random.uniform(3., 7.))
weights = np.array([[2.],[3.]])
y_data = np.dot(x_data,weights)

x_data_ = tf.placeholder(tf.float32,[None,2])
y_data_ = tf.placeholder(tf.float32,[None,1])
weights_ = tf.Variable(np.ones([2,1]),dtype=tf.float32)
y_model = tf.matmul(x_data_,weights_)

loss = tf.reduce_mean(tf.pow((y_model - y_data_),2))
train_op = tf.train.GradientDescentOptimizer(0.01).minimize(loss)

sess = tf.Session()
init = tf.global_variables_initializer()
sess.run(init)

for _ in range(10):
    for x,y in zip(x_data,y_data):
        z1 = x.reshape(1,2)
        z2 = y.reshape(1,1)
        sess.run(train_op,feed_dict={x_data_:z1,y_data_:z2})
```

```
print(weights_ .eval(sess))
```

其中 x_data 和 y_data 分别是输入和生成的数据矩阵，x_data_ 与 y_data_ 是专门的占位符，用于接受输入的数据值，weights_ 是函数变量，主要是在后续的模型中更新。而模型的设计采用多元函数计算的方式进行。

最后打印结果如下：

```
[[ 1. 9824]
 [ 2.8758]]
```

可能读者会注意到，在程序 11-12 中，笔者在模型设计和数据输入时采用的是逐个输入的方式，因此可以把程序 11-12 所采用的梯度计算方式视为随机梯度下降方式。回想在前面内容中的介绍，对于某些数量不多的数据，为了节省时间可以采用批量梯度下降的方式。程序 11-13 演示了采用批量梯度下降方式进行计算的方法。

【程序 11-13】

```
import tensorflow as tf
import numpy as np


houses = 100
features = 2


#设计的模型为 2 * x1 + 3 * x2
x_data = np.zeros([100,2])
for house in range(houses):
    x_data[house,0] = np.round(np.random.uniform(50., 150.))
    x_data[house,1] = np.round(np.random.uniform(3., 7.))
weights = np.array([[2.],[3.]])
y_data = np.dot(x_data,weights)
print(y_data.shape)
x_data_ = tf.placeholder(tf.float32,[None,2])
weights_ = tf.Variable(np.ones([2,1]),dtype=tf.float32)
y_model = tf.matmul(x_data_,weights_)

loss = tf.reduce_mean(tf.pow((y_model - y_data),2))
train_op = tf.train.GradientDescentOptimizer(0.01).minimize(loss)

sess = tf.Session()
init = tf.initialize_all_variables()
sess.run(init)

for _ in range(20):
    sess.run(train_op,feed_dict={x_data_:x_data})
    print(weights_.eval(sess))
```

观察程序 11-13 可以看到，在这里模型的设计被设计成直接由 x_data 与变量 weights 相乘的结果，损失函数也直接计算 2 个矩阵的差值。因此在这里每次计算时都直接做矩阵的差值计算。而至于在输入数据时将整个 x_data 作为整体输入到模型中，一次性计算所有的模型值并对权重进行梯度计算。具体结果请读者自行打印完成。

还有一种方法叫做 mini_batch 梯度下降法，即选择一个规模较小的数据集进行梯度下降计算，这里请读者自行完成。

实际上矩阵化数据计算和模型建立是一种最为常见和广泛的模型建立方式，更多的应用在模块化和框架设计中，上文的 houses 和 features 就是定义了房屋数量和特征值，这也是设计模式的一种特殊类型，即通过特定的参数来释放需要的数值，这种方式在后文介绍卷积神经网络的内容时会更多地遇到。

11.3 逻辑回归详解

逻辑回归和线性回归类似，但它不属于回归分析家族的一个成员，主要区别在于变量不同，因此其解法和生成曲线也不尽相同。

逻辑回归是目前数据挖掘和机器学习领域中使用较为广泛的一种对数据进行处理的算法，一般用于对某些数据或事物的归属及可能性进行评估。目前较为广泛地应用在流行病学中，比较常用的情形是探索某疾病的危险因素，根据危险因素预测某疾病发生的概率等。

例如，想探讨胃癌发生的危险因素，可以选择两组人群，一组是胃癌组，一组是非胃癌组，两组人群肯定有不同的体征和生活方式等。这里的因变量就是是否胃癌，即"是"或"否"，为两分类变量，自变量就可以包括很多了，例如年龄、性别、饮食习惯、幽门螺杆菌感染等。自变量既可以是连续的，也可以是分类的。

MLlib 中将逻辑回归归类在分类算法中，也是无监督学习的一个重要算法，本节将主要介绍其基本理论和算法示例。

11.3.1 逻辑回归不是回归算法

"逻辑回归并不是回归算法，而是分类算法。逻辑回归并不是回归算法，而是分类算法。逻辑回归并不是回归算法，而是分类算法。"重要的事情说三遍。具体区别与相似性如下详述。

区别：

● 结果（y）：对于线性回归，结果是一个标量值（可以是任意一个符合实际的数值），例如 100，1.5 等；对于逻辑回归，结果是一个整数（表示不同类的整数，是离散的），例如 0,1,2,…9。

● 特征（x）：对于线性回归，特征都表示为一个列向量；特别是对于涉及二维图像的逻辑回归，特征是一个二维矩阵，矩阵的每个元素表示图像的像素值，每个像素值是属于 0 到 255 之间的整数，其中 0 表示黑色，255 表示白色，其他值表示具有某些灰度阴影。

● 损失函数：对于线性回归，损失函数是表示每个预测值与其预期结果之间的聚合差异的函数；对于逻辑回归，是计算每次预测的正确或错误的结果比较。

相似性：

● 训练：线性回归和逻辑回归的训练目标都是去学习权重（W）和偏置（b）值。
● 结果：线性回归与逻辑回归的目标都是利用学习到的权重和偏置值去预测或者说对结果进行分类。

再一次提到，逻辑回归并不是回归算法，而是用来分类的一种算法，特别是用在二分类中。

在上一节中，笔者向读者演示了使用线性回归对某个具体数据进行预测的方法，虽然可以看到，在二元或者多元的线性回归计算中，最终结果与实际相差较大，但是其能够返回一个具体的预测数据。

但是现实生活中，某些问题的研究却没有正确的答案。

在前面讨论的胃癌例子中，尽管收集到了各种变量因素，但是在胃癌被确诊定性之前，任何人都无法对某人是否将来会诊断出胃癌做出断言，而只能说"有可能"患有胃癌。这个就是逻辑回归，他不会直接告诉你结果的具体数据而会告诉你可能性是在哪里。

11.3.2　常用的逻辑回归特征变化与结果转换

对于逻辑回归的计算过程，由现行回归计算方式转变为逻辑回归计算方式，其在过程、步骤以及特征提取和最终结果的显示方面都是有所不同的。

1. 特征变换

首先对于特征变换来说，在上一节介绍线性回归对特征数据的准备时介绍了对于一般的特征数据可以将其设计成矩阵的形式来表示，而常用的矩阵规模就是二维矩阵。而在做逻辑回归时一般将其二维特征转化为一维特征进行处理，即将第一行以外的行数依次放在第一行后面进行处理，如图 11-9 所示。

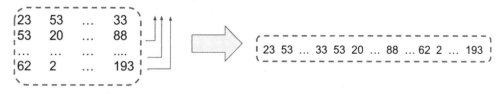

图 11-9　矩阵计算的二维到一维化变换

而这种方式特别适用于逻辑回归模型训练，使用代码如下：

```
import numpy as np
a = np.array([[1,2,3],[4,5,6]])
```

```
b = a.flatten()
print(b)
```

2. 结果转换

其次对于生成结果的转换,对于线性回归来说,生成的结果可能是[0.1,100]之间任何一个数值,即其本身是一个连续的曲线,通过确定特征值可以很好地在曲线上找到对应的值。而逻辑回归对于特定值的计算较为困难,因为其并不是一条光滑的连续曲线而是一条一系列离散的数值。

为了解决生成值不是连续的问题,逻辑回归的结果被转化成了单独的向量,即最终结果只存在一个单独的列或者行,这里的列或者行中的元素代表逻辑回归应属于的特定分类。而至于如何确定这个分类却是由所计算出属于特定元素的积分确定。

从图 11-10 可以看到,每一个数据元素都对应着一个概率,其概率有大小之分。对于概率得分最高的元素则认定为其分类结果。

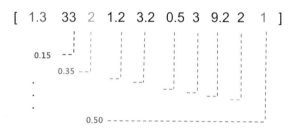

图 11-10　不同结果的概率大小

11.3.3　逻辑回归的损失函数

关于损失函数的定义,在线性回归中,损失函数是计算模型值与真实值之间的差平方的方式完成,使用的是最小二乘法。这样做的好处是在连续的曲线上,任何一个模型计算值都可以求得一个与真实值之间的实际差距,通过要求差距的最小化使得模型曲线能够最好地拟合真实曲线。

在上一小节的最后结果说明中已经明确地告诉读者,对于逻辑回归来说,找到一条连续的光滑曲线作为结果是不可行的。数据的结果是离散的而非连续型变量。

遵照上一节中所采用的方法,在更多的实际应用中,这里所采用的是 one-hot 方法,即将不同的类型转化成相同维数的向量,但是在不同的维度中将实际类型的元素设置成 1,其他元素为 0。

例如[0,1,2,3,4,5,6,7,8,9]这一系列数据被转化为如图 11-11 所示的数据。

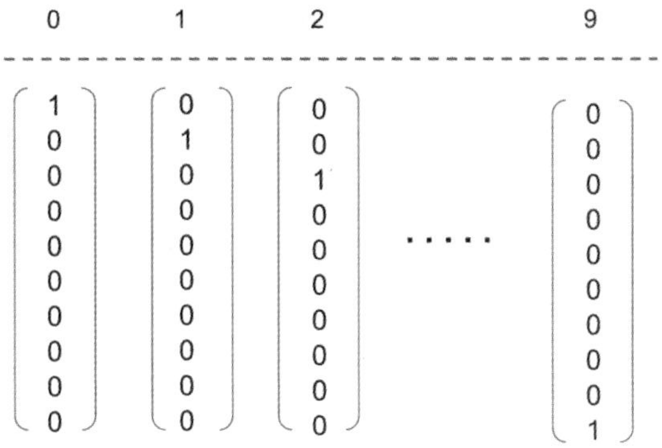

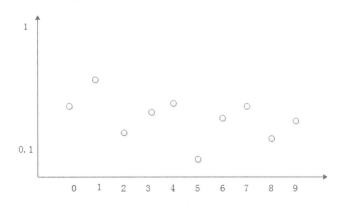

图 11-11　one-hot 表示的数据

假设根据图 11-11 对数据进行预测，则生成的结果如图 11-12 所示。

图 11-12　one-hot 中数据概率的分布

可以看到，每个不同的值都对应一个计算出的概率大小，图中数值 1 所对应的概率最大，因此可以将此次模型计算结果变为 1。

模型的计算最终还是要通过数学公式和编程的方式实现，而前面已经说了，通过传统的最小二乘法无法计算离散情况下数据的分布结果。因此为了解决这个问题，对于逻辑回归的损失函数求解，引入了交叉熵的办法对其进行计算。

交叉熵的计算公式如下：

$$f = -\frac{1}{n}\sum_{x}[y \ln a + (1 - y)\ln(1 - a)]$$

对公式中参数进行解释，y 为真实的输出值，而 a 为模型求得的模型值。

而对于回归分析中的激活函数，在线性分析中使用的是 sigmoid 函数，而在逻辑回归中使用的是 softmax 函数：

$$S = \frac{e^{V_i}}{\sum_i^j e^{V_i}}$$

即元素所在队列中元素与所有元素指数和的比值，而采用 softmax 的好处在于计算较为简单，这点在前面介绍反馈算法时就已经有介绍，这里就不再做详细讲解。

最终是逻辑回归的损失函数的定义：

$$Loss = -\sum_i Y \log(soft \max(y_i))$$

在这个损失函数中 Y 是真实结果转化为 one-hot 的向量结果，而 $\log(soft \max(y_i))$ 是模型计算值经过 softmax 和 log 计算而来的模型输出值，最终取其数据和作为损失函数。

11.3.4 逻辑回归编程实战——胃癌的转移判断

某研究人员在探讨肾细胞癌转移的有关临床病理因素研究中，收集了一批行根治性肾切除术患者的肾癌标本资料，现从中抽取 26 例资料作为示例进行 logistic 回归分析（本例来自《卫生统计学》第四版第 11 章）。

数据说明：

- y: 肾细胞癌转移情况（有转移 y=1；无转移 y=0）。
- x1: 确诊时患者的年龄（岁）。
- x2: 肾细胞癌血管内皮生长因子（VEGF），其阳性表述由低到高共 3 个等级。
- x3: 肾细胞癌组织内微血管数（MVC）。
- x4: 肾癌细胞核组织学分级，由低到高共 4 级。
- x5: 肾细胞癌分期，由低到高共 4 期。

```
y x1 x2 x3 x4 x5
0,0,59,2,43.4,2,1
0,0,36,1,57.2,1,1
0,0,61,2,190,2,1
0,1,58,3,128,4,3
0,1,55,3,80,3,4
0,0,61,1,94.4,2
0,0,38,1,76,1,1
0,0,42,1,240,3,2
0,0,50,1,74,1,1
0,0,58,3,68.6,2,2
0,0,68,3,132.8,4,2
0,1,25,2,94.6,4,3
0,0,52,1,56,1,1
0,0,31,1,47.8,2,1
0,1,36,3,31.6,3,1
```

```
0,0,42,1,66.2,2,1
0,1,14,3,138.6,3,3
0,0,32,1,114,2,3
0,0,35,1,40.2,2,1
0,1,70,3,177.2,4,3
0,1,65,2,51.6,4,4
0,0,45,2,124,2,4
0,1,68,3,127.2,3,3
0,0,31,2,124.8,2,3
```

将建立一个名为 cancer.txt 的文件夹作为数据源。根据前期分析，对胃癌数据训练逻辑回归模型。在计算患者的扩散概率之前，可以使用统计类进行数据分析。

首先第一步是对数据的读取，在前面章节中介绍了将数据生成 TFRecorder 的方法，那种方法主要应用在图像处理领域，可以将图像信息转化为二进制进行存储。而本例中数据是以数值的形式存在，因此读取的时候可以直接读取而无须经过类型转换这一中间步骤。

在给出的数据中，每一行代表一个单独的数据例子，每一行由 7 个浮点数构成，前 2 个是 label 经过 one-hot 编码后实现的数字，[0,0]或者[0,1]，而后面 5 个是特征值。

```
def readFile(filename):
    filename_queue = tf.train.string_input_producer(filename, shuffle=False)
    # 定义 Reader
    reader = tf.TextLineReader()
    key, value = reader.read(filename_queue)

    record_defaults = [[1.0], [1.0], [1.0], [1.0], [1.0], [1.0], [1.0]]
    col1, col2, col3, col4, col5 , col6 , col7 =
tf.decode_csv(value,record_defaults=record_defaults)
    label = tf.pack([col1,col2])
    features = tf.pack([col3, col4, col5, col6, col7])
    example_batch, label_batch = tf.train.shuffle_batch([features,label],
                        batch_size=3, capacity=100, min_after_dequeue=10)

    return example_batch,label_batch
```

代码段中首选使用了 tf.train.string_input_producer 函数将数据文件读取到内存中，之后使用 TextLineReader 文件获得文件读取的第一行句柄，而 reader 里面的 read 方法返回了文件头和文件名。

```
record_defaults = [[1.0], [1.0], [1.0], [1.0], [1.0], [1.0], [1.0]]
col1, col2, col3, col4, col5 , col6 , col7 =
tf.decode_csv(value,record_defaults=record_defaults)
label = tf.pack([col1,col2])
features = tf.pack([col3, col4, col5, col6, col7])
```

record_defaults 方法代表数据解析的模板，在数据中是默认使用逗号 "，" 将不同的列向量分开。在这里输入的数据为浮点型，因此模板为[1.0]，即每一列的数字都被解析成浮点型，而整形用[1]来表示，而 string 类型使用["null"]来进行解析。

col1 到 col7 代表每一行的数据列向量，前面已经说了。第一和第二列分别是 one-hot 使用的值代表计算结果，因此 label 就是 one-hot 的表示，这里只有 2 位，使用 col1 和 col2 即可。features 是剩余的 5 个数据，代表 5 个特征值，这里被打包在 features 中。

至于将数据读取出来可以使用如下代码段：

```
example_batch,label_batch = readFile(["cancer.txt"])

with tf.Session() as sess:
    coord = tf.train.Coordinator()
    threads = tf.train.start_queue_runners(coord=coord)
    for i in range(5):
        e_val,l_val = sess.run([example_batch, label_batch])
        print(e_val)
    coord.request_stop()
    coord.join(threads)
```

这里需要注意的是，数据的读取必须要启动数据读取协调器，即 tf.train.Coordinator 函数创建的 coord，而在 start_queue_runners 必须要对其进行启动，此时文件数据以及被输入队列。最终打印结果如下所示：

```
[[ 36.          3.          31.60000038  3.          1.        ]
 [ 61.          2.          190.         2.          1.        ]
 [ 56.          1.          72.          12.         1.        ]]
```

此时可以看到，数据 3 个一组，这是在 tf.train.shuffle_batch 函数中定的，每个 batch_size 的大小为 3，读者可以自行调节查看。

【程序 11-14】

```
import tensorflow as tf
import numpy as np
import Test

def readFile(filename):
    filename_queue = tf.train.string_input_producer(filename, shuffle=False)
    reader = tf.TextLineReader()
    key, value = reader.read(filename_queue)
    record_defaults = [[1.0], [1.0], [1.0], [1.0], [1.0], [1.0], [1.0]]
    col1, col2, col3, col4, col5 , col6 , col7 =
tf.decode_csv(value,record_defaults=record_defaults)
    label = tf.pack([col1,col2])
    features = tf.pack([col3, col4, col5, col6, col7])
```

```
        example_batch, label_batch = tf.train.shuffle_batch([features,label],
                                batch_size=3, capacity=100, min_after_dequeue=10)
    return example_batch,label_batch

example_batch,label_batch = Test.readFile(["cancer.txt"])

weight = tf.Variable(np.random.rand(5,1).astype(np.float32))
bias = tf.Variable(np.random.rand(2,1).astype(np.float32))
x_ = tf.placeholder(tf.float32, [None, 5])
y_model = tf.matmul(x_, weight) + bias
y = tf.placeholder(tf.float32, [2, 2])

loss = -tf.reduce_sum(y*tf.log(y_model))
train = tf.train.GradientDescentOptimizer(0.1).minimize(loss)

init = tf.initialize_all_variables()
with tf.Session() as sess:
    sess.run(init)
    coord = tf.train.Coordinator()
    threads = tf.train.start_queue_runners(coord=coord)
    flag = 1
    while(flag):
        e_val, l_val = sess.run([example_batch, label_batch])
        sess.run(train, feed_dict={x_: e_val, y: l_val})
        if sess.run(loss,{x_: e_val, y: l_val}) <= 1:
            flag = 0
    print(sess.run(weight))
```

程序 11-14 展示了使用数据进行模型训练的过程。损失函数使用的是前面所介绍的交叉熵函数，而训练依旧是传统的梯度下降方式。创建了一个 flag 用于对损失函数进行阈值的限定，当损失函数小于一个阈值时使得模型能够停止训练。同样在数据的输入时采用的是队列的形式对数据进行输入，在输入正式开始之前需要先打开队列。

最后结果请读者自行验证完成。

11.4 　本章小结

本章中对使用 TensorFlow 进行回归分析做了一个全面的介绍，主要介绍了线性回归和逻辑回归。

线性回归是最简单也是最为基础的一种回归分析模式，它也是 TensorFlow 用于入门的程序设计算法，笔者完整演示了程序设计的步骤，通过一个个问题展示了在程序编写时可能出现的各种情况，并一一予以解决。在线性回归的分析中将传统的逐步计算方式转化为矩阵计算，这样做的好处是通过 TensorFlow 中带有的矩阵处理包可以最大便捷地对数据进行计算。

逻辑回归不是回归算法，而是分类算法。在介绍逻辑回归的时候引入了交叉熵和 softmax 函数的定义。这是两个非常重要的构建损失函数的基础算法，其重要性不亚于 sigmoid 在反馈神经网络中的作用，我们在之后的章节中还会继续对其进行讲解和分析，并引入其相关变种。

本章通过胃癌分类的实战演示了如何引入数据库文件，如何通过代码编写对模型进行训练，结果也被分成两类。这只是一个开始，下一章将会引入一个非常重要的例子，即 MNIST 手写输入的识别，将通过这个完整例子介绍更多使用深度学习进行分类学习的细节。

第 12 章

TensorFlow编程实战——MNIST 手写体识别

本章开始将进入本书的后半部分，即 TensorFlow 中使用 MNIST 手写体的识别。MNIST 是一个常用的手写体识别数据库，我们可以通过训练一个自己的模型去辨别这个手写数据库，据此笔者将介绍一种在图像识别中应用最为广泛的深度学习网络——卷积神经网络。

本章将复习一下逻辑回归分类算法的编写，之后再着重介绍相关细节的调整，并分析这些细节调整对整体模型训练产生的影响。

12.1　MNIST 数据集

"HelloWorld"是任何一个程序入门的基础程序，任何一位读者在真正开始入门学习时，打印的第一句话往往就是这个"HelloWorld"。前面章节中笔者也带领读者学习和掌握了 TensorFlow 打印出的第一个程序"HelloWorld"。

在深度学习中也有其特有的"HelloWorld"，即 MNIST 手写体的识别。相对于上一章单纯地从数据文件中读取并加以训练的模型，MNIST 是一个图片数据集，它的分类更多，难度也更大。

12.1.1　MNIST 是什么

对于好奇的读者来说，一定有一个疑问，MNIST 究竟是什么？

实际上 MNIST 是一个手写数字数据库，它有 60000 个训练样本集和 10000 个测试样本集。打开数据库查看，MNIST 数据集就是下面图 12-1 所示那样。

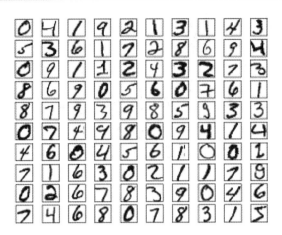

图 12-1　MNIST 文件手写体

它是 NIST 数据库的一个子集。MNIST 数据库官方网址为：

http://yann.lecun.com/exdb/mnist/

也 可 以 在 Windows 下 直 接 下 载 ， 文 件 包 含 train-images-idx3-ubyte.gz 、 train-labels-idx1-ubyte.gz 等，如图 12-2 所示。

```
Four files are available on this site:

train-images-idx3-ubyte.gz:   training set images (9912422 bytes)
train-labels-idx1-ubyte.gz:   training set labels (28881 bytes)
t10k-images-idx3-ubyte.gz:    test set images (1648877 bytes)
t10k-labels-idx1-ubyte.gz:    test set labels (4542 bytes)
```

图 12-2　MNIST 文件中包含的数据集

下载 4 个文件，解压缩。解压缩后发现这些文件并不是标准的图像格式，也就是一个训练图片集，一个训练标签集，一个测试图片集，一个测试标签集。我们可以看出这些其实并不是普通的文本文件或是图片文件，而是一个压缩文件，下载并解压出来，我们看到的是二进制文件，其中训练图片集的内容部分如图 12-3 所示。

```
0000 0803 0000 ea60 0000 001c 0000 001c
0000 0000 0000 0000 0000 0000 0000 0000
0000 0000 0000 0000 0000 0000 0000 0000
0000 0000 0000 0000 0000 0000 0000 0000
0000 0000 0000 0000 0000 0000 0000 0000
0000 0000 0000 0000 0000 0000 0000 0000
0000 0000 0000 0000 0000 0000 0000 0000
0000 0000 0000 0000 0000 0000 0000 0000
0000 0000 0000 0000 0000 0000 0000 0000
0000 0000 0000 0000 0000 0000 0000 0000
0000 0000 0000 0000 0000 0000 0000 0000
0000 0000 0000 0000 0000 0000 0000 0000
```

图 12-3　MNIST 文件的二进制表示

MNIST 训练集内部的文件结构如图 12-4 所示。

```
TRAINING SET IMAGE FILE (train-images-idx3-ubyte):

[offset] [type]          [value]          [description]
0000     32 bit integer  0x00000803(2051) magic number
0004     32 bit integer  60000            number of images
0008     32 bit integer  28               number of rows
0012     32 bit integer  28               number of columns
0016     unsigned byte   ??               pixel
0017     unsigned byte   ??               pixel
........
xxxx     unsigned byte   ??               pixel
```

图 12-4　MNIST 文件结构图

图 12-4 是训练集的文件结构，其中有 60000 个实例。也就是说这个文件里面包含了 60000 个标签内容，每一个标签的值为 0~9 之间的一个数。这里笔者先解析每一个属性的含义，首先该数据是以二进制存储的，我们读取的时候要以"rb"方式读取；其次，真正的数据只有[value]这一项，其他的[type]等只是来描述的，并不真正在数据文件里面。也就是说，在读取真实数据之前，要读取 4 个 32 bit integer。由[offset]我们可以看出真正的 pixel 是从 0016 开始的，一个 int 32 位，所以在读取 pixel 之前我们要读取 4 个 32 bit integer，也就是 magic number、number of images、number of rows、number of columns。

继续对图片进行分析，在 MNIST 图片集中，所有的图片都是 28×28 的，也就是每个图片都有 28×28 个像素；看图 12-4 中 train-images-idx3-ubyte 文件中偏移量为 0 字节处有一个 4 字节的数为 0000 0803 表示魔数；接下来是 0000 ea60 值为 60000 代表容量，接下来从第 8 个字节开始有一个 4 字节数，值为 28 也就是 0000 001c，表示每个图片的行数；从第 12 个字节开始有一个 4 字节数，值也为 28，也就是 0000 001c 表示每个图片的列数；从第 16 个字节开始才是我们的像素值，如图 12-5 所示。

图 12-5　每个手写体被分成 28×28 个像素

这里使用每 784 个字节代表一幅图片。

12.1.2　MNIST 数据集的特征和标签

前面已经介绍了通过一个简单的胃癌识别程序去检测胃癌的几率。现在笔者加大难度，尝试使用 TensorFlow 去预测 10 个分类。这实际上难度并不大，如果读者已经掌握上一章的二分类的程序编写的话，那么完成预测这个更不在话下。

首先对于数据库的获取，在 12.1.1 小节中已经有了介绍，读者可以从给出的网址下载并按格式存储，如图 12-6 所示。

图 12-6　MNIST 数据集存储路径

之后需要做的工作就是对数据的输入。有一个好消息就是，为了更好地掌握模型的设计，对于 MNIST 数据可以使用现成的 input_data 函数来读取相关的数据集。

```
import tensorflow.examples.tutorials.mnist.input_data
mnist = input_data.read_data_sets("MNIST_data/", one_hot=True)
```

上面的代码段中 input_data 函数可以按既定的格式读取出来。正如胃癌数据库一样，每个 MNIST 实例数据单元也是由 2 部分构成，一张包含手写数字的图片和一个与其相对应的标签。如同 TFRecorder 数据一样，可以将其中的标签特征设置成"y"，而图片特征矩阵以"x"来代替，所有的训练集和测试集中都包含 x 和 y。

图 12-7 用更为一般化的形式解释了 MNIST 数据实例的展开形式。在这里，图片数据被展开成矩阵的形式，矩阵的大小为 28×28 = 784。至于如何处理这个矩阵，一般常用的方法是将其展开，展开的方式和顺序并不重要，只需要将其按同样的方式展开即可。

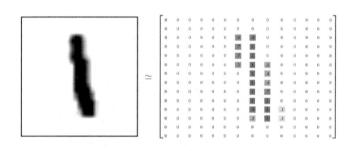

图 12-7　图片转换为向量模式

但是对于图片信息来说，将二维的图片矩阵展开成一维的向量数组会丢失图片中蕴含的二维图片特征，而有些特征对于图片的读取和辨别又是至关重要的。这一点笔者在下一章介绍卷积神经网络时会详细说明。

下面回到对数据的读取，前面已经介绍了，MNIST 数据集实际上就是一个包含着 60000 张图片的 60000×784 大小的矩阵张量[60000,784]，如图 12-8 所示。

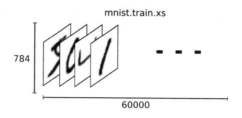

图 12-8　MNIST 数据集的矩阵表示

矩阵中行数指的是图片的索引，用以对图片进行提取；后面的 784 个列向量用以对图片进行特征标注。实际上，这些特征向量就是图片中的像素点，每张手写图片是[28,28]的大小，将每个像素转化为 0~1 之间的一个浮点数构成的矩阵。

如同在上一章的例子中，每个实例的标签对应于 0~9 之间的任意一个数字，用以对图片进行标注。同样对于本章将使用的逻辑回归模型来说，标签标注的方式为"one-hot"，即每一列向量中除了一位数字为 1 外，其他都是 0，如图 12-9 所示。

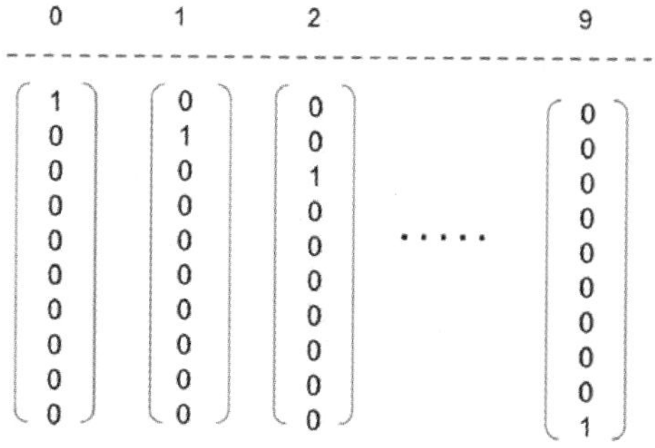

图 12-9　one-hot 数据集

因此可以知道，对于 MNIST 数据集的标签来说，实际上就是一个 60000 张图片的 60000 ×10 大小的矩阵张量[60000,10]。前面的行数指的是数据集中图片的个数为 60000 个，后面的 10 指 10 个列向量。

12.2　MNIST 数据集实战编程

上一节中，笔者对 MNIST 数据做了介绍，描述了其构成方式以及其中数据的特征和标签的记录表示等。了解这些有助于编写合适的程序来对 MNIST 数据集进行分析和识别。本节将一步步地分析和编写代码对数据集进行处理，之后为了提高准确率本章 12.3 节将会改变一些程序设计上的细节，演示不同的内容对最终结果的影响。

12.2.1　softmax 激活函数

softmax 函数在前面已经做过介绍，softmax 是一个对概率进行计算的模型，因为在真实的计算模型系统中，对一个实物的判定并不是 100%，而是有一定的概率，并且在所有的结果标签上，都可以求出一个概率。

$$f(\mathrm{x}) = \sum_{i}^{j} w_{ij} x_j + b$$

$$soft\max = \frac{e^{x_i}}{\sum_{0}^{j} e^{x_j}}$$

$$y = soft\max(f(\mathrm{x})) = soft\max(w_{ij} x_j + b)$$

其中第一个公式是人为定义的训练模型，这里采用的是输入数据与权重的乘积和再加上一个偏置 b 的方式进行。偏置 b 存在的意义是为了加上一定的噪音。

对于求出的 $f(\mathrm{x}) = \sum_{i}^{j} w_{ij} x_j + b$，softmax 的作用就是将其转化成概率。换句话说，这里的 softmax 可以被看作是一个激励函数，将计算的模型输出转换为在一定范围内的数值，并且在总体中这些数值的和为 1，而每个单独的数据都可以被归类为特定的数据结果集中。

用更为正式的语言表述那就是 softmax 是模型函数定义的一种形式：把输入值当成幂指数求值，再正则化这些结果值。而这个幂运算表示，更大的概率计算结果对应更大的假设模型里面的乘数权重值。反之，拥有更少的概率计算结果，意味着在假设模型里面拥有更小的乘数系数。

而假设模型里的权值不可以是 0 值或者负值。Softmax 会正则化这些权重值，使它们的总和等于 1，以此构造一个有效的概率分布。

对于最终的公式 $y = soft\max(f(\mathrm{x})) = soft\max(w_{ij} x_j + b)$ 来说，可以将其认为如图 12-10 所示的形式。

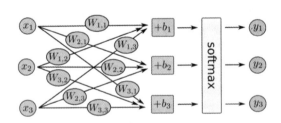

图 12-10　softmax 计算形式

图 12-10 演示了 softmax 的计算公式，这实际上就是输入的数据与权重的乘积之后对其进行 softmax 计算得到的结果。如果将它用数学方法表示出来，则如图 12-11 所示。

$$\begin{bmatrix} y_1 \\ y_2 \\ y_3 \end{bmatrix} = \mathrm{softmax}\left(\begin{bmatrix} W_{1,1} & W_{1,2} & W_{1,3} \\ W_{2,1} & W_{2,2} & W_{2,3} \\ W_{3,1} & W_{3,2} & W_{3,3} \end{bmatrix} \cdot \begin{bmatrix} x_1 \\ x_2 \\ x_3 \end{bmatrix} + \begin{bmatrix} b_1 \\ b_2 \\ b_3 \end{bmatrix} \right)$$

图 12-11　softmax 矩阵表示

将这个计算过程用矩阵的形式表示出来，即矩阵乘法和向量加法，这样有利于使用 TensorFlow 内置的数学公式进行计算，极大地提高了程序效率。

12.2.2　MNIST 编程实战

本小节将正式开始 MNIST 手写识别程序的编写。请读者回忆下上一章的内容，在使用 TensorFlow 之前首先要导入相关的文件包。

```
import tensorflow as tf
```

1. 对于输入的数据值的处理

在前面通过分析指导，实际上 MNIST 中数据是由 784 个列向量构成的图片特征，因此在进行输入的时候可以使用如下代码表示：

```
x_data = tf.placeholder(tf.float32, [None, 784])
```

这里输入的 x_data 是一个占位符，用于对输入的数据进行处理。括号内的参数是占位符的参数。tf.float32 指的是占位符接受型号为 float32 的数据，而后面的向量对于输入的数据格式来说是一个矩阵输入，要求列的数量为 784，使用"None"表示的是第一个行向量的数可以是任何一个数，即行向量的维度是任意值。

> 使用 None 做的好处是对于普通输入，行向量是一个定值；而对于批量输入时，行向量的数量不定，使用 None 可以在这之间做任意地处理而无须再随输入数量的多少对占位符做出调整。

2. 对于权重和偏置值的处理

常规的方法是使用变量，即 Variable 进行替代。使用变量的好处是其生成的是一个 TensorFlow 框架的张量，在图运算中可以根据需要进行修改。

```
weight = tf.Variable(tf.zeros([784,10]))
bias = tf.Variable(tf.zeros([10]))
```

3. 模型的建立

在前面已经介绍了，最终的结果公式如下：

$$y = soft\max(f(x)) = soft\max(w_{ij}x_j + b)$$

因此对于本例中的模型编写可以仿照下面公式进行：

```
Y_model = tf.nn.softmax(tf.matmul(data, weight) + bias)
```

再强调一点的是，这里 tf.matmul 是 TensorFlow 的矩阵乘法，其要求第一个数的列向量与第二个乘数的行向量相同。Softmax 则是上文分析的概率计算函数，可以对输入的数据进行计算得到每个值对应的概率。

4. 损失函数

对于损失函数，最常用的是最小二乘法，其原理易懂，公式简单，很方便理解。最小二乘法是计算模型值与真实值之间的差异平方和，之后最小化这个值。

为了计算最小二乘法，首先要使用一个新的占位符在程序中替代输入的数据值：

```
y_data = tf.placeholder(tf.float32,, [None,10])
```

之后可以使用最小二乘法的公式：

```
loss = -tf.reduce_mean(tf.pow((y_model - y_data),2))
```

在损失函数中首先使用最小二乘法计算出差值的平方，之后 reduce_mean 计算出张量的所有元素平均值。这里需要注意的是，这个计算主要是在批量输入时起作用，计算每批次输入的数据计算后的平均差值，而对于单个元素，其均值就是其本身。

5. 训练模型

最后对于模型的训练，在前面的介绍中已经对每一个步骤有了详细的介绍。此时在 TensorFlow 中有了一个详细计算图可以对其进行描述。TensorFlow 的图运算可以自动地使用前面介绍的反向传播算法来对权重进行更新。

```
train_step = tf.train.GradientDescentOptimizer(0.01).minimize(loss
```

train_step 是训练步骤，在这里使用梯度下降算法以 0.01 的学习率最小化最小二乘法。梯度下降算法在前面已经有过介绍，TensorFlow 将每个变量一点点地向损失函数值最低的方向移动。这里 TensorFlow 在后台做的处理就是实现前面分配好的任务，之后不停地微调权重。

6. 启动模型

最后就是模型训练的启动，对于模型来说这里的启动没什么特别之处。

```
init = tf.initialize_all_variables()
with tf.Session() as sess:
sess.run(init)
for i in range(1000):
 batch_xs, batch_ys = mnist.train.next_batch(50)
 sess.run(train_step, feed_dict={x: batch_xs, y_: batch_ys})
```

在这个步骤中，对模型进行启动，同时每次随机抓取 50 个数据点批量送入模型中开始计算。如果将数字改成 1，则可以认为模型在进行随机梯度下降算法，而具体每次数据量的多少需要根据模型的设计、资源的配置和数据量的大小而定。这些数据被输入到模型中作为参数替换占位符进行数据的计算。

7. 模型的评估

最后一步是对模型的好坏进行评估,在这里需要找出在模型训练过程中模型计算正确的结果。TensorFlow 提供了 tf.argmax 函数，它能给出计算张量在某一维度上最大值的索引，即通过比较模型标签取得最大值的位置和真实值标签最大值（1）的位置，从而检测模型值与真实值是否相互匹配，代码如下：

```
correct_prediction = tf.equal(tf.argmax(y,1), tf.argmax(y_,1))
```

tf.equal 函数返回值是一系列的布尔值：

```
[True, False, False, True, True, False, True…. True]
```

为了更好地对这些布尔值进行描述，之后将其转化成浮点值，而这些浮点值可以将其转化成数值类型通过求取平均值做一个描述。代码如下：

```
accuracy = tf.reduce_mean(tf.cast(correct_prediction, "float"))
print sess.run(accuracy, feed_dict={x: mnist.test.images, y_:
mnist.test.labels})
```

8. 最核心的问题——模型的使用

在这里可能有读者会提出疑问，程序代码写到这里，那么真正能用的数据在哪里。

这个问题很好，请读者回到本小节的第 3 条。在其中设置了模型的程序化形式：

```
Y_model = tf.nn.softmax(tf.matmul(data, weight) + bias)
```

就是存储了所训练的模型和其中的参数 weight 和 bias，它的用法是可用 feed-dict 函数将数据"喂"进去从而获得最终的结果。

【程序 12-1】

```
import tensorflow as tf
import tensorflow.examples.tutorials.mnist.input_data as input_data
mnist = input_data.read_data_sets("MNIST_data/", one_hot=True)

x_data = tf.placeholder("float32", [None, 784])
weight = tf.Variable(tf.ones([784, 10]))
bias = tf.Variable(tf.ones([10]))
y_model = tf.nn.softmax(tf.matmul(x_data, weight) + bias)
y_data = tf.placeholder("float32", [None, 10])

loss = tf.reduce_sum(tf.pow((y_model - y_data), 2))

train_step = tf.train.GradientDescentOptimizer(0.01).minimize(loss)
init = tf.initialize_all_variables()
sess = tf.Session()
sess.run(init)

for _ in range(1000):
    batch_xs, batch_ys = mnist.train.next_batch(100)
    sess.run(train_step, feed_dict={x_data:batch_xs, y_data:batch_ys})
```

```
    if _ % 50 == 0:
        correct_prediction = tf.equal(tf.argmax(y_model, 1), tf.argmax(y_data,
1))
        accuracy = tf.reduce_mean(tf.cast(correct_prediction, "float"))
        print(sess.run(accuracy, feed_dict={x_data: mnist.test.images, y_data:
mnist.test.labels}))
```

通过 1000 次的循环训练可以看到，模型最终的输出结果为：

```
0.9055
0.9146
0.9132
```

这个是每隔 50 次循环就打印一次判别数据到控制台上。实际上来说，这个结果并不是很高，因为在这里只使用了一个简单的模型并且激活函数和损失函数的处理也不是很到位。在下一节中，会对这个模型做出调整，从而得到更高的准确率。

12.2.3　为了更高的准确率

为了更高的准确率，这是每一个使用神经网络或者更深一个层次使用机器学习的人想要做的事。但是很多事情并不是说说话或者喊喊口号那么简单，而是需要付出更多的艰辛和更多的工作。

本小节将尝试修改上文那个简单的程序的一些细节，希望它能够把 0.91 左右的准确率提高到 0.93 左右。请读者看到这里不要觉得这个提法太小题大做，提高区区 0.02 个点对机器学习来说已经是很大的进步了。

1. 损失函数的修正

在上一章中已经做了介绍，相对于使用最小二乘法，采用交叉熵的公式计算逻辑回归中的分类问题是更为合适的。

$$y = -\sum y\_data \times \log(\text{y\_model})$$

这里首先使用 log 计算每个模型值的对数，之后把数据集上真实的值与模型计算值的对数相乘。最后根据输入数据模型的所有张量的元素总和求其所有和值。

```
loss = tf.reduce_sum(tf.pow((y_model - y_data), 2))
```

这里的交叉熵不仅仅可以用来衡量单一的一对预测和真实值，也是所有输入的图片的交叉熵的总和。对于更多的数据点的预测表现比单一数据点的表现能更好地描述我们的模型的性能。

2. 激活函数的修正

其实对于需要修改的地方是激活函数，在程序 12-1 中采用的激活函数是 softmax。笔者在讲解 softmax 函数的时候也详细地做了说明，而这只是所有的激活函数中的一种，除此之外还有常用的 Tanh、relu 和 Sigmoid 函数。这里先不讲解这些激活函数的意义和数学公式，请读者将激活函数替换为 relu 试试。

【程序 12-2】

```
import tensorflow as tf
import tensorflow.examples.tutorials.mnist.input_data as input_data
mnist = input_data.read_data_sets("MNIST_data/", one_hot=True)

x_data = tf.placeholder("float32", [None, 784])
weight = tf.Variable(tf.ones([784, 10]))
bias = tf.Variable(tf.ones([10]))
y_model = tf.nn.relu(tf.matmul(x_data, weight) + bias)
y_data = tf.placeholder("float32", [None, 10])
loss = -tf.reduce_sum(y_data*tf.log(y_model))

train_step = tf.train.GradientDescentOptimizer(0.01).minimize(loss)
init = tf.initialize_all_variables()
sess = tf.Session()
sess.run(init)

for _ in range(10000000):
    batch_xs, batch_ys = mnist.train.next_batch(50)
    sess.run(train_step, feed_dict={x_data:batch_xs, y_data:batch_ys})
    if _ % 50 == 0:
        correct_prediction = tf.equal(tf.argmax(y_model, 1), tf.argmax(y_data,
1))
        accuracy = tf.reduce_mean(tf.cast(correct_prediction, "float"))
        print(sess.run(accuracy, feed_dict={x_data: mnist.test.images, y_data:
mnist.test.labels}))
```

最终结果请读者自行打印验证。

12.2.4　增加更多的深度

通过修改激活函数和损失函数，似乎可以将准确率做一个提升。但是读者可能也发现，剩下的能修改的细节也似乎没有了。回想一下在神经网络学习过程中，数据经过输入层到隐藏层，最终从输出层输出结果。输入层和输出层是不可变动的，那么如果增加其中的隐藏层会有什么结果？读者可以研究下面图 12-12。

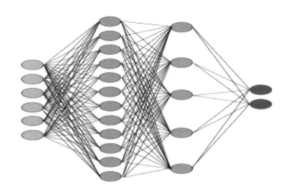

图 12-12　增大了隐藏层的逻辑回归

此时如果将 1 个隐藏层增大到 2 个隐藏层，似乎可以提高深度学习的效率和能力。

```
weight1 = tf.Variable(tf.ones([784, 256]))
bias1 = tf.Variable(tf.ones([256]))
y1_model1 = tf.matmul(x_data, weight1) + bias1

weight2 = tf.Variable(tf.ones([256, 10]))
bias2 = tf.Variable(tf.ones([10]))
y_model = tf.nn.softmax(tf.matmul(y1_model1, weight2) + bias2)
```

为了达到增加一个隐藏层的想法，修改原有的 weight 和 bias 为 weight1 和 bias1，对于模型来说，这里由原本的直接数据计算变为第一个隐藏层的权重和偏置，同时为了增加一个新的隐藏层添加了 weight2 和 bias2。

而对于训练模型来说，每一个隐藏层都有一个输出值，因此 y_model 在每一层都会输出，而只有在最后一层，通过 softmax 对数据重新做了概率计算，提取出概率最大的那个值作为输出。

【程序 12-3】

```
import tensorflow as tf
import tensorflow.examples.tutorials.mnist.input_data as input_data
mnist = input_data.read_data_sets("MNIST_data/", one_hot=True)

x_data = tf.placeholder("float32", [None, 784])

weight1 = tf.Variable(tf.ones([784, 256]))
bias1 = tf.Variable(tf.ones([256]))
y1_model1 = tf.matmul(x_data, weight1) + bias1

weight2 = tf.Variable(tf.ones([256, 10]))
bias2 = tf.Variable(tf.ones([10]))
y_model = tf.nn.softmax(tf.matmul(y1_model1, weight2) + bias2)
```

```
y_data = tf.placeholder("float32", [None, 10])

loss = -tf.reduce_sum(y_data*tf.log(y_model))
train_step = tf.train.GradientDescentOptimizer(0.01).minimize(loss)
init = tf.initialize_all_variables()
sess = tf.Session()
sess.run(init)

for _ in range(1000):
    batch_xs, batch_ys = mnist.train.next_batch(50)
    sess.run(train_step, feed_dict={x_data:batch_xs, y_data:batch_ys})
    if _ % 50 == 0:
        correct_prediction = tf.equal(tf.argmax(y_model, 1), tf.argmax(y_data, 1))
        accuracy = tf.reduce_mean(tf.cast(correct_prediction, "float"))
        print(sess.run(accuracy, feed_dict={x_data: mnist.test.images, y_data: mnist.test.labels}))
```

经过上述分析，这里读者可以尝试使用程序 12-3 进行打印。

强烈建议读者运行程序 12-3，相信对于结果一定有一个非常难忘的认识，这里答案则在下一章揭晓。

12.3　初识卷积神经网络

相信读者已经对程序 12-3 做了运行，对结果一定记忆深刻。

```
0.1035
```

数字 0.1035 是笔者在使用多层逻辑回归计算时产生的最终准确率。在例子中手写的数字一共有 10 种，那么每种分类成功的随机概率为 10%。而最终模型的计算结果为 0.1035，这相当于就是随机对数字进行分类而获得的一个随机结果，这显然是没有任何用处的。

分析其结果产生的原因，对于程序 12-3 与 12-2 之间的差距，唯一的不同就是增加了一个隐藏层，而让结果最终千差万别。这似乎说明了，靠增加隐藏层这一个方法对结果提高毫无用处。即对于此模型来说，目前已经没有别的方法对结果做出改善。

既然可以说使用逻辑回归方法对模型做出性能提高的努力是失败的，那么就需要寻找一种新的方法对数据进行计算。前面已经说了，对于一些处理方法，细节是有很多种可以选择，而对于模型来说，这个答案也是相同的。

本小节将通过使用卷积神经网络重新对 MNIST 数据集进行验证，通过对模型的整体重构来了解卷积神经网络这一图像识别中最重要的算法和工具。但是本节目前只泛泛地讨论卷积神经网络的使用，而对其具体的公式原理以及变种不做过多的探讨，这些内容非常重要，将放在后续的章节中向读者做详细的讲解。

12.3.1 卷积神经网络

对于 MNIST 数据集来说，采用逻辑回归对数据进行辨别似乎已经达到极限，无法通过细枝末节的修补对其准确度做出更进一步的提高；而通过对模型的修改增加其中的隐藏层数目，从例子上来看也只能使得模型的计算完全失真。因此，本节将放弃原有模型而采用全新的卷积神经网络对数据进行处理。

图 12-13 展示了一个最简单的卷积神经网络的模型。对于任意一个卷积网络来说，几个必不可少的部分为：

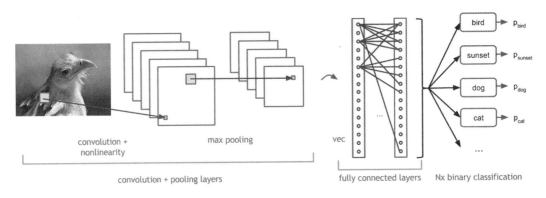

图 12-13　卷积神经网络的最简单模型

- 输入层：用以对数据进行输入。
- 卷积层：使用给定的核函数对输入的数据进行特征提取，并根据核函数的数据产生若干个卷积特征结果。
- 池化层：用以对数据进行降维，减少数据的特征。
- 全连接层：对数据已有的特征进行重新提取并输出结果。

12.3.2 卷积神经网络的程序编写

每个层有其不同的作用，而所谓的深度学习也仅仅是增加这些层的分类和神经元数目。采用卷积神经网络对 MNIST 数据集进行分类的程序如下：

【程序 12-4】

```
import tensorflow as tf
import tensorflow.examples.tutorials.mnist.input_data as input_data
mnist = input_data.read_data_sets("MNIST_data/", one_hot=True)


x_data = tf.placeholder("float32", [None, 784])
```

```
x_image = tf.reshape(x_data, [-1,28,28,1])

w_conv = tf.Variable(tf.ones([5,5,1,32]))
b_conv = tf.Variable(tf.ones([32]))
h_conv = tf.nn.relu(tf.nn.conv2d(x_image, w_conv, strides=[1, 1, 1, 1],
padding='SAME') + b_conv)

h_pool = tf.nn.max_pool(h_conv, ksize=[1, 2, 2, 1],
                        strides=[1, 2, 2, 1], padding='SAME')

w_fc = tf.Variable(tf.ones([14*14*32,1024]))
b_fc = tf.Variable(tf.ones([1024]))

h_pool_flat = tf.reshape(h_pool, [-1, 14*14*32])
h_fc = tf.nn.relu(tf.matmul(h_pool_flat, w_fc) + b_fc)

W_fc2 = tf.Variable(tf.ones([1024,10]))
b_fc2 = tf.Variable(tf.ones([10]))

y_model = tf.nn.softmax(tf.matmul(h_fc, W_fc2) + b_fc2)

y_data = tf.placeholder("float32", [None, 10])

loss = -tf.reduce_sum(y_data*tf.log(y_model))
train_step = tf.train.GradientDescentOptimizer(0.01).minimize(loss)
init = tf.initialize_all_variables()
sess = tf.Session()
sess.run(init)

for _ in range(1000):
    batch_xs, batch_ys = mnist.train.next_batch(200)
    sess.run(train_step, feed_dict={x_data:batch_xs, y_data:batch_ys})
    if _ % 50 == 0:
        correct_prediction = tf.equal(tf.argmax(y_model, 1), tf.argmax(y_data,
1))
        accuracy = tf.reduce_mean(tf.cast(correct_prediction, "float"))
        print(sess.run(accuracy, feed_dict={x_data: mnist.test.images, y_data:
mnist.test.labels}))
```

在程序中首先创建了一个卷积层。值得庆幸的是，TensorFlow 中将卷积层已经实现并封装完毕，其他人也只需要调用即可。

```
w_conv = tf.Variable(tf.ones([5,5,1,32]))
b_conv = tf.Variable(tf.ones([32]))
```

```
h_conv = tf.nn.relu(tf.nn.conv2d(x_image, w_conv, strides=[1, 1, 1, 1],
padding='SAME') + b_conv)
```

代码段中首先是定义了卷积核 w_conv，在这里同样使用的是 tf 变量作为卷积核的承载数据类型。其中的 4 个参数[5,5,1,32]，前两个参数 5/5 是卷积核的大小，代表这个卷积核是一个[5,5]的矩阵所构成，而第 3 个参数是输入的数据的通道，第 4 个参数即输出数据的通道。

可能有读者不了解通道的意思，在这里是图片信息对所包含图像所分解的级别。

池化层代码如下：

```
h_pool = tf.nn.max_pool(h_conv, ksize=[1, 2, 2, 1],strides=[1, 2, 2, 1],
padding='SAME')
```

在这里 ksize=[1, 2, 2, 1]指的是池化矩阵的大小，即使用[2,2]矩阵，而第 3 个参数 strides=[1, 2, 2, 1]指的是池化层在每一维度上滑动的步长。

通过第一个卷积层和池化层，输入的数据被转化成[None,14,14,32]大小的新的数据集，之后再通过一次全连接层对数据进行重新分类：

```
w_fc = tf.Variable(tf.ones([14*14*32,1024]))
b_fc = tf.Variable(tf.ones([1024]))

h_pool_flat = tf.reshape(h_pool, [-1, 14*14*32])
h_fc = tf.nn.relu(tf.matmul(h_pool_flat, w_fc) + b_fc)

W_fc2 = tf.Variable(tf.ones([1024,10]))
b_fc2 = tf.Variable(tf.ones([10]))

y_model = tf.nn.softmax(tf.matmul(h_fc, W_fc2) + b_fc2)
```

而计算模型也在此第一次实现，与逻辑回归类似，这里同样使用的是输入值与权重相乘的方式对其进行处理，最终将其结果设置成 y_model 的值。

最后是损失函数和判别函数的确定。损失函数同样使用的是交叉熵函数作为损失函数，而判别函数使用的是对 onehot 进行求取均值的方式计算。

```
loss = -tf.reduce_sum(y_data*tf.log(y_model))
train_step = tf.train.GradientDescentOptimizer(0.01).minimize(loss)
init = tf.initialize_all_variables()
sess = tf.Session()
sess.run(init)

for _ in range(1000):
    batch_xs, batch_ys = mnist.train.next_batch(200)
    sess.run(train_step, feed_dict={x_data:batch_xs, y_data:batch_ys})
```

```
    if _ % 50 == 0:
        correct_prediction = tf.equal(tf.argmax(y_model, 1), tf.argmax(y_data,
1))
        accuracy = tf.reduce_mean(tf.cast(correct_prediction, "float"))
        print(sess.run(accuracy, feed_dict={x_data: mnist.test.images, y_data:
mnist.test.labels}))
```

最终打印结果如下：

```
0.9317
```

即最终准确率可以达到 0.9317，似乎可以满足本章开头时提出的将准确率提升到 93%的目标。这是一个非常好的成绩，但是有没有更好的办法提升整个准确率？

12.3.3　多层卷积神经网络的程序编写

在 12.2.4 小节的最后，笔者加深了逻辑回归的隐藏层，即由原来的一个隐藏层变成 2 个，使得最终结果完全消失而造成模型失败。那么如果在卷积神经网络中同样增加其隐藏层会产生什么结果呢？

【程序 12-5】

```
import tensorflow as tf
import tensorflow.examples.tutorials.mnist.input_data as input_data
mnist = input_data.read_data_sets("MNIST_data/", one_hot=True)

mnist = input_data.read_data_sets('MNIST_data', one_hot=True)

x_data = tf.placeholder("float", shape=[None, 784])
y_data = tf.placeholder("float", shape=[None, 10])


def weight_variable(shape):
  initial = tf.truncated_normal(shape, stddev=0.1)
  return tf.Variable(initial)

def bias_variable(shape):
  initial = tf.constant(0.1, shape=shape)
  return tf.Variable(initial)

def conv2d(x, W):
  return tf.nn.conv2d(x, W, strides=[1, 1, 1, 1], padding='VALID')

def max_pool_2x2(x):
  return tf.nn.max_pool(x, ksize=[1, 2, 2, 1], strides=[1, 2, 2, 1],
padding='VALID')
```

```
W_conv1 = weight_variable([5, 5, 1, 32])
b_conv1 = bias_variable([32])
x_image = tf.reshape(x_data, [-1, 28, 28, 1])
h_conv1 = tf.nn.relu(conv2d(x_image, W_conv1) + b_conv1)
h_pool1 = max_pool_2x2(h_conv1)

W_conv2 = weight_variable([5, 5, 32, 64])
b_conv2 = bias_variable([64])
h_conv2 = tf.nn.relu(conv2d(h_pool1, W_conv2) + b_conv2)
h_pool2 = max_pool_2x2(h_conv2)

W_fc1 = weight_variable([4 * 4 * 64, 1024])
b_fc1 = bias_variable([1024])

h_pool2_flat = tf.reshape(h_pool2, [-1, 4*4*64])
h_fc1 = tf.nn.relu(tf.matmul(h_pool2_flat, W_fc1) + b_fc1)

keep_prob = tf.placeholder("float")
h_fc1_drop = tf.nn.dropout(h_fc1, keep_prob)

W_fc2 = weight_variable([1024, 10])
b_fc2 = bias_variable([10])

y_conv=tf.nn.softmax(tf.matmul(h_fc1_drop, W_fc2) + b_fc2)

cross_entropy = -tf.reduce_sum(y_data * tf.log(y_conv))
train_step = tf.train.AdamOptimizer(1e-2).minimize(cross_entropy)
correct_prediction = tf.equal(tf.argmax(y_conv,1), tf.argmax(y_data, 1))
accuracy = tf.reduce_mean(tf.cast(correct_prediction, "float"))

sess = tf.Session()
sess.run(tf.initialize_all_variables())

for i in range(1000):
  batch = mnist.train.next_batch(50)
  if i%5 == 0:

    train_accuracy = sess.run(accuracy, feed_dict={x_data:batch[0], y_data:
batch[1], keep_prob: 1.0})

    print("step %d, training accuracy %g"%(i, train_accuracy))
```

```
    sess.run(train_step, feed_dict={x_data: batch[0], y_data: batch[1],
keep_prob: 0.5})
```

程序 12-5 与 12-4 类似，不同之处在于增加了一个卷积层和池化层，将第一次池化的结果作为数据输入到第二个卷积层和池化层中，最终从模型输出。可以看到经过大概 950 次左右的训练，数据的准确率达到 0.98 左右，这是一个非常好的成绩。

```
step 960, training accuracy 0.98
```

12.4　本章小结

在本章中，笔者带着读者编写了一个完整的逻辑回归程序，对 MNIST 手写的数据集进行分析。这个程序演示了 TensorFlow 对数据使用的流程。在单层逻辑回归中可以看到，神经网络较好地完成了数据计算任务，随着对更多细节的修改，也能略微地提高结果的有效性。

卷积神经网络是修改了计算模型后的一种新的计算模型，通过使用单层或者多层卷积神经网络可以使得计算的准确率更上一个档次。而使用多层隐藏层或者神经层构成的神经网络就称为深度学习。

本章只是做了一个开头介绍，读者对深度学习会有了一个最基本的了解，采用的例子也是经典的卷积神经网络。但是本章只是使用卷积神经网络做了训练和对结果进行求解，对卷积网络的使用原理没有介绍。下一章笔者将深入分析卷积神经网络的原理及公式，并且对 TensorFlow 中卷积神经网络框架的使用做进一步的介绍。

第 13 章
◀ 卷积神经网络原理 ▶

本章开始将进入本书最重要的部分，卷积神经网络的介绍。

卷积神经网络是从信号处理衍生过来的一种对数字信号处理的方式，发展到图像信号处理上演变成一种专门用来处理具有矩阵特征的网络结构处理方式。卷积神经网络在很多应用上都有独特的优势，甚至可以说是无可比拟的，例如音频的处理和图像处理。

本章笔者将会介绍什么是卷积神经网络，会谈到卷积实际上是一种不太复杂的数学运算，即卷积是一种特殊的线性运算形式。之后会介绍"池化"这一概念，它是卷积神经网络中必不可少的操作。还有为了消除过拟合，会介绍 drop-out 这一常用的方法。这些概念是为了让卷积神经网络运行得更加高效的一些常用方法。

13.1　卷积运算基本概念

在数字图像处理中有一种最为基本的处理方法，即线性滤波。将待处理的二维数字看作一个大型矩阵，图像中的每个像素可以看作矩阵中的每个元素，像素的大小就是矩阵中的元素值。

而使用的滤波工具是另一个小型矩阵，这个矩阵被称为卷积核。卷积核的大小是远远小于图像矩阵，具体的计算方式就是对于图像大矩阵中的每个像素，计算其周围的像素和卷积核对应位置的乘积，之后将结果相加最终得到的终值就是该像素的值，这样就完成了一次卷积。最简单的图像卷积方式如图 13-1 所示。

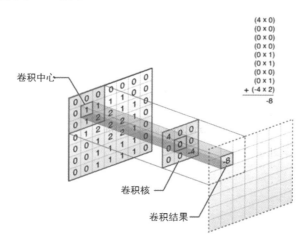

图 13-1　卷积运算

本节将详细介绍卷积的运算、定义以及一些细节调整的方法，这些都是卷积使用中必不可少的内容。

13.1.1　卷积运算

前面已经说过了，卷积实际上是使用两个大小不同的矩阵进行的一种数学运算。为了便于读者理解，从一个例子开始介绍。

假设需要对高速公路上的跑车进行位置追踪，这也是卷积神经网络图像处理的一个非常重要的应用。摄像头接收到的信号被计算为 $x(t)$，表示跑车在路上时刻 t 的位置。

但是往往实际上的处理没那么简单，因为在自然界无时无刻不面临着各种影响和摄像头传感器的滞后。因此为了得到跑车位置的实时数据，采用的方法就是对测量结果进行均值化处理。但是对于运动中的目标，时间越久的位置则越不可靠，而时间离计算时越短的位置则对真实值的相关性越高。因此可以对不同的时间段赋予不同的权重，即通过一个权值定义来计算。这个可以表示为：

$$s(t) = \int x(a)\omega(t-a)\,da$$

这种运算方式被称为卷积运算，换个符号表示为：

$$s(t) = (x * \omega)(t)$$

在卷积公式中，第一个参数 x 被称为"输入数据"，而第二个参数 ω 被称为"核函数"$s(t)$ 是输出，即特征映射。

数字图像处理卷积运算主要有两种思维，即"稀疏矩阵"与"参数共享"。

首先对于稀疏矩阵来说，卷积网络具有稀疏性，即卷积核的大小远远小于输入数据矩阵的大小。例如当输入一个图片信息时，数据的大小可能为上万的结构，但是使用的卷积核却只有几十，这样能够在计算后获取更少的参数特征，极大地减少了后续的计算量。

参数共享指的是在特征提取过程中，一个模型在多个参数之中使用相同的参数，在传统的神经网络中，每个权重只对其连接的输入输出起作用，当其连接的输入输出元素结束后就不会再用到。而参数共享指的是在卷积神经网络中核的每一个元素都被用在输入的每一个位置上，而在过程中只需学习一个参数集合就能把这个参数应用到所有的图片元素中。

【程序 13-1】

```
import struct
import matplotlib.pyplot as plt
import  numpy as np
dateMat = np.ones((7,7))

kernel = np.array([[2,1,1],[3,0,1],[1,1,0]])

def convolve(dateMat,kernel):
    m,n = dateMat.shape
```

```
    km,kn = kernel.shape
    newMat = np.ones(((m - km + 1),(n - kn + 1)))
    tempMat = np.ones(((km),(kn)))
    for row in range(m - km + 1):
        for col in range(n - kn + 1):
            for m_k in range(km):
                for n_k in range(kn):
                    tempMat[m_k,n_k] = dateMat[(row + m_k),(col + n_k)] *
kernel[m_k,n_k]
            newMat[row,col] = np.sum(tempMat)

    return newMat
```

程序 13-1 实现了由 Python 实现的卷积操作，在这里由卷积核从左到右、由上到下进行卷积计算，最后将新的矩阵进行返回。

13.1.2　TensorFlow 中卷积函数实现详解

前面章节中通过 Python 实现了卷积的计算，TensorFlow 为了框架计算的迅捷，同样也使用了专门的函数作为卷积计算函数。这是搭建卷积神经网络最为核心的函数之一，非常重要。

```
tf.nn.conv2d(input, filter, strides, padding, use_cudnn_on_gpu=None,
name=None)
```

这里核心的参数有 5 个，解释如下：

- input: 指需要做卷积的输入图像，它要求是一个 Tensor，具有[batch, in_height, in_width, in_channels]这样的 shape，具体含义是[训练时一个 batch 的图片数量、图片高度、图片宽度、图像通道数]，注意这是一个四维的 Tensor，要求类型为 float32 和 float64 其中之一。
- filter: 相当于 CNN 中的卷积核，它要求是一个 Tensor，具有[filter_height, filter_width, in_channels, out_channels]这样的 shape，具体含义是[卷积核的高度、卷积核的宽度、图像通道数、卷积核个数]，要求类型与参数 input 相同，有一个地方需要注意，第三维 in_channels，就是参数 input 的第四维。
- strides: 卷积时在图像每一维的步长，这是一个一维的向量，第一维和第四维默认为 1，而第三维和第四维分别是平行和竖直滑行的步进长度。
- padding: string 类型的量，只能是 "SAME" "VALID" 其中之一，这个值决定了不同的卷积方式。
- use_cudnn_on_gpu: bool 类型，是否使用 cudnn 加速，默认为 true。

对于卷积函数的具体使用。假设输入一张单通道大小为 3×3，使用的 shape 为[1,3,3,1]，此时使用一个[1,1,1,1]大小的卷积核对其操作，其程序如下：

【程序 13-2】

```
import tensorflow as tf

input = tf.Variable(tf.random_normal([1, 3, 3, 1]))
filter = tf.Variable(tf.ones([1, 1, 1, 1]))

init = tf.global_variables_initializer()
with tf.Session() as sess:
    sess.run(init)
    conv2d = tf.nn.conv2d(input, filter, strides=[1, 1, 1, 1], padding='VALID')
    print(sess.run(conv2d))
```

程序 13-2 展示了使用一个卷积对矩阵进行处理的例子，最后得到一个[3,3]大小的矩阵。

```
[[[[-1.99257362]
   [-1.18453205]
   [-1.25313473]]

  [[ 0.68782878]
   [-0.96720856]
   [ 1.76341283]]

  [[-0.9811877 ]
   [ 0.41607445]
   [-0.32765821]]]]
```

当将图片替换成一张 3×3 大小的 5 通道图像，则需要使用的卷积核为[1,1,5,1]，得到的结果仍然是一个[3,3]大小的矩阵。

 这里请读者自行修改输入输出参数进行验证。

下面对图片和卷积核做一个修改，令其为 3×3 的卷积核，而图片被设置成 5×5 的 5 通道，令步长为 1，输出 3×3 的特征值。

【程序 13-3】

```
import tensorflow as tf

input = tf.Variable(tf.random_normal([1, 5, 5, 5]))
filter = tf.Variable(tf.ones([3, 3, 5, 1]))

init = tf.global_variables_initializer()


with tf.Session() as sess:
```

```
    sess.run(init)
    conv2d = tf.nn.conv2d(input, filter, strides=[1, 1, 1, 1], padding='VALID')
    print(sess.run(conv2d))
```

最终结果如下：

```
[[[[ 4.83575153]
   [ 4.83984232]
   [-2.31448555]]

  [[-0.54077381]
   [-3.1328001 ]
   [-9.14840126]]

  [[ 0.60134232]
   [ 1.24828339]
   [-7.26786995]]]]
```

从答案上看，这是生成了一个[3,3]大小的矩阵，这是由于卷积在工作时，边缘被处理消失，因此生成的结果小于原有的图像。

但是有时候需要生成的卷积结果和原输入矩阵的大小一致，则需要将参数 padding 的值设为 VALID，当其为 SAME 时，表示图像边缘将由一圈 0 补齐，使得卷积后的图像大小和输入大小一致。

00000000000

0xxxxxxxxx0

0xxxxxxxxx0

0xxxxxxxxx0

00000000000

其中可以看到，这里 x 是图片的矩阵信息，而外面一圈是补齐的 0，这里 0 的作用是在卷积处理时对最终结果没有任何影响。

【程序 13-4】

```
import tensorflow as tf

input = tf.Variable(tf.random_normal([1, 5, 5, 5]))
filter = tf.Variable(tf.ones([3, 3, 5, 1]))

init = tf.global_variables_initializer()
```

```
with tf.Session() as sess:

    sess.run(init)
    conv2d = tf.nn.conv2d(input, filter, strides=[1, 1, 1, 1], padding='SAME')
    print(sess.run(conv2d))
```

在这里可以看到，补全的命令 padding 被设置成 SAME，则生成的结果如下：

```
[[[[  2.36198759]
   [  1.52454972]
   [ -5.73274755]
   [ -7.70868206]
   [ -6.87124348]]

  [[  6.64904451]
   [  5.73708153]
   [ -0.6689378 ]
   [ -7.82620192]
   [ -6.9142375 ]]

  [[  9.22388363]
   [  5.45048809]
   [ -2.09295011]
   [ -9.17977238]
   [ -5.40637684]]

  [[  8.83816242]
   [  9.20834255]
   [ 13.31070805]
   [ 11.62901688]
   [ 11.25883579]]

  [[  4.55110455]
   [  4.99581099]
   [  8.24689674]
   [ 11.7465353 ]
   [ 11.30182838]]]]
```

从结果上可以看到，这里生成的是一个[5,5]大小的矩阵，因为在计算时原始图片用 0 在外面一圈补齐，因此可以看到最终生成的矩阵是一个和输入[5,5]大小一致的矩阵。

对于卷积核来说，上面的例子中卷积核的步长为 1，而当步长不为 1 的时候，即卷积核并不是逐一滑行的计算，其程序如下：

【程序 13-5】

```
import tensorflow as tf

input = tf.Variable(tf.random_normal([1, 5, 5, 5]))
filter = tf.Variable(tf.ones([3, 3, 5, 1]))

init = tf.global_variables_initializer()

with tf.Session() as sess:
    sess.run(init)
    conv2d = tf.nn.conv2d(input, filter, strides=[1, 2, 2, 1], padding='SAME')
    print(sess.run(conv2d))
```

最后说下，这里每次输入的是一张图片，而在前面的大量例子中也可以看到，对于数据的输入来说，有时候批量的数据输入对计算来说更加有效率，因此在卷积运算函数中也可以对数据进行批量输入，其代码如下：

```
input = tf.Variable(tf.random_normal([n, 5, 5, 5]))
```

这里 n 是输入图片的数量。具体请读者自行打印验证。

13.1.3　使用卷积函数对图像感兴趣区域进行标注

图像感兴趣区域是指图像内部的一个子区域由计算机自动进行标注的方式。在实际使用中常用不同的卷积核进行。在上文介绍了 TensorFlow 中卷积函数的使用，本小节将使用它对图像进行感兴趣区域的自动提取。

【程序 13-6】

```
import tensorflow as tf
import cv2
import numpy as np

img = cv2.imread("lena.jpg")
img = np.array(img,dtype=np.float32)
x_image=tf.reshape(img,[1, 512,512,3])

filter = tf.Variable(tf.ones([7, 7, 3, 1]))

init = tf.global_variables_initializer()
with tf.Session() as sess:

    sess.run(init)
    res = tf.nn.conv2d(x_image, filter, strides=[1, 2, 2, 1], padding='SAME')
    res_image = sess.run(tf.reshape(res,[256,256]))/128 + 1

cv2.imshow("lena",res_image.astype('uint8'))
cv2.waitKey()
```

程序 13-6 是采用了[7,7]大小的矩阵进行卷积运算的代码，其结果如图 13-2 所示。

图 13-2　低卷积处理的图像结果

从图像结果可以看到，使用了[7,7]大小的卷积核后，生成的图片已经有了边缘特征，此时如果加大卷积核的大小，调整为[11,11]，代码如下：

【程序 13-7】

```python
import tensorflow as tf
import cv2
import numpy as np

img = cv2.imread("lena.jpg")
img = np.array(img,dtype=np.float32)
x_image=tf.reshape(img,[1,512,512,3])

filter = tf.Variable(tf.ones([11, 11, 3, 1]))

init = tf.global_variables_initializer()
with tf.Session() as sess:

    sess.run(init)
    res = tf.nn.conv2d(x_image, filter, strides=[1, 2, 2, 1], padding='SAME')
    res_image = sess.run(tf.reshape(res,[256,256]))/128 + 1

cv2.imshow("lena",res_image.astype('uint8'))
cv2.waitKey()
```

生成的结果如图 13-3 所示。

图 13-3　增大卷积核卷积处理的图像结果

此时的区域特征更加明显，但是由于卷积增大得过于强烈，此时图片的边缘检测已经超过所需要的程度。

13.1.4　池化运算

在通过卷积获得了特征（features）之后，下一步希望利用这些特征去做分类。理论上讲，人们可以用所有提取得到的特征去训练分类器，例如 softmax 分类器，但这样做面临计算量的挑战。例如：对于一个 96×96 像素的图像，假设我们已经学习得到了 400 个定义在 8×8 输入上的特征，每一个特征和图像卷积都会得到一个 (96 - 8 + 1)×(96 - 8 + 1) = 7921 维的卷积特征，由于有 400 个特征，所以每个样例（example）都会得到一个 892×400 = 3,168,400 维的卷积特征向量。学习一个拥有超过 3 百万特征输入的分类器十分不便，并且容易出现过拟合（over-fitting）。

这个问题的产生是由于卷积后的特征图像具有一种"静态性"的属性，这也就意味着在一个图像区域有用的特征极有可能在另一个区域同样适用。因此，为了描述大的图像，一个很自然的想法就是对不同位置的特征进行聚合统计，例如，特征提取可以计算图像一个区域上的某个特定特征的平均值（或最大值）。这些概要统计特征不仅具有低得多的维度（相比使用所有提取得到的特征），同时还会改善结果（不容易过拟合）。这种聚合的操作就叫做池化（pooling），有时也称为平均池化或者最大池化（取决于计算池化的方法）。

如果选择图像中的连续范围作为池化区域，并且只是池化相同（重复）的隐藏单元产生的特征，那么，这些池化单元就具有平移不变性（translation invariant）。这就意味着即使图像经历了一个小的平移之后，依然会产生相同的（池化的）特征。在很多任务中（例如物体检测、声音识别），我们都更希望得到具有平移不变性的特征，因为即使图像经过了平移，样例（图像）的标记仍然保持不变。

TensorFlow 中池化运算的函数如下：

```
tf.nn.max_pool(value, ksize, strides, padding, name=None)
```

参数是 4 个，和卷积很类似，效果则如图 13-4 所示。

- value: 需要池化的输入，一般池化层接在卷积层后面，所以输入通常是 feature map，依然是[batch, height, width, channels]这样的 shape。
- ksize: 池化窗口的大小，取一个四维向量，一般是[1, height, width, 1]，因为我们不想在 batch 和 channels 上做池化，所以这两个维度设为了 1。
- strides: 和卷积类似，窗口在每一个维度上滑动的步长，一般也是[1, stride,stride, 1]。
- padding: 和卷积类似，可以取 'VALID' 或者 'SAME'，返回一个 Tensor，类型不变，shape 仍然是[batch, height, width, channels]这种形式。

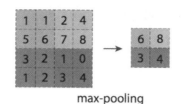

图 13-4　max-pooling 后的图片

池化一个非常重要的作用就是能够帮助输入的数据表示近似不变性。对于平移不变性指的是对输入的数据进行少量平移时，经过池化后的输出结果并不会发生改变。局部平移不变性是一个很有用的性质，尤其是当关心某个特征是否出现而不关心它出现的具体位置时。

例如，当判定一张图像中是否包含人脸时，并不需要判定眼睛的位置，而是需要知道有一只眼睛出现在脸部的左侧，而另外有一只出现在右侧就可以了。

【程序 13-8】

```
import tensorflow as tf
data=tf.constant([
        [[3.0,2.0,3.0,4.0],
        [2.0,6.0,2.0,4.0],
        [1.0,2.0,1.0,5.0],
        [4.0,3.0,2.0,1.0]]
        ])
data = tf.reshape(data,[1,4,4,1])
maxPooling=tf.nn.max_pool(data, [1, 2, 2, 1], [1, 2, 2, 1], padding='VALID')

with tf.Session() as sess:
    print(sess.run(maxPooling))
```

最终结果如下：

		6	4
		4	5
3	2	3	4
2	6	2	4
1	2	1	5
4	3	2	1

而程序打印结果如下：

```
[[[[ 6.]
  [ 4.]]

 [[ 4.]
  [ 5.]]]]
```

13.1.5 使用池化运算加强卷积特征提取

现在考虑 13.1.3 小节中对图像感兴趣区域的提取,此时如果在进行卷积后的图片加上一个卷积,代码如下所示。

【程序 13-9】

```python
import tensorflow as tf
import cv2
import numpy as np

img = cv2.imread("lena.jpg")
img = np.array(img,dtype=np.float32)
x_image=tf.reshape(img,[1,512,512,3])

filter = tf.Variable(tf.ones([7, 7, 3, 1]))

init = tf.global_variables_initializer()
with tf.Session() as sess:

    sess.run(init)
    res = tf.nn.conv2d(x_image, filter, strides=[1, 2, 2, 1], padding='SAME')
    res = tf.nn.max_pool(res, [1, 2, 2, 1], [1, 2, 2, 1], padding='VALID')
    res_image = sess.run(tf.reshape(res,[128,128]))/128 + 1

cv2.imshow("lena",res_image.astype('uint8'))
cv2.waitKey()
```

而最终结果如图 13-5 所示。

图 13-5　低卷积处理的图像结果

图 13-5 展示了原图、图像经过[7,7]大小的卷积以及池化后的输出结果,从视觉上看这个图像处理经过卷积和池化处理后并没有什么变化,而当查看打印出的张量后发生了变化,如下所示。

```
cov: Tensor("Conv2D:0", shape=(1, 256, 256, 1), dtype=float32)

maxpool: Tensor("MaxPool:0", shape=(1, 128, 128, 1), dtype=float32)
```

原始图像大小为[512,512]，而经过卷积后大小变为[256,256]，当经过池化后，图片大小变为[128,128]。这个缩减在神经网络的处理上是大大可观的。

前面通过多种实例和方法说明了卷积运算可以对图像特征所提取出的数据进行特征提取和压缩，这在神经网络中可以极大地提高运算效率和获取图像的特征。但是在带来好处的同时，卷积核池化有其不足之处，主要是在图像进行卷积与池化时可能导致欠拟合。当训练模型需要保存精确的图像特征时，使用卷积和池化会加大训练误差，或者当卷积核在图像上移动的步伐过大或过小时，会导致拟合不合适。

13.2　卷积神经网络的结构详解

前面介绍了卷积运算的基本原理和概念，从本质上来说卷积神经网络就是将图像处理中的二维离散卷积运算和神经网络相结合。这种卷积运算可以用于自动提取特征，而卷积神经网络也主要应用于二维图像的识别。

13.2.1　卷积神经网络原理

卷积的原理和池化作用在上文已经做了详细的介绍，本节将采用图示的方法更加直观地介绍卷积神经网络的工作原理，并使用 TensorFlow 实现经典的 LeNet 网络，这是卷积神经网络处理图像的开山之作，也是最基础的网络结构。

一个卷积神经网络包含一个输入层、一个卷积层、一个输出层，但是在真正使用的时候一般会使用多层卷积神经网络不断地去提取特征，特征越抽象，越有利于识别（分类）。而且通常卷积神经网络也包含池化层、全连接层，最后再接输出层。

图 13-6 展示了一幅图片进行卷积神经网络处理的过程。其中主要包含 4 个步骤：

（1）图像输入：获取输入的数据图像。

（2）卷积：对图像特征进行提取。

（3）maxpool：用于缩小在卷积时获取的图像特征。

（4）全连接层：用于对图像进行分类。

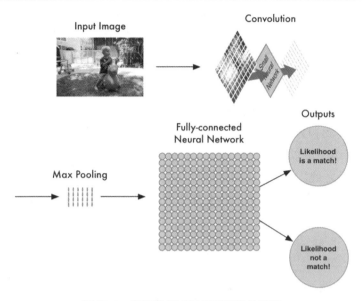

图 13-6　卷积神经网络处理图像的步骤

　　这几个步骤依次进行，分别具有不同的作用。而经过卷积层的图像被分别提取特征后获得分块的同样大小的图片，如图 13-7 所示。

图 13-7　卷积处理的分解图像

　　可以看到，经过卷积处理后的图像被分为若干个大小相同的只具有局部特征的图片。下面则对分解后的图片使用一个小型神经网络做进一步地处理，即将二维矩阵转化成一维数组，如图 13-8 所示。

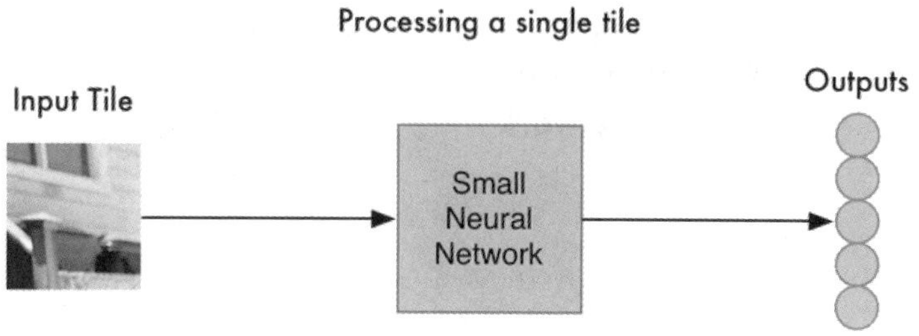

Processing a single tile

Input Tile

Small
Neural
Network

Outputs

图 13-8　分解后图像的处理

需要说明的是，在这个步骤，也就是对图片进行卷积化处理时，卷积算法对所有的分解后的局部特征进行同样的计算，这个步骤称为"权值共享"。这样做的依据如下：

● 对图像等数组数据来说，局部数组的值经常是高度相关的，可以形成容易被探测到的独特的局部特征。

● 图像和其他信号的局部统计特征与其位置是不太相关的，如果特征图能在图片的一个部分出现，也能出现在任何地方。所以不同位置的单元共享同样的权重，并在数组的不同部分探测相同的模式。

数学上，这种由一个特征图执行的过滤操作是一个离散的卷积，卷积神经网络由此得名。

池化层的作用是对获取的图像特征进行缩减，从前面的例子中可以看到，使用[2,2]大小的矩阵来处理特征矩阵，使得原有的特征矩阵可以缩减到 1/4 大小，特征提取的池化效应，如图 13-9 所示。

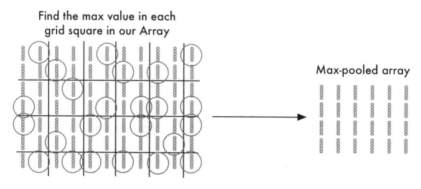

Find the max value in each
grid square in our Array

Max-pooled array

图 13-9　池化处理后的图像

池化层的作用是对获取的图像特征进行缩减，从前面的例子中可以看到，使用[2,2]大小的矩阵来处理特征矩阵，使得原有的特征矩阵可以缩减到 1/4 大小特征提取的池化效应。

经过池化处理的图像矩阵作为神经网络的数据输入，这是一个全连接层对所有的数据进行分类处理，并且计算这个图像所求的所属位置概率最大值，如图 13-10 所示。

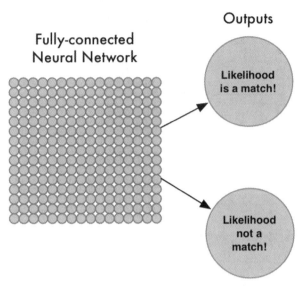

图 13-10　全连接层判断

如果采用较为通俗的语言概括，卷积神经网络是一个层级递增的结构，也可以将其认为是一个人在读报纸一样，首先一字一句地读取，之后整段地理解，最后获得全文的倾向。卷积神经网络也是从边缘、结构和位置等一起感知物体的形状。

13.2.2　卷积神经网络的应用实例——LeNet5 网络结构

在计算机视觉中卷积神经网络取得了巨大的成功，它在工业上以及商业上的应用很多，一种商业上最典型的应用就是识别支票上的手写数字的 LeNet5 神经网络。从 20 世纪 90 年代开始美国大多数银行都用这种技术识别支票上的手写数字，如图 13-11 所示。

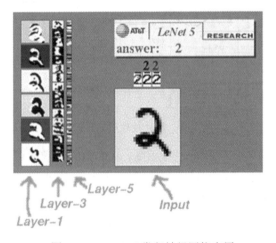

图 13-11　LeNet5 卷积神经网络应用

实际应用中的 LeNet5 卷积神经网络共有 8 层（图 13-12），其中每层都包含可训练的神经元，而连接神经元的是每层的权重。

216

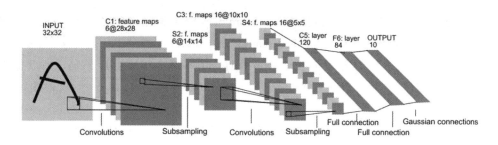

图 13-12　8 层 LeNet5 卷积神经网络

LeNet5 C1 到 S2 层的连接如图 13-13 所示。

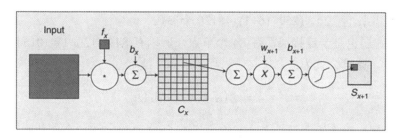

图 13-13　C1 到 S2 的处理结构

首先对于 INPUT 层来说，这是数据的输入层，在原始模型框架中，输入图像大小为[32,32]，这样能够将所有的手写信息被神经网络感受到。

第一个卷积层 C1 是最初开始进行卷积计算的层数。卷积层特征的计算公式如下：

$$x^i = f((\sum x_i^{l-1} * K_{ij}^l) + b_j^i)$$

其中 $x_i^{l-1} * K_{ij}^l$ 表示从第 1 层到 l+1 层要产生的 feature 数量，即 5×5=25 个；b 代表 bias 的数量，这里的 bias 是 1。从 C1 的深度上来看，模型中的深度为 6，因此可以计算到在卷积层 C1 中所有的参数个数为 6×(5×5+1)=156 个。而对于 C1 层来说，每个像素都与前一个输入层的像素相连接，因此对于 C1 层，总共有 156×28×28=122304 个连接。

而对于 S2 这个 pooling 层来说，这里是 C1 中的[2,2]区域内的像素求和再加上一个偏置，然后将这个结果再做一次映射（sigmoid 等函数），所以相当于对 S1 做了降维，此处共有 6×2=12 个参数。S2 中的每个像素都与 C1 中的 2×2 个像素和 1 个偏置相连接，所以有 6×5×14×14=5880 个连接（connection）。

LeNet5 最复杂的就是 S2 到 C3 层，其连接如图 13-14 所示。

	0	1	2	3	4	5	6	7	8	9	10	11	12	13	14	15
0	X				X	X	X			X	X	X	X		X	X
1	X	X				X	X	X			X	X	X	X		X
2	X	X	X				X	X	X			X		X	X	X
3		X	X	X			X	X	X	X			X		X	X
4			X	X	X			X	X	X	X		X	X		X
5				X	X	X			X	X	X	X		X	X	X

图 13-14　S2 到 C3 的处理结构

前 6 个 feature map 与 S2 层相连的 3 个 feature map 相连接，后面 6 个 feature map 与 S2 层相连的 4 个 feature map 相连接，后面 3 个 feature map 与 S2 层部分不相连的 4 个 feature map 相连接，最后一个与 S2 层的所有 feature map 相连。卷积核大小依然为 5×5，所以总共有 6×(3×5×5+1)+6×(4×5×5+1)+3×(4×5×5+1)+1×(6×5×5+1)=1516 个参数。而图像大小为 10×10，所以共有 151600 个连接。

S4 是 pooling 层，窗口大小仍然是 2×2，共计 16 个 feature map，所以 32 个参数，16×(25×4+25)=2000 个连接。

C5 是卷积层，总共 120 个 feature map，每个 feature map 与 S4 层所有的 feature map 相连接，卷积核大小是 5×5，而 S4 层的 feature map 的大小也是 5×5，所以 C5 的 feature map 就变成了 1 个点，共计有 120×(25×16+1)=48120 个参数。

最后一层 F6 层也是全连接层，有 84 个节点，所以有 84×(120+1)=10164 个参数。F6 层采用了正切函数，计算公式为：

$$x^i = f(a_i) = \tanh(a_i)$$

最后是输出层，以上这 8 层合在一起构成了 LeNet5 神经网络的全部结构。

13.2.3 卷积神经网络的训练

卷积网络在本质上是一种输入到输出的映射，它能够学习大量的输入与输出之间的映射关系，而不需要任何输入和输出之间的精确的数学表达式，只要用已知的模式对卷积网络加以训练，网络就具有输入输出对之间的映射能力。卷积网络执行的是有导师训练，所以其样本集是由形如（输入向量，理想输出向量）的向量对构成的。

所有这些向量对，都应该是来源于网络，即将模拟系统的实际"运行"结果。它们可以是从实际运行系统中采集来的。在开始训练前，所有的权都应该用一些不同的小随机数进行初始化。"小随机数"用来保证网络不会因权值过大而进入饱和状态，从而导致训练失败；"不同"用来保证网络可以正常地学习。实际上，如果用相同的数去初始化权矩阵，则网络无能力学习。

卷积神经网络的具体使用上和一般反馈神经网络相同，分成前向和后向传播。

1. 第一阶段：向前传播阶段

（1）从样本集中取一个样本，将样本输入卷积神经网络。

（2）计算相应的实际输出。

在此阶段，信息从输入层经过逐级的变换，传送到输出层。这个过程也是网络在完成训练后正常运行时执行的过程。在此过程中，网络执行的是计算（实际上就是输入与每层的权值矩阵相乘，得到最后的输出结果）。

2. 第二阶段：向后传播阶段

（1）计算实际输出 Op 与相应的理想输出 Yp 的差。

（2）按极小化误差的方法反向传播调整权矩阵。

13.3 TensorFlow 实现 LeNet 实例

前面已经介绍了 LeNet 的实例，本节开始根据 LeNet 结构构建这个经典的深度神经网络模型，如图 13-12 所示。本节首先会逐步对 LeNet 中的每一层进行分解，会对神经元的个数、隐藏层的层数以及学习率等神经网络关键参数做出调整，观察模型训练的时间。

13.3.1 LeNet 模型分解

首先是数据的导入，这里使用的是 MNIST 数据集，对数据的导入使用给定的数据导入方法以及相关的包，代码如下：

```
import tensorflow as tf
from tensorflow.examples.tutorials.mnist import input_data
import time
```

可以看到，这里导入了 3 个包，分别是 tensorflow、input_data 以及 time。

下面是声明输入图片的数据和类别：

```
x = tf.placeholder('float', [None, 784])
y_ = tf.placeholder('float', [None, 10])
```

之后对输入的数据进行转化，前面章节已经介绍了这里的 MNIST 数据集是以[None,784]的数据格式存放的，而对于卷积神经网络来说，需要把图像的位置信息进行保存，因此这里将一维的数组重新转换为二维图像矩阵：

```
x_image = tf.reshape(x, [-1, 28, 28, 1])
```

下面是第一个卷积层的处理，这里需要将输入的数据由[28,28]转化为[28,28,6]的矩阵，其中第三个参数 "6" 指的是图片经过卷积后分成 6 个通道。具体实现代码如下：

```
filter1 = tf.Variable(tf.truncated_normal([5, 5, 1, 6]))
bias1 = tf.Variable(tf.truncated_normal([6]))
conv1 = tf.nn.conv2d(x_image, filter1, strides=[1, 1, 1, 1], padding='SAME')
h_conv1 = tf.nn.sigmoid(conv1 + bias1)
```

可以看到，这里 filter1 和 bias1 分别是使用 tf 变量初始化卷积核和偏置值。filter1 中的 4 个参数分别表示卷积核是由 5×5 大小的卷积，输入为 1 个通道而输出为 6 个通道。而 bias1 指的是生成的偏置值与卷积结果进行求和的计算。最后通过 sigmoid 函数求得第一个卷积层输出结果。

在第一个卷积层之后是一个池化层，这里使用的是 maxPooling，对于 2×2 大小的框进行最大特征取值。代码如下：

```
maxPool2 = tf.nn.max_pool(h_conv1, ksize=[1, 2, 2, 1],strides=[1, 2, 2, 1],
padding='SAME')
```

这里可以看到卷积的大小是由 ksize 设置，而 strides 是步进的大小，这里是传统的 2 格步进。

第三层仍旧是卷积层，这里需要进行卷积计算后的大小为[10,10,16]，其后的池化层将特征进行再一次压缩。代码如下：

```
filter2 = tf.Variable(tf.truncated_normal([5, 5, 6, 16]))
bias2 = tf.Variable(tf.truncated_normal([16]))
conv2 = tf.nn.conv2d(maxPool2, filter2, strides=[1, 1, 1, 1], padding='SAME')
h_conv2 = tf.nn.sigmoid(conv2 + bias2)

maxPool3 = tf.nn.max_pool(h_conv2, ksize=[1, 2, 2, 1],strides=[1, 2, 2, 1],
padding='SAME')

filter3 = tf.Variable(tf.truncated_normal([5, 5, 16, 120]))
bias3 = tf.Variable(tf.truncated_normal([120]))
conv3 = tf.nn.conv2d(maxPool3, filter3, strides=[1, 1, 1, 1], padding='SAME')
h_conv3 = tf.nn.sigmoid(conv3 + bias3)
```

后面的 2 个是全连接层，全连接层的作用在整个卷积神经网络中起到"分类器"的作用。如果说卷积层、池化层和激活函数层等操作是将原始数据映射到隐层特征空间的话，全连接层则起到将学到的"分布式特征表示"映射到样本标记空间的作用。具体实现代码如下：

```
W_fc1 = tf.Variable(tf.truncated_normal([7 * 7 * 120, 80]))
b_fc1 = tf.Variable(tf.truncated_normal([80]))
h_pool2_flat = tf.reshape(h_conv3, [-1, 7 * 7 * 120])
h_fc1 = tf.nn.sigmoid(tf.matmul(h_pool2_flat, W_fc1) + b_fc1)

# 输出层，使用 softmax 进行多分类
W_fc2 = tf.Variable(tf.truncated_normal([80, 10]))
b_fc2 = tf.Variable(tf.truncated_normal([10]))
#y_conv = tf.maximum(tf.nn.softmax(tf.matmul(h_fc1, W_fc2) + b_fc2), 1e-30)
y_conv = tf.nn.softmax(tf.matmul(h_fc1, W_fc2) + b_fc2)
```

这里对池化介绍后的数据进行重新展开，将二维数据重新展开成一维数组之后计算每一行的元素个数。最后一个输出层在使用了 softmax 进行概率的计算。

```
cross_entropy = -tf.reduce_sum(y_ * tf.log(y_conv))
train_step =
tf.train.GradientDescentOptimizer(0.001).minimize(cross_entropy)
```

最后是交叉熵作为损失函数，使用梯度下降算法来对模型进行训练。

完整代码如程序 13-10 所示。

【程序 13-10】

```
import tensorflow as tf
from tensorflow.examples.tutorials.mnist import input_data
```

220

```
import time

# 声明输入图片数据，类别
x = tf.placeholder('float', [None, 784])
y_ = tf.placeholder('float', [None, 10])
# 输入图片数据转化
x_image = tf.reshape(x, [-1, 28, 28, 1])


#第一层卷积层，初始化卷积核参数、偏置值，该卷积层 5*5 大小，一个通道，共有 6 个不同卷积核
filter1 = tf.Variable(tf.truncated_normal([5, 5, 1, 6]))
bias1 = tf.Variable(tf.truncated_normal([6]))
conv1 = tf.nn.conv2d(x_image, filter1, strides=[1, 1, 1, 1], padding='SAME')
h_conv1 = tf.nn.sigmoid(conv1 + bias1)


maxPool2 = tf.nn.max_pool(h_conv1, ksize=[1, 2, 2, 1],strides=[1, 2, 2, 1],
padding='SAME')

    filter2 = tf.Variable(tf.truncated_normal([5, 5, 6, 16]))
    bias2 = tf.Variable(tf.truncated_normal([16]))
    conv2 = tf.nn.conv2d(maxPool2, filter2, strides=[1, 1, 1, 1], padding='SAME')
    h_conv2 = tf.nn.sigmoid(conv2 + bias2)


maxPool3 = tf.nn.max_pool(h_conv2, ksize=[1, 2, 2, 1],strides=[1, 2, 2, 1],
padding='SAME')

    filter3 = tf.Variable(tf.truncated_normal([5, 5, 16, 120]))
    bias3 = tf.Variable(tf.truncated_normal([120]))
    conv3 = tf.nn.conv2d(maxPool3, filter3, strides=[1, 1, 1, 1], padding='SAME')
    h_conv3 = tf.nn.sigmoid(conv3 + bias3)




# 全连接层
# 权值参数
W_fc1 = tf.Variable(tf.truncated_normal([7 * 7 * 120, 80]))
# 偏置值
b_fc1 = tf.Variable(tf.truncated_normal([80]))
# 将卷积的输出展开
h_pool2_flat = tf.reshape(h_conv3, [-1, 7 * 7 * 120])
# 神经网络计算，并添加 sigmoid 激活函数
h_fc1 = tf.nn.sigmoid(tf.matmul(h_pool2_flat, W_fc1) + b_fc1)
```

```python
# 输出层，使用 softmax 进行多分类
W_fc2 = tf.Variable(tf.truncated_normal([80, 10]))
b_fc2 = tf.Variable(tf.truncated_normal([10]))
y_conv = tf.nn.softmax(tf.matmul(h_fc1, W_fc2) + b_fc2)
# 损失函数
cross_entropy = -tf.reduce_sum(y_ * tf.log(y_conv))
# 使用 GDO 优化算法来调整参数
train_step =
tf.train.GradientDescentOptimizer(0.001).minimize(cross_entropy)


sess = tf.InteractiveSession()
# 测试正确率
correct_prediction = tf.equal(tf.argmax(y_conv, 1), tf.argmax(y_, 1))
accuracy = tf.reduce_mean(tf.cast(correct_prediction, "float"))


# 所有变量进行初始化
sess.run(tf.initialize_all_variables())


# 获取 mnist 数据
mnist_data_set = input_data.read_data_sets('MNIST_data', one_hot=True)


# 进行训练
start_time = time.time()
for i in range(20000):
    # 获取训练数据
    batch_xs, batch_ys = mnist_data_set.train.next_batch(200)

    # 每迭代 100 个 batch，对当前训练数据进行测试，输出当前预测准确率
    if i % 2 == 0:
        train_accuracy = accuracy.eval(feed_dict={x: batch_xs, y_: batch_ys})
        print("step %d, training accuracy %g" % (i, train_accuracy))
        # 计算间隔时间
        end_time = time.time()
        print('time: ', (end_time - start_time))
        start_time = end_time
    # 训练数据
    train_step.run(feed_dict={x: batch_xs, y_: batch_ys})

# 关闭会话
sess.close()
```

为了验证结果，这里同样使用了 accuracy 作为正确率的判断，对输入的数据计算模型计算结果和真实值之间的差距。

具体结果如下：

```
step 0, training accuracy 0.1
time:  0.07000398635864258
step 2, training accuracy 0.06
time:  0.39702272415161133
step 4, training accuracy 0.135
time:  0.39902281761169434
…
step 494, training accuracy 0.815
time:  0.3930225372314453
step 496, training accuracy 0.825
time:  0.39702272415161133
…
step 1362, training accuracy 0.955
time:  0.4080233573913574
step 1364, training accuracy 0.94
time:  0.40502309799194336
step 1366, training accuracy 0.935
time:  0.40702342987060547
```

可以看到，准确率在平滑地上升，当第 500 次迭代时，准确率能达到 0.825 左右；而当达到 1350 次迭代时，准确率能达到 0.955 左右。

13.3.2   使用 ReLU 激活函数代替 sigmoid

对于神经网络模型来说，首先重要的一个目标就是能够达到最好的准确率，这需要通过设计不同的模型和算法完成。其次在模型的训练过程中一般要求能够在最短的时间内达到收敛。

图 13-15 是模型在 1000 次迭代过程中准确率的描绘。此时在对模型的准确率的绘制过程中可以看到，准确率在前面 200 次迭代计算过程中上升得非常慢，之后准确率有个非常快速上升的过程，而到达一定额度后准确率又重新缓慢上升。

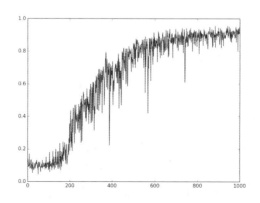

图 13-15   传统的 sigmoid 和 tanh 激活函数

前面的分析中，在算法设计上激活函数使用的是 sigmoid 函数。传统神经网络中最常用的两个激活函数为 sigmoid 和 tanh，sigmoid（Logistic-Sigmoid、Tanh-Sigmoid）被视为神经网络的核心所在。从数学上来看，非线性的 sigmoid 函数对中央区的信号增益较大，对两侧区的信号增益较小，在信号的特征空间映射上，有很好的效果。

但是从图 13-16 上也可以看到，由于 sigmoid 和 tanh 激活函数左右两端在很大程度上接近极值，容易饱和，因此在进行计算时当传递的数值过小或者过大时会使得神经元梯度接近于 0，这使得在模型计算时会多次计算接近于 0 的梯度，从而导致花费了学习时间却使得权重没有更新。

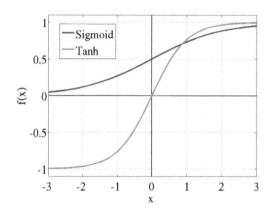

图 13-16　传统的 sigmoid 和 tanh 激活函数

为了克服 sigmoid 和 tanh 函数容易产生提取梯度迟缓这一弊端，在不断的研究过程中发现了一种新的激活函数 ReLU 函数，如图 13-17 所示。

$$f(x) = \max(0, x)$$

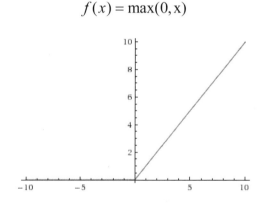

图 13-17　ReLU 激活函数

相较于 sigmoid 和 tanh 函数，ReLU 主要有以下几个优点：

- 收敛快：对于 SGD 的收敛有巨大的加速作用，可以看到对于达到阈值的数据其激活力度是随数值的加大而增大，且呈现一个线性关系。
- 计算简单：ReLU 的算法较为简单，单纯一个值的输入输出不需要进行一系列的复杂计算，从而获得激活值。

● 不易过拟合：使用 ReLU 进行模型计算时，一部分神经元在计算时如果有一个过大的梯度经过，则次神经元的梯度会被强行设置为 0，而在整个其后的训练过程中这个神经元都不会被激活，这会导致数据多样化的丢失，但是也能防止过拟合。这个现象一般不被注意到。

【程序 13-11】

```
import tensorflow as tf
from tensorflow.examples.tutorials.mnist import input_data
import time

# 声明输入图片数据，类别
x = tf.placeholder('float', [None, 784])
y_ = tf.placeholder('float', [None, 10])
# 输入图片数据转化
x_image = tf.reshape(x, [-1, 28, 28, 1])

#第一层卷积层，初始化卷积核参数、偏置值，该卷积层 5*5 大小，一个通道，共有 6 个不同卷积核
filter1 = tf.Variable(tf.truncated_normal([5, 5, 1, 6]))
bias1 = tf.Variable(tf.truncated_normal([6]))
conv1 = tf.nn.conv2d(x_image, filter1, strides=[1, 1, 1, 1], padding='SAME')
h_conv1 = tf.nn.relu(conv1 + bias1)

maxPool2 = tf.nn.max_pool(h_conv1, ksize=[1, 2, 2, 1],strides=[1, 2, 2, 1],
padding='SAME')

filter2 = tf.Variable(tf.truncated_normal([5, 5, 6, 16]))
bias2 = tf.Variable(tf.truncated_normal([16]))
conv2 = tf.nn.conv2d(maxPool2, filter2, strides=[1, 1, 1, 1], padding='SAME')
h_conv2 = tf.nn.relu(conv2 + bias2)

maxPool3 = tf.nn.max_pool(h_conv2, ksize=[1, 2, 2, 1],strides=[1, 2, 2, 1],
padding='SAME')

filter3 = tf.Variable(tf.truncated_normal([5, 5, 16, 120]))
bias3 = tf.Variable(tf.truncated_normal([120]))
conv3 = tf.nn.conv2d(maxPool3, filter3, strides=[1, 1, 1, 1], padding='SAME')
h_conv3 = tf.nn.relu(conv3 + bias3)

# 全连接层
# 权值参数
W_fc1 = tf.Variable(tf.truncated_normal([7 * 7 * 120, 80]))
# 偏置值
b_fc1 = tf.Variable(tf.truncated_normal([80]))
```

```
# 将卷积的产出展开
h_pool2_flat = tf.reshape(h_conv3, [-1, 7 * 7 * 120])
# 神经网络计算，并添加 relu 激活函数
h_fc1 = tf.nn.relu(tf.matmul(h_pool2_flat, W_fc1) + b_fc1)


# 输出层，使用 softmax 进行多分类
W_fc2 = tf.Variable(tf.truncated_normal([80, 10]))
b_fc2 = tf.Variable(tf.truncated_normal([10]))
y_conv = tf.nn.softmax(tf.matmul(h_fc1, W_fc2) + b_fc2)
# 损失函数
cross_entropy = -tf.reduce_sum(y_ * tf.log(y_conv))
# 使用 GDO 优化算法来调整参数
train_step =
tf.train.GradientDescentOptimizer(0.001).minimize(cross_entropy)

sess = tf.InteractiveSession()
# 测试正确率
correct_prediction = tf.equal(tf.argmax(y_conv, 1), tf.argmax(y_, 1))
accuracy = tf.reduce_mean(tf.cast(correct_prediction, "float"))

# 所有变量进行初始化
sess.run(tf.initialize_all_variables())

# 获取 mnist 数据
mnist_data_set = input_data.read_data_sets('MNIST_data', one_hot=True)

# 进行训练
start_time = time.time()
for i in range(20000):
    # 获取训练数据
    batch_xs, batch_ys = mnist_data_set.train.next_batch(200)

    # 每迭代 100 个 batch，对当前训练数据进行测试，输出当前预测准确率
    if i % 2 == 0:
        train_accuracy = accuracy.eval(feed_dict={x: batch_xs, y_: batch_ys})
        print("step %d, training accuracy %g" % (i, train_accuracy))
        # 计算间隔时间
        end_time = time.time()
        print('time: ', (end_time - start_time))
        start_time = end_time
    # 训练数据
    train_step.run(feed_dict={x: batch_xs, y_: batch_ys})
```

```
# 关闭会话
sess.close()
```

在程序 13-11 中使用了 relu 函数替代 sigmoid 函数，其他没有变化，准确率结果如图 13-18 所示。

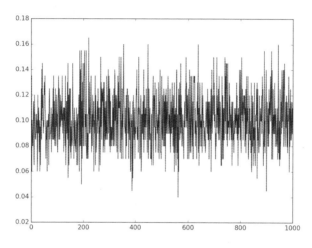

图 13-18　使用 ReLU 激活函数的准确率计算

从图中可以看到，准确率并没有提高，反而长时间在低水平徘徊。在前面介绍 ReLU 优点的时候就说过，不同的学习率，对 ReLU 模型的训练会有很大影响，准确率设置不当会造成大量的神经元被锁死。如果此时将模型的学习率改变：

```
train_step =
tf.train.GradientDescentOptimizer(0.0001).minimize(cross_entropy)
```

即减少了模型的学习率，由 0.001 变为 0.0001。具体请读者自行修改完成。

13.3.3　程序的重构——模块化设计

在上文程序设计中为了反应 LeNet 模型的基本结构，在程序编写时遵循了"由前向后，缺什么补什么"的思路。结果可以看到，程序也能较好地完成工作达到模型设计的目的。但是也可以看到，这种程序的设计模式是非常臃肿的，因此在本小节将对程序进行重构。

首先可以看到，为了模型的正常使用，在图计算过程中需要使用大量的权重值和偏置量。这些都是由 TensorFlow 变量所设置。而变量带来的问题就是在每次图对话计算过程中都要被反复初始化和赋予新值，因此在程序的编写过程中为了更好地反应模型的设计问题，不在 TensorFlow 进行初始化运算时反复进行格式化。

```
def weight_variable(shape):
 initial = tf.truncated_normal(shape, stddev=0.1)
 return tf.Variable(initial)
```

```
#初始化单个卷积核上的偏置值
def bias_variable(shape):
 initial = tf.constant(0.1, shape=shape)
 return tf.Variable(initial)
```

对于 weight_variable 函数中，tf.truncated_normal 初始函数将根据所得到的均值和标准差，生成一个随机分布。此时就是根据传递进来的矩阵的元素个数生成一个标准差为 0.1 的矩阵。

而 bias_variable 函数是首先生成了一个值为 0.1 的矩阵，之后将其强制改编成 TensorFlow 的变量形式，这也是 TensorFlow 图计算的一种常用强制赋值的方法。

下面继续对代码进行分析，卷积变化以及 max-pooling 也是最为常用的函数，而观察这些函数，卷积使用的步长和边距都是相同，这样做的好处是为了保证输入和输出是同样大小。2 个池化层也使用统一的 2×2 大小的模板做池化处理，因此也可以将这 2 个步骤抽象成函数。

```
def conv2d(x, W):
 return tf.nn.conv2d(x, W, strides=[1, 1, 1, 1], padding='SAME')

def max_pool_2x2(x):
 return  tf.nn.max_pool(x,  ksize=[1,  2,  2,  1],strides=[1, 2, 2, 1],
padding='SAME')
```

第一层由一个卷积接一个 max pooling 完成。卷积在每个 5×5 的 patch 中算出 6 个特征。卷积的权重张量形状是[5, 5, 1, 6]，前两个维度是 patch 的大小，接着是输入的通道数目，最后是输出的通道数目。 而对于每一个输出通道都有一个对应的偏置量，然后应用 ReLU 激活函数，最后进行 max pooling。

```
W_conv1 = weight_variable([5, 5, 1, 6])
b_conv1 = bias_variable([6])
h_conv1 = tf.nn.relu(conv2d(x_image, W_conv1) + b_conv1)
h_pool1 = max_pool_2x2(h_conv1)
```

为了构建一个更深的网络第二层，每个 5×5 的 patch 会得到 16 个特征。

```
W_conv2 = weight_variable([5, 5, 6, 16])
b_conv2 = bias_variable([16])
h_conv2 = tf.nn.relu(conv2d(h_pool1, W_conv2) + b_conv2)
h_pool2 = max_pool_2x2(h_conv2)
```

此时经过 2 次卷积核池化处理后的图片尺寸减小到 7×7，加入一个有 120 个神经元的全连接层，用于处理整个图片。而为了全连接的计算，需要把池化层输出的张量 reshape 成一些向量，乘上权重矩阵，加上偏置，然后对其使用 ReLU。

```
W_fc1 = weight_variable([7*7*16,120])
# 偏置值
b_fc1 = bias_variable([120])
# 将卷积的产出展开
```

```
h_pool2_flat = tf.reshape(h_pool2, [-1, 7 * 7 * 16])
# 神经网络计算，并添加 relu 激活函数
h_fc1 = tf.nn.relu(tf.matmul(h_pool2_flat, W_fc1) + b_fc1)

W_fc2 = weight_variable([120,10])
b_fc2 = bias_variable([10])
```

最后一个 softmax 函数用于计算输出的数据对应于分类概率的大小。

```
y_conv = tf.nn.softmax(tf.matmul(h_fc1, W_fc2) + b_fc2)
```

以上就是用于修改的重构化后的程序代码，完整代码如程序 13-12 所示。

【程序 13-12】

```
import tensorflow as tf
from tensorflow.examples.tutorials.mnist import input_data
import time
import matplotlib.pyplot as plt


def weight_variable(shape):
 initial = tf.truncated_normal(shape, stddev=0.1)
 return tf.Variable(initial)


#初始化单个卷积核上的偏置值
def bias_variable(shape):
 initial = tf.constant(0.1, shape=shape)
 return tf.Variable(initial)


#输入特征 x，用卷积核 W 进行卷积运算，strides 为卷积核移动步长，
#padding 表示是否需要补齐边缘像素使输出图像大小不变
def conv2d(x, W):
 return tf.nn.conv2d(x, W, strides=[1, 1, 1, 1], padding='SAME')


#对 x 进行最大池化操作，ksize 进行池化的范围，
def max_pool_2x2(x):
 return tf.nn.max_pool(x, ksize=[1, 2, 2, 1],strides=[1, 2, 2, 1],
padding='SAME')


sess = tf.InteractiveSession()
# 声明输入图片数据、类别
x = tf.placeholder('float32', [None, 784])
y_ = tf.placeholder('float32', [None, 10])
# 输入图片数据转化
x_image = tf.reshape(x, [-1, 28, 28, 1])
```

```
W_conv1 = weight_variable([5, 5, 1, 6])
b_conv1 = bias_variable([6])
h_conv1 = tf.nn.relu(conv2d(x_image, W_conv1) + b_conv1)
h_pool1 = max_pool_2x2(h_conv1)

W_conv2 = weight_variable([5, 5, 6, 16])
b_conv2 = bias_variable([16])
h_conv2 = tf.nn.relu(conv2d(h_pool1, W_conv2) + b_conv2)
h_pool2 = max_pool_2x2(h_conv2)

W_fc1 = weight_variable([7*7*16,120])
# 偏置值
b_fc1 = bias_variable([120])
# 将卷积的输出展开
h_pool2_flat = tf.reshape(h_pool2, [-1, 7 * 7 * 16])
# 神经网络计算，并添加 relu 激活函数
h_fc1 = tf.nn.relu(tf.matmul(h_pool2_flat, W_fc1) + b_fc1)

W_fc2 = weight_variable([120,10])
b_fc2 = bias_variable([10])
y_conv = tf.nn.softmax(tf.matmul(h_fc1, W_fc2) + b_fc2)

# 代价函数
cross_entropy = -tf.reduce_sum(y_ * tf.log(y_conv))
# 使用 Adam 优化算法来调整参数
train_step = tf.train.GradientDescentOptimizer(1e-4).minimize(cross_entropy)

# 测试正确率
correct_prediction = tf.equal(tf.argmax(y_conv, 1), tf.argmax(y_, 1))
accuracy = tf.reduce_mean(tf.cast(correct_prediction, "float32"))

# 所有变量进行初始化
sess.run(tf.initialize_all_variables())

# 获取 mnist 数据
mnist_data_set = input_data.read_data_sets('MNIST_data', one_hot=True)
c = []

# 进行训练
start_time = time.time()
for i in range(1000):
    # 获取训练数据
    batch_xs, batch_ys = mnist_data_set.train.next_batch(200)
```

```
# 每迭代 10 个 batch, 对当前训练数据进行测试, 输出当前预测准确率
if i % 2 == 0:
    train_accuracy = accuracy.eval(feed_dict={x: batch_xs, y_: batch_ys})
    c.append(train_accuracy)
    print("step %d, training accuracy %g" % (i, train_accuracy))
    # 计算间隔时间
    end_time = time.time()
    print('time: ', (end_time - start_time))
    start_time = end_time
# 训练数据
train_step.run(feed_dict={x: batch_xs, y_: batch_ys})


sess.close()
plt.plot(c)
plt.tight_layout()
plt.savefig('cnn-tf-cifar10-2.png', dpi=200)
```

具体结果请读者自行打印完成。

13.3.4 卷积核和隐藏层参数的修改

前面通过调整激活函数和学习率使得模型的学习有了一个非常大的提高,对于深度学习甚至于机器学习来说,参数的调节是必须要掌握的学习能力。除此之外深度学习中有不同的隐藏层和每层包含的神经元,而通过调节这些神经元和隐藏层的数目,也可以改善神经网络模型的设计。

程序 13-13 修改了每个隐藏层中神经元的数目,即第一次生成了 32 个通道的卷积层,第二层为 64,而在全连接阶段使用了 1024 个神经元作为学习参数。程序代码如下:

【程序 13-13】

```
import tensorflow as tf
from tensorflow.examples.tutorials.mnist import input_data
import time
import matplotlib.pyplot as plt


def weight_variable(shape):
 initial = tf.truncated_normal(shape, stddev=0.1)
 return tf.Variable(initial)


#初始化单个卷积核上的偏置值
def bias_variable(shape):
 initial = tf.constant(0.1, shape=shape)
```

231

```
    return tf.Variable(initial)

#输入特征 x，用卷积核 W 进行卷积运算，strides 为卷积核移动步长，
#padding 表示是否需要补齐边缘像素使输出图像大小不变
def conv2d(x, W):
  return tf.nn.conv2d(x, W, strides=[1, 1, 1, 1], padding='SAME')

#对 x 进行最大池化操作，ksize 进行池化的范围
def max_pool_2x2(x):
  return tf.nn.max_pool(x, ksize=[1, 2, 2, 1],strides=[1, 2, 2, 1],
padding='SAME')

sess = tf.InteractiveSession()
# 声明输入图片数据、类别
x = tf.placeholder('float32', [None, 784])
y_ = tf.placeholder('float32', [None, 10])
# 输入图片数据转化
x_image = tf.reshape(x, [-1, 28, 28, 1])


W_conv1 = weight_variable([5, 5, 1, 32])
b_conv1 = bias_variable([32])
h_conv1 = tf.nn.relu(conv2d(x_image, W_conv1) + b_conv1)
h_pool1 = max_pool_2x2(h_conv1)


W_conv2 = weight_variable([5, 5, 32, 64])
b_conv2 = bias_variable([64])
h_conv2 = tf.nn.relu(conv2d(h_pool1, W_conv2) + b_conv2)
h_pool2 = max_pool_2x2(h_conv2)


W_fc1 = weight_variable([7*7*64,1024])
# 偏置值
b_fc1 = bias_variable([1024])
# 将卷积的输出展开
h_pool2_flat = tf.reshape(h_pool2, [-1, 7 * 7 * 64])
# 神经网络计算，并添加 relu 激活函数
h_fc1 = tf.nn.relu(tf.matmul(h_pool2_flat, W_fc1) + b_fc1)

W_fc2 = weight_variable([1024,10])
b_fc2 = bias_variable([10])
y_conv = tf.nn.softmax(tf.matmul(h_fc1, W_fc2) + b_fc2)
```

```
# 代价函数
cross_entropy = -tf.reduce_sum(y_ * tf.log(y_conv))
# 使用 Adam 优化算法来调整参数
train_step = tf.train.GradientDescentOptimizer(1e-4).minimize(cross_entropy)

# 测试正确率
correct_prediction = tf.equal(tf.argmax(y_conv, 1), tf.argmax(y_, 1))
accuracy = tf.reduce_mean(tf.cast(correct_prediction, "float32"))

# 所有变量进行初始化
sess.run(tf.initialize_all_variables())

# 获取 mnist 数据
mnist_data_set = input_data.read_data_sets('MNIST_data', one_hot=True)
c = []

# 进行训练
start_time = time.time()
for i in range(1000):
    # 获取训练数据
    batch_xs, batch_ys = mnist_data_set.train.next_batch(200)

    # 每迭代 10 个 batch，对当前训练数据进行测试，输出当前预测准确率
    if i % 2 == 0:
        train_accuracy = accuracy.eval(feed_dict={x: batch_xs, y_: batch_ys})
        c.append(train_accuracy)
        print("step %d, training accuracy %g" % (i, train_accuracy))
        # 计算间隔时间
        end_time = time.time()
        print('time: ', (end_time - start_time))
        start_time = end_time
    # 训练数据
    train_step.run(feed_dict={x: batch_xs, y_: batch_ys})


sess.close()
plt.plot(c)
plt.tight_layout()
plt.savefig('cnn-tf-cifar10-1.png', dpi=200)
```

将其结果与程序 13-12 的程序结果进行比较，如图 13-19 所示。

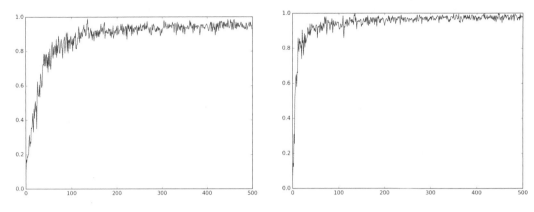

图 13-19 卷积核变化时准确率变化图

左边是程序 13-12 的准确率变化图，而右边是程序 13-13 的准确率变化图，可以看到，随着卷积核数目的增加，准确率上升的速度也是非常快，而且相对于卷积核较少的图来说，此时的曲线波动也较少，即准确率在一个较小的范围内浮动，这是模型构建所需要的。

此时再换一个思路，如果将全连接层的数目增加一层，那么对准确率的影响如何？

【程序 13-14】

```
import tensorflow as tf
from tensorflow.examples.tutorials.mnist import input_data
import time
import matplotlib.pyplot as plt

def weight_variable(shape):
 initial = tf.truncated_normal(shape, stddev=0.1)
 return tf.Variable(initial)

#初始化单个卷积核上的偏置值
def bias_variable(shape):
 initial = tf.constant(0.1, shape=shape)
 return tf.Variable(initial)

#输入特征 x，用卷积核 W 进行卷积运算，strides 为卷积核移动步长，
#padding 表示是否需要补齐边缘像素使输出图像大小不变
def conv2d(x, W):
 return tf.nn.conv2d(x, W, strides=[1, 1, 1, 1], padding='SAME')

#对 x 进行最大池化操作，ksize 进行池化的范围，
def max_pool_2x2(x):
 return tf.nn.max_pool(x, ksize=[1, 2, 2, 1],strides=[1, 2, 2, 1],
padding='SAME')

sess = tf.InteractiveSession()
```

```
# 声明输入图片数据、类别
x = tf.placeholder('float32', [None, 784])
y_ = tf.placeholder('float32', [None, 10])
# 输入图片数据转化
x_image = tf.reshape(x, [-1, 28, 28, 1])


W_conv1 = weight_variable([5, 5, 1, 32])
b_conv1 = bias_variable([32])
h_conv1 = tf.nn.relu(conv2d(x_image, W_conv1) + b_conv1)
h_pool1 = max_pool_2x2(h_conv1)


W_conv2 = weight_variable([5, 5, 32, 64])
b_conv2 = bias_variable([64])
h_conv2 = tf.nn.relu(conv2d(h_pool1, W_conv2) + b_conv2)
h_pool2 = max_pool_2x2(h_conv2)


W_fc1 = weight_variable([7*7*64,1024])
# 偏置值
b_fc1 = bias_variable([1024])
# 将卷积的输出展开
h_pool2_flat = tf.reshape(h_pool2, [-1, 7 * 7 * 64])
# 神经网络计算，并添加 relu 激活函数
h_fc1 = tf.nn.relu(tf.matmul(h_pool2_flat, W_fc1) + b_fc1)

W_fc2 = weight_variable([1024,128])
b_fc2 = bias_variable([128])
h_fc2 = tf.nn.relu(tf.matmul(h_fc1, W_fc2) + b_fc2)

W_fc3 = weight_variable([128,10])
b_fc3 = bias_variable([10])
y_conv = tf.nn.softmax(tf.matmul(h_fc2, W_fc3) + b_fc3)
# 代价函数
cross_entropy = -tf.reduce_sum(y_ * tf.log(y_conv))
# 使用 Adam 优化算法来调整参数
train_step = tf.train.GradientDescentOptimizer(1e-5).minimize(cross_entropy)

# 测试正确率
correct_prediction = tf.equal(tf.argmax(y_conv, 1), tf.argmax(y_, 1))
accuracy = tf.reduce_mean(tf.cast(correct_prediction, "float32"))

# 所有变量进行初始化
sess.run(tf.initialize_all_variables())
```

```
# 获取mnist数据
mnist_data_set = input_data.read_data_sets('MNIST_data', one_hot=True)
c = []

# 进行训练
start_time = time.time()
for i in range(1000):
    # 获取训练数据
    batch_xs, batch_ys = mnist_data_set.train.next_batch(200)

    # 每迭代10个batch，对当前训练数据进行测试，输出当前预测准确率
    if i % 2 == 0:
        train_accuracy = accuracy.eval(feed_dict={x: batch_xs, y_: batch_ys})
        c.append(train_accuracy)
        print("step %d, training accuracy %g" % (i, train_accuracy))
        # 计算间隔时间
        end_time = time.time()
        print('time: ', (end_time - start_time))
        start_time = end_time
    # 训练数据
    train_step.run(feed_dict={x: batch_xs, y_: batch_ys})

sess.close()
plt.plot(c)
plt.tight_layout()
plt.savefig('cnn-tf-cifar10-11.png', dpi=200)
```

程序 13-14 中增加了一个全连接层，即在原有的全连接 1024 个神经元参数之后又新加入一个 128 数目的神经元隐藏层，可以看到结果如图 13-20 所示。

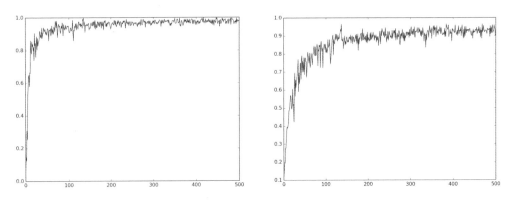

图 13-20　全连接层变化时准确率变化图

此时可以看到，增多了全连接层的个数，反而使得准确率上升缓慢，并且准确率的波动幅度也变得更大，因此可以说这个增加相对于原有模型来说是失败的。

还有一种变化的方法就是修改卷积层和池化层的数目，这点请读者自行完成并验证。

13.4　本章小结

　　本章主要介绍了卷积神经网络的基本结构和模型的搭建。首先介绍了其中最重要的 2 个基本理念——卷积和池化。在卷积和池化中主要介绍了这 2 个理论的基本原理和实现方法，并使用 Python 对其进行了程序设计和使用 TensorFlow 自带的函数对其进行处理。特别是 TensorFlow 自带的卷积和池化函数，这在后面章节中将使用得非常频繁。

　　LeNet 结构是最经典的卷积神经网络结构，在这里使用这个模型创建了第一个 TensorFlow 程序，从结果上来看，这个最经典的模型可以达到 99% 的识别率，这是非常好的结果。

　　为了给以后的内容打下基础，这里对卷积神经网络的参数做了多次修改，从修改后的结果上来看，卷积神经网络在模型被设计出来以后，更多的要做的工作是参数的调整，这些都是在后面的学习中需要掌握的内容。

　　本章主要介绍这些基本内容，但是没有涉及卷积计算和池化计算的推导，这也是非常重要的一个内容，由于推导原理过于复杂，不需要读者掌握，在下一章中笔者将对其进行公式演示和推导，供感兴趣的读者参考。

第 14 章

◀ 卷积神经网络公式推导与应用 ▶

前一章对卷积的基础概念和理论做了一个介绍,主要是通过讲解和图示的形式对其做出说明,并使用 Python 语言和 TensorFlow 框架实现了卷积和池化的运算。但是在卷积神经网络中,卷积和池化的运用仅仅是卷积神经网络前向传播的一个方面,和反馈神经网络一样,对于其中权重的更新才是真正的重点。

本章中,笔者将首先复习在反馈神经网络中的 BP 算法,之后使用数学方法推导卷积神经网络中的卷积层权重更新的方法,这也是卷积神经网络最为核心的内容。

本章将使用大量的数学公式,仅供有基础、有能力以及有意愿的读者学习,其他读者可以直接略过本章并不影响对后续内容的学习。

14.1 反馈神经网络算法

一个典型的卷积神经网络,如前面使用的 LeNet 所见,开始阶段都是卷积层以及池化层的相互交替使用,之后采用全连接层将卷积和池化后的结果特征全部提取进行概率计算处理。

在具体的误差反馈和权重更新的处理上,不论是全连接层的更新还是卷积层的更新,使用的都是经典的反馈神经网络算法,这种方法将原本较为复杂的、要考虑长期的链式法则转化为只需要考虑前后节点输入和输出误差对权重的影响,使得当神经网络深度加大时能够利用计算机计算,以及卷积核在计算过程中产生非常多的数据计算。

为了强调重要性,笔者在这里定义一个参数 δ_k,称为敏感度。敏感度的定义是,当前输出层的误差对该层输入的偏导数。请读者一定牢记这个参数名和定义。

14.1.1 经典反馈神经网络正向与反向传播公式推导

前面已经说到,经典的反馈神经网络主要包括 3 个部分:数据的前向计算、误差的反向传播以及权重的更新,其具体使用说明如下。

1. 前向传播算法

对于前向传播的值传递,隐藏层输出值定义如下:

$$a_h^{HI} = W_h^{HI} \times X_i$$

$$b_h^{HI} = f(a_h^{HI})$$

其中，X_i 是当前节点的输入值，W_h^{HI} 是连接到此节点的权重，a_h^{HI} 是输出值。f 是当前阶段的激活函数，b_h^{HI} 为当年节点的输入值经过计算后被激活的值。

对于输出层，定义如下：

$$a_k = \sum W_{hk} \times b_h^{HI}$$

其中，W_{hk} 为输入的权重，b_h^{HI} 为输入到输出节点的输入值。这里对所有输入值进行权重计算后求得和值，将其作为神经网络的最后输出值 a_k。

2. 反向传播算法

与前向传播类似，需要首先定义两个值 δ_k 与 δ_h^{HI}：

$$\delta_k = \frac{\partial L}{\partial a_k} = (Y - T)$$

$$\delta_h^{HI} = \frac{\partial L}{\partial a_h^{HI}}$$

其中，δ_k 为输出层的误差项，其计算值为真实值与模型计算值之间的差值。Y 是计算值，T 是输出真实值。δ_h^{HI} 为输出层的误差。

 对于 δ_k 与 δ_h^{HI} 来说，无论定义在哪个位置，都可以看作当前的输出值对于输入值的梯度计算。

所谓的神经网络反馈算法，就是逐层地将最终误差进行分解，即每一层只与下一层打交道（图 14-1 所示）。有鉴于此，可以假设每一层均为输出层的前一个层级，通过计算前一个层级与输出层的误差得到权重的更新。

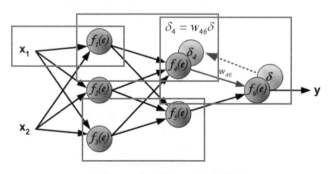

图 14-1　权重的逐层反向传导

因此反馈神经网络计算公式定义为：

$$\delta_h^{HI} = \frac{\partial L}{\partial a_h^{HI}}$$

$$= \frac{\partial L}{\partial b_h^{HI}} \times \frac{\partial b_h^{HI}}{\partial a_h^{HI}}$$

$$= \frac{\partial L}{\partial b_h^{HI}} \times f\,{'}\,(a_h^{HI})$$

$$= \frac{\partial L}{\partial a_k} \times \frac{\partial a_k}{\partial b_h^{HI}} \times f\,{'}\,(a_h^{HI})$$

$$= \delta_k \times \sum W_{hk} \times f\,{'}\,(a_h^{HI})$$

$$= \sum W_{hk} \times \delta_k \times f\,{'}\,(a_h^{HI})$$

即当前层输出值对误差的梯度可以通过下一层的误差与权重和输入值的梯度乘积获得。在公式 $\sum W_{hk} \times \delta_k \times f\,{'}\,(a_h^{HI})$ 中，δ_k 若为输出层，则可以通过 $\delta_k = \frac{\partial L}{\partial a_k} = (Y - T)$ 求得；而 δ_k 为非输出层时，则可以使用逐层反馈的方式求得 δ_k 的值。

 这里读者千万要注意，对于 δ_k 与 δ_h^{HI} 来说，其计算结果都是当前的输出值对于输入值的梯度计算，是权重更新过程中一个非常重要的数据计算内容。

或者换一种表述形式将上面的公式表示为：

$$\delta^l = \sum W_{i,j}^l \times \delta_j^{l+1} \times f\,{'}\,(a_i^l)$$

通过更为泛化的公式把当前层的输出对输入的梯度计算转化成求下一个层级的梯度计算值。

3. 权重的更新

反馈神经网络计算的目的是对权重的更新。与梯度下降算法类似，其更新可以仿照梯度下降对权值的更新公式：

$$\theta = \theta - \alpha(f(\theta) - y_i)\mathrm{x}_i$$

即：

$$W_{ji} = W_{ji} + \alpha \times \delta_j^l \times \mathrm{x}_{ji}$$

$$b_{ji} = b_{ji} + \alpha \times \delta_j^l$$

其中，ji 表示为反向传播时对应的节点系数，通过对 δ_j^l 的计算来更新对应的权重值。

14.1.2　卷积神经网络正向与反向传播公式推导

前面已经说到，经典的反馈神经网络主要包括 3 个部分，数据的前向计算、误差的反向传播以及权重的更新，过程如图 14-2 所示。

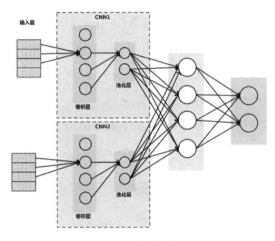

图 14-2　权重的逐层反向传导

可以看到每个层 l（假设是卷积或者池化层的一种）都会接一个下采样层 l+1。对于反馈神经网络来说，要想求得层 l 的每个神经元对应的权值更新，就需要先求层 l 的每一个神经节点的灵敏度 δ_k。简单来看，这里总体只有以下几个权重以及数值需要在传递的过程中进行计算，即：

- 输入层 – 卷积层
- 卷积层 – 池化层
- 池化层 – 全连接层
- 全连接层 – 输出层

这是正向的计算，而当权重更新时，需要对其进行反向更新，即：

- 输出层 – 全连接层
- 全连接层 – 池化层
- 池化层 – 卷积层
- 卷积层 – 输入层

相对于反馈神经网络，卷积神经网络在整个模型的构成上是分解成若干个小的步骤进行，因此对其进行求导更新计算最好的方法也是逐步进行计算。

首先需要设定的是损失函数，在前面的例子中，由于采用的是 one-hot 方法，因此在对输出层进行误差计算时采用的是交叉熵的函数，公式如下：

$$Loss = -y \log(f(x))$$

这个是最基本的，下面开始将依次由输出到输入分阶段解读权重更新的方法与公式。

1. 输出层反馈到全连接层的反向求导

对于输出层来说，损失函数是由上面的交叉熵函数作为计算的。由于 one-hot 方法大多数的值为 0，仅仅有 1 个值为 1，首先求得的交叉熵为：

$$Loss(f(x), y) = -\sum y \log(f(x))$$
$$= -(0 \times \log(f(x_1) + 0 \times \log(f(x_2)\ldots$$
$$+ 1 \times \log(f(x_{n-1}) + 0 \times \log(f(x_n))$$
$$= -\log(f(x_n))$$

对于大多数的 0 值乘以任何数都为 0，而留下的是值为 1 与所计算的那个真实值对应的乘积，如图 14-3 所示。

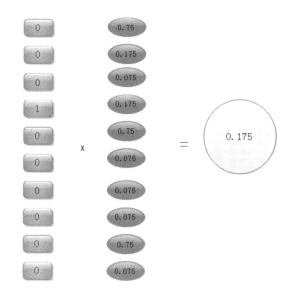

图 14-3　损失函数的计算

使用此种规则可以得到此时的损失值为：

$$Loss = -(y - \log(f(x))$$

其中，y 为真实的样本等于 1 的那个值，$\log(f(x))$ 为模型计算出的交叉熵的值，其差值为所求得误差额度。简化一下，由于 y 在 one-hot 中始终为 1，而为 0 的值不参与计算，因此可以得到：

$$Loss = -(1 - \log(f(x))$$

由上述公式可以知道，如果最终的输出层采用的是 softmax，那么对于结果会采用交叉熵的形式去计算损失函数,最后一层的误差敏感度就是卷积神经网络模型输出值与真实值之间的差值。

那么根据损失函数对权值的偏导数,可以求得在全连接层权重更新的计算公式为:

$$\frac{\partial Loss}{\partial W} = -\frac{1}{m} \times (1 - f(x)) \times f(x)' + \lambda W$$

其中,$f(x)$是激活函数,W 为 l-1 层到 l 层之间的权重。

而输出层的偏导数为:

$$\frac{\partial Loss}{\partial b} = -\frac{1}{m} \times (1 - f(x))$$

这里的计算方法和经典的反馈神经网络相似,就不做过多的解释了。

2. 当池化层反馈到卷积层的反向求导

从正向来看,假设 l(小写的 L)层为卷积层,而 l+1 层为池化层,如图 14-4 所示。

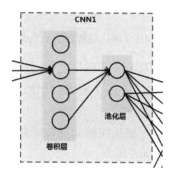

图 14-4　卷积层到池化层

此时假设:

池化层的敏感度为:δ_j^{l+1}

卷积层的敏感度为:δ_j^l

则两者的关系可以近似地表达为:

$$\delta_j^l = pool(\delta_j^{l+1}) * h(a_j^l)'$$

这里的*表示的是均值的点对点乘,即对应位置元素的乘积。

对于池化层 l+1 中的每个节点元素是由卷积层 l 中多个节点共同计算得到的,因此 l+1 层的敏感度也是由 l 层中的敏感度共同产生的。

假设卷积层 l 的大小为 4×4,使用的池化区域大小为 2×2,经过计算得到的池化层的大小为 2×2,如果此时池化层的敏感度误差为:

如果按照此时是 mean-pooling 方法进行反馈运算，则首先需要将 *l*+1 池化层扩展到 *l* 层大小，即卷积层的 4×4 大小，并且使其值为等值分布，如图 14-5 所示。

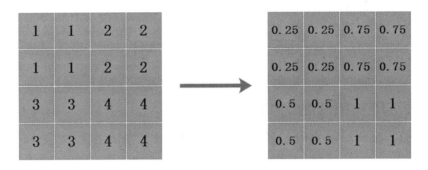

图 14-5　池化层敏感度的均值化

同时对于 mean-pooling 方法，为了保证在反向传播时各层之间的误差总和不变，因此在扩展 *l*+1 池化层之外，还需要对池化层中每个值进行平摊处理。最后的结果如图 14-5 中右侧图所示。

如果 *l*+1 池化层是 max-pooling，那么在前向计算时就需要记录相对应的最大值位置，这里假设后的池化层最大值位置如图 14-6 所示。

1	0	0	2
0	0	0	0
0	3	0	0
0	0	4	0

图 14-6　max-pooling 池化层的反馈

3. 当卷积层反馈到池化层的反向求导

当 *l* 层为池化层，而 *l*+1 层为卷积层时，如图 14-7 所示。

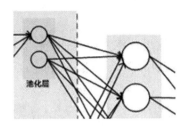

图 14-7　卷积层反馈到池化层的反向求导

假设第 l 层池化层有 n 个通道，即有 n 张特征图([width,height,n])。而 $l+1$ 卷积层中有 m 个特征值。此时，如果 l 层池化层中每个通道都有其对应的敏感度误差，则其计算依据为 $l+1$ 层卷积层中所有卷积核元素的敏感度之和。

$$\delta_j^l = \sum_j^m (\delta_j^{l+1}) \otimes K_{i,j}$$

其中，$\otimes$ 是矩阵的卷积操作，但是不同于卷积层前向传播时的相关度计算。求 l 层池化层对 $l+1$ 层的敏感度是全卷积操作。

使用一个简单的例子进行说明，第 l 层池化层是某 3×3 大小的通道图，如果第 $l+1$ 卷积层有 2 个卷积核，核大小为 2×2，则在前向传播结束后会生成 2 个大小为 2×2 的卷积图。

图 14-8 是池化层反馈到卷积层的反向求导。需要注意的是，图 14-8 中的卷积层数据并不是卷积计算的结果，而是卷积层的敏感度。

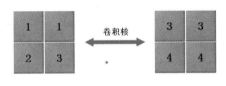

图 14-8　池化层反馈到卷积层的反向求导

可以将卷积层中的数据视为输入数据进行计算。

之后开始进行重新卷积计算，这里计算方法就是先将卷积层敏感度 padding 后采用 full 模式重新扩充为 4×4 大小，如图 14-9 所示。

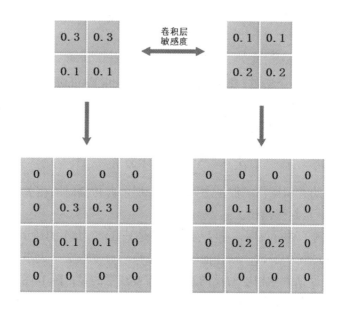

图 14-9　卷积核敏感度的 padding 操作

之后根据扩充后的 $l+1$ 层卷积层敏感度和对应的卷积核重新计算 l 层池化层的敏感度，如图 14-10 所示。

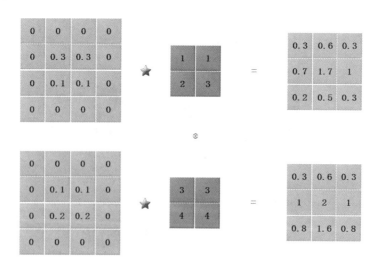

图 14-10　重新计算的敏感度

中需要注意的是，这里是星乘卷积的计算，即要把卷积核翻转 180° 与 padding 后的池化层进行卷积计算。

最后是 l 层池化层敏感度的计算，即前面公式的最终结果：

$$\delta_j^l = \sum\nolimits_j^m (\delta_j^{l+1}) \otimes K_{ij}$$

用图形表示为图 14-11。

0.3	0.6	0.3
0.7	1.7	1
0.2	0.5	0.3

\+

0.3	0.6	0.3
1	2	1
0.8	1.6	0.8

=

0.6	1.2	0.6
1.7	3.7	2
1	2.1	1.1

图 14-11　最终池化层敏感度的计算

这样就求得了卷积层 l+1 反馈到池化层 l 层的敏感度。

从本质上来说，这里还是反馈神经网络的计算。即

$$\delta_j^l = \sum\nolimits_j^m (\delta_j^{l+1}) \otimes K_{ij}$$

l 层的敏感度等于第 l+1 层的敏感度乘以两者之间的权重再求和。只不过这里的权值被改为卷积核，且在计算过程中有大量重叠。

4. 通过计算得到的敏感度更新卷积神经网络中的权重

前面已经计算了在卷积神经网络中所有出现的层中的敏感度，对于卷积神经网络来说，其中特殊的也就是卷积层和池化层的权重更新较为难计算，而这些层的计算可以通过权重所连接的前后节点的敏感度计算得到。因此，最后一步就是通过敏感度对权重的更新。

由前面的反向反馈网络可以知道，对于任何一个神经网络都可以通过 l 层和第 l+1 层的输入值和敏感度求得其权值和偏置的偏导数。

$$\frac{\partial Loss}{\partial W_{ij}} = x_i \cdot \delta_j^{i+1}$$

$$\frac{\partial Loss}{\partial b_{ij}} = \sum (\delta_j^{i+1})$$

其中，• 表示的是矩阵相乘之间的操作。

举例来说，对于已有的 l 层输入数据值为：

而与其相连的 $l+1$ 层的敏感度为 3×3 矩阵：

通过输入值与敏感度乘积的计算可以得到：

权值的更新是使用了：

$$\frac{\partial Loss}{\partial W_{i,j}} = x_i \cdot \delta_j^{i+1}$$

需要注意的是，在卷积运算的过程中，3×3 的敏感度是先翻转之后再进行卷积计算。

对于偏置值的计算：

$$\frac{\partial Loss}{\partial b_{i,j}} = \sum (\delta_j^{i+1})$$

根据公式可以知道，偏置值的导数为 $l+1$ 层敏感度之和，即

$$\frac{\partial Loss}{\partial b_{ij}} = \sum \left(\delta_j^{i+1} \right)$$

$$= 0.3 + 0.6 + 0.3 + 1 + 2 + 1 + 0.8 + 1.6 + 0.8$$

$$= 8.4$$

14.2 使用卷积神经网络分辨 CIFAR-10 数据集

在前面的介绍中，使用卷积神经网络对 MNIST 数据集做了一个介绍。MNIST 数据集是手写数字的识别库，使用卷积神经网络对其进行分辨和处理是一种很好的商业应用。

MNIST 仅限于对手写数字的识别，而且手写数字相对于自然物体和图片非常简单，也缺少相应的噪声和变幻。

本节将使用卷积神经网络对 CIFAR-10 数据集进行验证，同时会比较不同参数作用下卷积神经网络对准确率产生的影响。

14.2.1　CIFAR-10 数据集下载与介绍

CIFAR-10 是由神经网络的先驱和大师 Hinton 的两名学生 Alex Krizhevsky 和 Ilya Sutskever 整理的一个基于现实物体，通过所拍摄的照片进行物体识别的数据集。这个数据集项目是为了推广和加速深度学习所创建的。目前加拿大政府和 Cifar 研究所的资金支持以及号召下集结了不少计算机科学家、生物学家、电气工程师、神经科学家、物理学家、心理学家，加速推动了深度学习的进程。

CIFAR-10 的官网链接为 http://www.cs.toronto.edu/~kriz/cifar.html，如图 14-12 所示。

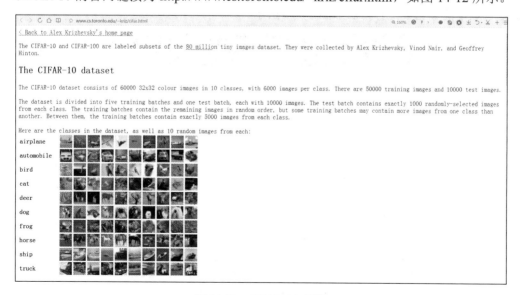

图 14-12　CIFAR-10 网站

从网站首页可以看到，这里提供了 10 个分类的现实物体的照片（图 14-13）。与前面所讲的成熟的人工手写识别相比，现实物体识别挑战巨大，而且图片数据中含有大量特征、噪声，识别物体比例不一，也加大了识别的难度，使其非常具有挑战性。

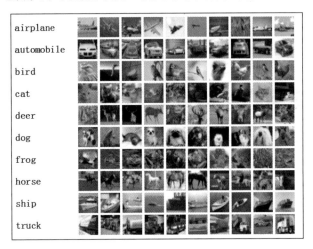

图 14-13　CIFAR-10 数据分类

本小节将要使用的 CIFAR-10 版本如图 14-14 所示。

```
If you're going to use this dataset, please cite the tech report at the bottom of this page.
Version                                          Size    md5sum
CIFAR-10 python version                          163 MB  c58f30108f718f92721af3b95e74349a
CIFAR-10 Matlab version                          175 MB  70270af85842c9e89bb428ec9976c926
CIFAR-10 binary version (suitable for C programs) 162 MB  c32a1d4ab5d03f1284b67883e8d87530
```

图 14-14　CIFAR-10 下载版本

在本例中将使用 TensorFlow 提供的数据打开方式去读取数据集，因此建议读者下载适用于 C 语言版本的数据集，打开后如图 14-15 所示。

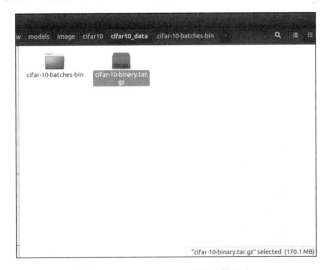

图 14-15　CIFAR-10 下载的数据包

直接下载的数据包如图 14-15 所示，之后将其使用 winrar 再一次打开，得到的数据集如图 14-16 所示。

最终建立的数据文件夹的层次如图 14-17 所示。

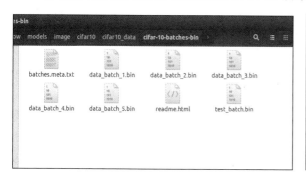

图 14-16　打开 CIFAR-10 的数据包

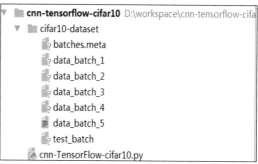

图 14-17　CIFAR-10 数据包存放层次

从图 14-17 中可以看到，CIFAR-10 的数据包放在独立的文件夹下，便于所写的程序进行读写操作。

14.2.2　CIFAR-10 模型的构建与数据处理

首先是关于模型的设计，根据上一章中对 MNIST 模型进行设计并参考已取得较好效果的模型，可以设计的模型如图 14-18 所示。

图 14-18　CIFAR-10 数据模型图示

在此模型中，首先是数据集之后接 2 个卷积层作为特征提取的通道，卷积层包含池化层与区域归一层，加入这些层的目的是为了能够在特征提取时，保证提取出能够充分反映出图形质量的数据。最后跟随的 2 个全连接层起到一个"分类器"的作用，将所提取的特征映射到相应的空间。

此外，还有一些更多的细节在模型使用时会详细介绍。

图 14-19 所示的是对 CIFAR-10 数据集网页中的数据结构介绍。

Loaded in this way, each of the batch files contains a dictionary with the following elements:
- **data** — a 10000x3072 numpy array of uint8s. Each row of the array stores a 32x32 colour image. The first 1024 entries contain the red channel values, the next 1024 the green, and the final 1024 the blue. The image is stored in row-major order, so that the first 32 entries of the array are the red channel values of the first row of the image.
- **labels** — a list of 10000 numbers in the range 0-9. The number at index i indicates the label of the ith image in the array **data**.

图 14-19　CIFAR-10 数据结构

可以看到，数据集中的数据分成了两部分。第一部分是特征部分，使用一个[10000,3072]的 uint8 的矩阵进行存储，每一行向量都是一幅 3×3 大小的 3 通道图片，构成的格式如[3,3,3]。第二部分是标签部分，使用一个 10000 数据的 list 进行存储，每个 list 对应的是 0~9 中的一个数字，对应于一个物品分类，如图 14-20 所示。另外，对于 Python 读取的数据集，还有一个标签称为"label_names"，例如 label_names[0] == "airplane"、 label_names[1] == "automobile"等。

	0	1	2	...	...	3072
0	1	2	2	...	...	1
1	2	2	2	...	...	2
2	1	1	2	...	...	1
...	...	...	...	...	...	...
...	...	...	...	...	...	...
9	1	2	1	...	...	1

图 14-20　CIFAR-10 数据的矩阵存储

对于具体的数据读取，CIFAR-10 网页也提供了相应的代码：

```python
def unpickle(file):
    import pickle
    with open(file, 'rb') as fo:
        dict = pickle.load(fo, encoding='bytes')
    return dict
```

首先打开存储的文件夹，之后使用 pickle 的 load 函数从数据中载入文件，这里返回的是一个字典。Python 中的字典是包含 key 与 value 的数据格式，因此可以知道，dict 中就是包含 data 与 labels 的数据字典。

此外，返回的 lables 是一个包含 0~9 数字的 list 列表。

```
[0,2,1,2,3,4,6,7,5,9,8......6,3,1]
```

在前面的编程中，所需的 labels 采用 one-hot 方法，采用稀疏性列表法，即 10 个列表数字中只有对应的那个值为 1，而其他值为 0，因此需要将提供的 list 格式转换成对应的 one-hot 矩阵。代码如下：

```
def onehot(labels):
    '''one-hot 编码'''
    n_sample = len(labels)
    n_class = max(labels) + 1
    onehot_labels = np.zeros((n_sample, n_class))
    onehot_labels[np.arange(n_sample), labels] = 1
    return onehot_labels
```

这里需要说明的是，在上面的代码中：

```
onehot_labels[np.arange(n_sample), labels] = 1
```

这里使用的是 Python 特有的迭代方法，在生成的矩阵中使用 np.arrange 方法就是将数据迭代到当前的列表中，并将列表值赋予 1。

下面是整体数据的读取，由于下载后解压缩的数据文件是以 batch 分布存储的，因此需要将其进行读取和链接，代码如下：

```
# 训练数据集
data1 = unpickle('cifar10-dataset/data_batch_1')
data2 = unpickle('cifar10-dataset/data_batch_2')
data3 = unpickle('cifar10-dataset/data_batch_3')
data4 = unpickle('cifar10-dataset/data_batch_4')
data5 = unpickle('cifar10-dataset/data_batch_5')
X_train = np.concatenate((data1['data'], data2['data'], data3['data'],
data4['data'], data5['data']), axis=0)
y_train = np.concatenate((data1['labels'], data2['labels'], data3['labels'],
data4['labels'], data5['labels']), axis=0)
y_train = onehot(y_train)
# 测试数据集
test = unpickle('cifar10-dataset/test_batch')
X_test = test['data'][:5000, :]
y_test = onehot(test['labels'])[:5000, :]

print('Training dataset shape:', X_train.shape)
print('Training labels shape:', y_train.shape)
print('Testing dataset shape:', X_test.shape)
print('Testing labels shape:', y_test.shape)
```

这里使用 unpick 函数依次读取了 5 个 batch 中的数据，生成的是 5 个 dict 格式文件，而其中的数据是以[data,labels]格式存放的，之后链接对应的 5 个特征数据和标签数据生成最终的训练集。采用前 5000 个数据作为测试集进行使用。

下面是对于参数的设置，由于在模型建立的时候，对所包含的参数已经做了设定，因此在此次程序编写时将其设定的值以常数的形式进行固定，这样做的好处是便于在后期进行修改，代码如下：

```
# 模型参数
learning_rate = 1e-3
training_iters = 200
batch_size = 50
display_step = 5
n_features = 3072  # 32*32*3
n_classes = 10
n_fc1 = 384
n_fc2 = 192
```

可以看到，n_features 被设定成了 3072，这个结果是：

```
3072 = 32 x 32 x 3
```

因为每个图片大小为 32×32，包含 3 个通道，因此最终的特征值大小为 3072。

下面是对数据输入和最终结果的占位符的设定：

```
# 构建模型
x = tf.placeholder(tf.float32, [None, n_features])
y = tf.placeholder(tf.float32, [None, n_classes])
```

这里设定的矩阵，第一个是 None，代表对输入的行数不确定，这样写的好处是可以自由设定输入数据行数，便于批量输入数据或者逐个输入数据。

下面是卷积层的确定，同样对于已经确定的模型来说，这里只需要设定每层模型的参数。为了统一管理，参数设置的方法采用字典的方式，即每个 key 对应于一个 value 进行处理。

```
W_conv = {
    'conv1': tf.Variable(tf.truncated_normal([5, 5, 3, 32], stddev=0.0001)),
    'conv2': tf.Variable(tf.truncated_normal([5, 5, 32, 64],stddev=0.01)),
    'fc1': tf.Variable(tf.truncated_normal([8*8*64, n_fc1], stddev=0.1)),
    'fc2': tf.Variable(tf.truncated_normal([n_fc1, n_fc2], stddev=0.1)),
    'fc3': tf.Variable(tf.truncated_normal([n_fc2, n_classes], stddev=0.1))
}
b_conv = {
    'conv1': tf.Variable(tf.constant(0.0, dtype=tf.float32, shape=[32])),
    'conv2': tf.Variable(tf.constant(0.1, dtype=tf.float32, shape=[64])),
    'fc1': tf.Variable(tf.constant(0.1, dtype=tf.float32, shape=[n_fc1])),
    'fc2': tf.Variable(tf.constant(0.1, dtype=tf.float32, shape=[n_fc2])),
    'fc3': tf.Variable(tf.constant(0.0, dtype=tf.float32, shape=[n_classes]))
}
```

前面已经说了，对于数据的重构，需要将其按要求格式进行重构，代码如下：

```
x_image = tf.reshape(x, [-1, 32, 32, 3])
```

这里对输入的图像进行了重构，将其转化为需要的格式。下面就是卷积层的编写，可以看到，使用的是 TensorFlow 提供的卷积函数和池化函数。代码如下：

```
# 卷积层 1
conv1 = tf.nn.conv2d(x_image, W_conv['conv1'], strides=[1, 1, 1, 1],
padding='SAME')
conv1 = tf.nn.bias_add(conv1, b_conv['conv1'])
conv1 = tf.nn.relu(conv1)
# 池化层 1
pool1 = tf.nn.avg_pool(conv1, ksize=[1, 3, 3, 1], strides=[1, 2, 2, 1],
padding='SAME')
# LRN 层, Local Response Normalization
norm1 = tf.nn.lrn(pool1, 4, bias=1.0, alpha=0.001/9.0, beta=0.75)
# 卷积层 2
conv2 = tf.nn.conv2d(norm1, W_conv['conv2'], strides=[1, 1, 1, 1],
padding='SAME')
conv2 = tf.nn.bias_add(conv2, b_conv['conv2'])
conv2 = tf.nn.relu(conv2)
# LRN 层, Local Response Normalization
norm2 = tf.nn.lrn(conv2, 4, bias=1.0, alpha=0.001/9.0, beta=0.75)
# 池化层 2
pool2 = tf.nn.avg_pool(norm2, ksize=[1, 3, 3, 1], strides=[1, 2, 2, 1],
padding='SAME')
reshape = tf.reshape(pool2, [-1, 8*8*64])
```

上面根据模型建立了多个卷积层和池化层。值得注意的是，这里使用了一个新的概念，即 LRN 层。LRN 是局部响应归一化层的意思，作用是完成一种"临近抑制"操作，对局部输入区域进行归一化，是全部输入值都除以一个基础系数再计算出的均值。

> LRN 在早期的深度学习中有较为重要的影响，但是随着 Batch Normalization 算法的提出，LRN 的作用已经大大不如以前了，这里仅供了解。

模型中使用了 2 个卷积层和 2 个池化层，卷积层中使用 SAME 格式，即输出的图像数据矩阵与输入一样大小。

而对于全连接层的写法如下，这里使用的是 3 层全连接网络，而每层都使用了不同的激活函数。

```
fc1 = tf.add(tf.matmul(reshape, W_conv['fc1']), b_conv['fc1'])
fc1 = tf.nn.relu(fc1)
# 全连接层 2
fc2 = tf.add(tf.matmul(fc1, W_conv['fc2']), b_conv['fc2'])
fc2 = tf.nn.relu(fc2)
```

```
# 全连接层 3, 即分类层
fc3 = tf.nn.softmax(tf.add(tf.matmul(fc2, W_conv['fc3']), b_conv['fc3']))
```

最后是损失函数的确定，这里采用交叉熵函数作为损失函数，而评估模型使用的是对比计算的方法，在前面章节已经介绍过。

```
# 定义损失
loss = tf.reduce_mean(tf.nn.softmax_cross_entropy_with_logits(fc3, y))
optimizer =
tf.train.GradientDescentOptimizer(learning_rate=learning_rate).minimize(loss)
# 评估模型
correct_pred = tf.equal(tf.argmax(fc3, 1), tf.argmax(y, 1))
accuracy = tf.reduce_mean(tf.cast(correct_pred, tf.float32))
```

最后是模型的训练部分，采用的是批量梯队下降算法，根据给定的数目批量生成数据结果。

```
with tf.Session() as sess:
    sess.run(init)
    c = []
    total_batch = int(X_train.shape[0] / batch_size)
#    for i in range(training_iters):
    start_time = time.time()
    for i in range(200):
        for batch in range(total_batch):
            batch_x = X_train[batch*batch_size : (batch+1)*batch_size, :]
            batch_y = y_train[batch*batch_size : (batch+1)*batch_size, :]
            sess.run(optimizer, feed_dict={x: batch_x, y: batch_y})
        acc = sess.run(accuracy, feed_dict={x: batch_x, y: batch_y})
        print(acc)
        c.append(acc)
        end_time = time.time()
        print('time: ', (end_time - start_time))
        start_time = end_time
        print("---------------%d onpech is finished-------------------",i)
    print("Optimization Finished!")
```

可以看到，这里使用的方法是将整体数据集的个数与预先设定的批量大小相除，得到的结果作为批处理的数目进行训练。

最终模型代码如程序 14-1 所示。

【程序 14-1】

```
# coding: utf-8

import tensorflow as tf
import numpy as np
import matplotlib.pyplot as plt
```

```python
import _pickle as pickle
import time

def unpickle(filename):
    with open(filename, 'rb') as f:
        d = pickle.load(f, encoding='latin1')
        return d

def onehot(labels):
    '''one-hot 编码'''
    n_sample = len(labels)
    n_class = max(labels) + 1
    onehot_labels = np.zeros((n_sample, n_class))
    onehot_labels[np.arange(n_sample), labels] = 1
return onehot_labels

# 训练数据集
data1 = unpickle('cifar10-dataset/data_batch_1')
data2 = unpickle('cifar10-dataset/data_batch_2')
data3 = unpickle('cifar10-dataset/data_batch_3')
data4 = unpickle('cifar10-dataset/data_batch_4')
data5 = unpickle('cifar10-dataset/data_batch_5')
X_train = np.concatenate((data1['data'], data2['data'], data3['data'],
data4['data'], data5['data']), axis=0)
y_train = np.concatenate((data1['labels'], data2['labels'], data3['labels'],
data4['labels'], data5['labels']), axis=0)
y_train = onehot(y_train)
# 测试数据集
test = unpickle('cifar10-dataset/test_batch')
X_test = test['data'][:5000, :]
y_test = onehot(test['labels'])[:5000, :]

print('Training dataset shape:', X_train.shape)
print('Training labels shape:', y_train.shape)
print('Testing dataset shape:', X_test.shape)
print('Testing labels shape:', y_test.shape)

with tf.device('/cpu:0'):

    # 模型参数
    learning_rate = 1e-3
    training_iters = 200
    batch_size = 50
```

```
    display_step = 5
    n_features = 3072  # 32*32*3
    n_classes = 10
    n_fc1 = 384
    n_fc2 = 192

    # 构建模型
    x = tf.placeholder(tf.float32, [None, n_features])
    y = tf.placeholder(tf.float32, [None, n_classes])

    W_conv = {
        'conv1': tf.Variable(tf.truncated_normal([5, 5, 3, 32],
stddev=0.0001)),
        'conv2': tf.Variable(tf.truncated_normal([5, 5, 32, 64],stddev=0.01)),
        'fc1': tf.Variable(tf.truncated_normal([8*8*64, n_fc1], stddev=0.1)),
        'fc2': tf.Variable(tf.truncated_normal([n_fc1, n_fc2], stddev=0.1)),
        'fc3': tf.Variable(tf.truncated_normal([n_fc2, n_classes],
stddev=0.1))
    }
    b_conv = {
        'conv1': tf.Variable(tf.constant(0.0, dtype=tf.float32, shape=[32])),
        'conv2': tf.Variable(tf.constant(0.1, dtype=tf.float32, shape=[64])),
        'fc1': tf.Variable(tf.constant(0.1, dtype=tf.float32, shape=[n_fc1])),
        'fc2': tf.Variable(tf.constant(0.1, dtype=tf.float32, shape=[n_fc2])),
        'fc3': tf.Variable(tf.constant(0.0, dtype=tf.float32,
shape=[n_classes]))
    }

    x_image = tf.reshape(x, [-1, 32, 32, 3])
    # 卷积层 1
    conv1 = tf.nn.conv2d(x_image, W_conv['conv1'], strides=[1, 1, 1, 1],
padding='SAME')
    conv1 = tf.nn.bias_add(conv1, b_conv['conv1'])
    conv1 = tf.nn.relu(conv1)
    # 池化层 1
    pool1 = tf.nn.avg_pool(conv1, ksize=[1, 3, 3, 1], strides=[1, 2, 2, 1],
padding='SAME')
    # LRN 层, Local Response Normalization
    norm1 = tf.nn.lrn(pool1, 4, bias=1.0, alpha=0.001/9.0, beta=0.75)
    # 卷积层 2
    conv2 = tf.nn.conv2d(norm1, W_conv['conv2'], strides=[1, 1, 1, 1],
padding='SAME')
    conv2 = tf.nn.bias_add(conv2, b_conv['conv2'])
```

```
    conv2 = tf.nn.relu(conv2)
    # LRN 层, Local Response Normalization
    norm2 = tf.nn.lrn(conv2, 4, bias=1.0, alpha=0.001/9.0, beta=0.75)
    # 池化层 2
    pool2 = tf.nn.avg_pool(norm2, ksize=[1, 3, 3, 1], strides=[1, 2, 2, 1],
padding='SAME')
    reshape = tf.reshape(pool2, [-1, 8*8*64])

    fc1 = tf.add(tf.matmul(reshape, W_conv['fc1']), b_conv['fc1'])
    fc1 = tf.nn.relu(fc1)
    # 全连接层 2
    fc2 = tf.add(tf.matmul(fc1, W_conv['fc2']), b_conv['fc2'])
    fc2 = tf.nn.relu(fc2)
    # 全连接层 3, 即分类层
    fc3 = tf.nn.softmax(tf.add(tf.matmul(fc2, W_conv['fc3']), b_conv['fc3']))

    # 定义损失
    loss = tf.reduce_mean(tf.nn.softmax_cross_entropy_with_logits(fc3, y))
    optimizer =
tf.train.GradientDescentOptimizer(learning_rate=learning_rate).minimize(loss)
    # 评估模型
    correct_pred = tf.equal(tf.argmax(fc3, 1), tf.argmax(y, 1))
    accuracy = tf.reduce_mean(tf.cast(correct_pred, tf.float32))

    init = tf.global_variables_initializer()

with tf.Session() as sess:
    sess.run(init)
    c = []
    total_batch = int(X_train.shape[0] / batch_size)
#    for i in range(training_iters):
    start_time = time.time()
    for i in range(200):
        for batch in range(total_batch):
            batch_x = X_train[batch*batch_size : (batch+1)*batch_size, :]
            batch_y = y_train[batch*batch_size : (batch+1)*batch_size, :]
            sess.run(optimizer, feed_dict={x: batch_x, y: batch_y})
        acc = sess.run(accuracy, feed_dict={x: batch_x, y: batch_y})
        print(acc)
        c.append(acc)
        end_time = time.time()
        print('time: ', (end_time - start_time))
        start_time = end_time
        print("--------------%d onpech is finished-------------------",i)
    print("Optimization Finished!")

    # Test
    test_acc = sess.run(accuracy, feed_dict={x: X_test, y: y_test})
    print("Testing Accuracy:", test_acc)
    plt.plot(c)
```

```
    plt.xlabel('Iter')
    plt.ylabel('Cost')
    plt.title('lr=%f, ti=%d, bs=%d, acc=%f' % (learning_rate, training_iters,
batch_size, test_acc))
    plt.tight_layout()
    plt.savefig('cnn-tf-cifar10-%s.png' % test_acc, dpi=200)
```

根据计算机不同的运行速率，可以得到运行时间。在笔者的计算机中，大概 90 秒运行一个周期，具体结果请读者自行打印完成。

14.2.3 CIFAR-10 模型的细节描述与参数重构

本小节将对模型参数做更细致的讲解，主要是对模型的参数进行调节。神经网络的模型在设计完成后往往并不需要很大的变动，要做的更多的是在使用过程中对参数的调节。

1. 调节学习率

一般来说，首先需要调节的是学习率。学习率的不同会对模型的收敛有很大的影响，同样的模型采用不同的学习率会表现得非常不同。但是学习率的调节往往都是靠经验进行设置，这里笔者也没有更好的方法，但是笔者在使用时一般都会首先将学习率设置成 1e-4 左右，即从 0.0001 开始，逐步增大学习率。

在此模型中学习率设置成 1e-4，读者可以根据需要对学习率进行设置，并可参考模型拟合的结果。

2. 对于模型过拟合的处理

对于深度学习模型的设计，随着计算机硬件资源的提高，模型也设计得越来越深，同时神经元的个数不断增加。这样做的好处是可以对复杂的情况进行处理，但是在这种情况下，模型在强行对函数进行拟合的过程中更容易产生过拟合。

为了防止或减少过拟合的产生，程序设计人员采用了大量的办法。本例中使用 LRN 层也是防止过拟合的手段之一。除此之外，常用的防止过拟合的手段还有 Dropout、对数据集使用 Batch Normilization，以及增大数据集。例如，图像裁剪、对称变换、旋转平移等都可以让模型在验证集上的表现更好。

3. 激活函数选择

前面已经说过，常用的激活函数使用的是 sigmoid 和 relu，在本例中，所有的层级（卷积＋全连接）都是使用 relu 作为激活函数。如果有读者对其感兴趣，可以尝试将 relu 函数替换成 sigmoid 函数进行处理。

使用 relu 的优缺点在前面已经做了介绍。从 relu 图形的分析来看，它就是一种受限激活函数，这种函数在使用中为网络引入了大量的稀疏性，至少有一半的神经元并不会激活，因而加速了强特征的提取和弱特征的瓦解，增强了学习效果。

4. 权值的初始化

对于 sigmoid 网络来说，有如下两种固定的权重初始化方法：

（1）Log-Sigmoid 函数：

$$[-4 \times \frac{\sqrt{6}}{\sqrt{LayerInput + LayerOut}}, 4 \times \frac{\sqrt{6}}{\sqrt{LayerInput + LayerOut}}]$$

（2）Tanh-Sigmoid 函数：

$$[-1 \times \frac{\sqrt{6}}{\sqrt{LayerInput + LayerOut}}, \frac{\sqrt{6}}{\sqrt{LayerInput + LayerOut}}]$$

以上这两个参数是使用 sigmoid 函数常用的设置。对于 relu 函数来说，它用作回归的激活函数，输出结果近似于正态分布。因此在本例中采用的是随机正态分布生成 0 均值、标准差一定的随机矩阵作为初始化参数，并在计算过程中逐步加大标准差，使得权重能够获得一个弹性增加。

```
W_conv = {
        'conv1': tf.Variable(tf.truncated_normal([5, 5, 3, 32],
stddev=0.0001)),
        'conv2': tf.Variable(tf.truncated_normal([5, 5, 32, 64],stddev=0.01)),
        'fc1': tf.Variable(tf.truncated_normal([8*8*64, n_fc1], stddev=0.1)),
        'fc2': tf.Variable(tf.truncated_normal([n_fc1, n_fc2], stddev=0.1)),
        'fc3': tf.Variable(tf.truncated_normal([n_fc2, n_classes],
stddev=0.1))
    }
```

可以看到，这里的权重随着层次的逐渐深入，逐步由 0.001→0.01→0.1→0.1→0.1 地增加。

5. 池化层的选择

在前面介绍池化算法的时候提到，一般池化算法有两种，分别是 MaxPooling 和 AvgPooling。在本例中使用的是 AvgPooling。相对于 maxPooling 来说，AvgPooling 能够提供具有更小噪声的数据，即将原始图像中的噪声降噪处理。

14.3　本章小结

本章全面介绍了卷积神经网络的基本算法,特别是对卷积神经网络中反向传播算法做了一个详尽的解释，之后通过示例回顾了卷积神经网络的使用方法，借用卷积神经网络实现对 CIFAR-10 数据集的判别和参数做了解释。

实际上深度学习的模型已经较为成熟，使用得更多的是一些经典的模型。读者应该首先掌握这些经典模型的使用和一些细节，并在其基础上根据实际情况做出修改。

第 15 章

◀ 猫狗大战——实战AlexNet ▶

一直以来，对于现实世界中的图像辨认是计算机视觉研究的重中之重。为此世界各地每年各种关于计算机对图像识别的竞赛层出不穷，各种论文和相关算法也是大量涌现，更好地促进了使用计算机图像辨认的发展。

由于基础和硬件资源受限，计算机辨识能力始终没有获得突飞猛进的发展。最终打破这个僵局使计算机视觉发展水平上了一个大台阶的是应用卷积神经网络发展起来的一个新的实用型网络：AlexNet。

2012 年，在 ImageNet 上的图像分类 challenge 上 Alex 提出的 AlexNet 网络结构模型赢得了 2012 届的图像识别冠军。在此基础上 GoogleNet 和 VGG 同时获得了 ImageNet 上 2014 年的好成绩。

从下面图 15-1 上可以看到，AlexNet 是在 LeNet 上发展起来的应用卷积神经网络的一个深度学习模型。与 LeNet 不同的是，AlexNet 使用 GPU 对更多的数据进行处理，并且首次引入了 Dropout 层来处理过拟合以及使用 ReLU 替代 sigmoid 来作为激活函数。当然应用这些新技术新想法的结果也是令人欣慰的。

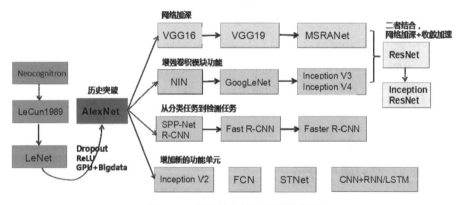

图 15-1　卷积神经网络识别的发展

在此基础上发展了 VGG 网络和 NIS 网络，以及使用这 2 种结合建立的 ResNet 模型，建立了有着更深的卷积、收敛和运算速度更快的神经网络模型。可以说目前所有比较成功的神经网络模型都是来自于 AlexNet。

本章将主要介绍 AlexNet 的原理以及应用，并使用 TensorFlow 具体实现这个神经网络。

15.1 AlexNet 简介

AlexNet 实际上是从 LeNet 上发展起来的一个新的卷积神经网络模型。这个模型比起之前我们看到的 Cifar10 和 LeNet 模型相对复杂一些，训练时间是在两台 GPU 上进行了一周，后期在 Hinton 的建议下，在全连接层加入 ReLU 和 Dropout 层。

15.1.1 AlexNet 模型解读

对于这个模型，分解来看，AlexNet 上的一个完整的卷积层可能包括一层 convolution、一层 Rectified Linear Units、一层 max-pooling、一层 normalization。整个网络结构包括五层卷积层和三层全连接层，网络的最前端是输入图片的原始像素点，最后端是图片的分类结果。

图 15-2 有一个特殊的地方，就是卷积部分都是画成上、下两块，意思是在这一层计算出来的 feature map 要分开计算。这样做是因为当时在网络设计时，计算机硬件条件不足，好处是能够极大地加快计算速度，但是运算趋势已经由单机计算发展到分布式计算，因此这样的分布就没有太多的必要了。

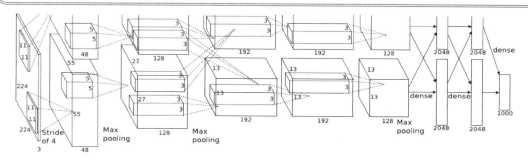

图 15-2 AlexNet 模型

具体打开 AlexNet 来看其中每一层的使用。

1. 第一层：卷积层

在这里对层中的数值进行解释，其中 conv1 说明这里输出为 96 层，使用的卷积核大小为 [11,11]，而步进为 4。在此之后变为[55,55]大小、深度为 96 的数据。之后进行一次 ReLU 激活，再将输入的数据进行池化处理，池化的核大小为 3，每次步进为 2，如图 15-3 所示。

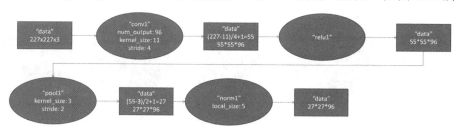

图 15-3 AlexNet 模型第 1 个卷积层

池化层的步进为 2 说明这里使用的是重叠池化。重叠池化的作用是对数据集的特征保留相对于一般池化较多，可以更好地反应特征现象。后面就是对数据的归一化处理，这里使用的是特殊计算层——LRN 层，其作用是对当前层的输出结果做平滑处理，如图 15-4 所示。

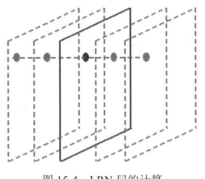

图 15-4　LRN 层的计算

$$b = a \mathbin{/} ((k + \alpha \mathbin{/} N)\sum (a)^2)^\beta$$

此公式中 a 是当前层中需要计算的点，α 为缩放因子，β 为指数项，这两个均是计算系数，N 是扩展的层数，一般建议选 5（前后 2 层加本身的 1 层）。

2. 第二层：卷积层

如图 15-5 所示。

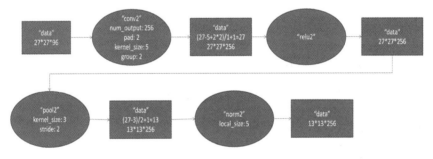

图 15-5　AlexNet 模型第 2 个卷积层

3. 第三层：卷积层

如图 15-6 所示。

图 15-6　AlexNet 模型第 3 个卷积层

4. 第四层：卷积层

如图 15-7 所示。

图 15-7　AlexNet 模型第 4 个卷积层

5. 第五层：卷积层

如图 15-8 所示。

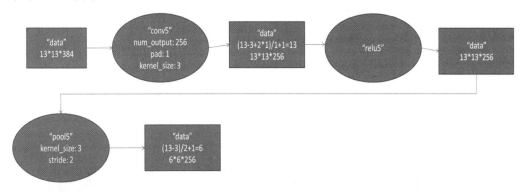

图 15-8　AlexNet 模型第 5 个卷积层

6. 第六层：全连接层

如图 15-9 所示。

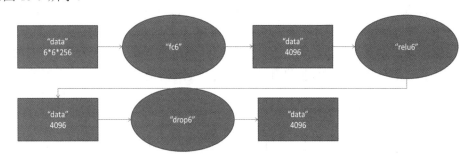

图 15-9　AlexNet 模型第 1 个全连接层

从第六层开始是全连接层，这里的参数如图 15-9 所示。需要说明的是，对于全连接层的含义，每个人的理解和解释不尽相同，在这里笔者从矩阵计算的方式进行解释。

全连接层进行的是权重和输入值的矩阵计算，本质就是将输入矩阵特征空间投射到另一个特征空间。在这个空间投射变换过程中，提取整合了有用的信息，加上适当的激活函数，使得全连接层在理论上可以模拟出线性和非线性变换。

这个全连接层在整个连接的最后一层将不同的结果映射，可以认为是对输入进行分类。在卷积神经网络中，使用大量的卷积和池化层做特征提取，之后使用全连接做特征加权和映射。

7. 第七层：全连接层

如图 15-10 所示。

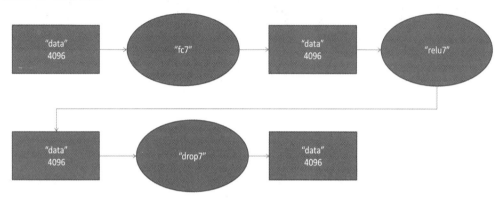

图 15-10　AlexNet 模型第 2 个全连接层

8. 第八层：全连接层

如图 15-11 所示。

图 15-11　AlexNet 模型最后输出层

从全连接层的图示可以看到，在这里使用了两个 dropout 层。dropout 是指在深度学习网络的训练过程中，对于神经网络单元，按照一定的概率将其暂时从网络中丢弃。这样做的好处是对于随机梯度下降来说，由于是随机丢弃，因此每一个 mini-batch 都在训练不同的网络。

最终由最后一个全连接层对数据进行分类处理，使用的是 softmax 函数进行数据分类。

15.1.2　AlexNet 程序的实现

在前面的章节学习中，我们对 LeNet 有了了解，并使用 TensorFlow 框架进行了程序设计，编写了相应的代码。实际上 AlexNet 就是在 LeNet 模型的基础上变形而来的，因此可以通过修改 LeNet 来完成 AlexNet 的实现。

在程序的编写上，遵循敏捷开发原则，对参数进行集中管理。AlexNet 的全景图如图 15-2 所示。

在图 15-2 的全景图中对各个层的系数做了分解和说明，因此在编写代码时最好的设定就是预先将系数以参数的形式固定，代码段如下：

```
learning_rate = 1e-4
```

```
training_iters = 200
batch_size = 50
display_step = 5
n_classes = 2
n_fc1 = 4096
n_fc2 = 2048

# 构建模型
x = tf.placeholder(tf.float32, [None, 227, 227, 3])
y = tf.placeholder(tf.int32, [None, n_classes])

W_conv = {
    'conv1': tf.Variable(tf.truncated_normal([11, 11, 3, 96],
stddev=0.0001)),
    'conv2': tf.Variable(tf.truncated_normal([5, 5, 96, 256],
stddev=0.01)),
    'conv3': tf.Variable(tf.truncated_normal([3, 3, 256, 384],
stddev=0.01)),
    'conv4': tf.Variable(tf.truncated_normal([3, 3, 384, 384],
stddev=0.01)),
    'conv5': tf.Variable(tf.truncated_normal([3, 3, 384, 256],
stddev=0.01)),
    'fc1': tf.Variable(tf.truncated_normal([13 * 13 * 256, n_fc1],
stddev=0.1)),
    'fc2': tf.Variable(tf.truncated_normal([n_fc1, n_fc2], stddev=0.1)),
    'fc3': tf.Variable(tf.truncated_normal([n_fc2, n_classes],
stddev=0.1))
    }
    b_conv = {
    'conv1': tf.Variable(tf.constant(0.0, dtype=tf.float32, shape=[96])),
    'conv2': tf.Variable(tf.constant(0.1, dtype=tf.float32, shape=[256])),
    'conv3': tf.Variable(tf.constant(0.1, dtype=tf.float32, shape=[384])),
    'conv4': tf.Variable(tf.constant(0.1, dtype=tf.float32, shape=[384])),
    'conv5': tf.Variable(tf.constant(0.1, dtype=tf.float32, shape=[256])),
    'fc1': tf.Variable(tf.constant(0.1, dtype=tf.float32, shape=[n_fc1])),
    'fc2': tf.Variable(tf.constant(0.1, dtype=tf.float32, shape=[n_fc2])),
    'fc3': tf.Variable(tf.constant(0.0, dtype=tf.float32,
shape=[n_classes]))
    }
```

　　在这里分别对模型的参数进行设定，学习率为 0.0001，预定的运行循环次数为 200 次，每次运行时使用 50 个随机数据。n_classes 是分类数目，这里在代码设计时就确定了，其目的是进行"猫狗大战"的竞赛，而设定的全连接层中的神经元数目为 4096 与 2048。

下面是对占位符的确定。占位符使用的是矩阵的形式，数据格式为"float32"。其作用是在模型计算和损失函数计算时输入数据。

这里使用 Python 程序中的字典对数据的存储做了设计。这样做的好处是能够简化程序的编写难度，在每一层的数据使用上只需要调用相应的变量号即可，而变量号对应的变量值是根据模型框架统一计算和设计的，因此笔者在这里建议读者也使用这种方法对更多的网络参数进行管理。

下面对各个层进行详细介绍。

1. 第一层卷积层

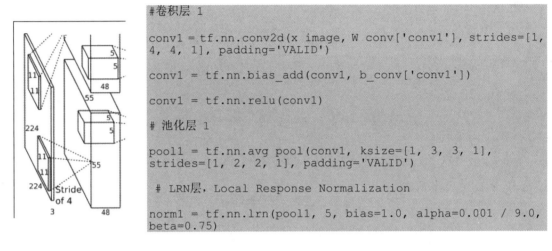

```
#卷积层 1

conv1 = tf.nn.conv2d(x image, W conv['conv1'], strides=[1,
4, 4, 1], padding='VALID')

conv1 = tf.nn.bias_add(conv1, b_conv['conv1'])

conv1 = tf.nn.relu(conv1)

# 池化层 1

pool1 = tf.nn.avg pool(conv1, ksize=[1, 3, 3, 1],
strides=[1, 2, 2, 1], padding='VALID')

 # LRN层，Local Response Normalization

norm1 = tf.nn.lrn(pool1, 5, bias=1.0, alpha=0.001 / 9.0,
beta=0.75)
```

这里使用的图像规格是[227,227,3]。这也是在后面图像处理时输入的图像数据。需要特别注意的是，数据图片为 RGB 图像格式，有 3 个通道，这里在卷积层第一层提供的卷积核为 96，同样也是 3 个通道。

2. 第二层卷积层

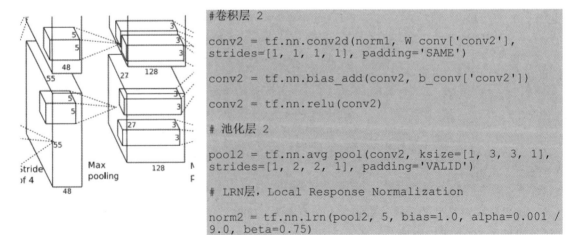

```
#卷积层 2

conv2 = tf.nn.conv2d(norm1, W conv['conv2'],
strides=[1, 1, 1, 1], padding='SAME')

conv2 = tf.nn.bias_add(conv2, b_conv['conv2'])

conv2 = tf.nn.relu(conv2)

# 池化层 2

pool2 = tf.nn.avg pool(conv2, ksize=[1, 3, 3, 1],
strides=[1, 2, 2, 1], padding='VALID')

# LRN层，Local Response Normalization

norm2 = tf.nn.lrn(pool2, 5, bias=1.0, alpha=0.001 /
9.0, beta=0.75)
```

3. 第三层卷积层

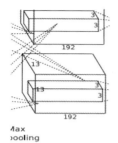

```
# 卷积层 3
conv3 = tf.nn.conv2d(norm2, W_conv['conv3'], strides=[1, 1,
1, 1], padding='SAME')

conv3 = tf.nn.bias_add(conv3, b_conv['conv3'])

conv3 = tf.nn.relu(conv3)
```

4. 第四层卷积层

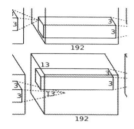

```
# 卷积层 4
conv4 = tf.nn.conv2d(conv3, W_conv['conv4'], strides=[1, 1,
1, 1], padding='SAME')

conv4 = tf.nn.bias_add(conv4, b_conv['conv4'])

conv4 = tf.nn.relu(conv4)
```

5. 第五层卷积层

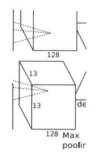

```
# 卷积层 5
conv5 = tf.nn.conv2d(conv4, W_conv['conv5'], strides=[1, 1,
1, 1], padding='SAME')

conv5 = tf.nn.bias_add(conv5, b_conv['conv5'])

conv5 = tf.nn.relu(conv5)
# 池化层 5
pool5 = tf.nn.avg_pool(conv5, ksize=[1, 3, 3, 1],
strides=[1, 2, 2, 1], padding='VALID')
```

以上 3 层为卷积层的最后 3 层。这里需要注意的是，在这里的卷积层并没有使用池化层，而是在第五个卷积层结束以后进行了池化处理。下面是对全连接层的使用。

6. 第六层全连接层

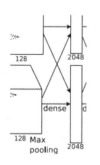

```
reshape = tf.reshape(pool5, [-1, 6 * 6 * 256])
#全连接层
fc1 = tf.add(tf.matmul(reshape, W_conv['fc1']),
b_conv['fc1'])

fc1 = tf.nn.relu(fc1)

fc1 = tf.nn.dropout(fc1, 0.5)
```

这里需要注意的是，全连接层在使用前首先要对输入的卷积大小进行重新构建，使得四维矩阵重构为二维矩阵。之后使用 ReLU 激活函数以及池化层对其进行处理。

7. 第七层全连接层

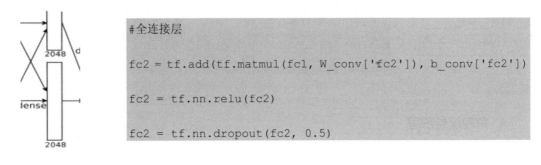

```
#全连接层

fc2 = tf.add(tf.matmul(fc1, W_conv['fc2']), b_conv['fc2'])

fc2 = tf.nn.relu(fc2)

fc2 = tf.nn.dropout(fc2, 0.5)
```

8. 第八层全连接层

```
# 全连接层 3，即分类层

fc3 = tf.add(tf.matmul(fc2, W_conv['fc3']), b_conv['fc3'])
```

真正的 AlexNet 分类上会将数据分成 1000 类，在本次程序设计时只需要将图片分成 2 类即可。

最后是损失函数的确定，这里使用的是 softmax 计算后使用交叉熵进行的运算：

```
# 定义损失
loss = tf.reduce_mean(tf.nn.softmax_cross_entropy_with_logits(fc3, y))
optimizer =
tf.train.GradientDescentOptimizer(learning_rate=learning_rate).minimize(loss)
# 评估模型
correct_pred = tf.equal(tf.argmax(fc3, 1), tf.argmax(y, 1))
accuracy = tf.reduce_mean(tf.cast(correct_pred, tf.float32))
```

15.2 实战猫狗大战——AlexNet 模型

猫狗大战的数据集来源于 Kaggle 上的一个竞赛：Dogs vs. Cats。成立于 2010 年的 Kaggle 是一个进行数据发掘和预测竞赛的在线平台。万事达、辉瑞制药公司、好事达保险公司和 Facebook，甚至 NASA 都曾在这个平台上发起过竞赛。

目前，Kaggle 上已有超过 8.5 万的数据科学家。美国运通和纽约时报等公司已经把 Kaggle 排名作为数据科学家招聘过程中的重要标准。排名不仅仅是程序员的勋章，而是一种比传统标准更为重要、更具价值的能力证明。

赛程总计历时 6 个月，吸引了包括美国、瑞士、德国、法国、新加坡、印度等地的数据科学家、研究人员，甚至硅谷等地的人工智能企业团队参加。

当然，也有不少中国的个人和团队参赛，其中中国竞赛团队 Matview 进入了前 10 名。同进前 10 的参赛者中，不乏谷歌工程师、知名黑客、机器学习首席数据科学家等专业人士。IIT Bombay 的数据科学家 Damodar 也参赛过，他是深度学习图像分类方向的专家，本次比赛获得了第 22 名的成绩。

正如 Kaggle 在本次国际猫狗识别比赛的介绍中所说，2013 年以来，机器学习领域发生了很多变化，特别是深度学习和图像识别，这项本是数学家们无聊时用来打发时间的下午茶技术，现在正广泛地被运用于实际生活和生产中。

15.2.1　数据的收集与处理

猫狗大战的数据集下载地址为 https://www.kaggle.com/c/dogs-vs-cats。其中数据集有 12500 只猫和 12500 只狗。与 MNIST 数据集的不同之处是，这里的数据集均来自于真实世界的照片，无形中加大了图像处理的难度，如图 15-12 所示。

图 15-12　猫狗大战数据集图片

训练神经网络进行图片识别的第一步就是需要对数据集进行加工和处理。

1. 第一步：数据集的加工

数据集中的数据并不是按照规格大小处理，对于不同的图片，其规格尺寸都不尽相同，因此在数据提交之前需要对数据集进行处理。

最简单的处理方式就是把数据裁剪成既定的大小，在 AlexNet 模型中，输入到模型中的图片大小为[227,227]，因此这里建议将图片按这个尺寸进行裁剪。代码段如下：

```
import cv2
import os
def rebuild(dir):
    for root, dirs, files in os.walk(dir):
```

```
    for file in files:
        filepath = os.path.join(root, file)
        try:
            image = cv2.imread(filepath)
            dim = (227, 227)
            resized = cv2.resize(image,dim)
            path = "C:\\cat_and_dog\\dog_r\\" + file
            cv2.imwrite(path, resized)
        except:
            print(filepath)
            os.remove(filepath)
cv2.waitKey(0)  # 退出
```

在这里导入的是图片集的根目录，os 对数据集所在的文件夹进行读取，之后的一个 for 循环重建了图片数据所在的路径，在图片被重构后重新写入了给定的位置。

这里需要提醒的是，笔者在这个代码段中对数据的读写是在一个 try 区域中，因为在整个数据集中不可避免地会包含和出现坏的图片，这里当程序出现异常时，最简单的办法就是跳过出问题的图片继续执行下去。因此在 except 模块中使用了 os.remove 函数对图片进行删除。

在"猫狗大战"数据集中，竞赛组织方提供了较为充足的图片供模型学习，当读者在进行别的模型训练时可以使用多种方法对数据进行重新生成，这里读者可以自行查阅资料设计。

2. 第二步：图片数据集转化为 TensorFlow 专用格式

在前面章节已介绍过，对于数据集来说，最好的方法就是将其转换为 TensorFlow 专用的数据格式，即 TFRecord 格式。

```
def get_file(file_dir):
    images = []
    temp = []
    for root, sub_folders, files in os.walk(file_dir):
        # image directories
        for name in files:
            images.append(os.path.join(root, name))
        # get 10 sub-folder names
        for name in sub_folders:
            temp.append(os.path.join(root, name))
        print(files)
    # assign 10 labels based on the folder names
    labels = []
    for one_folder in temp:
        n_img = len(os.listdir(one_folder))
        letter = one_folder.split('\\')[-1]
```

```
        if letter=='cat':
            labels = np.append(labels, n_img*[0])
        else:
            labels = np.append(labels, n_img*[1])


    # shuffle
    temp = np.array([images, labels])
    temp = temp.transpose()
    np.random.shuffle(temp)


    image_list = list(temp[:, 0])
    label_list = list(temp[:, 1])
    label_list = [int(float(i)) for i in label_list]


    return image_list, label_list
```

上面的代码段中，首先是对数据集文件的位置进行读取，之后根据文件夹名称的不同将处于不同文件夹中的图片标签设置为 0 或者 1，如果有更多分类的话可以依据这个格式设置更多的标签类。之后使用创建的数组对所读取的文件位置和标签进行保存，而 NumPy 对数组的调整重构了存储有对应文件位置和文件标签的矩阵，并将其返回。

在获取图片数据文件位置和图片标签之后，即可通过相应的程序对其进行读取，并生成专用的 TFRecord 格式的数据集。

```
def int64_feature(value):
  return tf.train.Feature(int64_list=tf.train.Int64List(value=value))


def bytes_feature(value):
  return tf.train.Feature(bytes_list=tf.train.BytesList(value=[value]))



def convert_to_tfrecord(images_list, labels_list, save_dir, name):
    filename = os.path.join(save_dir, name + '.tfrecords')
    n_samples = len(labels_list)
    writer = tf.python_io.TFRecordWriter(filename)
    print('\nTransform start......')
    for i in np.arange(0, n_samples):
        try:
            image = io.imread(images_list [i]) # type(image) must be array!
            image_raw = image.tostring()
            label = int(labels[i])
            example = tf.train.Example(features=tf.train.Features(feature={
                        'label':int64_feature(label),
```

```
                       'image_raw': bytes_feature(image_raw)}))
          writer.write(example.SerializeToString())
     except IOError as e:
          print('Could not read:', images[i])
writer.close()
print('Transform done!')
```

首先是转换格式的定义，这里需要将数据转换为相应的格式，这个内容在讲解 IO 内容时已经做了介绍，这里就不再重复。

convert_to_tfrecord(images_list, labels_list, save_dir, name)函数中需要 4 个参数，其中 image_list 和 labels_list 是上一个代码段获取的图片位置和对应标签的列表。save_dir 是存储路径，如果希望将生成的 TFRecord 文件存储在当前目录下，直接使用空的双引号" "即可。最后是生成的文件名，这里只需填写名称就会自动生成以 ".tfrecords" 格式结尾的数据集。

当生成完数据集后，在神经网络使用数据集进行训练时,需要一个方法将数据从数据集中取出，下面的代码段完成了数据读取的功能。

```
def read_and_decode(tfrecords_file, batch_size):
    filename_queue = tf.train.string_input_producer([tfrecords_file])

    reader = tf.TFRecordReader()
    _, serialized_example = reader.read(filename_queue)
    img_features = tf.parse_single_example(
                                   serialized_example,
                                   features={
                                            'label': tf.FixedLenFeature([],
tf.int64),
                                            'image_raw': tf.FixedLenFeature([],
tf.string),
                                            })
    image = tf.decode_raw(img_features['image_raw'], tf.uint8)

    image = tf.reshape(image, [227,227,3])
    label = tf.cast(img_features['label'], tf.int32)
    image_batch, label_batch = tf.train.shuffle_batch([image, label],
                                            batch_size= batch_size,
                                            min_after_dequeue=100,
                                            num_threads= 64,
                                            capacity = 200)
    return image_batch, tf.reshape(label_batch, [batch_size])
```

这里按写入格式读取数据集,需要注意的是,输入的参数有对读取的 batch 尺寸进行设置,如果大小不合适，就会影响模型的训练速度。

3. 第二步补充：图片地址数据集转化为 TensorFlow 专用格式

对于数据容量不太大的数据集，将其整体转换成 TensorFlow 专用格式输入到模型中进行训练是一个非常好的方法。对于某些容量非常庞大、数据量非常多的数据集来说，将其转换成 TFRecord 格式是一个非常浩大的工程，而且往往由于原始的数据集和转换后的数据集容量过大，使得加载和读取耗费更多的资源，从而引起一系列的问题。

因此在工程上，除了直接将数据集转化成专用的数据格式之外，还有一种常用的方法就是将需要读取的数据地址集转换成专用的格式，每次直接在其中读取生成 batch 后的地址，将地址读取后直接在模型内部生成包含 25 个图片格式的 TFRecord。代码段如下：

```
def get_batch(image_list,
label_list,img_width,img_height,batch_size,capacity):
     image = tf.cast(image_list,tf.string)
     label = tf.cast(label_list,tf.int32)

     input_queue = tf.train.slice_input_producer([image,label])

     label = input_queue[1]
     image_contents = tf.read_file(input_queue[0])
     image = tf.image.decode_jpeg(image_contents,channels=3)

     image =
tf.image.resize_image_with_crop_or_pad(image,img_width,img_height)
     image = tf.image.per_image_standardization(image) #将图片标准化
     image_batch,label_batch =
tf.train.batch([image,label],batch_size=batch_size,num_threads=64,capacity=cap
acity)
     label_batch = tf.reshape(label_batch,[batch_size])

     return image_batch,label_batch
```

在这里 get_batch(image_list, label_list,img_width,img_height,batch_size,capacity)函数中有 6 个参数，前 2 个分别为图片列表和标签列表（图片列表和标签列表的生成方式在前文的代码段中已经说明）。img_width 和 img_height 分别为生成图片的大小，这里可以按模型的需求指定。batch_size 和 capacity 分别是每次生成的图片数量和在内存中存储的最大数据容量，这里可根据不同硬件配置指定。

4. 第三步：标签格式的重构与模型存储

在上文标签的生成过程中，标签按文件夹名称的不同生成 1 或者 0；而在模型的计算中，需要将不同的标签按 one-hot 存储的格式生成二维矩阵。这里更改标签格式的代码为：

```
def onehot(labels):
    '''one-hot 编码'''
```

```
n_sample = len(labels)
n_class = max(labels) + 1
onehot_labels = np.zeros((n_sample, n_class))
onehot_labels[np.arange(n_sample), labels] = 1
return onehot_labels
```

可以看到标签输入到这里之后生成一个二维矩阵，之后根据大小数目，矩阵的相应位置被标记为数字1。

15.2.2　模型的训练与存储

1. 第一步：模型的使用

这里使用预先实现的 AlexNet 模型，代码段如下：

```
with tf.device('/cpu:0'):
    # 模型参数
    learning_rate = 1e-4
    training_iters = 200
    batch_size = 50
    display_step = 5
    n_classes = 2
    n_fc1 = 4096
    n_fc2 = 2048


    # 构建模型
    x = tf.placeholder(tf.float32, [None, 227, 227, 3])
    y = tf.placeholder(tf.int32, [None, n_classes])

    W_conv = {
        'conv1': tf.Variable(tf.truncated_normal([11, 11, 3, 96],
stddev=0.0001)),
        'conv2': tf.Variable(tf.truncated_normal([5, 5, 96, 256],
stddev=0.01)),
        'conv3': tf.Variable(tf.truncated_normal([3, 3, 256, 384],
stddev=0.01)),
        'conv4': tf.Variable(tf.truncated_normal([3, 3, 384, 384],
stddev=0.01)),
        'conv5': tf.Variable(tf.truncated_normal([3, 3, 384, 256],
stddev=0.01)),
        'fc1': tf.Variable(tf.truncated_normal([13 * 13 * 256, n_fc1],
stddev=0.1)),
        'fc2': tf.Variable(tf.truncated_normal([n_fc1, n_fc2], stddev=0.1)),
        'fc3': tf.Variable(tf.truncated_normal([n_fc2, n_classes],
```

```
stddev=0.1))
        }
    b_conv = {
        'conv1': tf.Variable(tf.constant(0.0, dtype=tf.float32, shape=[96])),
        'conv2': tf.Variable(tf.constant(0.1, dtype=tf.float32, shape=[256])),
        'conv3': tf.Variable(tf.constant(0.1, dtype=tf.float32, shape=[384])),
        'conv4': tf.Variable(tf.constant(0.1, dtype=tf.float32, shape=[384])),
        'conv5': tf.Variable(tf.constant(0.1, dtype=tf.float32, shape=[256])),
        'fc1': tf.Variable(tf.constant(0.1, dtype=tf.float32, shape=[n_fc1])),
        'fc2': tf.Variable(tf.constant(0.1, dtype=tf.float32, shape=[n_fc2])),
        'fc3': tf.Variable(tf.constant(0.0, dtype=tf.float32,
shape=[n_classes]))
        }

    x_image = tf.reshape(x, [-1, 227, 227, 3])

    # 卷积层 1
    conv1 = tf.nn.conv2d(x_image, W_conv['conv1'], strides=[1, 4, 4, 1],
padding='VALID')
    conv1 = tf.nn.bias_add(conv1, b_conv['conv1'])
    conv1 = tf.nn.relu(conv1)
    # 池化层 1
    pool1 = tf.nn.avg_pool(conv1, ksize=[1, 3, 3, 1], strides=[1, 2, 2, 1],
padding='VALID')
    # LRN 层, Local Response Normalization
    norm1 = tf.nn.lrn(pool1, 5, bias=1.0, alpha=0.001 / 9.0, beta=0.75)

    #卷积层 2
    conv2 = tf.nn.conv2d(norm1, W_conv['conv2'], strides=[1, 1, 1, 1],
padding='SAME')
    conv2 = tf.nn.bias_add(conv2, b_conv['conv2'])
    conv2 = tf.nn.relu(conv2)
    # 池化层 2
    pool2 = tf.nn.avg_pool(conv2, ksize=[1, 3, 3, 1], strides=[1, 2, 2, 1],
padding='VALID')
    # LRN 层, Local Response Normalization
    norm2 = tf.nn.lrn(pool2, 5, bias=1.0, alpha=0.001 / 9.0, beta=0.75)

    # 卷积层 3
    conv3 = tf.nn.conv2d(norm2, W_conv['conv3'], strides=[1, 1, 1, 1],
padding='SAME')
    conv3 = tf.nn.bias_add(conv3, b_conv['conv3'])
    conv3 = tf.nn.relu(conv3)
```

```python
    # 卷积层 4
    conv4 = tf.nn.conv2d(conv3, W_conv['conv4'], strides=[1, 1, 1, 1],
padding='SAME')
    conv4 = tf.nn.bias_add(conv4, b_conv['conv4'])
    conv4 = tf.nn.relu(conv4)

    # 卷积层 5
    conv5 = tf.nn.conv2d(conv4, W_conv['conv5'], strides=[1, 1, 1, 1],
padding='SAME')
    conv5 = tf.nn.bias_add(conv5, b_conv['conv5'])
    conv5 = tf.nn.relu(conv2)

    # 池化层 5
    pool5 = tf.nn.avg_pool(conv5, ksize=[1, 3, 3, 1], strides=[1, 2, 2, 1],
padding='VALID')

    reshape = tf.reshape(pool5, [-1, 13 * 13 * 256])

    fc1 = tf.add(tf.matmul(reshape, W_conv['fc1']), b_conv['fc1'])
    fc1 = tf.nn.relu(fc1)
    fc1 = tf.nn.dropout(fc1, 0.5)
    # 全连接层 2
    fc2 = tf.add(tf.matmul(fc1, W_conv['fc2']), b_conv['fc2'])
    fc2 = tf.nn.relu(fc2)
    fc2 = tf.nn.dropout(fc2, 0.5)
    # 全连接层 3，即分类层
    fc3 = tf.add(tf.matmul(fc2, W_conv['fc3']), b_conv['fc3'])

    # 定义损失
    loss = tf.reduce_mean(tf.nn.softmax_cross_entropy_with_logits(fc3, y))
    optimizer =
tf.train.GradientDescentOptimizer(learning_rate=learning_rate).minimize(loss)
    # 评估模型
    correct_pred = tf.equal(tf.argmax(fc3, 1), tf.argmax(y, 1))
    accuracy = tf.reduce_mean(tf.cast(correct_pred, tf.float32))

    init = tf.global_variables_initializer()


def onehot(labels):
    '''one-hot 编码'''
    n_sample = len(labels)
```

```
n_class = max(labels) + 1
onehot_labels = np.zeros((n_sample, n_class))
onehot_labels[np.arange(n_sample), labels] = 1
return onehot_labels
```

可能有读者注意到模型的第一句是 with tf.device('/cpu:0')，在这里是对使用的 CPU 情况进行注释。如果有多个 CPU 共同使用，那么此模型的训练可以是仅使用序列上的第一个 CPU。

2. 第二步：模型的存储

除此之外，对于训练的模型，根据不同的情况，需要对模型的结构以及设定的权重进行存储。TensorFlow 中也提供了模型存储的函数，即 tf.save 函数。具体使用如下：

```
save_model = ".//model//AlexNetModel.ckpt"
…
…
…
saver = tf.train.Saver()
saver.save(sess, save_model)
```

在模型存储的阶段，只需要使用提供的 save 函数进行存储。需要说明的是，模型既可以存储在绝对路径下，也可以存储在当前路径下。当前路径的存储需要在其文件夹名前加 "./"，这是最新的格式要求。

对于文件的读取，可以同样使用 save 函数。

```
save_model = tf.train.latest_checkpoint('.//model')
saver.restore(sess, save_model)
```

tf.train.latest_checkpoint 函数读取对应文件夹中最新的一个模型。使用这种模型的好处是可以根据最新的时间回复最新的存储模型。

需要注意的是，对于回复的模型，一定要使用模型训练的占位符符号进行数据输入，同时用同一个 Saver 对象来恢复变量。当从文件中恢复变量时，不需要对其进行初始化，否则会报错。

3. 第三步：模型的训练

介绍完全部工作后，最后一步是对模型的训练。

当模型设计和数据的准备已经完成之后，即可开始模型的训练工作。这里为了便于读取，将整个模型训练工作放在一个 train 函数中，传递相关的次数即可。

```
def train(opench):
    with tf.Session() as sess:
        sess.run(init)
        save_model = ".//model//AlexNetModel.ckpt"
        train_writer = tf.summary.FileWriter(".//log", sess.graph)
        saver = tf.train.Saver()
```

```
        loss = []
        start_time = time.time()


        coord = tf.train.Coordinator()
        threads = tf.train.start_queue_runners(coord=coord)
        step = 0
        for i in range(1):
            step = i
            image, label = sess.run([ image_batch, label_batch])

            labels = onehot(label)

            sess.run(optimizer, feed_dict={x: image, y: labels})
            loss_record = sess.run(loss, feed_dict={x: image, y: labels})
            print("now the loss is %f "%loss_record)

            loss.append(loss_record)
            end_time = time.time()
            print('time: ', (end_time - start_time))
            start_time = end_time
            print("---------------%d onpech is finished--------------------" % i)
        print("Optimization Finished!")
        saver = tf.train.Saver()
        saver.save(sess, save_model)
        print("Model Save Finished!")

        coord.request_stop()
        coord.join(threads)
    plt.plot(loss)
        plt.xlabel('iter')
        plt.ylabel('loss')
        plt.tight_layout()
        plt.savefig('cnn-tf-AlexNet.png' % 0, dpi=200)
```

在模型的训练中，首先产生了模型输出通道，之后使用 batch_size 批量读取数据，无论采用何种数据读取格式，对于标签 label 来说，都需要将其转换成矩阵格式，因此在读入模型前需要使用 one-hot 函数对其进行操作。

这里提供了一个 loss 数组作为损失函数的记录，在模型的训练结束后，可以查看相关的 loss 程度对模型进行修改。

从图 15-13 中可以看到，经过 5000 次循环训练后，损失函数逐渐趋于稳定，在 0~3 进行波动，并且损失函数在开始 500 次左右下降很快，而到 1000 次以后基本上趋向于在一个稳定的区间波动。

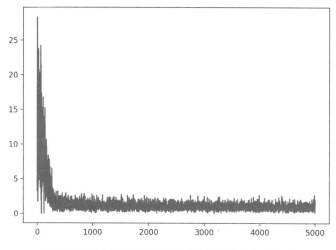

图 15-13　5000 次循环训练后损失函数的趋势曲线

15.2.3　使用训练过的模型预测图片

对于模型的训练，最终目的是使用训练好的模型对图片进行预测，此时就需要使用保存好的模型。调用已经保存的模型代码在上文已经给出。

```
save_model = tf.train.latest_checkpoint('.//model')
saver.restore(sess, save_model)
```

这里直接使用 tf.train.latest_checkpoint 函数即可读取对应目录下最后存储的模型和权重文件。代码段如下：

```
from PIL import Image
def per_class(imagefile):
    image = Image.open(imagefile)
    image = image.resize([227, 227])
    image_array = np.array(image)

    image = tf.cast(image_array,tf.float32)
    image = tf.image.per_image_standardization(image)
    image = tf.reshape(image, [1, 227, 227, 3])

    saver = tf.train.Saver()
    with tf.Session() as sess:

        save_model = tf.train.latest_checkpoint('.//model')
        saver.restore(sess, save_model)
        image = tf.reshape(image, [1, 227, 227, 3])
```

```
    image = sess.run(image)
    prediction = sess.run(fc3, feed_dict={x: image})

    max_index = np.argmax(prediction)
    if max_index==0:
        return "cat"
    else:
        return "dog"
```

per_class(imagefile)函数中包含一个参数，即图片文件的地址，之后使用 PIL 重新读取图片后将其重构为所需要的[227,227]大小的图片数据，再将其进行矩阵处理后准备输入模型进行甄别。

对于模型的读取，采用的是 save.restore 函数，从最近保存的文件夹中读取相对应的文件后将模型重新载入。需要注意的是，这里载入的模型依旧要使用保存的模型中的训练占位符以及模式标识。

```
prediction = sess.run(fc3, feed_dict={x: image})
```

即上面代码段中 fc3 的模型以及数据输入的占位符 x。这点非常重要，请读者不要产生错误。

最终的 AlexNet 程序如下所示。

【程序 15-1】

```
# coding: utf-8

import tensorflow as tf
import numpy as np
import matplotlib.pyplot as plt
import time
import create_and_read_TFRecord2 as reader2
import os

X_train, y_train = reader2.get_file("c:\\cat_and_dog_r")

image_batch, label_batch = reader2.get_batch(X_train, y_train, 227, 227, 200,
2048)


def batch_norm(inputs, is_training,is_conv_out=True,decay = 0.999):

    scale = tf.Variable(tf.ones([inputs.get_shape()[-1]]))
    beta = tf.Variable(tf.zeros([inputs.get_shape()[-1]]))
    pop_mean = tf.Variable(tf.zeros([inputs.get_shape()[-1]]),
trainable=False)
    pop_var = tf.Variable(tf.ones([inputs.get_shape()[-1]]), trainable=False)
```

```
        if is_training:
            if is_conv_out:
                batch_mean, batch_var = tf.nn.moments(inputs,[0,1,2])
            else:
                batch_mean, batch_var = tf.nn.moments(inputs,[0])

            train_mean = tf.assign(pop_mean,
                              pop_mean * decay + batch_mean * (1 - decay))
            train_var = tf.assign(pop_var,
                              pop_var * decay + batch_var * (1 - decay))
            with tf.control_dependencies([train_mean, train_var]):
                return tf.nn.batch_normalization(inputs,
                    batch_mean, batch_var, beta, scale, 0.001)
        else:
            return tf.nn.batch_normalization(inputs,
                pop_mean, pop_var, beta, scale, 0.001)


with tf.device('/cpu:0'):
    # 模型参数
    learning_rate = 1e-4
    training_iters = 200
    batch_size = 200
    display_step = 5
    n_classes = 2
    n_fc1 = 4096
    n_fc2 = 2048



    # 构建模型
    x = tf.placeholder(tf.float32, [None, 227, 227, 3])
    y = tf.placeholder(tf.int32, [None, n_classes])

    W_conv = {
        'conv1': tf.Variable(tf.truncated_normal([11, 11, 3, 96],
stddev=0.0001)),
        'conv2': tf.Variable(tf.truncated_normal([5, 5, 96, 256],
stddev=0.01)),
        'conv3': tf.Variable(tf.truncated_normal([3, 3, 256, 384],
stddev=0.01)),
        'conv4': tf.Variable(tf.truncated_normal([3, 3, 384, 384],
stddev=0.01)),
        'conv5': tf.Variable(tf.truncated_normal([3, 3, 384, 256],
```

```
stddev=0.01)),
        'fc1': tf.Variable(tf.truncated_normal([13 * 13 * 256, n_fc1],
stddev=0.1)),
        'fc2': tf.Variable(tf.truncated_normal([n_fc1, n_fc2], stddev=0.1)),
        'fc3': tf.Variable(tf.truncated_normal([n_fc2, n_classes],
stddev=0.1))
    }
    b_conv = {
        'conv1': tf.Variable(tf.constant(0.0, dtype=tf.float32, shape=[96])),
        'conv2': tf.Variable(tf.constant(0.1, dtype=tf.float32, shape=[256])),
        'conv3': tf.Variable(tf.constant(0.1, dtype=tf.float32, shape=[384])),
        'conv4': tf.Variable(tf.constant(0.1, dtype=tf.float32, shape=[384])),
        'conv5': tf.Variable(tf.constant(0.1, dtype=tf.float32, shape=[256])),
        'fc1': tf.Variable(tf.constant(0.1, dtype=tf.float32, shape=[n_fc1])),
        'fc2': tf.Variable(tf.constant(0.1, dtype=tf.float32, shape=[n_fc2])),
        'fc3': tf.Variable(tf.constant(0.0, dtype=tf.float32,
shape=[n_classes]))
    }

    x_image = tf.reshape(x, [-1, 227, 227, 3])

    # 卷积层 1
    conv1 = tf.nn.conv2d(x_image, W_conv['conv1'], strides=[1, 4, 4, 1],
padding='VALID')
    conv1 = tf.nn.bias_add(conv1, b_conv['conv1'])
    conv1 = tf.nn.relu(conv1)
    # 池化层 1
    pool1 = tf.nn.avg_pool(conv1, ksize=[1, 3, 3, 1], strides=[1, 2, 2, 1],
padding='VALID')
    # LRN层，Local Response Normalization
    norm1 = tf.nn.lrn(pool1, 5, bias=1.0, alpha=0.001 / 9.0, beta=0.75)

    #卷积层 2
    conv2 = tf.nn.conv2d(norm1, W_conv['conv2'], strides=[1, 1, 1, 1],
padding='SAME')
    conv2 = tf.nn.bias_add(conv2, b_conv['conv2'])
    conv2 = tf.nn.relu(conv2)
    # 池化层 2
    pool2 = tf.nn.avg_pool(conv2, ksize=[1, 3, 3, 1], strides=[1, 2, 2, 1],
padding='VALID')
    # LRN层，Local Response Normalization
    norm2 = tf.nn.lrn(pool2, 5, bias=1.0, alpha=0.001 / 9.0, beta=0.75)
```

```
    # 卷积层 3
    conv3 = tf.nn.conv2d(norm2, W_conv['conv3'], strides=[1, 1, 1, 1],
padding='SAME')
    conv3 = tf.nn.bias_add(conv3, b_conv['conv3'])
    conv3 = tf.nn.relu(conv3)

    # 卷积层 4
    conv4 = tf.nn.conv2d(conv3, W_conv['conv4'], strides=[1, 1, 1, 1],
padding='SAME')
    conv4 = tf.nn.bias_add(conv4, b_conv['conv4'])
    conv4 = tf.nn.relu(conv4)

    # 卷积层 5
    conv5 = tf.nn.conv2d(conv4, W_conv['conv5'], strides=[1, 1, 1, 1],
padding='SAME')
    conv5 = tf.nn.bias_add(conv5, b_conv['conv5'])
    conv5 = tf.nn.relu(conv2)

    # 池化层 5
    pool5 = tf.nn.avg_pool(conv5, ksize=[1, 3, 3, 1], strides=[1, 2, 2, 1],
padding='VALID')

    reshape = tf.reshape(pool5, [-1, 13 * 13 * 256])

    fc1 = tf.add(tf.matmul(reshape, W_conv['fc1']), b_conv['fc1'])
    fc1 = tf.nn.relu(fc1)
    fc1 = tf.nn.dropout(fc1, 0.5)
    # 全连接层 2
    fc2 = tf.add(tf.matmul(fc1, W_conv['fc2']), b_conv['fc2'])
    fc2 = tf.nn.relu(fc2)
    fc2 = tf.nn.dropout(fc2, 0.5)
    # 全连接层 3，即分类层
    fc3 = tf.add(tf.matmul(fc2, W_conv['fc3']), b_conv['fc3'])

    # 定义损失
    loss = tf.reduce_mean(tf.nn.softmax_cross_entropy_with_logits(fc3, y))
    optimizer =
tf.train.GradientDescentOptimizer(learning_rate=learning_rate).minimize(loss)
    # 评估模型
    correct_pred = tf.equal(tf.argmax(fc3, 1), tf.argmax(y, 1))
    accuracy = tf.reduce_mean(tf.cast(correct_pred, tf.float32))

  init = tf.global_variables_initializer()
```

```python
def onehot(labels):
    '''one-hot 编码'''
    n_sample = len(labels)
    n_class = max(labels) + 1
    onehot_labels = np.zeros((n_sample, n_class))
    onehot_labels[np.arange(n_sample), labels] = 1
    return onehot_labels

save_model = ".//model//AlexNetModel.ckpt"
def train(opech):
    with tf.Session() as sess:
        sess.run(init)

        train_writer = tf.summary.FileWriter(".//log", sess.graph)  # 输出日志的地方
        saver = tf.train.Saver()

        c = []
        start_time = time.time()

        coord = tf.train.Coordinator()
        threads = tf.train.start_queue_runners(coord=coord)
        step = 0
        for i in range(opech):
            step = i
            image, label = sess.run([image_batch, label_batch])

            labels = onehot(label)

            sess.run(optimizer, feed_dict={x: image, y: labels})
            loss_record = sess.run(loss, feed_dict={x: image, y: labels})
            print("now the loss is %f " % loss_record)

            c.append(loss_record)
            end_time = time.time()
            print('time: ', (end_time - start_time))
            start_time = end_time
            print("---------------%d onpech is finished--------------------" % i)
        print("Optimization Finished!")
        saver.save(sess, save_model)
        print("Model Save Finished!")

        coord.request_stop()
```

```
        coord.join(threads)
        plt.plot(c)
        plt.xlabel('Iter')
        plt.ylabel('loss')
        plt.title('lr=%f, ti=%d, bs=%d' % (learning_rate, training_iters,
batch_size))
        plt.tight_layout()
        plt.savefig('cat_and_dog_AlexNet.jpg', dpi=200)

    from PIL import Image

    def per_class(imagefile):

        image = Image.open(imagefile)
        image = image.resize([227, 227])
        image_array = np.array(image)

        image = tf.cast(image_array,tf.float32)
        image = tf.image.per_image_standardization(image)
        image = tf.reshape(image, [1, 227, 227, 3])

        saver = tf.train.Saver()
        with tf.Session() as sess:

            save_model = tf.train.latest_checkpoint('.//model')
            saver.restore(sess, save_model)
            image = tf.reshape(image, [1, 227, 227, 3])
            image = sess.run(image)
            prediction = sess.run(fc3, feed_dict={x: image})

            max_index = np.argmax(prediction)
            if max_index==0:
                return "cat"
            else:
                return "dog"
```

程序 15-1 是使用 AlexNet 对图像进行识别训练和预测的完整程序。注意，这里提供了两种数据读取方法，分别对应 15.2.1 节中的两种数据读取和生成方法。

执行程序的代码如下：

```
imagefile = "C:\\cat_and_dog\\cat\\"
cat = dog = 0

train(1000)
```

```
for root, sub_folders, files in os.walk(imagefile):
    for name in files:
        imagefile = os.path.join(root, name)
        print(imagefile)
        if per_class(imagefile) == "cat":
            cat += 1
        else:
            dog += 1
        print("cat is :", cat, "    |dog is :", dog)
```

imagefile 是数据图片存储的路径，之后采用 for 循环将所有的图片送入模型进行训练，通过判定返回值的大小来确定模型计算的结果。最终结果请读者自行训练测试。

15.2.4　使用 Batch_Normalization 正则化处理数据集

在 AlexNet 训练模型中，损失函数的数值虽然按照既定的想法随着训练次数的不断增加，而大量降低，但是对于损失函数来说仍然需要考虑可能的因素来降低损失函数的差值。

一般来说，当模型设计完毕以后，更多的是需要对输入数据进行处理，不同的数据类型以及图片属性都会对模型的训练产生很大的影响。因此，需要一种专门的方法去解决因图片不同而产生的差异影响。

对于深度来说，数据在模型中的训练是一个复杂的过程。即使训练模型网络的前面几层发生非常小的变化，随着梯度下降算法的计算，这个微小的变化在后面几层也会被累积放大下去。

当数据输入的属性分布发生改变时，即使是很小的变化，在传递这个变化的过程时，网络的后端也会产生非常大的变化，从而需要整个模型、整个网络去重新适应和学习这个新的数据分布。如果训练数据的分布一直在发生变化，那么训练模型对最后的预测结果也是在一个比较大的错误率之间浮动。

Batch_Normalization 是一种新近的对数据差异性进行处理的手段。通过对在"一个范围内"的数据进行规范化处理，使得输出结果的均值为 0、方差为 1，具体公式如图 15-14 所示。

Input: Values of x over a mini-batch: $\mathcal{B} = \{x_{1...m}\}$;
　　　Parameters to be learned: γ, β
Output: $\{y_i = \mathrm{BN}_{\gamma,\beta}(x_i)\}$

$$\mu_{\mathcal{B}} \leftarrow \frac{1}{m} \sum_{i=1}^{m} x_i \qquad \text{// mini-batch mean}$$

$$\sigma_{\mathcal{B}}^2 \leftarrow \frac{1}{m} \sum_{i=1}^{m} (x_i - \mu_{\mathcal{B}})^2 \qquad \text{// mini-batch variance}$$

$$\widehat{x}_i \leftarrow \frac{x_i - \mu_{\mathcal{B}}}{\sqrt{\sigma_{\mathcal{B}}^2 + \epsilon}} \qquad \text{// normalize}$$

$$y_i \leftarrow \gamma \widehat{x}_i + \beta \equiv \mathrm{BN}_{\gamma,\beta}(x_i) \qquad \text{// scale and shift}$$

Algorithm 1: Batch Normalizing Transform, applied to activation x over a mini-batch.

图 15-14　正则化公式

笔者在此并不详细讲解此公式的推导与证明，有兴趣的读者可以自行对此公式进行研究。TensorFlow 中提供了专门的函数来完成数据的 Batch_Normalization 计算。函数如下：

```
batch_normalization(x, mean, variance, offset, scale, variance_epsilon,
name=None):
```

下面对参数进行解释：

- x：输入的数据文件。
- mean：批量数据均值。
- variance：批量数据方差。
- offset：待训练参数。
- scale：待训练参数。
- variance_epsilon：方差编译系数。
- name：名称。

这里主要使用了 Batch 中的均值以及方差。offset 和 scale 是在模型中需要训练的数据。variance_epsilon 是需要设定的一个系数，一般情况下将其设置为 0.0001 即可。

使用 TensorFlow 中的 Batch_Normalization 方法如下：

```
def batch_norm(inputs, is_training,is_conv_out=True,decay = 0.999):

    scale = tf.Variable(tf.ones([inputs.get_shape()[-1]]))
    beta = tf.Variable(tf.zeros([inputs.get_shape()[-1]]))
    pop_mean = tf.Variable(tf.zeros([inputs.get_shape()[-1]]),
trainable=False)
    pop_var = tf.Variable(tf.ones([inputs.get_shape()[-1]]), trainable=False)

    if is_training:
      if is_conv_out:
          batch_mean, batch_var = tf.nn.moments(inputs,[0,1,2])
      else:
          batch_mean, batch_var = tf.nn.moments(inputs,[0])

      train_mean = tf.assign(pop_mean, pop_mean * decay + batch_mean * (1 -
decay))
      train_var = tf.assign(pop_var, pop_var * decay + batch_var * (1 - decay))
      with tf.control_dependencies([train_mean, train_var]):
          return tf.nn.batch_normalization(inputs,
              batch_mean, batch_var, beta, scale, 0.001)
    else:
      return tf.nn.batch_normalization(inputs,
          pop_mean, pop_var, beta, scale, 0.001)
```

　　首先是对 variance 和 offset 的生成，这里使用的是传统的占位符，之后通过 tf.nn.moments 函数获取了数据的均值与均方差。train_mean 和 train_var 是滑动平均值和滑动方差的计算，这点将作为函数数据集的均值和均方差输入到计算函数中。

　　tf.control_dependencies 函数表明只有在[train_mean, train_var]的计算结束后才可以对下一步的 Batch_Normalization 进行计算，返回的也是相对应的函数和计算值。

　　这里有一个非常重要的问题：Batch_Normalization 函数用在模型计算的哪个位置。一般情况下，Batch_Normalization 用在矩阵计算之前，因为卷积神经网络经过卷积后得到的是一系列的特征图。在卷积神经网络中可以把每个特征图看成一个特征处理，对于每个卷积后的特征图都只有一对可学习参数，同时求取所有样本所对应的特征图的所有神经元的平均值、方差，然后对这个特征图神经元做归一化。

　　具体使用如下：

```
W_conv = {
        'conv1': tf.Variable(tf.truncated_normal([11, 11, 3, 96],
stddev=0.0001)),
        'conv2': tf.Variable(tf.truncated_normal([5, 5, 96, 256],
stddev=0.01)),
        'conv3': tf.Variable(tf.truncated_normal([3, 3, 256, 384],
stddev=0.01)),
        'conv4': tf.Variable(tf.truncated_normal([3, 3, 384, 384],
stddev=0.01)),
        'conv5': tf.Variable(tf.truncated_normal([3, 3, 384, 256],
stddev=0.01)),
        'fc1': tf.Variable(tf.truncated_normal([13 * 13 * 256, n_fc1],
stddev=0.1)),
        'fc2': tf.Variable(tf.truncated_normal([n_fc1, n_fc2], stddev=0.1)),
        'fc3': tf.Variable(tf.truncated_normal([n_fc2, n_classes],
stddev=0.1))
    }
    b_conv = {
        'conv1': tf.Variable(tf.constant(0.0, dtype=tf.float32, shape=[96])),
        'conv2': tf.Variable(tf.constant(0.1, dtype=tf.float32, shape=[256])),
        'conv3': tf.Variable(tf.constant(0.1, dtype=tf.float32, shape=[384])),
        'conv4': tf.Variable(tf.constant(0.1, dtype=tf.float32, shape=[384])),
        'conv5': tf.Variable(tf.constant(0.1, dtype=tf.float32, shape=[256])),
        'fc1': tf.Variable(tf.constant(0.1, dtype=tf.float32, shape=[n_fc1])),
        'fc2': tf.Variable(tf.constant(0.1, dtype=tf.float32, shape=[n_fc2])),
        'fc3': tf.Variable(tf.constant(0.0, dtype=tf.float32,
shape=[n_classes]))
    }

    x_image = tf.reshape(x, [-1, 227, 227, 3])
```

```python
    # 卷积层 1
    conv1 = tf.nn.conv2d(x_image, W_conv['conv1'], strides=[1, 4, 4, 1],
padding='VALID')
    conv1 = tf.nn.bias_add(conv1, b_conv['conv1'])
    conv1 = batch_norm(conv1,True)
    conv1 = tf.nn.relu(conv1)
    # 池化层 1
    pool1 = tf.nn.avg_pool(conv1, ksize=[1, 3, 3, 1], strides=[1, 2, 2, 1],
padding='VALID')
    norm1 = tf.nn.lrn(pool1, 5, bias=1.0, alpha=0.001 / 9.0, beta=0.75)


    # 卷积层 2
    conv2 = tf.nn.conv2d(pool1, W_conv['conv2'], strides=[1, 1, 1, 1],
padding='SAME')
    conv2 = tf.nn.bias_add(conv2, b_conv['conv2'])
    conv2 = batch_norm(conv2,True)
    conv2 = tf.nn.relu(conv2)
    # 池化层 2
    pool2 = tf.nn.avg_pool(conv2, ksize=[1, 3, 3, 1], strides=[1, 2, 2, 1],
padding='VALID')

    # 卷积层 3
    conv3 = tf.nn.conv2d(pool2, W_conv['conv3'], strides=[1, 1, 1, 1],
padding='SAME')
    conv3 = tf.nn.bias_add(conv3, b_conv['conv3'])
    conv3 = batch_norm(conv3,True)
    conv3 = tf.nn.relu(conv3)

    # 卷积层 4
    conv4 = tf.nn.conv2d(conv3, W_conv['conv4'], strides=[1, 1, 1, 1],
padding='SAME')
    conv4 = tf.nn.bias_add(conv4, b_conv['conv4'])
    conv4 = batch_norm(conv4,True)
    conv4 = tf.nn.relu(conv4)

    # 卷积层 5
    conv5 = tf.nn.conv2d(conv4, W_conv['conv5'], strides=[1, 1, 1, 1],
padding='SAME')
    conv5 = tf.nn.bias_add(conv5, b_conv['conv5'])
    conv5 = batch_norm(conv5,True)
    conv5 = tf.nn.relu(conv2)
```

```
# 池化层 5
pool5 = tf.nn.avg_pool(conv5, ksize=[1, 3, 3, 1], strides=[1, 2, 2, 1],
padding='VALID')
reshape = tf.reshape(pool5, [-1, 13 * 13 * 256])
fc1 = tf.add(tf.matmul(reshape, W_conv['fc1']), b_conv['fc1'])
fc1 = batch_norm(fc1,True,False)
fc1 = tf.nn.relu(fc1)



# 全连接层 2
fc2 = tf.add(tf.matmul(fc1, W_conv['fc2']), b_conv['fc2'])
fc2 = batch_norm(fc2,True,False)
fc2 = tf.nn.relu(fc2)
fc3 = tf.add(tf.matmul(fc2, W_conv['fc3']), b_conv['fc3'])
```

可以从上面的代码段中看到，在每个卷积层采样之后，都使用 Batch_Normalization 函数进行了数据归一化处理。全部代码如程序 15-2 所示。

【程序 15-2】

```
# coding: utf-8
import tensorflow as tf
import numpy as np
import matplotlib.pyplot as plt
import time
import create_and_read_TFRecord2 as reader2
import os


X_train, y_train = reader2.get_file("c:\\cat_and_dog_r")

image_batch, label_batch = reader2.get_batch(X_train, y_train, 227, 227, 200,
2048)

def batch_norm(inputs, is_training,is_conv_out=True,decay = 0.999):

    scale = tf.Variable(tf.ones([inputs.get_shape()[-1]]))
    beta = tf.Variable(tf.zeros([inputs.get_shape()[-1]]))
    pop_mean = tf.Variable(tf.zeros([inputs.get_shape()[-1]]),
trainable=False)
    pop_var = tf.Variable(tf.ones([inputs.get_shape()[-1]]), trainable=False)

    if is_training:
        if is_conv_out:
```

```
            batch_mean, batch_var = tf.nn.moments(inputs,[0,1,2])
        else:
            batch_mean, batch_var = tf.nn.moments(inputs,[0])

        train_mean = tf.assign(pop_mean, pop_mean * decay + batch_mean * (1 -
decay))
        train_var = tf.assign(pop_var, pop_var * decay + batch_var * (1 - decay))

        with tf.control_dependencies([train_mean, train_var]):
            return tf.nn.batch_normalization(inputs,
                batch_mean, batch_var, beta, scale, 0.001)
    else:
        return tf.nn.batch_normalization(inputs,
            pop_mean, pop_var, beta, scale, 0.001)


with tf.device('/cpu:0'):
    # 模型参数
    learning_rate = 1e-4
    training_iters = 200
    batch_size = 200
    display_step = 5
    n_classes = 2
    n_fc1 = 4096
    n_fc2 = 2048


    # 构建模型
    x = tf.placeholder(tf.float32, [None, 227, 227, 3])
    y = tf.placeholder(tf.int32, [None, n_classes])


    W_conv = {
        'conv1': tf.Variable(tf.truncated_normal([11, 11, 3, 96],
stddev=0.0001)),
        'conv2': tf.Variable(tf.truncated_normal([5, 5, 96, 256],
stddev=0.01)),
        'conv3': tf.Variable(tf.truncated_normal([3, 3, 256, 384],
stddev=0.01)),
        'conv4': tf.Variable(tf.truncated_normal([3, 3, 384, 384],
stddev=0.01)),
        'conv5': tf.Variable(tf.truncated_normal([3, 3, 384, 256],
stddev=0.01)),
        'fc1': tf.Variable(tf.truncated_normal([13 * 13 * 256, n_fc1],
stddev=0.1)),
        'fc2': tf.Variable(tf.truncated_normal([n_fc1, n_fc2], stddev=0.1)),
```

```
            'fc3': tf.Variable(tf.truncated_normal([n_fc2, n_classes],
stddev=0.1))
    }
    b_conv = {
        'conv1': tf.Variable(tf.constant(0.0, dtype=tf.float32, shape=[96])),
        'conv2': tf.Variable(tf.constant(0.1, dtype=tf.float32, shape=[256])),
        'conv3': tf.Variable(tf.constant(0.1, dtype=tf.float32, shape=[384])),
        'conv4': tf.Variable(tf.constant(0.1, dtype=tf.float32, shape=[384])),
        'conv5': tf.Variable(tf.constant(0.1, dtype=tf.float32, shape=[256])),
        'fc1': tf.Variable(tf.constant(0.1, dtype=tf.float32, shape=[n_fc1])),
        'fc2': tf.Variable(tf.constant(0.1, dtype=tf.float32, shape=[n_fc2])),
        'fc3': tf.Variable(tf.constant(0.0, dtype=tf.float32,
shape=[n_classes]))
    }

    x_image = tf.reshape(x, [-1, 227, 227, 3])

    # 卷积层 1
    conv1 = tf.nn.conv2d(x_image, W_conv['conv1'], strides=[1, 4, 4, 1],
padding='VALID')
    conv1 = tf.nn.bias_add(conv1, b_conv['conv1'])
    conv1 = batch_norm(conv1,True)
    conv1 = tf.nn.relu(conv1)
    # 池化层 1
    pool1 = tf.nn.avg_pool(conv1, ksize=[1, 3, 3, 1], strides=[1, 2, 2, 1],
padding='VALID')
    norm1 = tf.nn.lrn(pool1, 5, bias=1.0, alpha=0.001 / 9.0, beta=0.75)

    # 卷积层 2
    conv2 = tf.nn.conv2d(pool1, W_conv['conv2'], strides=[1, 1, 1, 1],
padding='SAME')
    conv2 = tf.nn.bias_add(conv2, b_conv['conv2'])
    conv2 = batch_norm(conv2,True)
    conv2 = tf.nn.relu(conv2)
    # 池化层 2
    pool2 = tf.nn.avg_pool(conv2, ksize=[1, 3, 3, 1], strides=[1, 2, 2, 1],
padding='VALID')

    # 卷积层 3
    conv3 = tf.nn.conv2d(pool2, W_conv['conv3'], strides=[1, 1, 1, 1],
padding='SAME')
    conv3 = tf.nn.bias_add(conv3, b_conv['conv3'])
    conv3 = batch_norm(conv3,True)
```

```
    conv3 = tf.nn.relu(conv3)


    # 卷积层 4
    conv4 = tf.nn.conv2d(conv3, W_conv['conv4'], strides=[1, 1, 1, 1],
padding='SAME')
    conv4 = tf.nn.bias_add(conv4, b_conv['conv4'])
    conv4 = batch_norm(conv4,True)
    conv4 = tf.nn.relu(conv4)


    # 卷积层 5
    conv5 = tf.nn.conv2d(conv4, W_conv['conv5'], strides=[1, 1, 1, 1],
padding='SAME')
    conv5 = tf.nn.bias_add(conv5, b_conv['conv5'])
    conv5 = batch_norm(conv5,True)
    conv5 = tf.nn.relu(conv2)


    # 池化层 5
    pool5 = tf.nn.avg_pool(conv5, ksize=[1, 3, 3, 1], strides=[1, 2, 2, 1],
padding='VALID')
    reshape = tf.reshape(pool5, [-1, 13 * 13 * 256])
    fc1 = tf.add(tf.matmul(reshape, W_conv['fc1']), b_conv['fc1'])
    fc1 = batch_norm(fc1,True,False)
    fc1 = tf.nn.relu(fc1)


    # 全连接层 2
    fc2 = tf.add(tf.matmul(fc1, W_conv['fc2']), b_conv['fc2'])
    fc2 = batch_norm(fc2,True,False)
    fc2 = tf.nn.relu(fc2)
    fc3 = tf.add(tf.matmul(fc2, W_conv['fc3']), b_conv['fc3'])


    # 定义损失
    loss = tf.reduce_mean(tf.nn.softmax_cross_entropy_with_logits(fc3, y))
    optimizer =
tf.train.GradientDescentOptimizer(learning_rate=learning_rate).minimize(loss)
    # 评估模型
    correct_pred = tf.equal(tf.argmax(fc3, 1), tf.argmax(y, 1))
    accuracy = tf.reduce_mean(tf.cast(correct_pred, tf.float32))


    init = tf.global_variables_initializer()

def onehot(labels):
    '''one-hot 编码'''
    n_sample = len(labels)
```

```
    n_class = max(labels) + 1
    onehot_labels = np.zeros((n_sample, n_class))
    onehot_labels[np.arange(n_sample), labels] = 1
    return onehot_labels

save_model = ".//model//AlexNetModel.ckpt"
def train(opech):
    with tf.Session() as sess:
        sess.run(init)

        train_writer = tf.summary.FileWriter(".//log", sess.graph)  # 输出日志的地方
        saver = tf.train.Saver()

        c = []
        start_time = time.time()

        coord = tf.train.Coordinator()
        threads = tf.train.start_queue_runners(coord=coord)
        step = 0
        for i in range(opech):
            step = i
            image, label = sess.run([image_batch, label_batch])

            labels = onehot(label)

            sess.run(optimizer, feed_dict={x: image, y: labels})
            loss_record = sess.run(loss, feed_dict={x: image, y: labels})
            print("now the loss is %f " % loss_record)

            c.append(loss_record)
            end_time = time.time()
            print('time: ', (end_time - start_time))
            start_time = end_time
            print("---------------%d onpech is finished--------------------" % i)
        print("Optimization Finished!")
    #     checkpoint_path = os.path.join(".//model", 'model.ckpt')  # 输出模型的
地方
        saver.save(sess, save_model)
        print("Model Save Finished!")

        coord.request_stop()
        coord.join(threads)
        plt.plot(c)
        plt.xlabel('Iter')
        plt.ylabel('loss')
```

```
        plt.title('lr=%f, ti=%d, bs=%d' % (learning_rate, training_iters,
batch_size))
        plt.tight_layout()
        plt.savefig('cat_and_dog_AlexNet.jpg', dpi=200)
```

打印出最终的损失函数曲线，如图 15-15 所示。

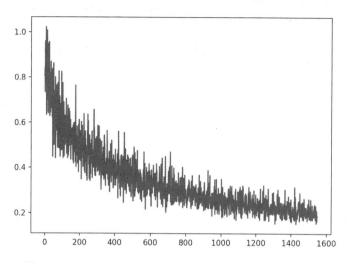

图 15-15　加入 Batch_Normalization 后的损失函数变化曲线

这里选取了前 1500 次循环的损失函数变化率作为计数曲线。随着次数的增加，损失率由 1 降低到 0.2 左右，这与未加 Batch_Normalization 的损失曲线比较，获得了十倍以上的提高。

相关结果可由读者自行验证。

15.3 本章小结

本章详细介绍了一个使用 AlexNet 进行图像处理的例子，这个例子来源于现实中的 Kaggle 竞赛——猫狗大战。

在本章中，笔者循序渐进地讲解了完成一个图像识别工程的全部流程：数据的收集与处理、模型的设计与训练、中途图像的存储和参数调整。这些是在工业或者商业上做图像识别最常用的技能。

本章讲述的实例是深度学习对图像识别应用的经典例子，在实际的工作中，读者可能会遇到更多要求对图像识别进行研究的案例，综合运用多种模型和手段去发现数据所蕴含的价值，提取图像中的特征并做出分类。相信通过本书的学习能够使读者初步掌握使用卷积神经网络处理图像的方法。

第 16 章

我们都爱Finetuning——复用 VGG16进行猫狗大战

AlexNet 赢得了 2012 年 ImageNet 图像识别冠军之后，使用深度学习，特别是卷积神经网络，在图像识别领域的应用引起了广泛的关注，并且也获得了较好的成绩。在 2014 年的 ImageNet 识图大赛上，VGG 凭借着优异的成绩获得了识图大赛的冠军。

从本质上来看，VGGNet 是在更细的粒度上实现的 AlexNet，它广泛使用了非常小的卷积核架构去实现更深层次的卷积神经网络。在一定程度上证实了，通过推进卷积神经网络的深度，增加更多的隐藏层和权重可以实现对现有识别的明显改进。

本章将介绍 VGGNet 的组成结构，着重介绍 VGGNet 的网络调参以及在其后执行 Finetuning 的能力。Finetuning 的意思是在已有模型之后进行参数和训练模型复用的缩写，也是真实工程应用中最常用的使用既有模型的手段。

16.1 TensorFlow 模型保存与恢复详解

本书在讲解 AlexNet 时，介绍了使用 TensorFlow 自带的 Saver 函数对训练后的 AlexNet 进行保存和恢复。在操作上这是一个非常简单的程序编写，只需使用 TensorFlow 自带的 Saver 函数即可完成所需的工作。

但是事实上，这是一个非常复杂的过程，模型的恢复从开始的 V1 版升级到最新的 V2 版，并且对于生成的数据保存文件也不再是一个简单的 ckpt 后缀文件，而是对训练模型的结构图和参数进行了保存。本节将对这个最新保存函数进行解析。

16.1.1 TensorFlow 保存和恢复函数的使用

1. 模型的保存

对于模型的保存和恢复，TensorFlow 提供了专门的类：

```
tf.train.Saver()
```

Saver 是 TensorFlow 中保存类，一般情况下，其常用方法为 save 和 restore。简单来说，保存一个文件所使用的函数方式为：

```
sava_path = "…"
saver = tf.train.Saver()
Sess = tf.Session()
…
#模型定义
…
saver.save(sess,sava_path)
```

函数中传入两个参数，分别是当前"对话"、模型的保存路径。可能读者会有疑问，这里并没有涉及模型的参数，实际上对于 TensorFlow 在整个图运行时，已经将对话作为一个整体保存，而所训练的模型也同样被保存在对话中。save_path 是保存路径，这个参数要求是一个文件夹路径，确保 Saver 将模型保存到 save_path 路径下的文件夹中。

> 笔者建议 sava_path 的路径在一个专用文件中命名，并在项目工程中进行统一管理。

2. 模型的恢复

使用 Saver 类对数据进行恢复也很简单，代码如下：

```
sava_path = "…"
saver = tf.train.Saver()
Sess = tf.Session()
…
#模型定义
…
saver.restore(sess,sava_path)
```

这里是在当前对话中对模型和参数进行恢复。需要注意的是，会话中模型参数需要定义在 Saver 的 restore 函数之前，这样使得恢复的会话中会自动导入保存的模型。

16.1.2　多次模型的保存和恢复

1. 按循环次数保存代码

除了常规对数据保存外，save 函数中还有一个 global_step 参数，用以定义模型保存的规则。代码如下：

```
sava_path = "…"
saver = tf.train.Saver()
Sess = tf.Session()
```

```
…
#模型定义
…
If epoch % n == 0:
saver.save(sess,sava_path,global_step = epoch)
```

这样在 Saver 进行模型保存时，可以根据训练次数，每隔 n 次后对数据进行一次保存。

> 可能有读者会提出疑问，如果保存的模型文件过多会不会占据全部的硬盘空间。这点 saver
> 类在设计时就已经予以考虑。在实际保存时，TensorFlow 仅仅会保存最近 5 个模型文件，
> 而会删除额外的已保存模型。

2. 恢复最新的模型

对于模型的恢复，一般情况下是对最新的模型进行恢复，使用如下代码：

```
sava_path = "…"
model = tf.train.latest_checkpoint(sava_path)
saver = tf.train.Saver()
Sess = tf.Session()
…
#模型定义
…
saver.restore(sess,model)
```

首先是对 save_path 进行定义，这里和恢复时一样，使用了 restore 函数进行数据恢复，而不同之处在于，这里并不是将模型存储的文件夹路径输入到 restore 函数中，而是通过调用 latest_checkpoint 获取文件夹中最新的存储文件路径，之后将路径输入到 restore 中进行恢复。

16.1.3 实战 TensorFlow 模型的存储与恢复

随着模型形式的越来越复杂，对模型存储的要求和格式也是越发重要。借鉴敏捷开发的模型，首先对于常用变量的定义，笔者建议使用全部变量进行存储；而对于模型专用的类，也建议创建专门的模型控制。工程文件的分类如图 16-1 所示。

▼ 📁 save_and_restore
　▶ 📁 model
　　📄 global_variable.py
　　📄 lineRegulation_model.py
　　📄 model_restore.py
　　📄 model_train.py

图 16-1　工程文件的分类

1. 第一步：全局数据与模型类的定义

首先是对全局数据的定义，对模型的保存与读取来说，存储文件夹的地址是一个通用的变量，因此将其定义为全局存储的变量是较为合适的。

在工程目录下新建一个名为 global_variable 的 Python 文件，其内容如下：

```
save_path = ".\\model\\"
```

这里定义了一个文件存储路径，即图 16-1 中 model 文件夹的位置，这里采用的是相对路径，因此无须将全部路径输入。

特别需要提示的是，对于使用这类定义的全局变量来说，在使用时需要将其作为程序文件导入，代码如下：

```
import global_variable
```

2. 第二步：模型的定义

从图 16-1 可以看到，lineRegulation_model 是模型文件。从名称上可以知道，这里定义的是一个线性回归模型。在这里笔者将其定义为一个类使用，这样做的好处是可以使用相同的创建方法将类的定义放在不同的文件中，也就是在训练模型和恢复模型中保存和重新加载，而不会因为定义或者输入错误而产生不好的结果。

【程序 16-1】

```
import tensorflow as tf
class LineRegModel:
    def __init__(self):
        self.a_val = tf.Variable(tf.random_normal([1]))
        self.b_val = tf.Variable(tf.random_normal([1]))
        self.x_input = tf.placeholder(tf.float32)
        self.y_label = tf.placeholder(tf.float32)
        self.y_output = tf.add(tf.mul(self.x_input, self.a_val), self.b_val)
        self.loss = tf.reduce_mean(tf.pow(self.y_output - self.y_label, 2))

    def get_op(self):
        return tf.train.GradientDescentOptimizer(0.01).minimize(self.loss)
```

在程序 16-1 中首先定义了 LineRegModel 类，之后初始化了模型建立所需使用的参数，因为在本例中创建的是一个一元线性回归模型，因此这里只需使用 a_val 和 b_val 作为数据的初始化变量，并将其随机化处理为 1。

之后定义了 x_input 和 y_output 作为数据的输入和最终结果，而模型的设计使用了 TensorFlow 自带的函数，其格式如下：

```
y = a * x + b
```

这是一个传统的线性一元函数的模型，在训练时可以根据需要进行定义，而且对损失函数的定义也在此完成,这是为了对损失函数值进行设定。get_op 函数是获取定义类中的训练函数,在此可以对学习率以及最小化方式进行定义。

3. 第三步:模型的训练

对于模型的训练,首先是数据集的问题。在这里使用的数据集是随机产生的数据,之后根据一元函数定义产生结果集合。代码如下:

```
train_x = np.random.rand(5)
train_y = 5 * train_x + 3.2
```

完整代码如下所示。

【程序 16-2】

```
import tensorflow as tf
import numpy as np
import global_variable
from save_and_restore import lineRegulation_model as model

train_x = np.random.rand(5)
train_y = 5 * train_x + 3.2   # y = 5 * x + 3
model = model.LineRegModel()

a_val = model.a_val
b_val = model.b_val

x_input = model.x_input
y_label = model.y_label

y_output = model.y_output

loss = model.loss
optimize = model.get_op()
saver = tf.train.Saver()
if __name__ == "__main__":
    sess = tf.Session()
    sess.run(tf.global_variables_initializer())
    flag = True
    epoch = 0
    while flag:
        epoch += 1
        _ , loss_val =
sess.run([optimize,loss],feed_dict={x_input:train_x,y_label:train_y})
        if loss_val < 1e-6:
            flag = False
```

```
print(a_val.eval(sess) , "   ", b_val.eval(sess))
print("-----------%d-----------"%epoch)

saver.save(sess,global_variable.save_path)
print("model save finished")
sess.close()
```

对于模型输入的数据值，这里使用的是新生成的类中定义的值。对于输入输出以及损失函数都使用模型中定义的值，这样做的好处在前面已经反复强调，即可以在任意地方使用相同的值的定义。

之后是损失函数和训练函数的定义。一个非常重要的地方就是在于 Saver 类的定义，这里 Saver 类是定义在会话执行前，这也是通常的定义方法。

会话被定义在 main 函数中，这样便于测试时仅仅运行所需要的程序。main 函数的使用方法请读者自行查阅相关的内容。会话首先对变量进行初始化操作，之后使用了 flag 这个布尔值变量确保循环可以执行下去，而 flag 的调节根据需要对损失函数值进行确定，这里的差值在 0.000001 以内。

最后是对训练好的模型进行保存，使用 Saver 函数的 save 方法将对话保存到相应的路径中。保存结果如图 16-2 所示。

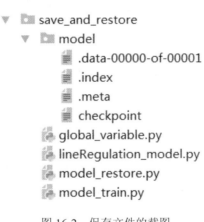

图 16-2　保存文件的截图

4. 第四步：模型的恢复

对于模型的恢复所使用的方法为 Saver 类中的 restore 函数,恢复指定保存文件夹中的训练模型，代码如下。

【程序 16-3】

```
import tensorflow as tf
import global_variable
from save_and_restore import lineRegulation_model as model

model = model.LineRegModel()
```

```
x_input = model.x_input
y_output = model.y_output

saver = tf.train.Saver()
sess = tf.Session()
saver.restore(sess,global_variable.save_path)

result = sess.run(y_output,feed_dict={x_input:[1]})
print(result)
```

首先是对模型的使用,这里采用的是类的实现,可以在最大程度上复用已有的参数的定义。在对话内部 Saver 函数对模型进行了恢复,之后通过对话输入待计算的数值后打印结果。

16.2　更为细化的保存和恢复方法

对于模型的保存和恢复,16.1 节已经做了介绍,然而读者可能已经注意到,在设定的保存文件夹中有着 4 个不同的文件类型,如图 16-3 所示。

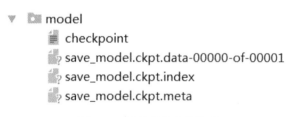

图 16-3　已保存的文件格式

可以得知,根据需要每个文件类型都有其不同的用途,但是仅仅知道这些还是不够,对于 TensorFlow 程序设计人员来说,需要更进一步地了解不同的文件所处的作用。

16.2.1　存储文件的解读

在介绍存储文件之前,先对 Saver 类进行一下解释。在不同的会话中,当需要将数据在硬盘上进行保存时,就可以使用 Saver 类。这个 Saver 构造类允许你去控制 3 个元素:

● 目标(The target):设置目标。在分布式架构的情况下,我们可以指定要计算哪个 TensorFlow 服务器或者"目标"。

● 图(The graph):设置保存的图。保存希望会话处理的图。对于初学者来说,这里有一件棘手的事情就是在 TensorFlow 中总是有一个默认的图,并且所有的操作都是在这个图中首先进行。所以,总是在"默认图范围"内。

● 配置(The config):设置配置。可以使用 ConfigProto 参数来配置 TensorFlow。

Saver 类可以处理图中元数据和变量数据的保存和恢复。而我们唯一需要做的是，告诉 Saver 类需要保存哪个图和哪些变量。在默认情况下，Saver 类能处理默认图中包含的所有变量。但是，我们也可以创建很多的 Saver 类，去保存想要的任何子图。

介绍完 Saver 类，对于模型存储来说，这里有 4 个文件类型，依次如下：

- checkpoint：检查点文件，记录存储文件名称。
- save_model.ckpt.data-00000-of-00001：等价于 save_model.ckpt，权重存储文件。
- save_model.ckpt.index：存储权重目录。
- save_model.ckpt.meta：模型的全部图文件。

在对模型进行保存和恢复时，Saver 类将保存与图相关联的任何元数据。这意味着加载元检查点还将恢复与图相关联的所有空变量、操作和集合。

因此恢复一个元检查点时，实际上是将保存的图加载到当前默认的图中。可以通过其来加载任何包含的内容，如张量、操作或集合。

可以简单理解为模型在训练过程中的各个权重被保存到.ckpt 文件中，而全部的"图"文件被保存到.ckpt.meta 文件中。

16.2.2　更细节地对模型进行恢复和处理

现在抛开理论介绍而对模型进行恢复和处理。在上一小节的内容已经讲了，对于整个模型，TensorFlow 将整体的"图"文件存储在 meta 后缀的文件中，而将权重存储在 ckpt 后缀的文件中。在其具体使用时，对于模型权重的注入则是根据相应的名称来进行。因此如果需要对模型中不同的权重进行重新注入的话，那么第一步就是需要赋予不同的权重以名称。

```
with tf.variable_scope("var"):
self.a_val = tf.Variable(tf.random_normal([1]),name="a_val")
self.b_val = tf.Variable(tf.random_normal([1]),name="b_val")
```

这里首先使用了 tf.variable_scope 对域进行了定义，之后在定义域内对输入变量进行赋值。最终形成的名称为：

```
var/a_val
```

1. 第一步：重新定义的线性回归类

首先是对于线性回归类的定义，在前面已经说了，需要对不同的变量或者占位符以及不同的函数定义其在图中的名称，这里为了简便，只定义了变量和占位符的名称。

【程序 16-4】
```
import tensorflow as tf


class LineRegModel:
```

```
    def __init__(self):
        with tf.variable_scope("var"):
            self.a_val = tf.Variable(tf.random_normal([1]),name="a_val")
            self.b_val = tf.Variable(tf.random_normal([1]),name="b_val")
        self.x_input = tf.placeholder(tf.float32,name="input_placeholder")
        self.y_label = tf.placeholder(tf.float32,name="result_placeholder")
        self.y_output = tf.add(tf.mul(self.x_input, self.a_val),
self.b_val,name="output")
        self.loss = tf.reduce_mean(tf.pow(self.y_output - self.y_label, 2))

    def get_saver(self):
        return tf.train.Saver()

    def get_op(self):
        return tf.train.GradientDescentOptimizer(0.01).minimize(self.loss)
```

从程序中可以看到，这里对每个变量或占位符都设置了相应的名称，而对变量域又设置了对应的域名。

2. 第二步：重新对模型进行训练

对线性类重新定义后，需要对模型进行重新训练。

【程序 16-5】

```
import tensorflow as tf
import numpy as np
import global_variable
from save_and_restore import lineRegulation_model as model

train_x = np.random.rand(5)
train_y = 5 * train_x + 3.2   # y = 5 * x + 3
model = model.LineRegModel()

a_val = model.a_val
b_val = model.b_val

x_input = model.x_input
y_label = model.y_label

y_output = model.y_output

loss = model.loss
optimize = model.get_op()
saver = model.get_saver()
```

```
if __name__ == "__main__":
    sess = tf.Session()
    sess.run(tf.global_variables_initializer())
    flag = True
    epoch = 0
    while flag:
        epoch += 1
        _ , loss_val =
sess.run([optimize,loss],feed_dict={x_input:train_x,y_label:train_y})
        if loss_val < 1e-6:
            flag = False
    print(a_val.eval(sess) , "   ", b_val.eval(sess))
    print("-----------%d-----------"%epoch)
    print(a_val.op)
    saver.save(sess,global_variable.save_path)
    print("model save finished")
    sess.close()
```

对模型的训练并没有较多的变动，这里根据需要打印出变量 a_val 的节点内容，如图 16-4 所示。

```
name: "var/a_val"
op: "Variable"
attr {
  key: "container"
  value {
    s: ""
  }
}
```

图 16-4　a_val 的节点内容

可以看到，其中的节点名称被定义为"var/a_val"，这是在类中被定义时赋予的变量名称。

3. 第三步：模型的恢复

对于模型的恢复来说，需要首先恢复模型的整个图文件，之后从图文件中读取相应的节点信息。

```
saver = tf.train.import_meta_graph('..\\model\\save_model.ckpt.meta')
```

saver 方法首先从图中获取了整个图的信息，之后根据节点名称将不同的变量或者占位符重新按名称赋值。

```
graph = tf.get_default_graph()
a_val = graph.get_tensor_by_name('var/a_val:0')
```

```
input_placeholder=graph.get_tensor_by_name('input_placeholder:0')
labels_placeholder=graph.get_tensor_by_name('result_placeholder:0')
y_output=graph.get_tensor_by_name('output:0')#最终输出结果的tensor
```

而对于具体权重的恢复则需要在对话中完成。

```
with tf.Session() as sess:
saver.restore(sess, '..\\model\\save_model.ckpt')
```

【程序 16-6】

```
import tensorflow as tf

saver = tf.train.import_meta_graph('..\\model\\save_model.ckpt.meta')

#读取 placeholder 和最终的输出结果
graph = tf.get_default_graph()
a_val = graph.get_tensor_by_name('var/a_val:0')

input_placeholder=graph.get_tensor_by_name('input_placeholder:0')
labels_placeholder=graph.get_tensor_by_name('result_placeholder:0')
y_output=graph.get_tensor_by_name('output:0')#最终输出结果的tensor

with tf.Session() as sess:
    saver.restore(sess, '..\\model\\save_model.ckpt')#恢复权值
    result = sess.run(y_result, feed_dict={input_placeholder: [1]})
    print(result)
    print(sess.run(a_val))
```

可能有的读者注意到，在程序中采用通过名称获取对应变量值的时候，冒号的右边有一个 0 符号，这是在 TensorFlow 的图运行中为了进行参数的复用而使用的标记类型，这里读者可以对其忽略而直接使用即可。程序运行的最终结果如下：

$$[\ 4.99703074]$$

4. 第四步：恢复模型的特定值

如果要对模型的某个特定值进行恢复，同样可以使用这个首先载入图文件之后使用权重对其赋值的办法。

【程序 16-7】

```
import tensorflow as tf

saver = tf.train.import_meta_graph('..\\model\\save_model.ckpt.meta')
```

```
graph = tf.get_default_graph()
a_val = graph.get_tensor_by_name('var/a_val:0')

y_output=graph.get_tensor_by_name('output:0')

with tf.Session() as sess:
    saver.restore(sess, '..\\model\\save_model.ckpt')
    print(sess.run(a_val))
```

可以看到这里只定义了变量 a_val，并通过相应的名称将其重新获取。这种方法可以获取到模型中特定的变量或者节点的值。最终显示结果如下：

$$[\ 4.99703074]$$

这也是经过训练后 a_val 的值。

读者可以根据需要截取不同的变量或者输出值进行重新定义和计算，这也是一个 Finetuning。

16.3　VGGNet 实现

本节开始将介绍 VGGNet，它是在 ICLR 2015 上展示的一种新的卷积神经网络，在 ImgNet 上达到了一个非常好的辨别率。特别值得强调的是，VGGNet 能够在其他以 DCNN 为基础的工程上达到很好的效果，即可以较为广泛地在其后使用 Finetuning。

16.3.1　VGGNet 模型解读及与 AlexNet 比较

首先从 VGGNet 模型的结构上来说，其与 AlexNet 并没有太大区别，事实上也是如此，只不过增加了更多的隐藏层（主要是 16 和 19）。相对其他模型方法，VGG 的参数较多，调整范围大，而最终生成的模型参数是 AlexNet 的 3 倍左右。

VGGNet 的模型如图 16-5 所示。

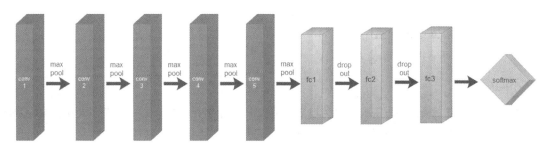

图 16-5　VGGNet 模型

对于这个模型，分解来看，AlexNet 上的一个完整的卷积层可能包括一层 convolution、一层 Rectified Linear Units、一层 max-pooling、一层 normalization。而整个网络结构包括五层卷积层和三层全连接层，网络的最前端是输入图片的原始像素点，最后端是图片的分类结果。

从 VGGNet 的结构（图 16-6）上看，相对 AlexNet 来说，它有更多的输出 channel，即输出通道，因此可以达到更高和更细粒度的准确性，可以提取出来更多的信息。

Table 1: **ConvNet configurations** (shown in columns). The depth of the configurations increases from the left (A) to the right (E), as more layers are added (the added layers are shown in bold). The convolutional layer parameters are denoted as "conv⟨receptive field size⟩-⟨number of channels⟩". The ReLU activation function is not shown for brevity.

ConvNet Configuration					
A	A-LRN	B	C	D	E
11 weight layers	11 weight layers	13 weight layers	16 weight layers	16 weight layers	19 weight layers
input (224 × 224 RGB image)					
conv3-64	conv3-64	conv3-64	conv3-64	conv3-64	conv3-64
	LRN	**conv3-64**	conv3-64	conv3-64	conv3-64
maxpool					
conv3-128	conv3-128	conv3-128	conv3-128	conv3-128	conv3-128
		conv3-128	conv3-128	conv3-128	conv3-128
maxpool					
conv3-256	conv3-256	conv3-256	conv3-256	conv3-256	conv3-256
conv3-256	conv3-256	conv3-256	conv3-256	conv3-256	conv3-256
			conv1-256	**conv3-256**	conv3-256
					conv3-256
maxpool					
conv3-512	conv3-512	conv3-512	conv3-512	conv3-512	conv3-512
conv3-512	conv3-512	conv3-512	conv3-512	conv3-512	conv3-512
			conv1-512	**conv3-512**	conv3-512
					conv3-512
maxpool					
conv3-512	conv3-512	conv3-512	conv3-512	conv3-512	conv3-512
conv3-512	conv3-512	conv3-512	conv3-512	conv3-512	conv3-512
			conv1-512	**conv3-512**	conv3-512
					conv3-512
maxpool					
FC-4096					
FC-4096					
FC-1000					
soft-max					

Table 2: **Number of parameters** (in millions).

Network	A,A-LRN	B	C	D	E
Number of parameters	133	133	134	138	144

图 16-6　VGGNet 结构图

VGGNet 和 AlexNet 特点罗列如下。

相同点：

- 最后都是使用全连接层作为计算结果。
- 同样使用五组卷积层。
- 每层之间使用 pooling 层分割。

不同点：

- VGGNet 中的卷积层卷积核为[3,3]大小，而 AlexNet 中卷积核为[7,7]大小。VGGNet 通过模拟 AlexNet 的结构减少了卷积核而增加了层数。
- VGGNet 有更多的 channel 数。

16.3.2　VGGNet 模型的 TensorFlow 实现

对于程序设计人员来说，知道了模型对其进行实现并不是一件困难的事，按照 16.1 节的内容将 VGGNet 定义成一个类进行处理。

1. 第一步：按模型定义设定方法

首先是对类定义的设计，与 AlexNet 模型一样，在模型中主要使用了卷积、池化以及全连接方法。因此计算的第一步就是在类中予以实现。

卷积的方法按常规定义即可，代码如下：

```
def conv(self,name, input_data, out_channel):
in_channel = input_data.get_shape()[-1]
with tf.variable_scope(name):
kernel = tf.get_variable("weights", [3, 3, in_channel, out_channel],
dtype=tf.float32)
biases = tf.get_variable("biases", [out_channel], dtype=tf.float32)
conv_res = tf.nn.conv2d(input_data, kernel, [1, 1, 1, 1], padding="SAME")
res = tf.nn.bias_add(conv_res, biases)
out = tf.nn.relu(res, name=name)
return out
```

卷积层方法的定义对其名称、输入数据以及输出通道做了定义。首先获取了输入数据的层数作为输入通道数，之后对当前层中的变量进行初始化。在定义域中定义了卷积层的名称，这样做的好处是可以根据不同的卷积层对变量进行命名，并且根据命名规则，所属不同，命名域中的变量也会自动标记上不同的名称。

之后通过调用 tf.nn.conv2d 函数求取卷积层的结果，并使用 relu 函数进行结果计算。

而对于全连接层的定义，可以仿照卷积层的定义在定义域中予以设计，之后通过计算获取全连接层的计算结果，代码如下：

```
def fc(self,name,input_data,out_channel):
shape = input_data.get_shape().as_list()
if len(shape) == 4:
size = shape[-1] * shape[-2] * shape[-3]
else:size = shape[1]
input_data_flat = tf.reshape(input_data,[-1,size])
with tf.variable_scope(name):
weights =
tf.get_variable(name="weights",shape=[size,out_channel],dtype=tf.float32)
biases = tf.get_variable(name="biases",shape=[out_channel],dtype=tf.float32)
res = tf.matmul(input_data_flat,weights)
out = tf.nn.relu(tf.nn.bias_add(res,biases))
return out
```

与卷积层方法的定义类似，在方法的初始化中对名称、输入数据以及输出通道数做了定义。

需要特别提出的是，全连接层是对数据进行了一个展开操作，因此第一步需要获取输入展开后的全部维度。

```
shape = input_data.get_shape().as_list()
if len(shape) == 4:
size = shape[-1] * shape[-2] * shape[-3]
else:size = shape[1]
```

这里采用了一个 if 和 else 函数对其进行判定，之后将判定结果赋值给 size，并将其作为全连接层的输入神经元个数。

最后是池化层的定义。对于池化层，VGGNet 使用的是 maxpooling，因此可以直接定义使用。

```
def maxpool(self,name,input_data):
out =
tf.nn.max_pool(input_data,[1,2,2,1],[1,2,2,1],padding="SAME",name=name)
return out
```

根据 VGGNet 模型设计，无论是池化层，还是卷积层，在进行计算时都采用了补全 padding 的方式进行，这点请读者在程序编写时注意。

2. 第二步：定义模型

对于模型的具体定义，根据 VGGNet 模型的定义将模型分别予以编写。

```
def convlayers(self):

#conv1
self.conv1_1 = self.conv("conv1re_1",self.imgs,64)
self.conv1_2 = self.conv("conv1_2",self.conv1_1,64)
self.pool1 = self.maxpool("poolre1",self.conv1_2)

#conv2
self.conv2_1 = self.conv("conv2_1",self.pool1,128)
self.conv2_2 = self.conv("convwe2_2",self.conv2_1,128)
self.pool2 = self.maxpool("pool2",self.conv2_2)

#conv3
self.conv3_1 = self.conv("conv3_1",self.pool2,256)
self.conv3_2 = self.conv("convrwe3_2",self.conv3_1,256)
self.conv3_3 = self.conv("convrew3_3",self.conv3_2,256)
self.pool3 = self.maxpool("poolre3",self.conv3_3)

#conv4
```

```
    self.conv4_1 = self.conv("conv4_1",self.pool3,512)
    self.conv4_2 = self.conv("convrwe4_2",self.conv4_1,512)
    self.conv4_3 = self.conv("conv4rwe_3",self.conv4_2,512)
    self.pool4 = self.maxpool("pool4",self.conv4_3)

    #conv5
    self.conv5_1 = self.conv("conv5_1",self.pool4,512)
    self.conv5_2 = self.conv("convrwe5_2",self.conv5_1,512)
    self.conv5_3 = self.conv("conv5_3",self.conv5_2,512)
    self.pool5 = self.maxpool("poorwel5",self.conv5_3)

    def fc_layers(self):
    self.fc6 = self.fc("fc6", self.pool5, 4096,trainable=False)
    self.fc7 = self.fc("fc7", self.fc6, 4096,trainable=False)
    self.fc8 = self.fc("fc8", self.fc7, n_class)
```

其中在第一个卷积层设置了数据输入，即 self.imgs 是数据输入，而在最后一个全连接层中 n_class 是输出分类。

模型类完整的最终定义如下：

```
    class vgg16:
        def __init__(self, imgs):

            self.imgs = imgs
            self.convlayers()
            self.fc_layers()
            self.probs = self.fc8

        def saver(self):
            return tf.train.Saver()

        def maxpool(self,name,input_data):
            out =
tf.nn.max_pool(input_data,[1,2,2,1],[1,2,2,1],padding="SAME",name=name)
            return out

        def conv(self,name, input_data, out_channel):
            in_channel = input_data.get_shape()[-1]
            with tf.variable_scope(name):
                kernel = tf.get_variable("weights", [3, 3, in_channel, out_channel],
dtype=tf.float32,trainable=False)
                biases = tf.get_variable("biases", [out_channel],
dtype=tf.float32,trainable=False)
                conv_res = tf.nn.conv2d(input_data, kernel, [1, 1, 1, 1],
```

```
padding="SAME")
            res = tf.nn.bias_add(conv_res, biases)
            out = tf.nn.relu(res, name=name)
        self.parameters += [kernel, biases]
        return out


    def fc(self,name,input_data,out_channel,trainable = True):
        shape = input_data.get_shape().as_list()
        if len(shape) == 4:
            size = shape[-1] * shape[-2] * shape[-3]
        else:size = shape[1]
        input_data_flat = tf.reshape(input_data,[-1,size])
        with tf.variable_scope(name):
            weights =
tf.get_variable(name="weights",shape=[size,out_channel],dtype=tf.float32,train
able = trainable)
            biases =
tf.get_variable(name="biases",shape=[out_channel],dtype=tf.float32,trainable =
trainable)
            res = tf.matmul(input_data_flat,weights)
            out = tf.nn.relu(tf.nn.bias_add(res,biases))
        self.parameters += [weights, biases]
        return out


    def convlayers(self):
        # zero-mean input
        #conv1
        self.conv1_1 = self.conv("conv1re_1",self.imgs,64)
        self.conv1_2 = self.conv("conv1_2",self.conv1_1,64)
        self.pool1 = self.maxpool("poolre1",self.conv1_2)

        #conv2
        self.conv2_1 = self.conv("conv2_1",self.pool1,128)
        self.conv2_2 = self.conv("convwe2_2",self.conv2_1,128)
        self.pool2 = self.maxpool("pool2",self.conv2_2)

        #conv3
        self.conv3_1 = self.conv("conv3_1",self.pool2,256)
        self.conv3_2 = self.conv("convrwe3_2",self.conv3_1,256)
        self.conv3_3 = self.conv("convrew3_3",self.conv3_2,256)
        self.pool3 = self.maxpool("poolre3",self.conv3_3)

        #conv4
```

```
        self.conv4_1 = self.conv("conv4_1",self.pool3,512)
        self.conv4_2 = self.conv("convrwe4_2",self.conv4_1,512)
        self.conv4_3 = self.conv("conv4rwe_3",self.conv4_2,512)
        self.pool4 = self.maxpool("pool4",self.conv4_3)


        #conv5
        self.conv5_1 = self.conv("conv5_1",self.pool4,512)
        self.conv5_2 = self.conv("convrwe5_2",self.conv5_1,512)
        self.conv5_3 = self.conv("conv5_3",self.conv5_2,512)
        self.pool5 = self.maxpool("poorwel5",self.conv5_3)

    def fc_layers(self):

        self.fc6 = self.fc("fc6", self.pool5, 4096,trainable=False)
        self.fc7 = self.fc("fc7", self.fc6, 4096,trainable=False)
        self.fc8 = self.fc("fc8", self.fc7, n_class)
```

可以看到，在 VGGNet 定义类中的初始化阶段就对输入值进行了初始化，之后分别调用 convlayers 函数和 fc_layers 函数进行模型的定义，之后将 fc8 的计算值作为结果进行定义。这样做的好处在于，可以在工程的任何一个地方进行函数的初始化，这是复用的实现。

最后是模型的训练和存储以及对模型的复用，具体内容请读者参阅 AlexNet 网络的训练方法，采用训练集进行处理。

16.4　使用已训练好的模型和权重复现 VGGNet

到目前为止，对于模型的设计和训练读者可能已经较为熟悉，如果读者已经能够使用设计出的模型进行训练并取得较好的结果的话，那么恭喜你，你对 TensorFlow 程序的编写已经可以说是更上了一层台阶。

但是在实际工程或者商业使用中，模型的训练并不是都由程序设计人员独立训练，而是通过复用已有的神经网络模型，导入已训练好的权重数据，从而实现图片分解的目的。

VGGNet 是最常用的深度学习模型，在各种图片分类和更深一步的语义识别、图像分割上都有好的表现，因此其作为最常用深度学习基础模型被大量采用。使用 VGGNet 分辨物体例子如图 16-7 所示。

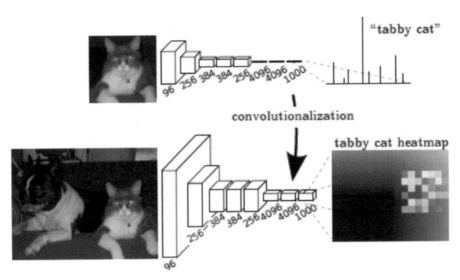

图 16-7　使用 VGGNet 分辨物体

16.4.1　npz 文件的读取

对于复用的 VGG 模型，首先第一步是要获取其相应的权重文件和对应的分类文件，读者可以在以下地址下载相应的文件（如果下载不了，可以到本书网盘中找相应的文件）。

- 权重文件：https://www.cs.toronto.edu/~frossard/vgg16/vgg16_weights.npz
- 分类文件：https://www.cs.toronto.edu/~frossard/vgg16/imagenet_classes.py

下面是对类的定义，在上一节中已经根据模型的设置对其中的方法做了说明，因此这里只需要将权重注入到已有模型当中即可。

对于下载下的 vgg16_weights.npz 文件的说明，需要知道的是 npz 格式的文件是 NumPy 包中自带的一种专用的二进制文件存储格式，并且 NumPy 提供了多种存取其内容的文件操作函数。

数据在 npz 中是以字典的方式进行存储，使用时可使用 NumPy 自带的 load 函数对其进行载入。

```
import numpy as np
vgg_dcit = np.load('../vgg16_weights_and_classes/vgg16_weights.npz')
```

可以看到，np 中使用 load 函数获取了 npz 格式的文件，之后将其作为字典赋值给 vgg_dict 变量，而对其的读取可以使用类似字典的方式进行。

【程序 16-8】

```
import numpy as np
vgg_dcit = np.load('../vgg16_weights_and_classes/vgg16_weights.npz')
print(vgg_dcit.keys())
```

打印结果如下：

['conv4_3_W', 'conv5_1_b', 'conv1_2_b', 'conv5_2_b', 'conv1_1_W', 'conv5_3_b', 'conv5_2_W', 'conv5_3_W', 'conv1_1_b', 'fc7_b', 'conv5_1_W', 'conv1_2_W', 'conv3_2_W', 'conv4_2_b', 'conv4_1_b', 'conv3_3_W', 'conv2_1_b', 'conv3_1_b', 'conv2_2_W', 'fc6_b', 'fc8_b', 'conv4_3_b', 'conv2_2_b', 'fc6_W', 'fc8_W', 'fc7_W', 'conv3_2_b', 'conv4_2_W', 'conv3_3_b', 'conv3_1_W', 'conv2_1_W', 'conv4_1_W']

可以看到这里的 key 值是每个卷积层或者全连接层的名称。如果继续更深一步，读出对应的 value 值，则可以通过如下代码，效果则如 16-8 所示。

```
print(vgg_dict["conv1_1_W"])
```

```
[[ -4.03383434e-01  -1.74399972e-01  -1.09849639e-01 ...,
   -1.25688612e-01  -3.14026326e-01  -2.32839763e-01]
 [ -4.53501314e-01   4.62574959e-02  -6.67438358e-02 ...,
   -1.03502415e-01  -3.45792353e-01  -2.92486250e-01]
 [ -3.67223352e-01   1.61688417e-01  -8.99365395e-02 ...,
   -1.45945460e-01  -2.71823555e-01  -2.39718184e-01]]]


[[[ -5.08716851e-02  -1.66002661e-01   1.56279504e-02 ...,
   -1.49742723e-01   3.06801915e-01   8.82701725e-02]
 [ -5.86349145e-02   3.16787697e-02   7.59588331e-02 ...,
   -1.05017252e-01   3.39550197e-01   9.86374393e-02]
 [ -5.74681684e-02   1.29344285e-01   1.29030216e-02 ...,
   -1.41449392e-01   2.41099641e-01   4.55602147e-02]]

 [[ -2.85227507e-01  -1.66666731e-01  -7.96697661e-03 ...,
   -1.09780088e-01   2.79203743e-01   9.46525261e-02]
 [ -3.30669671e-01   5.47101051e-02   4.86797579e-02 ...,
   -8.29023942e-02   2.95466095e-01   7.44469985e-02]
 [ -2.62249678e-01   1.71572417e-01   5.44555223e-05 ...,
   -1.22728683e-01   2.44687453e-01   5.32913655e-02]]
```

图 16-8　vgg_dict 对应的 key 值

可以看到，每个不同的 key 值对应着一个相应的权值，而通过打印相应 key 的维度值为：

```
(3, 3, 3, 64)
```

这也是第一个 VGGNet 模型中第一个卷积层的维度。

16.4.2　复用的 VGGNet 模型定义

对复用模型类来说，最关键的一步是复用其中已训练好的权重参数。而通过使用 load 方法，可以将其中所包含的数据以字典的形式读出，之后根据参数的不同予以载入。

1. 第一步：定义 VGGNet 的复用类

首先是对于类的定义，前面已经说过，如果想要复用已训练完毕的权重参数，则需要在模型中将其作为参数进行输入。而类中输入参数的方式就是将参数在整个类中共享，基于此思路共享，可以在类的初始化时加入一个全局列表，将所需要共享的参数加载至类中。代码如下：

```
def __init__(self, imgs):
self.parameters = []
self.imgs = imgs
self.convlayers()
self.fc_layers()
self.probs = tf.nn.softmax(self.fc8)
```

init 中定义的参数与自训练的类中相同，但是多设置了一个 parameters 列表，其作用是将各个层产生的数据以列表元素的方式加载到其中。

```
def conv(self,name, input_data, out_channel):
in_channel = input_data.get_shape()[-1]
with tf.variable_scope(name):
kernel = tf.get_variable("weights", [3, 3, in_channel, out_channel],
dtype=tf.float32)
biases = tf.get_variable("biases", [out_channel], dtype=tf.float32)
conv_res = tf.nn.conv2d(input_data, kernel, [1, 1, 1, 1], padding="SAME")
res = tf.nn.bias_add(conv_res, biases)
out = tf.nn.relu(res, name=name)
self.parameters += [kernel, biases]
return out
```

而同样在卷积层方法的定义时，在所有的参数定义后，需要一个将参数加载到相对应的列表中的方法，即使用 self.parameters += [kernel, biases] 代码将定义的卷积核和偏置值输入到参数列表中。

对于全连接层的定义也一样。

```
def fc(self,name,input_data,out_channel):
shape = input_data.get_shape().as_list()
if len(shape) == 4:
size = shape[-1] * shape[-2] * shape[-3]
else:size = shape[1]
input_data_flat = tf.reshape(input_data,[-1,size])
with tf.variable_scope(name):
weights =
tf.get_variable(name="weights",shape=[size,out_channel],dtype=tf.float32)
biases = tf.get_variable(name="biases",shape=[out_channel],dtype=tf.float32)
res = tf.matmul(input_data_flat,weights)
out = tf.nn.relu(tf.nn.bias_add(res,biases))
self.parameters += [weights, biases]
return out
```

在对所有的参数定义完毕后，使用 self.parameters += [weights, biases] 方法将定义的参数加入列表中。

而池化层和 saver 方法对类的定义没有影响，因此可以根据以前的定义方法重新定义，即：

```
def saver(self):
return tf.train.Saver()

def maxpool(self,name,input_data):
out =
tf.nn.max_pool(input_data,[1,2,2,1],[1,2,2,1],padding="SAME",name=name)
return out
```

最后一个非常重要的方法就是将获取的权重参数重载入 VGGNet 模型中，代码如下：

```
def load_weights(self, weight_file, sess):
    weights = np.load(weight_file)
keys = sorted(weights.keys())
for i, k in enumerate(keys):
    sess.run(self.parameters[i].assign(weights[k]))
print("-----------all done---------------")
```

这里首先使用 np.load 方法载入权重文件，之后对获取的字典值进行一个排序，之后使用一个 enumerate 方法将数据迭代出，这里迭代的结果是序号以及 key 值，之后执行一个赋值操作将对应的权重值赋值到参数列表中。

全部代码如程序 16-9 所示。

【程序 16-9】

```
import numpy as np
import tensorflow as tf
import global_variable
import vgg16_weights_and_classe

class vgg16:

    def __init__(self, imgs):
        self.parameters = []
        self.imgs = imgs
        self.convlayers()
        self.fc_layers()
        self.probs = tf.nn.softmax(self.fc8)

    def saver(self):
        return tf.train.Saver()

    def maxpool(self,name,input_data):
        out =
```

```
tf.nn.max_pool(input_data,[1,2,2,1],[1,2,2,1],padding="SAME",name=name)
        return out


    def conv(self,name, input_data, out_channel):
        in_channel = input_data.get_shape()[-1]
        with tf.variable_scope(name):
            kernel = tf.get_variable("weights", [3, 3, in_channel, out_channel],
dtype=tf.float32)
            biases = tf.get_variable("biases", [out_channel], dtype=tf.float32)
            conv_res = tf.nn.conv2d(input_data, kernel, [1, 1, 1, 1],
padding="SAME")
            res = tf.nn.bias_add(conv_res, biases)
            out = tf.nn.relu(res, name=name)
        self.parameters += [kernel, biases]
        return out


    def fc(self,name,input_data,out_channel):
        shape = input_data.get_shape().as_list()
        if len(shape) == 4:
            size = shape[-1] * shape[-2] * shape[-3]
        else:size = shape[1]
        input_data_flat = tf.reshape(input_data,[-1,size])
        with tf.variable_scope(name):
            weights =
tf.get_variable(name="weights",shape=[size,out_channel],dtype=tf.float32)
            biases =
tf.get_variable(name="biases",shape=[out_channel],dtype=tf.float32)
            res = tf.matmul(input_data_flat,weights)
            out = tf.nn.relu(tf.nn.bias_add(res,biases))
        self.parameters += [weights, biases]
        return out


    def convlayers(self):
        # zero-mean input
        #conv1
        self.conv1_1 = self.conv("conv1re_1",self.imgs,64)
        self.conv1_2 = self.conv("conv1_2",self.conv1_1,64)
        self.pool1 = self.maxpool("poolre1",self.conv1_2)

        #conv2
        self.conv2_1 = self.conv("conv2_1",self.pool1,128)
        self.conv2_2 = self.conv("convwe2_2",self.conv2_1,128)
        self.pool2 = self.maxpool("pool2",self.conv2_2)
```

```
    #conv3
    self.conv3_1 = self.conv("conv3_1",self.pool2,256)
    self.conv3_2 = self.conv("convrwe3_2",self.conv3_1,256)
    self.conv3_3 = self.conv("convrew3_3",self.conv3_2,256)
    self.pool3 = self.maxpool("poolre3",self.conv3_3)

    #conv4
    self.conv4_1 = self.conv("conv4_1",self.pool3,512)
    self.conv4_2 = self.conv("convrwe4_2",self.conv4_1,512)
    self.conv4_3 = self.conv("conv4rwe_3",self.conv4_2,512)
    self.pool4 = self.maxpool("pool4",self.conv4_3)

    #conv5
    self.conv5_1 = self.conv("conv5_1",self.pool4,512)
    self.conv5_2 = self.conv("convrwe5_2",self.conv5_1,512)
    self.conv5_3 = self.conv("conv5_3",self.conv5_2,512)
    self.pool5 = self.maxpool("poorwel5",self.conv5_3)

def fc_layers(self):

    self.fc6 = self.fc("fc1", self.pool5, 4096)
    self.fc7 = self.fc("fc2", self.fc6, 4096)
    self.fc8 = self.fc("fc3", self.fc7, 1000)

def load_weights(self, weight_file, sess):
    weights = np.load(weight_file)
    keys = sorted(weights.keys())
    for i, k in enumerate(keys):
        sess.run(self.parameters[i].assign(weights[k]))
    print("-----------all done---------------")
```

程序中各个层次的定义和模型中设计相同，self.imgs 是输入数据，而 self.fc8 是结果的最终输出值。

2. 第二步：定义模型的使用和权重的载入

对于模型的使用，可以直接通过实现类中所定义的方法进行。由于无须对模型进行重新定义，因此可以通过对数据的输入而直接获得结果。代码如下所示。

【程序 16-10】

```
import numpy as np
import tensorflow as tf
from scipy.misc import imread, imresize
import VGG16_model as model
```

```
from vgg16_weights_and_classe.imagenet_classes import class_names

if __name__ == '__main__':

    imgs = tf.placeholder(tf.float32, [None, 224, 224, 3])
    vgg = model.vgg16(imgs)
prob = vgg.probs

    sess = tf.Session()
    vgg.load_weights(".\\vgg16_weights_and_classe\\vgg16_weights.npz",sess)

    img1 = imread('001.jpg', mode='RGB')
    img1 = imresize(img1, (224, 224))

    prob = sess.run(vgg.probs, feed_dict={vgg.imgs: [img1]})[0]
    preds = (np.argsort(prob)[::-1])[0:5]
    for p in preds:
        print(class_names[p], prob[p])
```

首先获取了 VGGNet 模型的初始化，在初始化过程中就将需要分辨的图载入，之后获取模型的预测值。这里可能有读者会提出疑问，此时载入的图形是否开始计算。而结果是否定的，真正的计算是在会话开始后，此时输入的也仅仅是一个占位符而已。

 模型权重的载入和计算都是在会话开始后才可以进行，而在此期间必须获取相对应的 Saver 类，这点请读者注意。

最后是对分类结果的打印，计算结果生成的一系列 key 值和概率的对应表，笔者取前 5 个最大可信的概率，例如输入的图片如图 16-9 所示。

图 16-9　一个猫的图片

这是一个猫的图片，将其输入到模型中，其最终验证如下：

```
Egyptian cat 0.536496
```

```
tabby, tabby cat 0.435931
tiger cat 0.0177741
lynx, catamount 0.00411639
doormat, welcome mat 0.000617338
```

可以看到图中埃及猫的概率被确认为 0.536496，下面依次为其他类型的猫，因此可以确定 VGGNet 在此的复用是有效的。

16.4.3　保存复用的 VGGNet 模型为 TensorFlow 格式

如果对使用后的 VGGNet 模型进行保存，则需要获取相对应的 Saver 类。这里读者可能已经注意到了，在设计 VGGNet 类的时候，已经在其中定义了 Saver 类，因此可以在其中直接载入数据之后对模型进行保存即可。

【程序 16-11】

```
import tensorflow as tf
import VGG16_model as model
import global_variable


if __name__ == '__main__':
    imgs = tf.placeholder(tf.float32, [None, 224, 224, 3])
    vgg = model.vgg16(imgs)
    prob = vgg.probs
    saver = vgg.saver()
    sess = tf.Session()
    vgg.load_weights(".\\vgg16_weights_and_classe\\vgg16_weights.npz",sess)
    saver.save(sess,global_variable.save_path)
```

而对于复用已经保存好的 TensorFlow 文件格式，则可以使用重新定义类之后在其中对整个模型图进行载入的方式进行，其代码如下：

【程序 16-12】

```
import numpy as np
import tensorflow as tf
import global_variable
import VGG16_model as model
from vgg16_weights_and_classe.imagenet_classes import class_names
from scipy.misc import imread, imresize


imgs = tf.placeholder(tf.float32, [None, 224, 224, 3])
vgg = model.vgg16(imgs)
saver = vgg.saver()


sess = tf.Session()
```

```
saver.restore(sess, global_variable.save_path)
img1 = imread('001.jpg', mode='RGB')
img1 = imresize(img1, (224, 224))
prob = sess.run(vgg.probs, feed_dict={vgg.imgs: [img1]})[0]
preds = (np.argsort(prob)[::-1])[0:5]
for p in preds:
    print(class_names[p], prob[p])
```

具体用法与 16.4.2 小节中的用法一样，这里就不再过多阐述。通过输入图 16-9 同样的一张猫的图片，其最终验证如下：

```
Egyptian cat 0.536496
tabby, tabby cat 0.435931
tiger cat 0.0177741
lynx, catamount 0.00411639
doormat, welcome mat 0.000617338
```

 除了本小节中提出的方法，载入 TensorFlow 模型直接保存的参数和权重进行图片的判定也是一种常用的方法，限于篇幅的关系请读者自行完成。

16.5 猫狗大战 V2——
Finetuning 使用 VGGNet 进行图像判断

在上面的例子中，对使用已有的 VGGNet 模型去进行图像预测已经获得了成功，但是对于使用 TensorFlow 进行图片预测的人员来说，不是泛化地使用 VGGNet 在本身模型参数所带的 1000 个类别中判断所属或者近似的类别，而是对其更进一步的需求专精一项分类，这是一项非常重要的工作，需要对模型进行重新的 Finetuning 复用。

16.5.1 Finetuning 基本理解

1. 问：Finetuning 是什么？

简单地理解，Finetuning 就是在对已训练好的模型进行微调，相当于使用别人的模型的前几层来提取浅层特征，从而让其在所需要针对的训练集上的判别能力更强、更加适合所需要的判断。

例如在 VGGNet 中所能够判别的是 1000 类物体，然而事实上并不需要对那么多物体进行判断，而只需要判断所特有的一些针对性物体，因此可以使用已有的网络微调并重新训练使其更具有针对性。

2. 问：为什么使用 Finetuning？

一般来说程序设计人员需要做的方向，比如在一些特定的领域的图像识别中，很难获取到大量的数据；即使像在 ImageNet 上这种巨型的图像数据库中，通常某一特定领域的图像也只有几千张或者几万张。在这种情况下重新训练一个新的网络是比较复杂的，而且参数不好调整，数据量也不够，因此 Finetuning 微调就是一个比较理想的选择。

3. 问：Finetuning 的好处？

对于使用同样的训练集来说，使用 Finetuning 的一个最显而易见的好处就是明显地节省大量的训练时间，不用完全重新训练模型，从而提高效率。因为一般新训练模型准确率都会从很低的值开始慢慢上升，但是 Finetuning 能够在比较少的迭代次数之后得到一个比较好的效果。在数据量不是很大的情况下，Finetuning 会是一个比较好的选择。

例如使用卷积神经网络在 cifar100 上训练，之后根据需要修改最后一层 softmax 的输出节点个数（100 改为 10），再放到 cifar10 上训练，那么对于计算函数收敛的时间经过训练的卷积神经网络只需要 1000 次的迭代即可完成收敛；而全新训练的网络需要经过 4000 次的迭代次数才能完成收敛。

4. 问：Finetuning 可以使用哪些网络？

对于大多数预训练的网络都可以使用 Finetuning 来处理，例如 AlexNet、VGGNet 和后面学习的 ResNet。

5. 问：Finetuning 的最大好处是什么？

对于很多图像识别，不需要重新建模并从头训练，可以在 ILSVRC 大赛中寻找类似的比较好的结果，然后下载预训练的模型，根据对应任务来微调模型即可；尤其是当所收集的数据集相对较少时，就更适合选择这种办法。Finetuning 既可以有效利用深度神经网络强大的泛化能力，又可以免去设计复杂的模型以及耗时良久的训练。

6. 问：Finetuning 为什么有效果？

这是一个非常困难的问题，已经超越了本书的阅读水平。笔者尝试地对其进行解释。

在多层卷积神经网络中，卷积层的作用主要是用作特征提取，随着卷积层的加深，其特征提取的粒度也越来越细。卷积神经网络提取出的前几层特征一般是比较通用的，而后面几层可能会包含更多原始训练集的细节，因此可以对其重复进行使用。

一般深度学习模型的最后几层都是全连接层，其作用是用作分类，因此可以将其替换成使用者所需要的结构对特定目标作出分类。

即卷积神经网络前几层学到的是通用特征，后面几层学到的是与类别相关的特征，而具体分类的特征层在最后。

7. 问：使用 Finetuning 的关键是什么？

使用 Finetuning 的关键是新数据集的大小和原数据集的相似程度。主要在以下几点：

- 新数据集比较小且和原数据集相似。因为新数据集比较小，如果 Finetuning 可能会过拟合；又因为新旧数据集类似，我们期望它们高层特征类似，可以使用预训练网络当作特征提取器，用提取的特征训练线性分类器。

- 新数据集大且和原数据集相似。因为新数据集足够大，可以 Finetuning 整个网络。

- 新数据集小且和原数据集不相似。新数据集小，最好不要 Finetuning，和原数据集不类似，最好也不使用高层特征。

- 新数据集大且和原数据集不相似。因为新数据集足够大，可以重新训练。但是实践中 Finetuning 预训练模型还是有益的。

16.5.2 猫狗大战——Finetuning 使用 VGGNet

现在进入本章的重点内容，使用 Finetuning 对 VGGNet 进行调整，从而针对猫狗大战的训练集进行训练。

1. 第一步：对模型的修改

首先是对模型的修改，在这里原先的输出结果是对 1000 个不同的类别进行判定，而在此则是对 2 个图像，也就是猫和狗的图像进行判定，因此首先第一步就是修改输出层的全连接数据。

```
def fc_layers(self):
self.fc6 = self.fc("fc6", self.pool5, 4096,trainable=False)
self.fc7 = self.fc("fc7", self.fc6, 4096,trainable=False)
self.fc8 = self.fc("fc8", self.fc7, 2)
```

这里最后一层的输出通道被设置成 2，也就是表达了对于分类的最终结果，只需要将其分成两类即可；而对于其他部分，定义创建卷积层和全连接层的方法则无须做出太大的改动。

```
#卷积层创建方法定义
def conv(self,name, input_data, out_channel):
in_channel = input_data.get_shape()[-1]
with tf.variable_scope(name):
kernel = tf.get_variable("weights", [3, 3, in_channel, out_channel],
dtype=tf.float32,trainable=False)
biases = tf.get_variable("biases", [out_channel],
dtype=tf.float32,trainable=False)
conv_res = tf.nn.conv2d(input_data, kernel, [1, 1, 1, 1], padding="SAME")
res = tf.nn.bias_add(conv_res, biases)
out = tf.nn.relu(res, name=name)
self.parameters += [kernel, biases]
return out

#全连接层创建方法定义
def fc(self,name,input_data,out_channel,trainable = True):
```

```
shape = input_data.get_shape().as_list()
if len(shape) == 4:
size = shape[-1] * shape[-2] * shape[-3]
else:size = shape[1]
input_data_flat = tf.reshape(input_data,[-1,size])
with tf.variable_scope(name):
weights =
tf.get_variable(name="weights",shape=[size,out_channel],dtype=tf.float32,train
able = trainable)
  biases =
tf.get_variable(name="biases",shape=[out_channel],dtype=tf.float32,trainable =
trainable)
  res = tf.matmul(input_data_flat,weights)
  out = tf.nn.relu(tf.nn.bias_add(res,biases))
  self.parameters += [weights, biases]
  return out
```

在这里可能有读者已经注意，在介绍全连接层的输出修改时，就有一个额外的输入参数：

```
trainable=False
```

而在卷积层和全连接层的定义中，也添加了这个参数：

```
def fc(self,name,input_data,out_channel,trainable = True):
```

直接的解释就是，在进行 Finetuning 对模型重新训练时，对于部分不需要训练的层可以通过设置 trainable=False 来确保其在训练过程中不会因为训练而修改权值。

下面还有一个非常重要的函数是 VGGNet 权重的载入。在前面介绍时已经说了，对于权重的载入文件 npz，是以键值对的字典模型进行保存。而 Python 对字典的使用可以根据其标记序列号的形式对其读取，因此可以根据剔除不要的序号而对模型进行有针对性地载入，具体如下：

```
def load_weights(self, weight_file, sess):
weights = np.load(weight_file)
keys = sorted(weights.keys())
for i, k in enumerate(keys):
if i not in [30,31]:
sess.run(self.parameters[i].assign(weights[k]))
print("-----------all done---------------")
```

可以看到，这里使用了一个 if 函数对序号进行剔除，即对于最后一层的权重不要载入。

【程序 16-13】

```
import numpy as np
import tensorflow as tf
import global_variable
```

```
    import vgg16_weights_and_classes

    class vgg16:
        def __init__(self, imgs):
            self.parameters = []
            self.imgs = imgs
            self.convlayers()
            self.fc_layers()

            self.probs = self.fc8

        def saver(self):
            return tf.train.Saver()

        def maxpool(self,name,input_data):
            out =
tf.nn.max_pool(input_data,[1,2,2,1],[1,2,2,1],padding="SAME",name=name)
            return out

        def conv(self,name, input_data, out_channel):
            in_channel = input_data.get_shape()[-1]
            with tf.variable_scope(name):
                kernel = tf.get_variable("weights", [3, 3, in_channel, out_channel],
dtype=tf.float32,trainable=False)
                biases = tf.get_variable("biases", [out_channel],
dtype=tf.float32,trainable=False)
                conv_res = tf.nn.conv2d(input_data, kernel, [1, 1, 1, 1],
padding="SAME")
                res = tf.nn.bias_add(conv_res, biases)
                out = tf.nn.relu(res, name=name)
            self.parameters += [kernel, biases]
            return out

        def fc(self,name,input_data,out_channel,trainable = True):
            shape = input_data.get_shape().as_list()
            if len(shape) == 4:
                size = shape[-1] * shape[-2] * shape[-3]
            else:size = shape[1]
            input_data_flat = tf.reshape(input_data,[-1,size])
            with tf.variable_scope(name):
                weights =
tf.get_variable(name="weights",shape=[size,out_channel],dtype=tf.float32,train
able = trainable)
```

```
            biases =
tf.get_variable(name="biases",shape=[out_channel],dtype=tf.float32,trainable =
trainable)
            res = tf.matmul(input_data_flat,weights)
            out = tf.nn.relu(tf.nn.bias_add(res,biases))
        self.parameters += [weights, biases]
        return out


    def convlayers(self):
        # zero-mean input
        #conv1
        self.conv1_1 = self.conv("conv1re_1",self.imgs,64,trainable=False)
        self.conv1_2 = self.conv("conv1_2",self.conv1_1,64,trainable=False)
        self.pool1 = self.maxpool("poolre1",self.conv1_2,trainable=False)


        #conv2
        self.conv2_1 = self.conv("conv2_1",self.pool1,128,trainable=False)
        self.conv2_2 =
self.conv("convwe2_2",self.conv2_1,128,trainable=False)
        self.pool2 = self.maxpool("pool2",self.conv2_2,trainable=False)


        #conv3
        self.conv3_1 = self.conv("conv3_1",self.pool2,256,trainable=False)
        self.conv3_2 =
self.conv("convrwe3_2",self.conv3_1,256,trainable=False)
        self.conv3_3 =
self.conv("convrew3_3",self.conv3_2,256,trainable=False)
        self.pool3 = self.maxpool("poolre3",self.conv3_3,trainable=False)


        #conv4
        self.conv4_1 = self.conv("conv4_1",self.pool3,512,trainable=False)
        self.conv4_2 =
self.conv("convrwe4_2",self.conv4_1,512,trainable=False)
        self.conv4_3 =
self.conv("conv4rwe_3",self.conv4_2,512,trainable=False)
        self.pool4 = self.maxpool("pool4",self.conv4_3,trainable=False)


        #conv5
        self.conv5_1 = self.conv("conv5_1",self.pool4,512,trainable=False)
        self.conv5_2 =
self.conv("convrwe5_2",self.conv5_1,512,trainable=False)
        self.conv5_3 = self.conv("conv5_3",self.conv5_2,512,trainable=False)
```

```
        self.pool5 = self.maxpool("poorwel5",self.conv5_3,trainable=False)

    def fc_layers(self):

        self.fc6 = self.fc("fc6", self.pool5, 4096,trainable=False)
        self.fc7 = self.fc("fc7", self.fc6, 4096,trainable=False)
        self.fc8 = self.fc("fc8", self.fc7, 2)

    def load_weights(self, weight_file, sess):
        weights = np.load(weight_file)
        keys = sorted(weights.keys())
        for i, k in enumerate(keys):
            if i not in [30,31]:
                sess.run(self.parameters[i].assign(weights[k]))
        print("-----------all done---------------")
```

可以看到，对于每个卷积层和全连接层中，不需要训练的权重全部被设置为
trainable=False。这样做的好处是在 Finetuning 的计算过程中不参与权重的重新计算。

2. 第二步：数据的输入

对于修改后的模型，需要对其进行重新训练，而训练的首要条件就是数据的输入，在这里
笔者使用数据的输入流方式。

```
def get_file(file_dir):
    images = []
    temp = []
    for root, sub_folders, files in os.walk(file_dir):
        for name in files:
            images.append(os.path.join(root, name))
        for name in sub_folders:
            temp.append(os.path.join(root, name))
    labels = []
    for one_folder in temp:
        n_img = len(os.listdir(one_folder))
        letter = one_folder.split('\\')[-1]
        if letter == 'cat':
            labels = np.append(labels, n_img * [0])
        else:
            labels = np.append(labels, n_img * [1])
    # shuffle
    temp = np.array([images, labels])
    temp = temp.transpose()
    np.random.shuffle(temp)
    image_list = list(temp[:, 0])
```

```
        label_list = list(temp[:, 1])
        label_list = [int(float(i)) for i in label_list]

        return image_list, label_list
```

这里定义的 get_file 函数对输入的文件夹进行分类，通过以不同的文件夹作为分类标准将图片类型分成 2 类，使用 2 个列表文件分别用来存储图片地址和对应的标记地址。

```
    def get_batch(image_list,
label_list,img_width,img_height,batch_size,capacity):

        image = tf.cast(image_list,tf.string)
        label = tf.cast(label_list,tf.int32)

        input_queue = tf.train.slice_input_producer([image,label])

        label = input_queue[1]
        image_contents = tf.read_file(input_queue[0])
        image = tf.image.decode_jpeg(image_contents,channels=3)

        image =
tf.image.resize_image_with_crop_or_pad(image,img_width,img_height)
        image = tf.image.per_image_standardization(image)  #将图片标准化
        image_batch,label_batch =
tf.train.batch([image,label],batch_size=batch_size,num_threads=64,capacity=cap
acity)
        label_batch = tf.reshape(label_batch,[batch_size])

        return image_batch,label_batch
```

get_batch 函数是通过对列表地址的读取而循环载入具有参数 batch_size 大小而定的图片，并读取相应的标签作为数据标签一同进行对数据的训练。完整的定义如下。

 程序 16-14 被命名为 "create_and_read_TFRecord2"，作为辅助程序包在模型训练过程中不停地输入相应的图片数据。

【程序 16-14】

```
import tensorflow as tf
import numpy as np
import os
img_width = 224
img_height = 224
```

```
def get_file(file_dir):
    images = []
    temp = []
    for root, sub_folders, files in os.walk(file_dir):
        for name in files:
            images.append(os.path.join(root, name))
        for name in sub_folders:
            temp.append(os.path.join(root, name))
    labels = []
    for one_folder in temp:
        n_img = len(os.listdir(one_folder))
        letter = one_folder.split('\\')[-1]
        if letter == 'cat':
            labels = np.append(labels, n_img * [0])
        else:
            labels = np.append(labels, n_img * [1])
    # shuffle
    temp = np.array([images, labels])
    temp = temp.transpose()
    np.random.shuffle(temp)
    image_list = list(temp[:, 0])
    label_list = list(temp[:, 1])
    label_list = [int(float(i)) for i in label_list]


    return image_list, label_list



def get_batch(image_list,
label_list,img_width,img_height,batch_size,capacity):

    image = tf.cast(image_list,tf.string)
    label = tf.cast(label_list,tf.int32)

    input_queue = tf.train.slice_input_producer([image,label])

    label = input_queue[1]
    image_contents = tf.read_file(input_queue[0])
    image = tf.image.decode_jpeg(image_contents,channels=3)

    image =
tf.image.resize_image_with_crop_or_pad(image,img_width,img_height)
```

```
    image = tf.image.per_image_standardization(image) #将图片标准化
    image_batch,label_batch =
tf.train.batch([image,label],batch_size=batch_size,num_threads=64,capacity=cap
acity)
    label_batch = tf.reshape(label_batch,[batch_size])

    return image_batch,label_batch
```

除此之外还有一个非常重要的函数是对生成标签的处理，这里根据不同的标签最终以 one-hot 的方式对数据进行表示，代码如下：

```
def onehot(labels):
    '''one-hot 编码'''
    n_sample = len(labels)
    n_class = max(labels) + 1
    onehot_labels = np.zeros((n_sample, n_class))
    onehot_labels[np.arange(n_sample), labels] = 1
    return onehot_labels
```

3. 第三步：模型的重新训练与存储

Finetuning 最重要的一个步骤就是模型的重新训练与存储。

首先对于模型的值的输出，在类中已经做了定义，因此只需要将定义的模型类初始化后将输出赋予一个特定的变量即可。

```
vgg = model.vgg16(x_imgs)
fc3_cat_and_dog = vgg.probs
loss =
tf.reduce_mean(tf.nn.softmax_cross_entropy_with_logits(fc3_cat_and_dog,
y_imgs))
optimizer =
tf.train.GradientDescentOptimizer(learning_rate=0.001).minimize(loss)
```

这里同时定义了损失函数已经最小化方法。

完整代码如下所示。

【程序 16-15】

```
import numpy as np
import tensorflow as tf
from test_vgg_save import VGG16_model as model
from vgg16_weights_and_classes import create_and_read_TFRecord2 as reader2

if __name__ == '__main__':

    X_train, y_train = reader2.get_file("c:\\cat_and_dog_r")
    image_batch, label_batch = reader2.get_batch(X_train, y_train, 224, 224, 25,
```

```
256)
    x_imgs = tf.placeholder(tf.float32, [None, 224, 224, 3])
  y_imgs = tf.placeholder(tf.int32, [None, 2])

    vgg = model.vgg16(x_imgs)
    fc3_cat_and_dog = vgg.probs
    loss =
tf.reduce_mean(tf.nn.softmax_cross_entropy_with_logits(fc3_cat_and_dog,
y_imgs))
    optimizer =
tf.train.GradientDescentOptimizer(learning_rate=0.001).minimize(loss)

    sess = tf.Session()
    sess.run(tf.global_variables_initializer())
    vgg.load_weights('../vgg16_weights_and_classes/vgg16_weights.npz',sess)
    saver = vgg.saver()

    coord = tf.train.Coordinator()
    threads = tf.train.start_queue_runners(coord=coord,sess=sess)

    import time
    start_time = time.time()

  for i in range(100):

        image, label = sess.run([image_batch, label_batch])
        labels = onehot(label)

        sess.run(optimizer, feed_dict={x_imgs: image, y_imgs: labels})
        loss_record = sess.run(loss, feed_dict={x_imgs: image, y_imgs: labels})
        print("now the loss is %f "%loss_record)
        end_time = time.time()
        print('time: ', (end_time - start_time))
        start_time = end_time
        print("----------epoch %d is finished---------------"%i)

    saver.save(sess,".\\vgg_finetuning_model\\")
    print("Optimization Finished!")
    coord.request_stop()
    coord.join(threads)
```

在训练函数中使用了 TensorFlow 的队列方式进行数据的输入，而对于权重的重新载入也使用的是与前面章节所类似的方式。最终在数据进行循环 100 次的训练后将整个模型存储在相应的文件夹中。

在程序 16-14 的训练中笔者使用 1 次循环所经历的时间约为 22 秒，这个时间是在大多数的层级处理不可训练状态所用的时间。而如果将所有训练层数设置为可训练，即可以通过反向求导进行重新权重计算的话，那么时间会延长到 45 秒左右一次。更细一步地说明了卷积层训练所花费的时间占训练花费的大多数时间，因此可以明确地得到将卷积层设置成不可训练是最为节省时间的过程。

4. 第四步：模型的复用

对于模型的复用，代码如下：

```python
import tensorflow as tf
from scipy.misc import imread, imresize
from test_vgg_save import VGG16_model as model

imgs = tf.placeholder(tf.float32, [None, 224, 224, 3])
sess = tf.Session()
vgg = model.vgg16(imgs)
fc3_cat_and_dog = vgg.probs
saver = vgg.saver()
saver.restore(sess,".\\vgg_finetuning_model\\")

import os
for root, sub_folders, files in os.walk("C:\\cat_and_dog\\test"):
    i = 0
    cat = 0
    dog = 0
    for name in files:
        i += 1
        filepath = os.path.join(root, name)

        try:
            img1 = imread(filepath, mode='RGB')
            img1 = imresize(img1, (224, 224))
        except:
            print("remove " ,filepath)
        prob = sess.run(fc3_cat_and_dog, feed_dict={vgg.imgs: [img1]})[0]
        import numpy as np
        max_index = np.argmax(prob)
        if max_index == 0:
            cat += 1
```

```
    else:
        dog += 1
if i % 50 == 0:
    acc = (dog * 1.)/(cat+dog)
    print(acc)
    print("----------img number is %d----------"%i)
```

首先重新载入存储的模型参数，这也是训练后的新的 Finetuning 后的模型，这里笔者输入测试集进行判定。在 2000 张图片中其准确率可以达到 84.7%的水平，这也是比较高的识别率。

16.6 本章小结

本章主要分成两个部分：第一部分是使用已训练好的权重复用了 VGGNet 神经网络，学习了使用和恢复的保存方法。对于使用已训练好权重的原因在 Finetuning 的解释中也做了详细说明。第二部分是采用了 Finetuning，可以适合不同目标的判别。

本章内容非常重要，可以用在现实中的商业或者工业上，Finetuning 是必不可少的一个程序，而且在后面的图像判定和语义分割上，VGGNet 也起基础的作用。

本章只是一个开始，以后的内容中将会学习更多、更重要的对图像处理模型及其实现和 Finetuning 的方法，这样可以帮助读者更好地去适应更多的场景。

第 17 章

开始找工作吧——深度学习常用
面试问题答疑

开始找工作吧。

现在的你可以考虑是选择一份月薪 20K+期权的工作，还是选择一份月薪 13K+提供住房和期权的工作而苦恼了。不好意思，笔者无法在这上面给出任何建议，但是如果读者把本章和后面的章节继续学完，就完全可以考虑在原先的待遇基础上翻倍或者提高三倍。

怎么样，这是一个非常好的建议吧，读者还有什么理由不好好继续学习下去呢？本章将解决一些常用的理论性的问题，这些问题看似简单却对深度学习有着非常重要的影响。

17.1 深度学习面试常用问题答疑

身为高校教师和技术人员的双重身份,常常为使用哪些问题能够真正分辨出那些具有真正水平的面试人员而苦恼，如图 17-1 所示为深度学习面试图片。但是更深一步地说，一些常用的问题都无外乎这几点：过拟合的处理、全连接层的作用以及卷积核大小的关系。

图 17-1　深度学习面试

这些都是深度学习中最为基础的内容,对这些问题的理解能够帮助读者和使用者更好地理解深度学习和卷积神经网络。

17.1.1　如何降低过拟合

如何降低过拟合（Overfitting）？这是每一个深度学习的面试者都要面对的问题。这里笔者对其进行一个完整的回答。

1. 问：什么是过拟合？

在深度学习过程中，模型对于所提供的数据进行一致性假设而使模型变得过度复杂称为过拟合。

2. 问：过拟合带来的危害？

"一个过配的模型试图连误差（噪音）都去解释（而实际上噪音又是不需要解释的），导致泛化能力比较差，显然就过犹不及了。"这句话很好地诠释了过拟合带来的危害。具体表现在：深度学习的模型在提供的训练集上效果非常好，但是在未经过训练集观察的测试集上，模型的效果很差，即输出的泛化能力很弱。

3. 问：那如何解决过拟合？

过拟合的解决办法很多，目前常用的有以下几种。

（1）获取和使用更多的数据集

对于解决过拟合的办法就是给予足够多的数据集，让模型在更可能多的数据上进行"观察"和拟合，从而不断修正自己。然而事实上，收集无限多的数据集似乎是不可能的，因此一个常用的办法就是调整已有的数据，添加大量的"噪音"，或者对图形进行锐化、旋转、明暗度调整等优化。

额外说一句，卷积神经网络在图像识别的过程中有强大的"不变性"规则，即待辨识的物体在图像中的形状、姿势、位置、明暗度都不会影响分类结果。

（2）采用合适的模型

目前来说，针对不同的情况和分类要求，对使用的模型也是千差万别。过于简单或者过于复杂的模型都会带来过拟合问题。

对于模型的设计，目前公认的一个深度学习规律"deeper is better"。国内外各种大牛通过多种实验和竞赛发现，对于卷积神经网络来说，层数越多效果越好，但是也更容易产生过拟合，并且计算所耗费的时间也越大。因此对于模型的设计需要合理参考各种模型的取舍。

（3）使用 Dropout

Dropout 是一个非常有用和常用的方法，如图 17-2 所示。Dropout 指的是模型在训练过程中每次按 50% 的几率关闭或忽略某些层的节点。使得模型在使用同样的数据进行训练时相当于从不同的模型中随机选择一个进行训练。

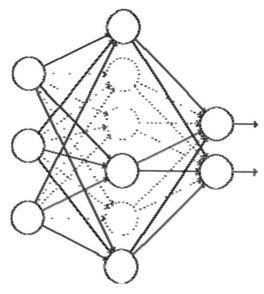

图 17-2　Dropout 模型训练

至于 Dropout 起作用的原因，可以简单地理解成在训练过程中会产生不同的训练模型，不同的训练模型也会产生不同的计算结果，随着训练的不断进行，计算结果会在一个范围内波动，但是均值却不会有很大变化，因此可以把最终的训练结果看作是不同模型的平均输出。

（4）权重衰减（Weight-decay）

权重衰减（Weight-decay）又被称为正则化，具体做法是将权值的大小加入到损失函数中。

$$Loss = loss + reg(w_i)$$

在实际使用中分成 L1 正则和 L2 正则，即：

$$L1 = \frac{\lambda}{n} \sum_0^n |\omega_i| \quad 所有权重\omega的绝对值求和，之后乘以\frac{\lambda}{n}。$$

$$L2 = \frac{\lambda}{2n} \sum_0^n \omega_i^2 \quad 所有权重\omega的平方求和，之后乘以\frac{\lambda}{2n}。$$

其中这 L1 正则化是对所有权重 ω 的绝对值求和，之后乘以 $\frac{\lambda}{n}$；而 L2 正则化是所有权重 ω 的平方求和，之后乘以 $\frac{\lambda}{2n}$。

这里顺便尝试解释一下正则化能够防止过拟合的原因。首先可以知道，神经网络的计算核心是误差的反向传播，即增大的误差项会对每个神经元的权重发生影响。利用公式说明，即：

$$\omega = \omega - \eta \frac{\partial c_0}{\partial \omega} \quad \textit{未使用正则化计算出权重。}$$

$$\omega = (1 - \frac{\eta \lambda}{n})\omega - \eta \frac{\partial c_0}{\partial \omega} \quad \textit{使用L2正则后权重变化。}$$

可以看到，相对于不使用 L2 正则化时，ω 的值变为 $(1 - \frac{\eta \lambda}{n})$，因为其中的参数均为正，可以知道括号内的值小于 1，其效果就是减少 ω 的值，这也是权重衰减（Weight-decay）名称的由来。

在过拟合产生的时候，模型因为要对所有特征进行拟合，因此在一个原本平滑的拟合曲线上会产生大量的急促变化的凸起或者凹陷，从数学上表示就是某些点的导数值非常大，如图 17-3 所示。

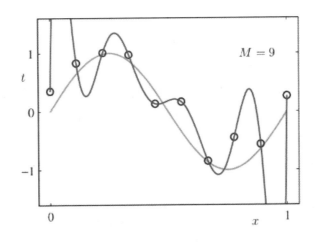

图 17-3　过拟合曲线

过大的导数值从拟合出的模型上来看，数学模型的系数会非常大，即权重值也会非常大，这也是模型设计人员所不希望产生的。而正则化的加入在一定程度上缓解了此问题，通过对权重值在一定范围内的修正，使其不要偏离一个均值太大从而减少过拟合产生的原因。

（5）Early Stopping

Early Stopping 是参数微调中的一种，即在每个循环结束一次以后（这里的循环可能是 full data batch，也可能是 mini batch size），计算模型的准确率（accuracy）。当准确率不再增加时就停止训练。

这是一种非常简单和自然的办法，准确率不再增加时就停止训练，防止模型对已有的数据继续训练。但是问题在于，准确率在每个循环之后的计算是变化的，没有任何人和任何模型能保证准确率不会变化，可能某次循环结束后，准确率很高，但是下一轮结束后准确率又降得很低。

这里笔者建议的一个办法是人为地设定一个范围。当连续 10 次准确率在此范围内波动时候就停止循环。

（6）可变化的学习率

可变化的学习率也是根据模型计算出的准确率进行调整。一个简单的方法是在人为设定的准确率范围内，达到 10 次范围内的波动后，依次将准确率减半，直到最终的准确率降为原始的 1/1024 时停止模型的训练。

至于学习率变化和第 5 条 Early Stopping 能够起作用，笔者的猜测是随着训练时间的延长，部分神经元已经达到拟合状态，对其继续训练的话，这部分预先达到饱和的神经元会继续增长从而带来模型的过拟合。

（7）使用 Btach_Normalization

还有一个数据的处理方法是 Btach_Normalization，即数据在经过卷积层之后，真正进入激活函数之前需要对其进行一次 Btach_Normalization，分批对输入的数据求取均值和方差之后重新对数据进行归一化计算。

这样做的好处就是对数据进行一定程度上的预处理，使得无论是训练数据集还是测试集都在一定范围内进行分布和波动，对数据点中包含的误差进行掩盖化处理，从而增大模型的泛化能力。具体公式如下：

$$
\begin{aligned}
&\textbf{Input: } \text{Values of } x \text{ over a mini-batch: } \mathcal{B} = \{x_{1...m}\}; \\
&\qquad\quad \text{Parameters to be learned: } \gamma, \beta \\
&\textbf{Output: } \{y_i = \mathrm{BN}_{\gamma,\beta}(x_i)\} \\[1em]
&\mu_{\mathcal{B}} \leftarrow \frac{1}{m}\sum_{i=1}^{m} x_i \qquad\qquad\qquad \text{// mini-batch mean} \\
&\sigma_{\mathcal{B}}^2 \leftarrow \frac{1}{m}\sum_{i=1}^{m}(x_i - \mu_{\mathcal{B}})^2 \qquad\quad \text{// mini-batch variance} \\
&\widehat{x}_i \leftarrow \frac{x_i - \mu_{\mathcal{B}}}{\sqrt{\sigma_{\mathcal{B}}^2 + \epsilon}} \qquad\qquad\qquad \text{// normalize} \\
&y_i \leftarrow \gamma\widehat{x}_i + \beta \equiv \mathrm{BN}_{\gamma,\beta}(x_i) \qquad \text{// scale and shift}
\end{aligned}
$$

Algorithm 1: Batch Normalizing Transform, applied to activation x over a mini-batch.

这里笔者不再进一步地解释，读者所需要知道的是 γ 和 δ 分别为"重构参数"用以恢复计算后数据的分布情况。理论上来说，每个神经元都需要一个单独的重构参数对其输入的数据进行计算，但是为了减少计算量的关系，在每一层的神经元中，统一使用同一套重构参数进行数据的恢复，即权值共享。

4. 问：除此之外还有哪些常用的消除过拟合的方法？

除了上面提到的内容，还有常用的是交叉验证、PCA 特征提取、增加各种噪音等。这样实际上还是属于增加了数据集，增加数据集是解决过拟合的根本性方法。除此之外对于模型来说，尽量选择较为简单的模型也是解决过拟合的一个常用办法。

17.1.2　全连接层详解

对于目前学习的卷积神经网络来说，卷积层作为特征提取的手段，在输出的最后都是由全连接层做数据的分类层。因此也可以说全连接层在整个卷积神经网络中是起到一个"分类器"的作用。从数学解释就是，全连接层起到一个投影空间映射的作用，将提取的数据特征从一个特征空间投射到不同的特征空间，低维到高维。

但是在实际使用中，神经网络训练后的权重都是在全连接层中，因此现在的趋势是需要将全连接层由卷积层进行替换。目前已经有将全连接层由卷积核为[1,1]的卷积层替代的趋势。

以前面的 VGGNet 为例，最后一层的输出为[-1,7,7,512]，则可以采用卷积核为[7,7]的全局卷积核来替代，即输入的卷积核为[7,7,512,4096]。而在后面所学习的 GoogLeNet 中，使用全局平均池化（global average pooling，GAP）取代全连接层来获取不同的特征，但是依然使用 softmax 来对数据进行分类。

但是在已有进行 Finetuning 时发现，有全连接层的卷积神经网络能够取得比无全连接层的卷积神经网络更好的图像分辨效果，特别是在新训练集和已训练集差异巨大的情况下。个人猜测全连接层可以最大限度保留卷积层特征提取的结果，而不是在分类时根据最大特征或者均值特征对图像进行分类。

17.1.3　激活函数起作用的原因

对于激活函数来说，其并不是作为一个线性函数来考虑，更多的是将其作为一个线性"分割器"来使用。对于神经网络的拟合，其过程可以认为是在不停地将相似的数据和特征叠加在一起，而激活函数就在起到在这些叠加层之间进行切割，使其在真实的贴近过程中还有一个能够被相互区分的能力。

通过深度学习的实验也可知道，增加更多的深度也就是可以理解成增加更多的"折叠"（图17-4），而足够多的折叠可以在理论上逼近任何一个模型函数。但是这样的拟合过程会造成数据的拟合过于平滑，甚至对于不需要保存的数据值也一样地予以保留和拟合。这不是使用者所期望的。而激活函数的作用就在数据的类别之上进行分割，从而获得一个更好的拟合结果。

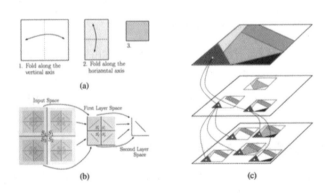

图 17-4　叠加相似的特征值

17.1.4 卷积后的图像大小

这个在前面所大量使用的、卷积后的图像大小公式如下：

$$img_w、img_h：原始图像的宽和高$$
$$pad：填补的像素$$
$$kernel：卷积核大小$$
$$stride：步长$$

$$output_w = (\frac{img_w + 2 \times pad + kernel}{stride}) + 1 \quad 卷积后图像的宽$$

$$output_h = (\frac{img_h + 2 \times pad + kernel}{stride}) + 1 \quad 卷积后图像的高$$

17.1.5 池化层的作用

池化层的作用有两个：

● 一是对卷积层所提取的信息做更进一步的降维，减少计算量。
● 二是加强图像特征的不变性，使之增加抗图像的偏移、旋转等方面的鲁棒性。

17.1.6 为什么在最后分类时使用 softmax 而不是传统的 SVM

首先，对于数据变动的敏感性，softmax 强于 SVM。对于小范围的变动，SVM 可能输出没有变化，而 softmax 可以敏锐地察觉到变化数值并在结果中反应。

其次，对于生成的结果，softmax 更倾向于概率上的表示，并不是一个绝对的数值；而 SVM 的分类过于强硬，不考虑一些小概率的事件。

17.2 卷积神经网络调优面试问答汇总

"对于程序设计人员来说，51%的时间在进行网络调优。"

对于卷积神经网络来说，网络调优是一个非常非常重要的内容。对于大多数的模型在设计定型以后，为了能够使其更好更快地适应不同的环境，要在各个方面进行调整，因此这也是面试最常问的问题。并且除此之外，还能够极大地帮助工程和商业上的卷积神经网络调整。

17.2.1 数据集的注意事项

（1）对于卷积神经网络来说，CNN 的训练需要用到大量的数据，因此对于数据集的准备来说，要进行扩展，可以使用增加噪点、增白、减少像素、旋转或色移、模糊等可以扩展的已有的数据集，同时建议这种扩展可以综合应用以上的方式从而减少数据的重复性。

（2）数据在输入到模型中时要进行 shuffle 处理，实验表明在每个 epoch 都进行 shuffle 处理的话可以提高准确率。

（3）在使用大型数据集进行模型验证之前，使用小型数据集进行过拟合测试，确保模型可以过拟合，从而确认在大型数据集中也可以正常工作和收敛。

（4）图像数据上如果图像的大小过小，则建议使用很低的 stride。

（5）每个 batch_size 的大小应该是 128 或者 256，如果这是产生内存问题，则应该给予降低，并且伴随着 batch_size，学习率应该设定为 0.005 或者 0.01 左右，并建议采用线性衰减。

17.2.2 卷积模型训练的注意事项

（1）确保使用 dropout 降低模型的过拟合几率，特别是在神经元大于 256 的层之后就应该使用 dropout 来降低过拟合几率。

（2）尽量使用 relu 和 prelu 作为激活函数，避免使用传统的 sigmoid 和 tanh 作为激活函数。传统的这些激活函数的计算开销非常巨大，而且会使之在传递过程中造成梯度爆炸和梯度消失，因此不要使用。而且顺便说下，在使用 relu 激活函数之前，最好对输入的数据进行 batch_normalization，使用的基本顺序如图 17-5 所示。

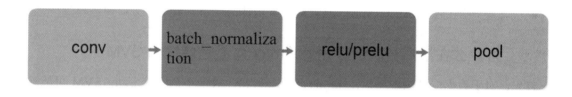

图 17-5　训练模型的摆放顺序

（3）每个 batch_size 的大小应该是 128 或者 256，如果这是产生内存问题，则应该给予降低，并且伴随着 batch_size，学习率应该设定为 0.005 或者 0.01 左右，并建议采用线性衰减。

17.3　NIN 模型介绍

本节介绍两个非常重要的基本模型：NIN 模型和 GoogLeNet 模型。这也是面试过程中常用到的一个基础解释性模型。

17.3.1　NIN 模型简介

NIN（Network In Network）模型是经典的卷积神经网络模型的一个变种。

对于卷积神经网络来说，其卷积化的过程就是使用线性滤波器对图像进行内积化计算，并在每个卷积化结束后得到一个特征图。这种卷积滤波器有一个专门的名称叫做广义线性模型。

前面已经说过，卷积计算是分层进行的，较为前面的卷积抽取的是浅层的特征，越往后的卷积层抽取的是越为复杂的特征，有一个循序渐进的过程。

NIN 模型抛弃这种固有模式，在低级阶段就使用抽取能力更强的模型去替换抽取能力较弱的传统卷积层，从而期望提升卷积神经网络的整体表达和辨别能力，如图 17-6 所示。

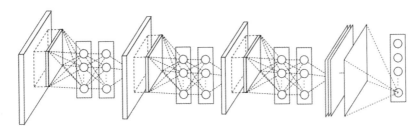

图 17-6　Network In Network 模型

NIN 具体在传统的卷积层上采用了大小为[1,1]的卷积核去替代，相当于进行了一次初级范围的全连接提取，从而加强了线性特征，达到更高的抽象，泛化能力更强。

这种大小为[1,1]的卷积核连接在传统卷积层后的方式称为 mlpconv（感知机卷积层），又称为 cccp 层。从图 17-7 中可以看到，mlp 代替了传统的卷积核从而提高了特征提取度，并且实现了跨通道的信息连接，从而实现多个特征平面上的信息整合。

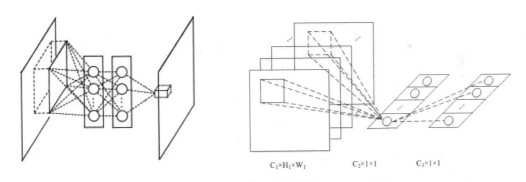

图 17-7　单通道 mlpconv（左）与跨通道 mlpconv（右）

除此之外还有一个非常重要的地方在于，NIN 模型取消了最后进行分类的全连接层，采用的是全局池化层（Global Average Pooling）来取代最后的全连接层，因为全连接层参数多且易过拟合。做法即移除全连接层，在最后一层的后面加一层 Average Pooling 层来进行模型的最终分类，能够使得具有一定相关性的不同通道信息聚集在一起，通过这些聚类实现的单元去区分图像。

这样做的好处能够极大地减少最终的权重数据。对于 VGGNet 来说，权重数据的 80% 都是由全连接层数据构成，而采用这种使用全局池化层替代全连接层的做法理论上可以减少 80% 的数据容量，从而提高了计算效率。

17.3.2　猫狗大战——NIN 的代码实现

NIN 模型是一个非常重要的模型，首次提出了使用[1,1]的卷积核去获取更多的跨通道信息。这给后面的 GoogLeNet 网络和 ResNet 网络带来了一个新的思路和变革。除了实现了跨通道的信息整合外，使用[1,1]的网络还能够实现卷积核通道数的降维和升维。

下面具体实现一个 NIN 网络。正如前面所述，使用 TensorFlow 实现一个 NIN 网络并不是一件困难的事，其模型的拓扑结构如图 17-8 所示。

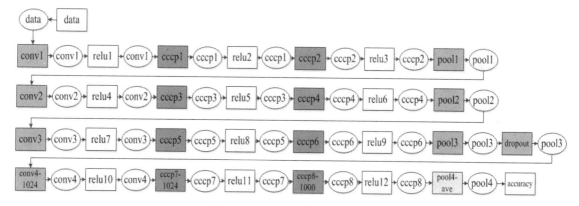

图 17-8　NIN 网络的具体实现图

使用代码表示如下：

```
def convlayers(self):

#conv1
self.out_data = self.conv("conv1",self.imgs,48,11,11,4,4)
self.out_data = self.batch_norm(self.out_data)
self.out_data = self.relu("relu",self.out_data)
self.out_data = self.conv("cccp1",self.out_data,48,1,1,1,1)
self.out_data = self.relu("relu",self.out_data)
self.out_data = self.conv("cccp2",self.out_data,48,1,1,1,1)
self.out_data = self.maxpool("pool1",self.out_data,2,2,2,2)

#conv2
self.out_data = self.conv("conv2",self.out_data,72,5,5,1,1)
self.out_data = self.batch_norm(self.out_data)
self.out_data = self.relu("relu",self.out_data)
self.out_data = self.conv("cccp3",self.out_data,72,1,1,1,1)
self.out_data = self.relu("relu",self.out_data)
self.out_data = self.conv("cccp4",self.out_data,72,1,1,1,1)
self.out_data = self.maxpool("pool2",self.out_data,2,2,2,2)

#conv3
self.out_data = self.conv("conv3",self.out_data,32,3,3,1,1)
self.out_data = self.batch_norm(self.out_data)
self.out_data = self.relu("relu",self.out_data)
self.out_data = self.conv("cccp5",self.out_data,32,1,1,1,1)
```

```
self.out_data = self.relu("relu",self.out_data)
self.out_data = self.conv("cccp6",self.out_data,32,1,1,1,1)
self.out_data = self.maxpool("pool3",self.out_data,2,2,2,2)


#conv4
self.out_data = self.conv("conv4",self.out_data,2,3,3,1,1)
self.out_data = self.batch_norm(self.out_data)
self.out_data = self.relu("relu",self.out_data)
self.out_data = self.conv("cccp7",self.out_data,2,1,1,1,1)
self.out_data = self.relu("relu",self.out_data)
self.out_data = self.conv("cccp8",self.out_data,2,1,1,1,1)
```

这段代码与经典的 NIN 代码有所不同，根据实际需要对层次的大小有所变化。

从图 17-9 可以看到，数据图片大小依次为 224、56、28、14、7。而通道数是 3、96、256、128、2。最后将数据分成 2 个通道，原因是本次训练主要是对猫狗大战的数据集进行分类，将其分成 2 类。

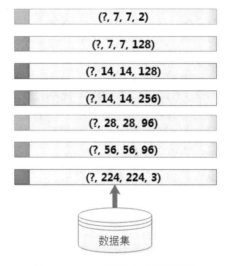

图 17-9　NIN 图像大小和通道数

在 TensorFlow 中，对卷积后图片变化的计算，是采用的去尾法，而且模型中所有的卷积层都没有进行补齐操作。

仿照类的形式给予 NIN 定义，代码如下：

【程序 17-1】

```
import tensorflow as tf


class NIN_model:
```

```python
    def __init__(self, imgs):
        self.imgs = imgs
        self.convlayers()
        self.NIN_result = self.result

    def saver(self):
        return tf.train.Saver()

    def maxpool(self,name,input_data,kernel_h,kernel_w,stride_h,stride_w):
        print(input_data.get_shape())
        out = tf.nn.max_pool(input_data,[1,kernel_h,kernel_w,1],
    [1,stride_h,stride_w,1],padding="SAME",name=name)
        return out


    def avg_pool(self,name,input_data,kernel_h,kernel_w,stride_h,stride_w):
        print(input_data.get_shape())
        return tf.nn.avg_pool(input_data,[1,kernel_h,kernel_w,1],
    [1,stride_h,stride_w,1],padding="VALID",name=name)


    def conv(self,name, input_data,
out_channel,kernel_h,kernel_w,stride_h,stride_w,padding="SAME"):
        print(input_data.get_shape())
        in_channel = input_data.get_shape()[-1]
        with tf.variable_scope(name):
            kernel = tf.get_variable("weights", [kernel_h, kernel_w, in_channel,
out_channel], dtype=tf.float32)
            biases = tf.get_variable("biases", [out_channel], dtype=tf.float32)
            conv_res = tf.nn.conv2d(input_data, kernel, [1, stride_h, stride_w,
1], padding=padding)
            res = tf.nn.bias_add(conv_res, biases)
            out = tf.nn.relu(res, name=name)
        return out

    def relu(self,name,input_data):
        out = tf.nn.relu(input_data,name)
        return out

    def convlayers(self):

        #conv1
        self.out_data = self.conv("conv1",self.imgs,48,11,11,4,4)#(?, 224, 224,
3)
```

```
    self.out_data = self.batch_norm(self.out_data)
    self.out_data = self.relu("relu",self.out_data)
    self.out_data = self.conv("cccp1",self.out_data,48,1,1,1,1)#(?, 56, 56, 96)
    self.out_data = self.relu("relu",self.out_data)
    self.out_data = self.conv("cccp2",self.out_data,48,1,1,1,1)#(?, 56, 56, 96)
  self.out_data = self.maxpool("pool1",self.out_data,2,2,2,2)#(?, 56, 56, 96)

    #conv2
    self.out_data = self.conv("conv2",self.out_data,72,5,5,1,1) #(?, 28, 28, 96)
    self.out_data = self.batch_norm(self.out_data)
    self.out_data = self.relu("relu",self.out_data)
    self.out_data = self.conv("cccp3",self.out_data,72,1,1,1,1)#(?, 28, 28, 256)
    self.out_data = self.relu("relu",self.out_data)
    self.out_data = self.conv("cccp4",self.out_data,72,1,1,1,1)#(?, 28, 28, 256)
    self.out_data = self.maxpool("pool2",self.out_data,2,2,2,2)#(?, 28, 28, 256)

    #conv3
    self.out_data = self.conv("conv3",self.out_data,32,3,3,1,1)#(?, 14, 14, 256)
    self.out_data = self.batch_norm(self.out_data)
    self.out_data = self.relu("relu",self.out_data)
    self.out_data = self.conv("cccp5",self.out_data,32,1,1,1,1)#(?, 14, 14, 128)
    self.out_data = self.relu("relu",self.out_data)
    self.out_data = self.conv("cccp6",self.out_data,32,1,1,1,1)#(?, 14, 14, 128)
  self.out_data = self.maxpool("pool3",self.out_data,2,2,2,2)#(?, 14, 14, 128)

    #conv4
    self.out_data = self.conv("conv4",self.out_data,1024,3,3,1,1)#(?, 7, 7, 128)
    self.out_data = self.batch_norm(self.out_data)
    self.out_data = self.relu("relu",self.out_data)
    self.out_data = self.conv("cccp7",self.out_data,1000,1,1,1,1)#(?, 7, 7, 2)
    self.out_data = self.relu("relu",self.out_data)
    self.out_data = self.conv("cccp8",self.out_data,1000,1,1,1,1)#(?, 7, 7, 2)

    print("here shape is :", self.out_data.get_shape())
    self.out_data = self.avg_pool("avgpool",self.out_data,7,7,2,2)
    print("here shape is :" , self.out_data.get_shape())
    self.result = tf.reshape(self.out_data,[-1,2])
    print("here is model_2 and result shape is :" , self.result.get_shape())
```

而对于训练过程的程序编写，可以参考上一章的内容完成。代码段如下：

```
  image_list, label_list = reader.get_file("C:\cat_and_dog_r")
  image_batch, label_batch = reader.get_batch(image_list, label_list, 224, 224,
100)
```

```
x_input = tf.placeholder(tf.float32,[None,224,224,3])
y_input = tf.placeholder(tf.float32,[None,2])

import NIN_model_2 as model
model = model.NIN_model(x_input)
nin_out = model.out_data
loss = tool.loss(nin_out,y_input)
optimize_op = tool.optimize(loss,0.01)
accuracy = tool.accuracy(nin_out,y_input)
```

这里使用的是前面编写的输入导入内容，之后模型的建立是通过初始化自己定义的 NIN 模型，而输出结果和损失函数都直接从预先定义的工具库中获取。训练过程请读者参考前面的内容自行完成。

> mlp 的作用是通过将卷积提取的低级特征通过组合形成一个个复杂的组来增加单个卷积特征的有效性。这个想法之后被用到一些最近的架构中，例如 ResNet、GoogLeNet 模型及其衍生。

17.4 "deeper is better" ——GoogLeNet 模型介绍

GoogLeNet 是继承 NIN 模型并在其上进行改造的一个非常重要的模型。

为了取得更好的模型工作效果，已有的深度学习模型向着网络规模越来越大、参数越来越多、层次越来越深的趋势发展。"deeper is better"，这句话用在深度学习中是最好的体现。

17.4.1 GoogLeNet 模型的介绍

随着参数增加，模型也变得越来越复杂，其中涉及的计算量呈现一个几何级别的上升，最终的结果造成神经网络的计算爆炸。可能有读者认为现在随着计算机硬件提升和分布式平台的兴起，计算量的增加并不会带来致命的影响。但是随之而来的参数爆炸，整个模型会呈现会很容易形成过拟合的状态。

从理论上来说，一味地设计更深的模型的原因，是深度学习特征提取单元在提取图像特征的时候并没有提取出对应的图像特征。如果能够使得模型在这些特征提取单元上做出一些优化，之后使用优化后的特征提取单元去做特征提取，那么即可最大限度地获得模型分辨效果，如图 17-10 所示。

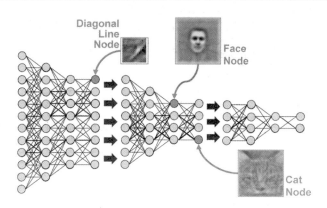

图 17-10　deeper is better

正如人工神经网络的模型是来自于生物神经网络,生物神经网络的参数和层次是一个稀疏性连接,因此对于大规模有着较深程度的神经网络,可以通过分析特征提取单元的统计特性和有着高度相关性的输出进行聚类分类来构建一个更优化的网络。

在 2014 年举办的 ILSVRC14 比赛上,一个新的神经网络模型 GoogLeNet（图 17-11）获得了冠军,并刷新了图像分类与检测的性能纪录。通过合理地设计网络层次和每层的神经参数,在保持网络资源不变的前提下,通过人为手段增加了网络的宽度和深度。

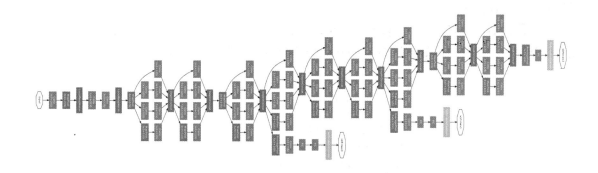

图 17-11　GoogLeNet 模型

结果证实,GoogLeNet 用的参数比 ILSVRC2012 的冠军 AlexNet 少 12 倍,但准确率更高。

究其原因,GoogLeNet 主要使用了一个新的、称为 Inception module 的模型设计思想,其目的是强化基本特征提取能力。相对于传统的 VGGNet,单层卷积核的大小只有[3,3],在特征提取的时候功能较弱;而 Inception module 则是由[1,1]、[3,3]、[5,5]卷积核和一个[3,3]的 pooling 组成。

这样通过不同的卷积核就可以抽取不同尺寸的特征,大大增强了对传递数据的特征抽取。因为使用特征抽取时,传统的方式是在提取结束后使用池化层进行特征的进一步提取,必然会带来一层层的特征损失;而 Inception module（图 17-12）采用的是并行的模式,这样就在一定程度上对特征进行分拣,保留了更多的数据特征信息。

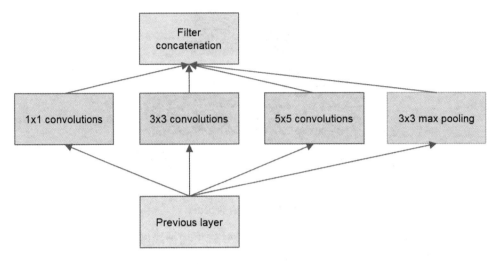

图 17-12　Inception module 模型

虽然采用这样方式能够较传统的特征提取单元保留更多的信息，但是一个非常大的问题就是特征保留得过多，在模型传递的过程中会耗费巨大的计算资源。即使使用[5,5]的卷积核进行抽样，一样会带来繁重的资源需求。因此为了解决这个问题，在原始的 Inception module 上采用了多个[1,1]大小的卷积核进行数据的降维（图 17-13），这样既可以减少信息损失，又减少了传递的卷积计算量。

这样修改后，可以使得 Inception module 获得较好的卷积提取能力，而不会随着深度的增加而提升很多的计算量。修改后的 Inception module 模型如图 17-13 所示。

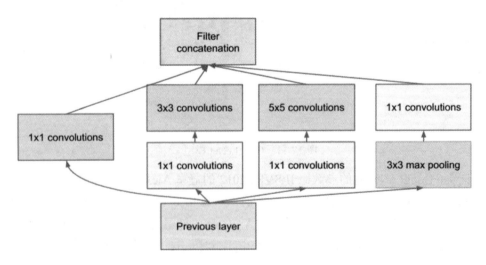

图 17-13　修改后的 Inception module 模型

17.4.2　GoogLeNet 模型单元的 TensorFlow 实现

通过分析可以知道，采用 Inception 架构的 GoogLeNet 如图 17-14 所示。

type	patch size/ stride	output size	depth	#1×1	#3×3 reduce	#3×3	#5×5 reduce	#5×5	pool proj
convolution	7×7/2	112×112×64	1						
max pool	3×3/2	56×56×64	0						
convolution	3×3/1	56×56×192	2		64	192			
max pool	3×3/2	28×28×192	0						
inception (3a)		28×28×256	2	64	96	128	16	32	32
inception (3b)		28×28×480	2	128	128	192	32	96	64
max pool	3×3/2	14×14×480	0						
inception (4a)		14×14×512	2	192	96	208	16	48	64
inception (4b)		14×14×512	2	160	112	224	24	64	64
inception (4c)		14×14×512	2	128	128	256	24	64	64
inception (4d)		14×14×528	2	112	144	288	32	64	64
inception (4e)		14×14×832	2	256	160	320	32	128	128
max pool	3×3/2	7×7×832	0						
inception (5a)		7×7×832	2	256	160	320	32	128	128
inception (5b)		7×7×1024	2	384	192	384	48	128	128
avg pool	7×7/1	1×1×1024	0						
dropout (40%)		1×1×1024	0						
linear		1×1×1000	1						
softmax		1×1×1000	0						

图 17-14　GoogLeNet 程序架构

而其中最重要的是 Inception 模块单元的编写，仿照图 17-14 可以获得以下的代码段：

```
def inception_unit(input_data, weights, biases):

    inception_in = input_data

    # Conv 1x1+S1
    inception_1x1_S1 = tf.nn.conv2d(inception_in, weights['inception_1x1_S1'],
strides=[1, 1, 1, 1], padding='SAME')
    inception_1x1_S1 = tf.nn.bias_add(inception_1x1_S1,
biases['inception_1x1_S1'])
    inception_1x1_S1 = tf.nn.relu(inception_1x1_S1)


  # Conv 3x3+S1
    inception_3x3_S1_reduce = tf.nn.conv2d(inception_in,
weights['inception_3x3_S1_reduce'], strides=[1, 1, 1, 1],
                                    padding='SAME')
    inception_3x3_S1_reduce = tf.nn.bias_add(inception_3x3_S1_reduce,
biases['inception_3x3_S1_reduce'])
    inception_3x3_S1_reduce = tf.nn.relu(inception_3x3_S1_reduce)
    inception_3x3_S1 = tf.nn.conv2d(inception_3x3_S1_reduce,
weights['inception_3x3_S1'], strides=[1, 1, 1, 1],
                                    padding='SAME')
    inception_3x3_S1 = tf.nn.bias_add(inception_3x3_S1,
biases['inception_3x3_S1'])
```

```
    inception_3x3_S1 = tf.nn.relu(inception_3x3_S1)


    # Conv 5x5+S1
    inception_5x5_S1_reduce = tf.nn.conv2d(inception_in,
weights['inception_5x5_S1_reduce'], strides=[1, 1, 1, 1],
                                    padding='SAME')
    inception_5x5_S1_reduce = tf.nn.bias_add(inception_5x5_S1_reduce,
biases['inception_5x5_S1_reduce'])
    inception_5x5_S1_reduce = tf.nn.relu(inception_5x5_S1_reduce)
    inception_5x5_S1 = tf.nn.conv2d(inception_5x5_S1_reduce,
weights['inception_5x5_S1'], strides=[1, 1, 1, 1],
                                    padding='SAME')
    inception_5x5_S1 = tf.nn.bias_add(inception_5x5_S1,
biases['inception_5x5_S1'])
    inception_5x5_S1 = tf.nn.relu(inception_5x5_S1)


    # MaxPool
    inception_MaxPool = tf.nn.max_pool(inception_in, ksize=[1, 3, 3, 1],
strides=[1, 1, 1, 1], padding='SAME')
    inception_MaxPool = tf.nn.conv2d(inception_MaxPool,
weights['inception_MaxPool'], strides=[1, 1, 1, 1],
                                    padding='SAME')
    inception_MaxPool = tf.nn.bias_add(inception_MaxPool,
biases['inception_MaxPool'])
    inception_MaxPool = tf.nn.relu(inception_MaxPool)

    inception_out = tf.concat(concat_dim=3, values=[inception_1x1_S1,
inception_3x3_S1, inception_5x5_S1, inception_MaxPool])

    return inception_out
```

Inception 作为整体进行编程，分别实现了[1,1]、[3,3]、[5,5]以及最终的池化层操作。并在最后进行一个连接运算将分布计算的各个结果连接在一起，从而实现整个 Inception 计算。

其他没什么难度，请读者自行补全代码进行，还有一个要注意的地方，在图 17-10 中有多个 softmax 进行数据输出，这是用以计算损失函数的结果，但是实际编码中目前并没有用到，可以在程序设计的时候予以忽略。

17.4.3 GoogLeNet 模型的一些注意事项

对于传统的神经网络，能够保证模型输出质量最好的方法就是增加模型的深度或者增加神经元的个数。但是这样非常容易产生两个主要问题，即一是参数设置过多，训练过程容易产生过拟合；二是网络设置越大、复杂度越高，计算耗费资源越多。GoogLeNet 采用的思想也主要是为了解决这 2 个问题。

首先对于 GoogLeNet 来说，从图 17-10 上 GoogLeNet 模型来看，其层数更深，但是采用了 Inception module，使得纵向的深层次连接被分解成若干个小的 Inception 单元，在每个独立单元中将高相关性的特征提取结果聚集在一起，重新连接后传递给下一层，从而在一定程度上解决层数过多的形式。

而 Inception 单元之间互相堆放，它们的输出相关性统计会改变。高层次提取高抽象性的特征，空间集中性会降低，因此 3×3 和 5×5 的卷积核在更高层会比较多。

其次为了解决参数过多，设计人员采用了大量降维操作，而最根本的办法则参考 NIN 的计算思想，将全连接层变为稀疏连接层，即使用池化层代替全连接层做最后的分类作用。

还有一个比较重要的问题，在 Inception 中使用了小的卷积核单元（图 17-15）去替代较大的卷积核，这样做的好处是极大地减少了计算结果的参数，例如[5,5]计算后的卷积核参数是[3,3]卷积核参数的 2.78 倍。这样做并不会造成特征抽取的缺失，并且在其后使用 relu 函数能够明显地提高性能。

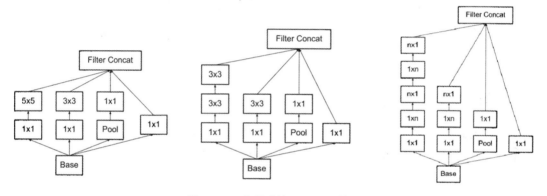

图 17-15　分解后的 Inception 单元

然后将其推广搭配任意[n,n]的卷积都可以通过[1,n]卷积后接[n,1]卷积来替代，然而实际上在网络的前期使用这种分解效果并不好，只有在中度大小（13 <= n <= 15）的输入特征上使用效果才会更好。

17.5　本章小结

本章是承前启后的一个章节，NIN 和 GoogLeNet 模型是在传统的卷积神经网络模型上做出的具有里程碑意义的修改，不再单一地仅仅使用各个层中的权重值，其通过结合各个层通道从而在节省参数的基础上同样获得了非常好的效果。

本章主要以介绍概念为主，首先说明了一些面试中常会出现的问题，这也是深度学习程序设计人员每天都会遇到的内容，希望读者能够认真地阅读并牢牢记住其中的概念和理念。

下一章将会介绍本书的最后一个模型 ResNet，这是在 NIN 和 GoogLeNet 基础上发展起来的一个最新的、效果最好的模型，但是其基本理念并没有太大变化。

第 18 章

暂时的冠军——ResNet简介及 TensorFlow实现

使用深度学习，特别是卷积神经网络在图像识别上的应用引发了一系列的技术突破，通过改变隐藏层的深度和增加每层之间的神经元，让神经网络模型自然整合所提取的高中低级别特征，特别是通过跨通道信息的联合，使得图像识别的能力有了更进一步的提高。

这也产生了一个非常大的疑问，是否可以增加神经网络模型的深度和宽度，即增加更多的隐藏层和每个层之中的神经元去获得更好的解决办法的能力？

答案是不可能，因为在神经网络的基础-反向传递的工作过程中，随着网络的加深，反馈的系数会发生变化，最终会出现梯度消失或者梯度爆炸。进一步的实验表明，随着深度的进一步增加，准确度在达到一定的饱和之后，会迅速下降，这是由于深度过深的网络会造成更多的训练误差，使得最终的训练失败。

本文将介绍在 ImageNet2015 竞赛上获得冠军的一个深度学习网络 ResNet，它在 ImageNet 定位、COCO 检测和 COCO 分割等方面也都取得了好的名次。

18.1 ResNet 模型简介

在前面的学习中相信读者已经了解，越来越复杂的辨识工作需要越来越复杂的模型去完成，而越复杂的模型包含着更深层次的网络以及更宽广的神经元数据。但是问题在于，越是深层的神经网络越是难以训练。原因很简单，就是随着神经元的增多，训练模型对训练集的数据太过于敏感从而造成了经常性的过拟合。

为了解决这个问题，GoogLeNet 采用了模块化的方式在层次间形成一个个小的模块来代替单独的卷积层去处理特征的提取，这样做的好处是能够极大地保持特征提取的准确性和多样性，不会因为 dropout 而可能丢失所需要的特征，也不会因为网络过深从而影响数据在模型中的传递。

18.1.1 ResNet 模型定义

ResNet 又称为"残差网络"，其主要是在网络中使用了大量的残差模块作为网络的基本组成部分，如图 18-1 所示。可以看到，残差网络同传统的网络相比，最大的变化是加入了一个恒等映射层 y = x 层，其主要作用是使得网络随着深度的变化增加而不会产生权重衰减和梯度衰减或者消失这些问题。

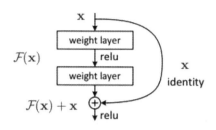

图 18-1　残差框架模块

图 18-1 中，$F(x)$表示的是残差，$F(x) + x$ 是最终的映射输出，因此可以得到网络的最终输出为 $H(x) = F(x) + x$，而由于网络框架中有 2 个卷积层和 2 个 relu 函数，因此最终的输出结果可以表示为：

$$H_1(x) = relu_1(w_1 \times x)$$
$$H_2(x) = relu_2(w_2 \times h_1(x))$$
$$H(x) = H_2(x) + x$$

其中 H_1 是第一层的输出，而 H_2 是第二层的输出。这样使得当输入与输出有相同维度时，可以使用直接输入的形式将数据直接传递到框架的输出层的结果。

ResNet 整体结构图及比较如图 18-2 所示，图中展示了 VGGNet19、一个 34 层的普通结构神经网络和一个 34 层的 ResNet 网络的对比图。通过验证可以知道，在使用了 ResNet 的结构后，可以发现层数不断加深导致的训练集上误差增大的现象被消除了，ResNet 网络的训练误差会随着层数增大而逐渐减小，并且在测试集上的表现也会变好。

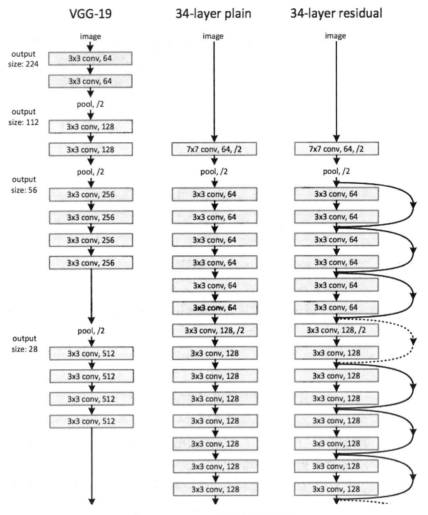

图 18-2　ResNet 模型结构及比较

　　但是在实际上,除了讲解的二层残差学习单元,还有使用了[1,1]结构的三层残差学习单元,如图 18-3 所示。这是借鉴了 NIN 模型的思想,在二层残差单元中包含 1 个[3,3]卷积层的基础上,更包含了 2 个[1,1]大小的卷积,放在[3,3]卷积层的前后,执行先降维再升维的操作。

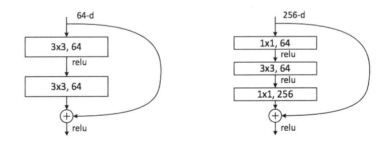

图 18-3　二层(左)以及三层(右)残差单元的比较

18.1.2 定义工具的 TensorFlow 实现

读者现在都迫不及待地想要自定义自己的残差网络了吧？工欲善其事，必先利其器。在工作之前需要做的是准备好相关的程序设计工具部分。这里笔者所指的工具是指那些已经设计好结构、直接可以使用的部分。

首先最重要的是卷积核的创建方法。从模型上看，这里所需要更改的内容很少，即卷积核的大小、输出通道数以及所定义的卷积层的名称，代码如下：

```
def conv(layer_name, x, out_channels, kernel_size, stride=[1,1,1,1]):
    in_channels = x.get_shape()[-1]
    with tf.variable_scope(layer_name):
        weights = tf.get_variable(name='weights',
                        shape=[kernel_size[0], kernel_size[1], in_channels,
out_channels]
                        )
        biases = tf.get_variable(name='biases',
                        shape=[out_channels],
                        initializer=tf.constant_initializer(0.0))
        x = tf.nn.conv2d(x, weights, stride, padding='SAME', name='conv')
        x = tf.nn.bias_add(x, biases, name='bias_add')
        x = tf.nn.relu(x, name='relu')
        return x
```

这里首先获取了输入数据的通道数，之后使用 get_variable 函数分别创建了卷积核和偏置量供卷积计算使用，之后就是按 TensorFlow 提供的方法对数据进行计算并返回结果。

除此之外，还有一个非常重要的方法是获取数据的 batch_normalization，这是使用批量正则化对数据进行处理，代码如下：

```
def batch_norm(inputs, is_training=True,is_conv_out=True,decay = 0.999):
    scale = tf.Variable(tf.ones([inputs.get_shape()[-1]]))
    beta = tf.Variable(tf.zeros([inputs.get_shape()[-1]]))
    pop_mean = tf.Variable(tf.zeros([inputs.get_shape()[-1]]),
trainable=False)
    pop_var = tf.Variable(tf.ones([inputs.get_shape()[-1]]), trainable=False)
    if is_training:
        if is_conv_out:
            batch_mean, batch_var = tf.nn.moments(inputs,[0,1,2])
        else:
            batch_mean, batch_var = tf.nn.moments(inputs,[0])

        train_mean = tf.assign(pop_mean,
                        pop_mean * decay + batch_mean * (1 - decay))
        train_var = tf.assign(pop_var,
                        pop_var * decay + batch_var * (1 - decay))
```

```
    with tf.control_dependencies([train_mean, train_var]):
        return tf.nn.batch_normalization(inputs,
            batch_mean, batch_var, beta, scale, 0.001)
    else:
        return tf.nn.batch_normalization(inputs,
            pop_mean, pop_var, beta, scale, 0.001)
```

其他的还有最大池化层，代码如下：

```
def max_pool(input, kernel_heigh, kernel_width, stride_heigh, stride_width,
name, padding=DEFAULT_PADDING):
    return tf.nn.max_pool(input,
                    ksize=[1, kernel_heigh, kernel_width, 1],
                    strides=[1, stride_heigh, stride_width, 1],
                    padding=padding,
                    name=name)
```

平均池化层，代码如下：

```
def avg_pool(input, kernel_heigh, kernel_width, stride_heigh, stride_width,
name, padding=DEFAULT_PADDING):
    return tf.nn.avg_pool(input,
                    ksize=[1, kernel_heigh, kernel_width, 1],
                    strides=[1, stride_heigh, stride_width, 1],
                    padding=padding,
                    name=name)
```

这些是在模型单元中所需要使用的基本部分，有了这些工具，可以直接构建 ResNet 模型单元。

18.1.3 ResNet 模型的 TensorFlow 实现

通过 18.1.1 小节的分析可以看到，对于 ResNet 程序设计来说，最重要的就是残差单元的设计与编写，因此在 ResNet 实现部分，笔者准备实现三层的残差单元。

残差单元的构成是由 2 个[1,1]和一个[3,3]的卷积核构成，首先对于单一的卷积核可以由以下方式组成：

```
output_data = tool.batch_norm(input_data)
output_data = tool.relu(output_data, name="relu")
output_data =
tool.conv("conv2",output_data,out_channels[1],kernel_size=[3,3])
```

首先对于输入的数据，经过一个 batch_norm 层之后，紧接着对数据进行 relu 激活函数的处理，之后将其送入卷积层进行数据输出。

而残差单元的编写如下：

```
def resUnit(input_data,out_channels,i=0):

    with tf.variable_scope("resUnit_" + str(i)):
        output_data = tool.batch_norm(input_data)
        output_data = tool.relu(output_data, name="relu")
        output_data =
tool.conv("conv1",output_data,out_channels[0],kernel_size=[1,1])

        output_data = tool.batch_norm(output_data)
        output_data = tool.relu(output_data, name="relu")
        output_data =
tool.conv("conv2",output_data,out_channels[1],kernel_size=[3,3])

        output_data = tool.batch_norm(output_data)
        output_data = tool.relu(output_data, name="relu")
        output_data =
tool.conv("conv3",output_data,out_channels[2],kernel_size=[1,1])

        return output_data + input_data
```

在这里首先通过 resUnit 方法的参数定义了输入参数、每层输出的通道数以及残差单元的编号。需要注意的是，这里的输出通道数使用的是列表的形式进行输入。这样做好的好处是可以方便地按模型对输出层的数据进行控制。

ResNet 的模型设计最终如下：

```
def train(input_data):

    output_data = tool.batch_norm(input_data)
    output_data = tool.conv("first_layer",output_data,32,[7,7])
    output_data = tool.max_pool(output_data, 3, 3, 2, 2, name="maxpool1")

    output_data = resUnit(output_data,[16,16,32],0)

#自由搭配你的单元层次
…
…
#自由搭配你的单元层次

    output_data = tool.avg_pool(output_data,7,7,1,1,name="avgpool")
    res = tool.fc("fc",output_data,n_class)                #n_class 值是最终输出的
分类数
    res = tf.nn.softmax(res)
    print("model load finished")
    return res
```

可以看到，这样做的好处是对中间的单元层次进行自由安排和组合，对于无论是要搭建 50 层的 ResNet 还是 101 层的 ResNet，都可以自由地组合相应的网络，并只需要对单元中的输出通道进行设定即可。

训练的核心代码如下：

```
res = model.train(input_data)
loss_ls = tool.loss(res,output_data)
optimize_op = tool.optimize(loss_ls,0.01)
accuarcy_acc =tool.accuracy(res,output_data)
```

顺便提一下，这个网络的训练是非常耗费时间的，如果读者开始进行训练，那么需要有足够的耐心。这里笔者建议读者，继续往下阅读，了解更多的模型。

18.2 新兴的卷积神经模型简介

虽然 ResNet 在 ImageNet2015 上取得了非常好的名次，但是随着科技的发展，新兴的网络和设计方式层出不穷，如图 18-4 所示。

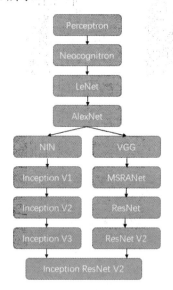

图 18-4 近期神经网络的发展

现在新兴的各种设计模式和框架更是在吸收前面研究的基础上扬长补短、兼容并蓄，使得模型能够更好地达到所需要的效果。

18.2.1 SqueezeNet 模型简介

从 2012 年 AlexNet 模型的提出到 2015 年 ResNet 模型在图像识别上取得成功，卷积核的大小以及整个模型的参数都在不断地缩小，并且在缩小计算量、减少所耗费资源的基础上，模型的有效性及整体的简洁性都没有受到影响。这从而也论证了使用较少的参数同样可以达到所要求的目标。

SqueezeNet 是 2016 年提出的最新的神经网络模型，其结构图如图 18-5 所示。

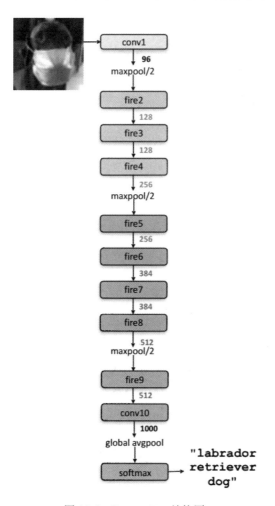

图 18-5　SqueezeNet 结构图

它做到了神经网络模型设计人员一个梦寐以求的事，即极大地减少了整体模型的参数。究其原因，主要是仿照 ResNet 模型的结构在 SqueezeNet 模型中大量使用了相关单元模块，而模块中的实际使用参数被大大减少了。

SqueezeNet 使用的 fire 单元模块如图 18-6 所示。fire 单元模块是 SqueezeNet 模型的核心构件，在设计上非常简单，即将原来简单的一层 conv 层变成两层。fire 单元模块中包含三个卷积层，分为 squeeze 和 expand 两部分，步长均为 1。squeeze 和 expand 的作用是用于压缩和扩展数据（浅灰色矩形）的通道数。expand 部分中，两个不同核尺寸的结果通过串接层合并输出。

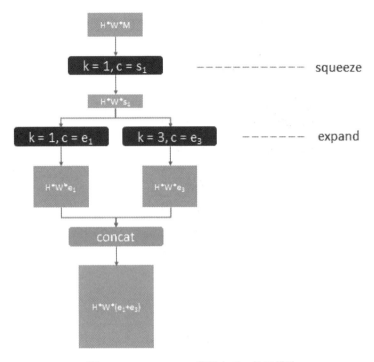

图 18-6　SqueezeNet 模型中 fire 单元模块

从图 18-5 中可以看到，SqueezeNet 整个网络包含 11 层，其结构如图 18-7 所示。

- 第 1 层为卷积层，缩小输入图像，提取 96 维特征。
- 第 2 到 9 层为 fire 模块，每个模块内部先减少通道数（squeeze），再增加通道数（expamd），每两个模块之后，通道数会增加。
- 在 1、4、8 层之后加入降采样的 max pooling，缩小一半尺寸。
- 第 10 层依然是卷积层，为小图的每个像素预测 1000 类分类得分。
- 最后用一个全图 average pooling（绿色）得到这张图的 1000 类得分，使用 softmax 函数归一化为概率。

图 18-7　SqueezeNet 模型

SqueezeNet 在整体模型构建中摒弃了全连接层，而采用全卷积计算。最后使用了一个全局池化层进行跨通道信息组合，从而实现全局的图像识别分类。

全连接层的参数过多，对实际的模型分别能力提升帮助不大，在新兴的模型中往往被 pooling 代替，这点建议读者在实践中多加注意。

18.2.2　Xception 模型简介

传统的 AlexNet 模型主要处理空间上图像的特征分类,开天辟地的将卷积神经网络引入到图像识别中，取得了非常好的成绩。而其后新兴的各个模型除了对空间特征进行分类提取，还注重了对多个图形之间通道的联系，通过不同通道的跨通道组合，进一步提高了图像的辨识率和特征分类。

总结这些模型，就是通过独立处理不同通道之间的跨通道和空间辨别率之间的相关性，使得处理能够简单高效。模型中使用了很多大小为[1,1]的卷积核，解耦了不同通道之间的相关性，之后将不同通道上的信息映射到不同的通道空间，特征提取完毕后，又将输入信号重新映射到更小的空间中，通过池化层替代全连接层重新将数据整合和分类。

Xception 就是基于这个思路而开发的一种最新的神经网络模型，对于每个通道上的空间特征进行独立提取，之后再通过卷积计算([1,1])组合后在一个新的通道上输出，如图 18-8 所示。

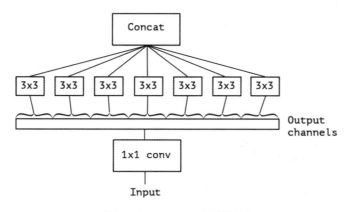

图 18-8　Xception 单元结构

Xception 就是在此之上提出的一种新的模型结构，使得通道处理和空间处理能够完全分开，将不同的通道内容根据相关性，并且在只凭借通道相关性的基础上进行模式分类。如图 18-9 所示为 Xception 结构模型。

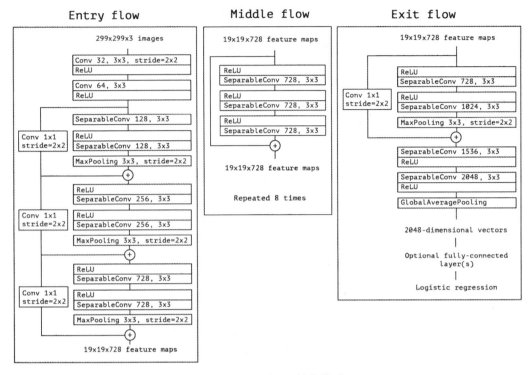

图 18-9 Xception 结构模型

可以看到，Xception 有 36 个卷积层，包含 14 个模块，线性 Residual connection 在这 14 个模块中。在图像分类中，最后一层是逻辑回归，可以在逻辑回归前面一层加上全连接层。

18.3 本章小结

卷积神经网络越来越流行，实践证明它是越来越有效的、最好的图像识别算法。究其原因，卷积神经网络或者深度神经网络的成功得益于广大模型设计人员和各种层出不穷的神经网络模型架构。

下面图 18-10 总结了 20 世纪 90 年代深度学习兴起到目前最新的卷积神经网络模型，其中横坐标是操作的复杂度，纵坐标是精度。可以看到，模型设计一开始的时候注重模型权重越多，模型越大，其精度越高；后来出现了 resNet、GoogleNet、Inception 等网络架构之后，在取得相同或者更高精度之下，其权重参数不断下降。更值得注意的是，并不是意味着横坐标越往右，它的运算时间越大。在这里并没有对时间进行统计，而是对模型参数和网络的精度进行了纵横对比。

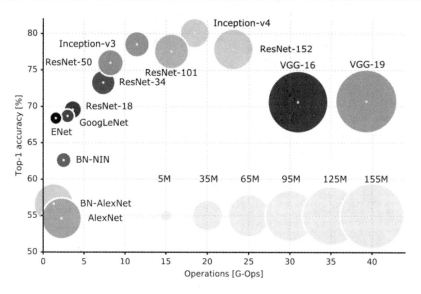

图 18-10 各种神经网络模型结构

本书到本章为止，系统地总结了 AlexNet、LeNet、GoogLeNet、VGG-16、NiN、ResNet 模型的结构特点以及相应的 TensorFlow 的具体实现，目前这也是这个领域研究的最前沿的科技发展趋势。

本书到目前为止都是偏重于图像识别最基础的部分——使用卷积神经网络进行图像识别的模型的设计与实现，这确实是最基础、最重要的部分。但是对于 TensorFlow 来说，需要使用这些模型进行更进一步的、具有现实意义的工作。

从下一章开始将着重介绍使用这些模型进行图像识别相关工作的现实性任务。对于读者最关心的应该是下面开始的难度问题，这里笔者将保持循序渐进的学习过程，在一个平缓的学习坡度上进行更进一步地学习。

第 19 章

TensorFlow高级API——
Slim使用入门

本章开始将进入 TensorFlow 学习的高级阶段，使用已经学过的内容对现实世界中的图像进行处理。

在开始这些学习和应用之前，需要对已掌握的知识做进一步的升级。在 TensorFlow 中，除了前面教给读者的各种基础性方法，TensorFlow 开发团队还在孜孜不倦地提供各种高级 API 类库供给开发者使用，掌握这些类库能够极大地帮助读者使用 TensorFlow 去进行更为高级的程序开发。

Slim 是 TensorFlow 在 0.10 版中新加入的一个用于定义、训练和评估较为复杂模型的轻量级开发类库，它能够较好地与 TensorFlow 本身的相关函数和程序完美地结合在一起，并且能够兼容其他框架。

19.1 Slim 详解

从上一章的内容中可以看到，对于现在的新兴的模型设计，更多的是使用模型单元去进行组合，很多的程序设计劳动是重复的，这往往造成了大量的时间和精力浪费，也容易产生很多低级错误。Slim 的诞生就是为了解决这个问题。

Slim 是 TensorFlow 在 0.10 版中新加入的一个用于定义、训练和评估较为复杂模型的轻量级开发类库。它能够极大地减少 TensorFlow 的程序设计人员重复性的模板性程序代码的编写，使代码更为简洁。

对于 Slim 来说，其作用就是用以减少重复性的劳动。这主要得益于其在实际程序设计时使用了大量的"命名空间"（argument scoping）和不同层的变量。这点在前面介绍模型的设计的时候已经提及，使用命名空间后的变量，TensorFlow 框架会自动对齐进行命名和管理。因此使用 Slim 可以明显地增强 TensorFlow 程序设计的可读性和泛用性，并减少程序的差错和调优的难度。

Slim 提供了大量常用简化模型可以直接调用，例如前面介绍过的 VGG 和 AlexNet，笔者曾经带领读者使用这 2 个模型进行 Finetuning，让其专注于"猫狗大战"的编写。这是在载入已有的模型和权重的基础上，"更换"了最终的输出层的分类方式，从而达到最终的分类效果。Slim 也是如此，可以使用已有的训练好的模型去完成任何所需要的工作。

> Finetuning 能够工作的原因在前面已经做了详细介绍，这里建议读者在使用时，优先使用 Finetuning 去做任何工作而不是自己训练相关网络。

对于普通的深度学习模型来说，运行中的程序调整是非常困难的，而 Slim 在一定程度上克服了这些困难，能够暂停运行中的程序加以参数调整之后重新运行程序。

Slim 的函数和方法参见表 19-1。

表 19-1　Slim 函数介绍

名　称	使 用 介 绍
arg_scope	与 variable_scope 类似，arg_scope 是 slim library 的一个常用参数，可以设置它指定网络层的参数，比如 stride、padding 等
data	在 Slim 中用于数据的输入，包括数据集定义、数据输入以及队列读取以及数据解码等
evaluation	用以评估模型的引用库
layers	构建 TensorFlow 模型所使用的高级内容
learning	用以训练模型的引用库
losses	常用的损失函数库
metrics	各种最新的评价指标，例如 IOU 等
nets	最新的深度学习模型定义，例如传统的 VGG、Alexnet 以及最新的 ResNet
queues	提供了一个队列管理器，方便对 TensorFlow 中数据队列的开关进行管理
regularizers	多种正则表达式
variables	多种包装好的供 TensorFlow 直接使用的参数

19.2　Slim 使用方法介绍

使用 Slim 可以非常方便地定义相关模型，模型又可以简洁地定义使用已有的 Slim 变量、层次和范围。本节将对其进行详细介绍。

19.2.1　Slim 中变量使用方法介绍

对于 Slim 来说，创建一个本地变量的第一步是需要定义一个 TensorFlow 已经初始化的值或者传入一个初始化方式。特别是，如果这个变量需要在不同的设备上使用，例如 GPU 等，就必须明确地将其进行规范。

这看起来比 TensorFlow 的变量使用更加困难，为了解决这个问题，Slim 专门使用了其内置的"瘦包装器"函数对变量进行设计，使得使用者在不接触 Slim 内部的同时自由地定义和使用 Slim 变量。

说了那么多，举个例子：

```
weights = slim.variable('weights',
                  shape=[1, 217, 217, 3],
                  initializer=tf.truncated_normal_initializer(stddev=0.1),
                  regularizer=slim.12_regularizer(0.05),
                  device='/CPU:0')
```

这里使用 truncated_normal_initializer（截断正态分布随机数，均值 mean，标准差 stddev，不过只保留[mean-2*stddev,mean+2*stddev]范围内的随机数），定义了一个四维变量，L2 范数对其进行正则化处理。

在经典的 TensorFlow 程序中，变量定义分成两种，"普通变量"和"模型变量"。大多数的变量是普通变量，可以被创建并且在整个程序运行周期内传送，在需要的情况下可以被存储到硬盘上。而模型变量由于 Python 本身的"lazy"模式，只有在运行时才会被使用，使用完毕后即刻销毁而不会产生保存等问题。

要区分一个变量是普通变量还是模型变量，就要看变量所使用的目的。对于任意一个变量来说，其代表的是模型的一个参数，而这个参数在模型的训练、存储以及被载入后是可以变化或者循环使用的，这种参数就称为"普通变量"。而"模型变量"没有这么多功能。

例如，在 Slim 的模型设计中经常使用的 slim.fully_connected 层和 slim.conv2d 层中，模型变量执行模型训练过程中的一些模型工作，例如 global_step 用作在一定的循环之后执行模型中的特定任务。但是，global_step 并不是一个模型参数而是一个模型变量，其作用是在模型训练或者执行完毕后立刻被销毁。同样地，一些被即时计算的数据也不属于普通变量，例如在计算 batch_normalization 时需要用到的均值和方差，只有在需要时才被计算，而在不需要的时候则立刻被销毁，这就是一个模型变量的最好说明。

下面举个例子说明模型变量与普通变量的区别：

```
weights = slim.model_variable('weights',
                      shape=[1, 217, 217, 3],
initializer=tf.truncated_normal_initializer(stddev=0.1),
                      regularizer=slim.l2_regularizer(0.05),
                      device='/CPU:0')
```

程序段中通过函数的定义设计了使用模型变量的定义，之后对其参数进行设置，定义了创建的数据维度、初始化方法以及正则化的规则等。具体使用如下所示。

【程序 19-1】

```
import tensorflow.contrib.slim as slim
import tensorflow as tf
```

```
    weight1 = slim.model_variable('weight1',
                        shape=[2, 3],

initializer=tf.truncated_normal_initializer(stddev=0.1),
                        regularizer=slim.l2_regularizer(0.05))

    weight2 = slim.model_variable('weight2',
                        shape=[2, 3],

initializer=tf.truncated_normal_initializer(stddev=0.1),
                        regularizer=slim.l2_regularizer(0.05))

    model_variables = slim.get_model_variables()

    with tf.Session() as sess:
        sess.run(tf.global_variables_initializer())

        print(sess.run(weight1))
        print("--------------------")
        print(sess.run(model_variables))
        print("--------------------")
    print(sess.run(slim.get_variables_by_suffix("weight1")))
```

首先这里定义了 2 个变量，分别是模型变量 weight1 和 weight2，之后通过对其进行维度大小的设定和初始化定义，同样使用 L2 对数据进行正则化处理。

slim.get_model_variables()函数是获取全部模型数据的一个固定函数,用户在定义完需要的模型变量值后，Slim 类自动将获取到的模型变量添加到整体模型变量中，之后通过调用相关的函数即可将数据打印出来。程序 19-1 打印结果如图 19-1 所示。

```
[[ 0.06057909  0.16407064 -0.04270492]
 [-0.0534885   0.06915869  0.0744741 ]]
--------------------
[array([[ 0.06057909,  0.16407064, -0.04270492],
       [-0.0534885 ,  0.06915869,  0.0744741 ]], dtype=float32), array([[ 0.11520072,  0.09805238, -0.09390728],
       [-0.12928297, -0.04172363,  0.12953119]], dtype=float32)]
--------------------
[array([[ 0.06057909,  0.16407064, -0.04270492],
       [-0.0534885 ,  0.06915869,  0.0744741 ]], dtype=float32)]
```

图 19-1　程序打印结果

而普通变量的使用方法如下：

```
# Regular variables
my_var = slim.variable('my_var',
                    shape=[20, 1],
                    initializer=tf.zeros_initializer())
```

```
regular_variables_and_model_variables = slim.get_variables()
```

具体使用如程序 19-2。

【程序 19-2】

```
import tensorflow.contrib.slim as slim
import tensorflow as tf

weight1 = slim.variable('weight1',
                        shape=[2, 3],
initializer=tf.truncated_normal_initializer(stddev=0.1),
                        regularizer=slim.l2_regularizer(0.05)
                        )

weight2 = slim.variable('weight2',
                        shape=[2, 3],
initializer=tf.truncated_normal_initializer(stddev=0.1),
                        regularizer=slim.l2_regularizer(0.05)
                        )

variables = slim.get_variables()

with tf.Session() as sess:
    sess.run(tf.global_variables_initializer())

    print(sess.run(weight1))
    print("--------------------")
    print(sess.run(variables))
```

具体结果请读者自行打印完成。

可以看到，无论是普通变量还是模型变量，在创建之后都可以由 Slim 统一进行管理，从而提高了变量的使用效率，节省了大量资源。但是对于一些用户自由定义的变量和数据，如果也想通过 Slim 进行统一管理，则可以通过如下程序完成。

【程序 19-3】

```
import tensorflow.contrib.slim as slim
import tensorflow as tf

weight = tf.Variable(tf.ones([2,3]))
slim.add_model_variable(weight)
model_variables = slim.get_model_variables()
with tf.Session() as sess:
```

```
sess.run(tf.global_variables_initializer())
print(sess.run(model_variables))
```

在这里首先定义了 TensorFlow 通用变量 weight，之后将其加入到 slim 的 mode_weight 中，之后调用和使用的方法与 Slim 库相同。

打印结果如图 19-2 所示。

```
[[ 1.   1.   1.]
 [ 1.   1.   1.]]
------------------
[array([[ 1.,   1.,   1.],
        [ 1.,   1.,   1.]], dtype=float32)]
```

图 19-2　程序打印结果

19.2.2　Slim 中层的使用方法介绍

对于 TensorFlow 的程序设计人员来说，TensorFlow 所定义的神经网络模型在显示层面上是由一层层的基本"层面"所构成。例如前面经常使用的卷积层、全连接层以及 batch_normalization 层，这些层相比一个单独的 TensorFlow 函数在框架内的工作更加复杂，其内部涉及很多方面。一个层中往往又包含着很多参数和操作步骤。举例来说，在 TensorFlow 中启动一个框架往往由下面几个步骤所组成：

● 创建权重数和偏置数。
● 使用卷积核权重对输入的数据进行计算。
● 计算卷积结果与偏置数之和。
● 采用激活函数对数值进行激活。

这些操作都需要程序设计人员反复操作和使用。但是对于 Slim 程序使用者来说，并不需要如此复杂的操作，Slim 提供了大量方便操作的、具有更抽象水平的神经网络操作方法，例如一个卷积语句的设定可以通过 Slim 重写为如下代码：

```
conv = slim.conv2d(input, 128, [3, 3], scope='conv1_1')
```

这里只需要输入输出通道数，卷积核的大小以及卷积核所处的命名空间即可。

 确定是命名空间而不是卷积层的名称。

与标准的 TensorFlow 类似，Slim 也提供了所需要的方法执行不同的工作，参见表 19-2。

表 19-2　Slim 各个层以及提供函数

层 名 称	TF-Slim
BiasAdd	slim.bias_add
BatchNorm	slim.batch_norm
Conv2d	slim.conv2d
Conv2dInPlane	slim.conv2d_in_plane
Conv2dTranspose (Deconv)	slim.conv2d_transpose
FullyConnected	slim.fully_connected
AvgPool2D	slim.avg_pool2d
Dropout	slim.dropout
Flatten	slim.flatten
MaxPool2D	slim.max_pool2d
OneHotEncoding	slim.one_hot_encoding
SeparableConv2	slim.separable_conv2d
UnitNorm	slim.unit_norm

　　使用这些 Slim 提供的简单的函数，可以很容易地构建出任何一个神经元模型，也可以通过这些函数去构成前面所定义的神经单元模组，例如 ResNet 和 NIN 模型中大量出现的重复性单元。

　　例如当一个被定义的卷积层需要被重复使用多次，可以使用如下的代码定义：

```
input = ...
net = slim.repeat(inputs,3,slim.conv2d,128,[3,3],scope="conv2")
```

　　slim.repeat 是一个循环计算函数，其中 6 个参数分别定义了输入值、循环次数、层级类别、输出通道数、卷积核大小以及命名空间。

　　需要注意的是，使用 repeat 最后一个参数定义的是一个命名空间，而对于在其中循环产生的多个层，则自动根据其类型进行命名。例如在上面程序段中循环产生的卷积层都分别被命名为：

```
conv3/conv3_1
conv3/conv3_2
conv3/conv3_2
```

　　可能有读者注意到了，在 slim.repeat 所循环创建的层中，所有的参数都是一样的，而对于不同的参数，则可以使用 slim.stack 来进行堆叠工作。

```
input = ...
net = slim.stack(x, slim.conv2d, [(32, [3, 3]), (32, [1, 1]), (64, [3, 3]), (64,
[1, 1])], scope='core')
```

这里是单个层的定义和在一个堆叠或者循环中重复定义某些层级的方法，不过笔者建议无论采用哪种设计方法，首先根据所需要达成的目的去经济使用。

19.2.3 Slim 中参数空间使用方法介绍

在 TensorFlow 中已经有了对于相关变量的命名方法，例如使用 name_scope、variable_scope 等；而 Slim 中又提供了一种新的命名方式——参数空间 arg_scope，这种新的命名参数空间方法允许用户将制定的一个或者多个操作和一组参数传递给 arg_scope 中定义的每个操作。

一个较为保守的系列卷积层的定义为：

```
net = slim.conv2d(inputs, 32, [3, 3], 4, padding='SAME',

weights_initializer=tf.truncated_normal_initializer(stddev=0.01),
                weights_regularizer=slim.l2_regularizer(0.0005),
scope='conv1_1')
net = slim.conv2d(net, 64, [5, 5], padding='VALID',

weights_initializer=tf.truncated_normal_initializer(stddev=0.01),
                weights_regularizer=slim.l2_regularizer(0.0005),
scope='conv1_2')
net = slim.conv2d(net, 128, [7, 7], padding='SAME',

weights_initializer=tf.truncated_normal_initializer(stddev=0.01),
                weights_regularizer=slim.l2_regularizer(0.0005),
scope='conv1_3')
```

这种定义方法无疑是正确而有效的，但是从代码的简洁性上来看，这些代码行中包含了太多冗余的参数，各个卷积层中的初始化方法、正则化方式以及 padding 的方式都是相同，而过多的相同使得代码的读取难度增加，因此 Slim 增加了一个新的解决方法，使得具有相同内容的参数统一进行管理。

```
padding = 'SAME'
initializer = tf.truncated_normal_initializer(stddev=0.01)
regularizer = slim.l2_regularizer(0.0005)
net = slim.conv2d(inputs, 64, [11, 11], 4,
                padding=padding,
                weights_initializer=initializer,
                weights_regularizer=regularizer,
                scope='conv1')
net = slim.conv2d(net, 128, [11, 11],
                padding='VALID',
                weights_initializer=initializer,
                weights_regularizer=regularizer,
                scope='conv2')
```

```
net = slim.conv2d(net, 256, [11, 11],
                  padding=padding,
                  weights_initializer=initializer,
                  weights_regularizer=regularizer,
                  scope='conv3')
```

这种方式对具有相同参数的层进行了统一管理和设置，但是其并没有减少所填写的部分，也没有减少复杂度，甚至可能会增加阅读的困难，如果管理参数的定义离层的定义过远，来回反复地确认参数反而会更加浪费时间，于是 Slim 提供了一种更为简洁的方法解决这个问题。

```
with slim.arg_scope([slim.conv2d], padding='SAME',

weights_initializer=tf.truncated_normal_initializer(stddev=0.01)
                    weights_regularizer=slim.l2_regularizer(0.0005)):
    net = slim.conv2d(inputs, 64, [11, 11], scope='conv1')
    net = slim.conv2d(net, 128, [11, 11], padding='VALID', scope='conv2')
    net = slim.conv2d(net, 256, [11, 11], scope='conv3')
```

使用参数空间去对参数进行统一定义，之后在参数空间中所定义的方法允许程序设计人员将定义的多个变量参数传递给 arg_scope 中定义的每个操作。在其中的各个层可以不用显式地对这些参数进行定义，而只需要调用参数空间中的定义即可。

这种定义方法使得参数定义简单清晰，便于被重新读写和维护，但是需要注意的是，对于参数空间中所定义的默认参数值，是可以被空间所定义的各个层中的参数进行二次复写并覆盖：

```
with slim.arg_scope([slim.conv2d, slim.fully_connected],
                    activation_fn=tf.nn.relu,

weights_initializer=tf.truncated_normal_initializer(stddev=0.01),
                    weights_regularizer=slim.l2_regularizer(0.0005)):
    with slim.arg_scope([slim.conv2d], stride=1, padding='SAME'):
        net = slim.conv2d(inputs, 64, [11, 11], 4, padding='VALID', scope='conv1')
        net = slim.conv2d(net, 256, [5, 5],

weights_initializer=tf.truncated_normal_initializer(stddev=0.03),
                          scope='conv2')
        net = slim.fully_connected(net, 1000, activation_fn=None, scope='fc')
```

在上面的代码段中，这里使用了 2 层参数空间对其中的层进行定义，第一层中定义了激活函数、权重的初始化方法以及正则化表达的方法，而在第二层中定义了步进大小以及 padding 的方式。

 在具体的卷积中，可以根据需要覆盖参数空间中定义的权重初始化方法而采用具体的方式。

19.3 实战——使用 Slim 定义 VGG16

VGG16 是前面介绍过的一种最为常用的神经网络模型，其主要特点在于模型架构简单、便于理解，而且由于它最终是由 3 个卷积层构成，也便于对其进行 Finetuning 操作，接上所需要的识别层对不同的目标进行识别。

19.3.1 VGG16 结构图和 TensorFlow 定义

对于 VGG16 来说，其主要是使用了大量的、具有相同参数的卷积层作为卷积单元去进行计算。其结构示意图如图 19-3 所示。

ConvNet Configuration					
A	A-LRN	B	C	D	E
11 weight layers	11 weight layers	13 weight layers	16 weight layers	16 weight layers	19 weight layers
input (224 × 224 RGB image)					
conv3-64	conv3-64 LRN	conv3-64 **conv3-64**	conv3-64 conv3-64	conv3-64 conv3-64	conv3-64 conv3-64
maxpool					
conv3-128	conv3-128	conv3-128 **conv3-128**	conv3-128 conv3-128	conv3-128 conv3-128	conv3-128 conv3-128
maxpool					
conv3-256 conv3-256	conv3-256 conv3-256	conv3-256 conv3-256	conv3-256 conv3-256 **conv1-256**	conv3-256 conv3-256 **conv3-256**	conv3-256 conv3-256 conv3-256 **conv3-256**
maxpool					
conv3-512 conv3-512	conv3-512 conv3-512	conv3-512 conv3-512	conv3-512 conv3-512 **conv1-512**	conv3-512 conv3-512 **conv3-512**	conv3-512 conv3-512 conv3-512 **conv3-512**
maxpool					
conv3-512 conv3-512	conv3-512 conv3-512	conv3-512 conv3-512	conv3-512 conv3-512 **conv1-512**	conv3-512 conv3-512 **conv3-512**	conv3-512 conv3-512 conv3-512 **conv3-512**
maxpool					
FC-4096					
FC-4096					
FC-1000					
soft-max					

VGG Net: Networks systematically composed of 3×3 CONV layers. (ReLU not shown for brevity.)

图 19-3　VGG16 结构图

图 19-3 展示了 VGG16 的结构，里面由多层重复卷积结构所组成，因此如果采用传统的方式对其定义，则程序复杂而臃肿，回忆一下前面笔者实现的 VGG16 的模型程序代码：

```
def VGG16(x, n_classes, is_pretrain=True):

    x = tools.conv('conv1_1', x, 64, kernel_size=[3,3], stride=[1,1,1,1],
is_pretrain=is_pretrain)
    x = tools.conv('conv1_2', x, 64, kernel_size=[3,3], stride=[1,1,1,1],
is_pretrain=is_pretrain)
    x = tools.pool('pool1', x, kernel=[1,2,2,1], stride=[1,2,2,1],
is_max_pool=True)
```

```
        x = tools.conv('conv2_1', x, 128, kernel_size=[3,3], stride=[1,1,1,1],
is_pretrain=is_pretrain)
        x = tools.conv('conv2_2', x, 128, kernel_size=[3,3], stride=[1,1,1,1],
is_pretrain=is_pretrain)
        x = tools.pool('pool2', x, kernel=[1,2,2,1], stride=[1,2,2,1],
is_max_pool=True)

        x = tools.conv('conv3_1', x, 256, kernel_size=[3,3], stride=[1,1,1,1],
is_pretrain=is_pretrain)
        x = tools.conv('conv3_2', x, 256, kernel_size=[3,3], stride=[1,1,1,1],
is_pretrain=is_pretrain)
        x = tools.conv('conv3_3', x, 256, kernel_size=[3,3], stride=[1,1,1,1],
is_pretrain=is_pretrain)
        x = tools.pool('pool3', x, kernel=[1,2,2,1], stride=[1,2,2,1],
is_max_pool=True)

        x = tools.conv('conv4_1', x, 512, kernel_size=[3,3], stride=[1,1,1,1],
is_pretrain=is_pretrain)
        x = tools.conv('conv4_2', x, 512, kernel_size=[3,3], stride=[1,1,1,1],
is_pretrain=is_pretrain)
        x = tools.conv('conv4_3', x, 512, kernel_size=[3,3], stride=[1,1,1,1],
is_pretrain=is_pretrain)
        x = tools.pool('pool4', x, kernel=[1,2,2,1], stride=[1,2,2,1],
is_max_pool=True)

        x = tools.conv('conv5_1', x, 512, kernel_size=[3,3], stride=[1,1,1,1],
is_pretrain=is_pretrain)
        x = tools.conv('conv5_2', x, 512, kernel_size=[3,3], stride=[1,1,1,1],
is_pretrain=is_pretrain)
        x = tools.conv('conv5_3', x, 512, kernel_size=[3,3], stride=[1,1,1,1],
is_pretrain=is_pretrain)
        x = tools.pool('pool5', x, kernel=[1,2,2,1], stride=[1,2,2,1],
is_max_pool=True)

        x = tools.FC_layer('fc6', x, out_nodes=4096)
        x = tools.batch_norm(x)
        x = tools.FC_layer('fc7', x, out_nodes=4096)
        x = tools.batch_norm(x)
        x = tools.FC_layer('fc8', x, out_nodes=n_classes)

        return x
```

可以看到，整个代码段中有大量的重复性单元，这样给程序设计人员以及阅读者带来了不便，而且参数越多，在编写时出现错误的概率越大。特别是个人编写的一些实现了卷积层和池化层的工具程序，往往一个不注意就会造成很大的困难，从而使得程序设计失败。

19.3.2　使用 Slim 创建 VGG16 并训练

对于 VGG16 这种使用卷积层、池化层以及全连接层设计的神经网络模型，其中大量的代码可以使用 Slim 来完成，这样能够方便其调用和使用。

1. 第一步：模型的设计

```python
import tensorflow.contrib.slim as slim


def vgg16(inputs):
    with slim.arg_scope([slim.conv2d,slim.fully_connected],
                        activation_fn = slim.relu,
                        weights_initializer = slim.xavier_initializer(),
                        weights_regularizer = slim.l2_regularizer(0.0005)
                        ):
        out = slim.repeat(inputs,2,slim.conv2d,64,[3,3],scope="conv1")
        out = slim.max_pool2d(out,[2,2],scope="pool1")
        out = slim.repeat(out,2,slim.conv2d,128,[3,3],scope="conv2")
        out = slim.max_pool2d(out,[2,2],scope="pool2")
        out = slim.repeat(out,3,slim.conv2d,256,[3,3],scope="conv3")
        out = slim.max_pool2d(out,[2,2],scope="pool3")
        out = slim.repeat(out,3,slim.conv2d,512,[3,3],scope="conv4")
        out = slim.max_pool2d(out,[2,2],scope="pool4")
        out = slim.repeat(out,3,slim.conv2d,512,[3,3],scope="conv5")
        out = slim.max_pool2d(out,[2,2],scope="pool5")
        out = slim.fully_connected(out,4096,scope="fc6")
        out = slim.dropout(out,scope="droupout6")
        out = slim.fully_connected(out,4096,scope="fc7")
        out = slim.dropout(out,scope="droupout7")
        out = slim.fully_connected(out,1000,activation_fn=None,scope="fc8")
        res = slim.softmax(out)
    return res
```

可以看到，这里只使用 Slim 自带的函数，首先对所有层中的参数进行统一的配置，之后调用 Slim 自带的重复参数对不同层级中的参数进行循环计算，并将结果传递到下一层中，最后通过返回值将其作为输出。

或者使用 Slim 自带的模型系统。

```python
import tensorflow.contrib.slim.python.slim.nets.vgg as vgg
vgg16 = vgg.vgg_16(inputs)
```

2. 第二步：辅助函数的编写

如果想对模型进行训练，下一步则需要编写辅助函数，损失函数的作用在前面已经做了说明。损失函数的作用是定义了一个具体的、在模型中表示真实值与计算值之间的差值，并且要求在整个过程中将其最小化的函数。例如使用交叉熵计算真实的分布与预测分布之间的差值。

某些模型中，目前读者没有见到，就是在整个模型中需要使用多个损失函数，换句话说最终的损失函数就是最小化各种损失函数的总和。例如在3D模型中除了要检测不同图像的对比，还需要检测图像的深度，这使得传统的2维损失函数计算失真。

Slim 中提供了一种简单的方法调用损失函数，可以使用如下代码段：

```
loss = slim.losses.softmax_cross_entropy(predictions, labels)
```

其中 predictions 是模型的预测值而 labels 是模型的真实值，通过计算其交叉熵的差值从而获得了损失函数。这是一个损失函数的计算，而对于多个损失函数，则需要调用专门的方法去进行叠加。

```
classification_loss = slim.losses.softmax_cross_entropy(scene_predictions,
scene_labels)
sum_of_squares_loss = slim.losses.sum_of_squares(depth_predictions,
depth_labels)

total_loss = classification_loss + sum_of_squares_loss
total_loss = slim.losses.get_total_loss(add_regularization_losses=False)
```

softmax_cross_entropy 和 sum_of_squares 都是用来计算损失函数的 Slim 内置函数，之后将2个损失函数进行相加，最后调用了 get_total_loss 来对所有的损失函数进行计算。可能有读者不习惯这种代码的写法，但是从 Slim 底层来看，损失函数是被存放在 TensorFlow 底层的一个集合中，当计算开始后，将计算集合中所有的损失函数，之后按关系将其进行叠加。

3. 第三步：训练模型

定义好模型和损失函数，下一步就是对模型进行训练。

Slim 中提供了简便的方法对模型进行训练，其中包括损失函数的计算、多种梯度模型以及保存方法。

```
total_loss =slim.losses.get_total_loss()
optimizer = tf.train.GradientDescentOptimizer(learning_rate)

train_op = slim.learning.create_train_op((total_loss,optimizer))
logdir = "checkpoint.ckpt" #存储的已训练好的模型

slim.learning.train(
    train_op,
    logdir
)
```

在这里 learning.train 函数对 train_op 和存储的模型存档进行统一管理，其中使用前面独立定义过的梯度下降和损失函数，此外还可以对数据按需要进行存储，例如在 learning.train 中以参数的形式标记模型训练的次数以及记录的数目。

下面是一个训练模型的代码段：

```
import tensorflow as tf
import tensorflow.contrib.slim as slim
import tensorflow.contrib.slim.python.slim.nets.vgg as vgg

save_model = "save_model"
if not tf.gfile.Exists(save_model):
  tf.gfile.MakeDirs(save_model)

images, labels = ...

predictions = vgg.vgg16(images, is_training=True)

slim.losses.softmax_cross_entropy(predictions, labels)
total_loss = slim.losses.get_total_loss()
optimizer = tf.train.GradientDescentOptimizer(learning_rate=.001)

train_tensor = slim.learning.create_train_op(total_loss, optimizer)

slim.learning.train(train_tensor, save_model)
```

首先定义了 save_model 作为模型的存储地址，之后调用了导入的 VGG16 模型，在这里根据需要将生成的数据做交叉熵计算损失函数，之后生成训练节点并使用存储地址开始训练任务。

4. 第四步：验证模型

对模型的验证是训练模型必不可少的一个重要环节。如果想要看看模型在实际工作中的具体情况，就需要选择一组合适的评价指标，能够在模型的训练或者执行过程中分析模型的性能、效率和负载等情况，并真实地记录和输出评价得分。

在经典的 TensorFlow 程序设计中，衡量一个模型好坏最重要的指标就是损失函数；但是在 Slim 中，除了损失函数之外，还有更多衡量模型的指标可以供参考。

Slim 中专门有一个 "metrics" 类用以使得模型的度量工作变得简单易用，抽象地说，Slim 衡量过程可以用以下 3 个部分进行：

● 　*初始化*：初始化变量指标开始计算。
● 　*计算值*：使用现成的函数进行操作。
● 　*终止化*：执行各种操作来计算各种值。

举例来说，如果需要使用"调和平均数"作为模型的验证参数，则首先将其初始化为 0；之后通过模型的计算，记录其计算结果标签，以及其绝对差值和差之和；最后除以一个常数作为最终的结果。Slim 提供的方法主要有以下几种：

```
    mae_value_op, mae_update_op =
slim.metrics.streaming_mean_absolute_error(predictions, labels)
    mre_value_op, mre_update_op =
slim.metrics.streaming_mean_relative_error(predictions, labels, labels)
    pl_value_op, pl_update_op = slim.metrics.percentage_less(mean_relative_errors,
0.3)
```

streaming_mean_absolute_error 是求取模型的预测值与真实值之间的绝对误差，streaming_mean_relative_error 是取模型的预测值与真实之间的相对误差，而 percentage_less 的作用是减少误差的百分比。

返回值为 value_op 和 update_op。value_op 的作用是返回当前的度量值，而 update_op 的作用对以上的步骤进行整体操作并返回相应的度量值。

19.4 实战——使用 Slim 设计多层感知器（MLP）

多层感知器（Multi-layer Perceptron，MLP）是一种前向结构的人工神经网络，映射一组输入向量到一组输出向量，如图 19-4 所示。MLP 可以被看作是一个有向图，由多个节点层组成，每一层全连接到下一层。除了输入节点，每个节点都是一个带有非线性激活函数的神经元（或称处理单元）。一种被称为反向传播算法的监督学习方法常被用来训练 MLP。MLP 是感知器的推广，克服了感知器不能对线性不可分数据进行识别的弱点。

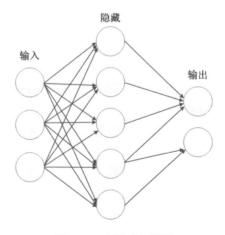

图 19-4　多层感知器图

MLP 神经网络是常见的神经网络算法，一般实际中使用的 MLP 由一个输入层、一个输出层和一个或多个隐藏层组成。在 MLP 中的所有神经元都差不多，每个神经元都有几个输入（连接前一层）神经元和输出（连接后一层）神经元，该神经元会将相同值传递给与之相连的多个输出神经元。一个神经网络训练网将一个特征向量作为输入，将该向量传递到隐藏层，然后通过权重和激励函数来计算结果，并将结果传递给下一层，直到最后传递给输出层才结束。

19.4.1　MLP 的 Slim 实现

首先是对使用 Slim 程序设计进行分析。因为需要实现的 MLP 是一个程序计算的整体过程，即需要将变量放置在一个被命名的变量空间中，以便 Slim 所使用的底层 TensorFlow 框架能够对其分层和建立框架图来处理，这也能够便于可视化使用 TensorFlow 服务。

与传统的神经网络算法一致，多层感知器中还使用了全连接层和激活函数对图进行计算。最常用的就是 L2 权重衰减以及 Relu 激活函数，之后通过"参数空间"对其命名后计算并传递。同样，dropout 一样被使用在 MLP 的 Slim 实现中，虽然在更为复杂的神经网络设计中有时候往往并不再使用 dropout，但主要将其作为防止过拟合的一种通用手段。

1. 第一步：编程分析

对于多层感知器，这里笔者建立了一个包含 2 个全连接层作为隐藏层的多层感知器，其最终输出为一个具体的常数。这本身并不复杂，通过前面的学习，相信现在读者可以非常容易地设计并编写出对应的、简单的 TensorFlow 代码。

但是，笔者希望通过这个步骤首先解释一下 Slim 的整体架构。所有的 Slim 都在专门的 Graph 中运行，当函数被调用时，Slim 将产生定义的参数节点，并且将其传递给底层的 Graph 框架中的那个专门命名的参数空间，而且当一个节点所对应的参数空间被创建时，其额外的参数节点变量也被添加到专门的图中。

Slim 使用参数空间给其中所包括的节点进行统一命名，这样做的好处是产生的图可以根据需要被分成若干层，在图中的节点和变量可以根据命名统一地查找和被操作。通过前面的内容也可以知道，使用参数空间的好处还包括，可以对其中所使用的 TensorFlow 层定义的激活函数和参数的初始化方式做出统一的管理。

```
with slim.arg_scope(
[slim.fully_connected],
activation_fn = tf.nn.relu,
weights_regularizer = slim.l2_regularizer(0.01)
):
```

同时为了使用 Finetuning，在每一层的节点输出处都使用了一个列表用以记录计算出的每层的输出值。这样做的好处是在层的结尾处可以根据需要截取或者加载上更多的分类层，从而满足不同的需求。完整代码如程序程序 19-4 所示。

【程序 19-4】

```
import tensorflow as tf
import tensorflow.contrib.slim as slim
import numpy as np
```

```
def mlp_model(inputs,is_training=True, scope="mlp_model"):
    """
    #创建一个mlp模型
    :param input: 一个大小为[batch_size,dimensions]的 Tensor 张量作为输入数据；
    :param is_training: 是否模型处于训练状态。（当进行使用时模型处于非训练状态，计算时
可节省大量时间）
    :param scope:命名空间的名称
    :return:prediction,end_point。其中 prediction 是模型计算的最终值，而 end_point
用以收集每层计算值的字典。
    """
    with tf.variable_scope(scope,"mlp_model",[inputs]):
        #使用 end_point 记录每一层的输出，这样做的好处是对每一层的输出都有个记录，方便在后
期进行 Finetuning。
        end_point = {}
        #创建一个参数空间用以记录使用的各种层和激活函数，以及各种参数的正则化修正。
        with slim.arg_scope(
                [slim.fully_connected],
                activation_fn = tf.nn.relu,
                weights_regularizer = slim.l2_regularizer(0.01)
        ):

            #第一个全连接层，输出为 32 个节点，
            # 这里需要注意的是全连接层中所需要的参数的定义，激活函数的使用在前面的 arg_scope
已经定义过。
            net = slim.fully_connected(inputs,32,scope="fc1")
            end_point["fc1"] = net
            #使用 dropout 进行全连接层修正，每次保存的数目为 0.5。
            net = slim.dropout(net,0.5,is_training=is_training)

            #第二个全连接层，输出为 16 个节点。
            net = slim.fully_connected(net,16,scope="fc2")
            end_point["fc2"] = net
            #使用 dropout 进行全连接层修正，每次保存的数目为 0.5。
            net = slim.dropout(net,0.5,is_training=is_training)

            #使用一个全连接层作为最终层的计算，输出 1 个值，不使用激活函数。
            prediction = slim.fully_connected(net,1,activation_fn=None,scope =
"prediction")
            end_point["out"] = prediction
    return prediction,end_point
```

最终获得两个返回值，prediction 以及 end_point。prediction 是模型的预测值，而 end_point 是用以记录每个层输出值的列表。

2. 第二步：验证模型结构

对于设计的模型需要相应的方式去验证模型的结构，在这里只需要传入相应的占位符，打印出每层的维度和所对应的参数即可。

```
with tf.Graph().as_default():
    # 定义两个占位符用作输入与输出
```

```
inputs = tf.placeholder(tf.float32, shape=(None, 1))
outputs = tf.placeholder(tf.float32, shape=(None, 1))

#使用 MLP 模型计算输入值
prediction, end_point = mlp_model(inputs)



#打印模型计算值
print(prediction)

#打印每层的名称以及计算值
print("layers")
for name,value in end_point.items():
    print("name = {},Node = {}".format(name,value))



print("\n")
print("-------------------")
#打印每个节点的名称和维度
print("Parameters")
for v in slim.get_model_variables():
    print('name = {}, shape = {}'.format(v.name, v.get_shape()))
```

打印结果如图 19-5 所示。

```
Tensor("mlp_model/prediction/BiasAdd:0", shape=(?, 1), dtype=float32)
layers
name = fc2,Node = Tensor("mlp_model/fc2/Relu:0", shape=(?, 16), dtype=float32)
name = out,Node = Tensor("mlp_model/prediction/BiasAdd:0", shape=(?, 1), dtype=float32)
name = fc1,Node = Tensor("mlp_model/fc1/Relu:0", shape=(?, 32), dtype=float32)


-------------------
Parameters
name = mlp_model/fc1/weights:0, shape = (1, 32)
name = mlp_model/fc1/biases:0, shape = (32,)
name = mlp_model/fc2/weights:0, shape = (32, 16)
name = mlp_model/fc2/biases:0, shape = (16,)
name = mlp_model/prediction/weights:0, shape = (16, 1)
name = mlp_model/prediction/biases:0, shape = (1,)
```

图 19-5　打印的图层以及参数类别和维度

在每一层说明中可以看到每一层的名称、激活函数以及维度，而参数部分对参数的名称以及维度做了说明。

这里可以看到，通过设置的命名空间，模型中所有的层和节点都默认在一个统一的参数空间命名下的图中运行。

3. 第三步：创建数据集

因为是演示模型，笔者通过创建随机数据的方式创建数据集，代码如下：

【程序 19-5】

```
import numpy as np
import matplotlib.pyplot as plt

def produce_batch(batch_size, noise=0.3):
    xs = np.random.random(size=[batch_size, 1]) * 10
    ys = np.cos(xs) + 5 + np.random.normal(size=[batch_size, 1], scale=noise)
    return [xs.astype(np.float32), ys.astype(np.float32)]

if __name__ == "__main__":
    x_train, y_t rain = produce_batch(200)
    x_test, y_test = produce_batch(200)
    plt.scatter(x_train, y_train, marker="8")
    plt.scatter(x_test, y_test, marker="*")
    plt.show()
```

这里首先创建了一个 batch_size 大小的随机数据集，之后计算每个值的余弦数，并且在每个数之后加上一个噪声修正结果。数据集的图形化表示如图 19-6 所示。

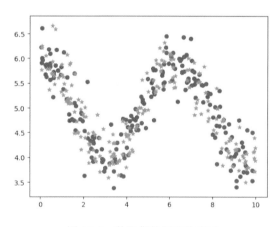

图 19-6　数据集的图形化表示

数据集被创建完毕后并不能直接使用。Slim 要求输入的数据必须是能够直接在 TensorFlow 中使用的 Tensor 文件，因此在数据集创建后，还需要一个步骤将其转化为 Tensor 格式的数据。这样做的好处是可以使得 Slim 自动管理输入数据的大小对模型进行训练，并且能够不停地对参数进行相应的更新以及记录循环的次数。其代码如下：

```
def convert_data_to_tensors(x, y):
    inputs = tf.constant(x)
    inputs.set_shape([None, 1])
```

```
outputs = tf.constant(y)
outputs.set_shape([None, 1])
return inputs, outputs
```

首先通过 tf 自带的 constant 将其转化成 Tensor 格式，之后重构了输入维度，使之能够适应新的大小。

 这里的转化步骤需要在一个对话中完成而不能直接运行。

4. 第四步：模型的训练

对于模型的训练来说，最重要的就是损失函数的确定。在 Slim 中为了简化程序的编写过程，提供了大量的、已定义好的损失函数供选择。除了前面所使用的交叉熵损失函数外，还提供了额外的损失函数，例如均方差误差和绝对值误差。

```
#损失函数定义
loss = slim.losses.mean_squared_error(prediction,outputs,scope="loss") #均方误差

#使用梯度下降算法训练模型
optimizer = slim.train.GradientDescentOptimizer(0.005)
train_op = slim.learning.create_train_op(loss,optimizer)
```

可以看到随着误差设定方法的改变，整体的训练函数的编写方式也发生了改变。整体的代码如下所示。

【程序 19-6】

```
import tensorflow as tf
import MLP_model as model
import tensorflow.contrib.slim as slim
#定义的存储地址，读者可以自由定义 sava_path 作为模型的存储地址
from global_variable import save_path as save_path

import shutil
shutil.rmtree(save_path)

g = tf.Graph()
with g.as_default():
    #在控制台打印 log 信息
    tf.logging.set_verbosity(tf.logging.INFO)

    #创建数据集
    xs,ys = model.produce_batch(200)
```

```
#将数据转化为 Tensor，使用这种格式能够使得 TensorFlow 队列自动调用
inputs, outputs = model.convert_data_to_tensors(xs,ys)

#计算模型值
prediction, _ = model.mlp_model(inputs)

#损失函数定义
loss = slim.losses.mean_squared_error(prediction,outputs,scope="loss") #
均方误差

#使用梯度下降算法训练模型
optimizer = slim.train.GradientDescentOptimizer(0.005)
train_op = slim.learning.create_train_op(loss,optimizer)

#使用 TensorFlow 高级执行框架 "图" 去执行模型训练任务。
final_loss = slim.learning.train(
    train_op,
    logdir=save_path,
    number_of_steps=1000,
    log_every_n_steps=200,
)

print("Finished training. Last batch loss:", final_loss)
print("Checkpoint saved in %s" % save_path)
```

首先需要说明的是，当采用 Slim 进行统一训练模型管理的时候，需要设置一个模型的存储地址，这样使得模型能够自动地按步骤存档。

```
tf.logging.set_verbosity(tf.logging.INFO)
```

这条语句是用于在控制台输出自动管理的模型训练步骤，如图 19-7 所示。

```
INFO:tensorflow:Starting Session.
INFO:tensorflow:Starting Queues.
INFO:tensorflow:global_step/sec: inf
INFO:tensorflow:global step 200: loss = 1.7742 (0.00 sec/step)
INFO:tensorflow:global step 400: loss = 1.0058 (0.00 sec/step)
INFO:tensorflow:global step 600: loss = 0.8507 (0.00 sec/step)
INFO:tensorflow:global step 800: loss = 0.7366 (0.00 sec/step)
INFO:tensorflow:global step 1000: loss = 0.8317 (0.00 sec/step)
INFO:tensorflow:Stopping Training.
INFO:tensorflow:Finished training! Saving model to disk.
```

图 19-7　训练模型的控制台输出

在控制台中，每一次循环和损失值的计算都可以明确地看到，而这些相关的定义都是在以下代码中所定义和完成。

```
#使用 TensorFlow 高级执行框架"图"去执行模型训练任务。
final_loss = slim.learning.train(
    train_op,
    logdir=save_path,
    number_of_steps=1000,
    log_every_n_steps=200,
)
```

5. 第四步（补充）：使用多种损失函数组合模型的训练

这里额外加一步，Slim 中提供了多种损失函数对模型进行计算，而实际操作的时候读者可能并不会只使用一个损失函数进行模型的训练，因此可以交叉组合多个损失函数进行训练任务。

```
#损失函数定义
#均方误差
mean_squared_error =
slim.losses.mean_squared_error(prediction,outputs,scope="mean_squared_error")
#绝对误差
absolute_difference_loss
=slim.losses.absolute_difference(prediction,outputs,scope="absolute_difference
_loss")

#定义全部的损失函数
total_loss = mean_squared_error + absolute_difference_loss
```

可以看到，这里分别定义了均方误差和绝对值误差，通过组合将其结果叠加到一个 total_loss 上。完整代码如下所示。

【程序 19-7】

```
import tensorflow as tf
import MLP_model as model
import tensorflow.contrib.slim as slim
from global_variable import save_path as save_path

#import shutil
#shutil.rmtree(save_path)

g = tf.Graph()
with g.as_default():
    #在控制台打印 log 信息
    tf.logging.set_verbosity(tf.logging.INFO)

    #创建数据集
    xs,ys = model.produce_batch(200)
    #将数据转化为 Tensor，使用这种格式能够使得 TensorFlow 队列自动调用
```

```
    inputs, outputs = model.convert_data_to_tensors(xs,ys)

    #计算模型值
    prediction, end_point = model.mlp_model(inputs)

#损失函数定义
#均方误差
    mean_squared_error =
slim.losses.mean_squared_error(prediction,outputs,scope="mean_squared_error")
    #绝对误差
    absolute_difference_loss
=slim.losses.absolute_difference(prediction,outputs,scope="absolute_difference
_loss")


    #定义全部的损失函数
    total_loss = mean_squared_error + absolute_difference_loss


    # 使用梯度下降算法训练模型
    optimizer = slim.train.GradientDescentOptimizer(0.005)  # 可以改成后面加
mini....
    train_op = slim.learning.create_train_op(total_loss, optimizer)

    saver = slim.train.Saver()
    with tf.Session() as sess:
        sess.run(tf.global_variables_initializer())

        for _ in range(1000):
            sess.run(train_op)
        saver.save(sess,save_path+"MLP_train_multiple_loss.ckpt")
        print(sess.run(end_point["fc1"]))
```

在上面的代码段中可以看到,这里沿用了传统的 tf.Session()形式的代码段对程序进行设计,并且在最后打印出第一层计算的值,如图 19-8 所示。

```
[[ 0.          0.          0.28785607 ...,  0.          0.          0.         ]
 [ 0.          0.          0.39850548 ...,  0.          0.          0.         ]
 [ 0.          0.          0.2073942  ...,  0.          0.          0.         ]
 ...,
 [ 0.          0.          0.31486344 ...,  0.          0.          0.         ]
 [ 0.          0.          0.23849466 ...,  0.          0.          0.         ]
 [ 0.          0.          0.13977416 ...,  0.          0.          0.        ]]
```

图 19-8 end_point 第一层全连接层的计算值

如果需要对模型的参数进行打印，可以将其改成如下语句：

```
print((slim.get_model_variables()))
print(sess.run(slim.get_variables_by_name("mlp_model/fc1/weights")))
```

这里打印出模型的全部参数和通过一个具体参数名获取的内容。需要注意的是，这里直接打印的话会打印出一个向量名，因此如果需要完整值的话，则需要通过对话重新运行，其结果如图 19-9 所示。

```
[<tf.Variable 'mlp_model/fc1/weights:0' shape=(1, 32) dtype=float32_ref>,
[array([[-0.13680974, -0.02350246, -0.06577163, -0.03413785, -0.31587672,
         -0.03160833, -0.08436534, -0.29309222, -0.03239585,  0.00093449,
         -0.22916175, -0.18670414, -0.06562226, -0.14577553, -0.22292967,
          0.00877734, -0.06626118, -0.18179335, -0.05890931, -0.13325971,
          0.000379  , -0.16339111, -0.07211021,  0.00685999, -0.04999366,
         -0.02419433, -0.04728955,  0.0017713 , -0.06428488,  0.00815339,
         -0.12959063, -0.0536698 ]], dtype=float32)]
```

图 19-9　模型参数张量与具体的参数值

6. 第五步：复用使用过的模型

对于训练好的模型最重要的需求就是对其进行复用。同样对于训练好的模型也可以使用 TensorFlow 或者 Slim 提供的方法对其进行复用，代码如下：

【程序 19-8】

```
import tensorflow as tf
import MLP_model as model
import tensorflow.contrib.slim as slim
from global_variable import save_path as save_path


with tf.Graph().as_default():
    #在控制台打印 log 信息
    tf.logging.set_verbosity(tf.logging.INFO)

    #创建数据集
    xs,ys = model.produce_batch(200)
    #将数据转化为 Tensor，使用这种格式能够使得 TensorFlow 队列自动调用
    inputs, outputs = model.convert_data_to_tensors(xs,ys)

    #计算模型值
prediction, _ = model.mlp_model(inputs,is_training=False)

    saver = tf.train.Saver()
    save_path = tf.train.latest_checkpoint(save_path)
```

```
with tf.Session() as sess:
    saver.restore(sess,save_path)
    inputs, prediction, outputs = sess.run([inputs,prediction,outputs])
```

可以看到，程序直接调用了 TensorFlow 中的 Saver 类对数据进行恢复，tf.train.latest_checkpoint 函数是获取了存档文件夹中最新的存档数据的函数，之后通过传入需要验证的数据集对其进行计算。

19.4.2　MLP 模型的评估

对于模型的训练来说，其最大的要求就是损失函数值的最小化。但是仅仅观察和以损失函数值作为判断模型好坏的依据是远远不够的。Slim 中还提供了简单的、使用计算均方误差和平均绝对误差指标的函数。

```
'Mean Squared Error': slim.metrics.streaming_mean_squared_error(predictions,
targets)
'Mean Absolute Error': slim.metrics.streaming_mean_absolute_error(predictions,
targets)
```

第一行是计算相对误差函数，而第二行是计算绝对误差函数。使用公式进行表示的话：

绝对误差 =| 测量值 - 真实值 |　（即测量值与真实值之差的绝对值）

相对误差 =| 测量值 - 真实值 |/真实值　（即绝对误差所占真实值的百分比）

这里笔者稍微解释一下这两个值的区别，对于相对误差和绝对误差，相对误差更能够反映出测量结果对整体的影响，而绝对误差通常只是作为一个计算相对误差的辅助值而存在。

【程序 19-9】

```
import tensorflow as tf
import MLP_model as model
import tensorflow.contrib.slim as slim
from global_variable import save_path as save_path

with tf.Graph().as_default():
    #在控制台打印 log 信息
    tf.logging.set_verbosity(tf.logging.INFO)

    #创建数据集
    xs,ys = model.produce_batch(200)
    #将数据转化为 Tensor，使用这种格式能够使得 TensorFlow 队列自动调用
    inputs, outputs = model.convert_data_to_tensors(xs,ys)

    #计算模型值
    prediction, _ = model.mlp_model(inputs,is_training=False)
```

```
#制定的度量值-相对误差和绝对误差:
    names_to_value_nodes, names_to_update_nodes =
slim.metrics.aggregate_metric_map({
    'Mean Squared Error':
slim.metrics.streaming_mean_squared_error(prediction, outputs),
    'Mean Absolute Error':
slim.metrics.streaming_mean_absolute_error(prediction, outputs)
    })

    sv = tf.train.Supervisor(logdir=save_path)
    with sv.managed_session() as sess:
        names_to_value = sess.run(names_to_value_nodes)
        names_to_update = sess.run(names_to_update_nodes)

    for key, value in names_to_value.items():
      print( (key, value))

    print("\n")
    for key, value in names_to_update.items():
        print((key, value))
```

打印结果如图 19-10 所示。

```
('Mean Squared Error', 0.0)
('Mean Absolute Error', 0.0)


('Mean Squared Error', 0.45175344)
('Mean Absolute Error', 0.57004738)
```

图 19-10　相对误差和绝对误差

这里分别打印出 2 组数据,第一组是当前批次中的误差值,而第二组是下一批次中的误差值。首先计算下一批次的误差值的好处是可以在对权重进行修正之前进行一个数据的统计。

可能有读者注意到,这里在重新进行模型载入的时候,使用的是 tf.train.Supervisor 函数,这样做的好处是,可以使用训练模型时具有初始化特征的那个会话,以便在需要的时候调用其初始化方法。

19.5　Slim 数据读取方式

TensorFlow 能够识别的图像文件,可以通过 NumPy,使用 tf.Variable 或者 tf.placeholder 加载进 TensorFlow;也可以通过自带函数(tf.read)读取,当图像文件过多时,一般使用 pipeline

通过队列的方法进行读取。笔者也反复强调，推荐使用 TensorFlow 自由的数据转化格式 TFrecorder 作为数据的转化格式。

作为 TensorFlow 高级应用类库的 Slim 来说，也有专门的数据读取方式，这种方式是在 TensorFlow 数据读取的基础上做了一个包装而来的，在包装性能的基础上也简化了程序编写的复杂度。

19.5.1 Slim 数据读取格式

Slim 中通过两个步骤对数据进行读取：

```
Dataset
DatasetDataProvider.
```

对于一个输入数据来说，Dataset 将数据转化为可读取的形式，而 DatasetDataProvider 用以对数据进行读取。

1. 第一步：数据转化为 Dataset

一个 Dataset 包含 Slim 需要读取数据的基本信息，例如数据的列表和具体解码的方式，并且还包括一些元数据，例如数据标签、每次读取的数据尺寸大小，以及 dataset 所提供的数据张量。如图 19-11 所示为猫狗大战的图片。

图 19-11 猫狗大战

举个例子来说，对于输入的图片数据集，Dataset 包括图片的标签、所标注的边框注释、甚至于 Dataset，可以让使用者向特定的目标写入专门的数据而无须估计目标的格式和种类。

更为具体地来看，Dataset 在底层使用的是 TFRecords，并且 Dataset 遵循其对数据的命名规则和键值对的设置形式，并将其插入到例子记录中。

2. 第二步：DatasetDataProvider 读取数据

DatasetDataProvider 的作用是对 Slim 中的各个 Dataset 进行数据读取，其能够通过不同方式高效地读取不同的可配置数据，并将其稳定的形式输入到训练模型中，会对其效率产生重大影响。例如它可以是单线程或者多线程，如果数据分片在多个文件之中，则它可以整合不同的文件碎片或者并行地从每个文件中读取数据。

19.5.2　生成 TFRecords 格式数据

Slim 的数据读取是在 TFRecords 格式的数据基础之上，因此在使用 Slim 对数据进行操作之前，需要将数据生成专用的 TFRecords 格式对数据进行操作。

1. 第一步：生成 TFRecords 格式数据

首先对于数据的生成，一般情况下，某个类别的图片会根据其类别使用特定的文件夹进行存放，因此可以根据不同的文件夹存放位置和目录对数据进行分类，如图 19-12 所示。

图 19-12　猫狗大战文件存放位置

具体生成时可以使用传入的参数对其进行处理，完整代码如下：

【程序 19-10】

```
#encoding=utf-8
import os
import tensorflow as tf
from PIL import Image


def create_record(cwd = "C:/cat_and_dog_r",classes =
{'cat',"dog"},img_heigh=224,img_width=224):
    """
    :param cwd: 主文件夹 位置 ，所有分类的数据存储在这里
    :param classes:子文件夹 名称 ，每个文件夹的名称作为一个分类，由[1,2,3......]继续
分下去
    :return:最终在当前位置生成一个 tfrecords 文件
    """
    writer = tf.python_io.TFRecordWriter("train.tfrecords") #最终生成的文件名
    for index, name in enumerate(classes):
        class_path = cwd +"/"+ name+"/"
        for img_name in os.listdir(class_path):
            img_path = class_path + img_name
            img = Image.open(img_path)
            img = img.resize((img_heigh, img_width))
            img_raw = img.tobytes() #将图片转化为原生 bytes
            example = tf.train.Example(
                features=tf.train.Features(feature={
                    "label":
tf.train.Feature(int64_list=tf.train.Int64List(value=[index])),
```

```
                              'img_raw':
tf.train.Feature(bytes_list=tf.train.BytesList(value=[img_raw]))
                }))
            writer.write(example.SerializeToString())
    writer.close()
```

通过程序中的参数也可以看到，cwd 指定了数据文件存放的主目录，而 classes 对文件的子文件夹类别进行了分类，在这里根据提取出的文件顺序依次将序号标记为 0、1、2、3……最后生成一个由用户定义的 tfrecords 的文件名。

2. 第二步：独立读取 TFRecords 格式中保存的数据

在 TFRecords 进行数据生成之后，需要对数据进行读取，代码如下：

【程序 19-11】

```
def read_and_decode(filename,img_heigh=224,img_width=224):
    # 创建文件队列,不限读取的数量
    filename_queue = tf.train.string_input_producer([filename])
    # create a reader from file queue
    reader = tf.TFRecordReader()
    # reader 从文件队列中读入一个序列化的样本
    _, serialized_example = reader.read(filename_queue)
    # get feature from serialized example
    # 解析符号化的样本
    features = tf.parse_single_example(
        serialized_example,
        features={
            'label': tf.FixedLenFeature([], tf.int64),
            'img_raw': tf.FixedLenFeature([], tf.string)
        }
    )
    label = features['label']
    img = features['img_raw']
    img = tf.decode_raw(img, tf.uint8)
    img = tf.reshape(img, [img_heigh, img_width, 3])
    img = tf.cast(img, tf.float32) * (1. / 255) - 0.5
    label = tf.cast(label, tf.int32)
    return img, label
```

这里通过创建队列的形式对数据进行了读取，example 是用 tf.train.Example 创建的一个样本实例，也就是一张图片的记录，其中包含有记录的属性，是 tf.train.Features 创建的一个实例。解析 tfrecoreder 文件的解析器是 parse_single_example，阅读器是 tf.TFRecordReader。

额外需要读者注意的是，这里使用 TensorFlow 在框架内部使用多线程对数据进行读取。框架 sess 每 run 一次，img 节点就会执行一次操作，因为 fetch 到了数据，所以队列就弹出。

同时还在程序的最终部分对生成的数据进行了重构，这样做的好处是在图读取时，就可以重新根据需要生成图片数据的大小，从而重新对图片进行构造。

3. 第二步（补充）：批量读取 TFRecords 格式中保存的数据

对于 TensorFlow 或者 Slim 来说，除了单独读取数据并将其送入模型中训练，还有一种是批量地读取数据，而且实际上大部分时候模型需要输入一个小批量数据，代码如下：

【程序 19-12】

```python
import tensorflow as tf

def batch_read_and_decode(filename,img_heigh=224,img_width=224,batchSize=100):
    # 创建文件队列
    fileNameQue = tf.train.string_input_producer([filename], shuffle=True)
    reader = tf.TFRecordReader()
    # reader 从文件队列中读入一个序列化的样本
    _, serialized_example = reader.read(fileNameQue)
    # get feature from serialized example
    # 解析符号化的样本
    features = tf.parse_single_example(
        serialized_example,
        features={
            'label': tf.FixedLenFeature([], tf.int64),
            'img_raw': tf.FixedLenFeature([], tf.string)
        }
    )
    label = features['label']
    img = features['img_raw']
    img = tf.decode_raw(img, tf.uint8)
    img = tf.reshape(img, [img_heigh, img_width, 3])
    img = tf.cast(img, tf.float32) * (1. / 255) - 0.5
    min_after_dequeue = batchSize * 9
    capacity = min_after_dequeue + batchSize
    # 预取图像和 label 并随机打乱，组成 batch，此时 tensor rank 发生了变化，多了一个 batch
大小的维度
    exampleBatch,labelBatch = tf.train.shuffle_batch([img,
label],batch_size=batchSize, capacity=capacity,
min_after_dequeue=min_after_dequeue)
    return exampleBatch,labelBatch

if __name__ == "__main__":
```

```
    init = tf.initialize_all_variables()
    exampleBatch, labelBatch = batch_read_and_decode("train.tfrecords")

    with tf.Session() as sess:
        sess.run(init)
        coord = tf.train.Coordinator()
        threads = tf.train.start_queue_runners(coord=coord)

        for i in range(100):
            example, label = sess.run([exampleBatch, labelBatch])
            print(example[0][112],label)
            print("---------%i---------"%i)

        coord.request_stop()
        coord.join(threads)
```

取数据和解码数据与之前基本相同，针对不同格式数据集使用不同阅读器和解码器即可。tf.train.shuffle_batch 函数是批量产生数据的核心，其通过外部函数获得批次的大小以及数据读取的列表，从而能够确定缓存多少。

> 至于缓存区存储数量的多少，Tensoflow 官方推荐计算公式如下：
>
> capacity=min_after_dequeue+(num_threads+a small safety margin)*batch_size
>
> 其中 min_after_dequeue 值越大，随机采样的效果越好，但是消耗的内存也越大。

19.5.3　使用 Slim 读取 TFRecords 格式数据

Slim 的数据读取在 TFRecords 格式的数据基础之上，因此在使用 Slim 对数据进行操作之前，需要将数据生成专用的 TFRecords 格式对数据进行操作。其基本代码如下：

【程序 19-13】

```
import tensorflow as tf
with tf.Session() as sess:
    import
tensorflow.contrib.slim.python.slim.data.dataset_data_provider_test as datset
    res = datset._create_tfrecord_dataset("")

    from tensorflow.contrib.slim.python.slim.data import
dataset_data_provider
    provider = dataset_data_provider.DatasetDataProvider(res)

    [image] = provider.get(['image'])
```

```
    [label] = provider.get(['label'])


    image = datset._resize_image(image,224,224)



import tensorflow.contrib.slim.python.slim.queues as queues
with queues.QueueRunners(sess):
    image, label = sess.run([image, label])
    print(list(image.shape))
    print(list(label.shape))
```

这里使用了若干个包装类，将已有的 TFRecords 重新进行包装，并将包装获得数据通过队列进行输出。

19.6　本章小结

Slim 是 TensorFlow 中一个非常重要的辅助类库，本章简要对 Slim 各个部分做了一个介绍，并且使用 Slim 提供的方法生成了一个多层感知机。一般而言，这种较为简化的系统在大规模图像处理的时候使用不多，但是对于一般智能家居等不需要太复杂的人工智能操作的地点，则可以起非常大的作用。

本章学习的是 Slim 的基本操作和使用，在下一章将在此基础上学习 Slim 训练一个卷积神经网络和使用预训练的模型进行 Finetuning 的步骤和方法。

第 20 章
Slim使用进阶

本章开始进入 Slim 高级学习部分。Slim 是一个构建在 TensorFlow 基础上的高级开发类库，在上一章的学习中已经对其基本构建和功能做了基本介绍，并用其搭建了一个非常简单的浅层神经网络模型。

本章开始将使用 Slim 构建更为高级的模型，一个对多种花朵进行分类的卷积神经网络。这将使用已有的数据集进行处理，并会使用大量已有的辅助程序。这点笔者会给予帮助，读者要留意到哪里下载这些程序。

除此之外，本章中会学习使用 Slim 的 Finetuning 方式，这是一个非常重要的内容，在后面进行的图像处理和图像分割中应用非常广泛。

本章的难度也较大，希望读者能够认真学习。

20.1　使用 Slim 创建卷积神经网络（CNN）

对于使用 Slim 进行神经网络设计并不是一件难事，在上一章笔者已经带领读者使用 Slim 设计并实现了一个浅层全连接神经网络。本章将使用 Slim 设计并完成一个卷积神经网络 CNN。

当然如果读者是从头看到本章，那么使用 Slim 搭建一个简单的卷积神经网络会是一件非常容易的事。但是笔者写作本章的目的并不在于此，而是希望通过本章加深读者使用已有数据训练 Slim 设计的模型。

20.1.1　数据集获取

对于神经网络模型来说，最重要的是数据集的获取，在这里可以使用一些已经存在的数据集，但是在这之前需要学习一下怎么使用一些辅助函数。

图 20-1 所示的是一组辅助函数，读者可以在如下地址自行下载：

```
https://github.com/tensorflow/models/tree/master/research/slim/datasets
```

也可以使用笔者提供的程序包下载。

datasets 是一组用于创建数据集的函数，其中可以看到这里提供了 MNIST、cifar10 等数据集的处理函数，在本章中将使用 flower.py 来获取一组 5 种类型的花朵数据并使用卷积神经网络对其进行分类。

 在进行本章后续的工作之前，笔者强烈建议读者下载 datasets 函数包并将其导入到工程文件中。

📄 __init__.py	Full code refactor and added all networks
📄 cifar10.py	slim: Fix typo at datasets/cifar10.py
📄 dataset_factory.py	Full code refactor and added all networks
📄 dataset_utils.py	added python3 support to read_label_file
📄 download_and_convert_cifar10.py	Full code refactor and added all networks
📄 download_and_convert_flowers.py	Full code refactor and added all networks
📄 download_and_convert_mnist.py	Update download_and_convert_mnist.py for 1.0 and python3 compatibility
📄 flowers.py	slim: Typos at datasets/flowers.py
📄 imagenet.py	Full code refactor and added all networks
📄 mnist.py	slim: Fix typo at datasets/mnist.py

图 20-1　datasets 辅助函数

1. 第一步：下载数据

首先第一步是下载所需要的数据。对于下载下来的文件的存放地址，笔者使用了一个专门的文档用于存放一些全局变量，其内容如下：

```
flowers_data_dir = './flowers/'
```

之后是数据的下载，这里读者可以自行下载数据并将其解压到上面代码段的制定目录中，也可以运行程序 20-1 来获取相应的数据集。

【程序 20-1】

```
import tensorflow as tf
from datasets import dataset_utils  #这里请读者一定先下载相应的数据集处理文件夹并先
导入到工程中

url = "http://download.tensorflow.org/data/flowers.tar.gz"
flowers_data_dir = global_variable.flowers_data_dir
if not tf.gfile.Exists(flowers_data_dir):
    tf.gfile.MakeDirs(flowers_data_dir)

dataset_utils.download_and_uncompress_tarball(url, flowers_data_dir)
```

这段代码没什么难度，需要读者注意的是，一定要先下载相应的函数集并将其导入到使用的工程中，之后根据给定的 url 自行下载数据并对其进行解压。

2. 第二步：改变数据集格式

对于下载下来的数据，它是已经被处理好并根据名称进行分类的 tfrecord 格式数据。如图 20-2 所示。

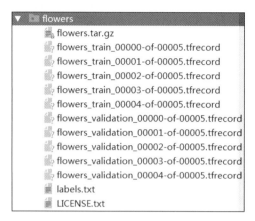

图 20-2　flower 中下载下的数据集

而对于下载下来的数据，上一章也提及，需要将其转化为 Slim 专用的 dataset 格式，其代码段如下：

```
    dataset = flowers.get_split('train', flowers_data_dir)        #下载下的 datasets
函数包中的 flower

    import tensorflow.contrib.slim.python.slim.data.dataset_data_provider as
provider    #TensorFlow 自带的 slim 函数
    data_provider = providerr.DatasetDataProvider(dataset,
common_queue_capacity=32, common_queue_min=1)

    image, label = data_provider.get(['image', 'label'])        #根据标签获取对应的
Tensor
```

这里使用下载下来的数据处理函数对数据进行载入，之后对其进行转换，转成 Slim 所需要的数据格式。可能有读者有兴趣对其中的数据进行查看，则全部代码如下所示。

【程序 20-2】

```
from datasets import flowers
import tensorflow as tf
import matplotlib.pyplot as plt
import global_variable
import tensorflow.contrib.slim.python.slim as slim
flowers_data_dir = global_variable.flowers_data_dir


with tf.Graph().as_default():
    dataset = flowers.get_split('train', flowers_data_dir)
```

```
    import tensorflow.contrib.slim.python.slim.data.dataset_data_provider as
providerr
    data_provider = providerr.DatasetDataProvider(
        dataset, common_queue_capacity=32, common_queue_min=1)
    image, label = data_provider.get(['image', 'label'])

    with tf.Session() as sess:
        with slim.queues.QueueRunners(sess):
            for i in range(5):
                np_image, np_label = sess.run([image, label])
                height, width, _ = np_image.shape
                class_name = name = dataset.labels_to_names[np_label]

                plt.figure()
                plt.imshow(np_image)
                plt.title('%s, %d x %d' % (name, height, width))
                plt.axis('off')
                plt.show()
```

最终结果如图 20-3 所示。

图 20-3　flower 中下载下的数据集

20.1.2　创建卷积神经网络

下面使用上面数据创建一个简单的卷积神经网络，代码如下。

【程序 20-3】

```
import tensorflow.contrib.slim as slim


class Slim_cnn:
    def __init__(self,images,num_classes):
        self.images = images
        self.num_classes = num_classes
        self.net = self.model()


    def model(self):
        with slim.arg_scope([slim.max_pool2d],kernel_size = [2,2],stride = 2):
            net = slim.conv2d(self.images, 32, [3, 3])
            net = slim.max_pool2d(net)
            net = slim.conv2d(net, 64, [3, 3])
            net = slim.max_pool2d(net)
            net = slim.flatten(net)
            net = slim.fully_connected(net, 128)
            net = slim.fully_connected(net, self.num_classes,
activation_fn=None)
            return net
```

这里创建了一个类 Slim_cnn 类，并在初始化中对其进行赋值，之后的模型函数对传递进的数据进行计算并返回计算值。

在模型真正进行训练和计算之前，需要对其进行一个测试，随机产生一个图片数据，输入模型进行结果测试。这里所说的测试并不是要判断出其类别的归属，而是需要能够产生一个符合要求的数据，代码如下：

【程序 20-4】

```
import tensorflow as tf
import slim_cnn_model as model

with tf.Graph().as_default():
    image = tf.random_normal([1,217,217,3])
    probabilities = model.Slim_cnn(image,5)
    probabilities = tf.nn.softmax(probabilities.net)

    with tf.Session() as sess:
sess.run(tf.global_variables_initializer())
        res = sess.run(probabilities )

        print('Res Shape:')
        print(res.shape)
```

```
print('\nRes:')
print(res)
```

具体结果如图 20-4 所示。

```
Res Shape:
(1, 5)

Res:
[[ 0.08930787  0.09087262  0.43527788  0.16011299  0.22442868]]
```

图 20-4　flower 中下载下的数据集

20.1.3　训练 Slim 创建的卷积网络

对于已经创建好的模型，可以使用对应的数据集对其进行训练。对于模型的训练来说，其最重要的还是数据的处理，在生成的 dataset 文件中将图像文件依次取出，以后对图片数据进行重构并且重新按批量生成数据集。具体如下：

```
def load_batch(dataset, batch_size=32, height=217, width=217,
is_training=True):

    import tensorflow.contrib.slim.python.slim.data.dataset_data_provider as
providerr
    data_provider = providerr.DatasetDataProvider(
        dataset, common_queue_capacity=32, common_queue_min=1)
    image_raw, label = data_provider.get(['image', 'label'])
    image_raw = tf.image.resize_images(image_raw, [height, width])
    image_raw = tf.image.convert_image_dtype(image_raw,tf.float32)

    images_raw, labels = tf.train.batch(
        [image_raw, label],
        batch_size=batch_size,
        num_threads=1,
        capacity=2 * batch_size)
    return images_raw, labels
```

而具体模型的全部训练代码如下：

【程序 20-5】

```
import tensorflow as tf
import slim_cnn_model as model
import global_variable
from datasets import flowers
import tensorflow.contrib.slim as slim
flowers_data_dir = global_variable.flowers_data_dir
```

```
    save_model = global_variable.save_model

    def load_batch(dataset, batch_size=32, height=217, width=217,
is_training=True):

        import tensorflow.contrib.slim.python.slim.data.dataset_data_provider as
providerr
        data_provider = providerr.DatasetDataProvider(
            dataset, common_queue_capacity=32, common_queue_min=1)
        image_raw, label = data_provider.get(['image', 'label'])
        image_raw = tf.image.resize_images(image_raw, [height, width])
        image_raw = tf.image.convert_image_dtype(image_raw,tf.float32)

        images_raw, labels = tf.train.batch(
            [image_raw, label],
            batch_size=batch_size,
            num_threads=1,
            capacity=2 * batch_size)
        return images_raw, labels

    with tf.Graph().as_default():

        tf.logging.set_verbosity(tf.logging.INFO)

        dataset = flowers.get_split('train', flowers_data_dir)
    images, labels = load_batch(dataset)

        probabilities = model.Slim_cnn(images,5)
        probabilities = tf.nn.softmax(probabilities.net)

        one_hot_labels = slim.one_hot_encoding(labels, 5)
        slim.losses.softmax_cross_entropy(probabilities, one_hot_labels)
    total_loss = slim.losses.get_total_loss()

        optimizer = tf.train.GradientDescentOptimizer(learning_rate=0.01)
    train_op = slim.learning.create_train_op(total_loss, optimizer)

        final_loss = slim.learning.train(
            train_op,
            logdir=save_model,
            number_of_steps=100
        )
```

这里使用了 Slim 传统的格式对数据模型进行训练，一共训练了 100 次，结果如图 20-5 所示。

```
INFO:tensorflow:global step 94: loss = 1.7798 (3.04 sec/step)
INFO:tensorflow:global step 95: loss = 1.6236 (3.09 sec/step)
INFO:tensorflow:global step 96: loss = 1.7486 (3.02 sec/step)
INFO:tensorflow:global step 97: loss = 1.5298 (3.02 sec/step)
INFO:tensorflow:global step 98: loss = 1.5923 (3.00 sec/step)
INFO:tensorflow:global step 99: loss = 1.7173 (2.98 sec/step)
INFO:tensorflow:global step 100: loss = 1.5923 (3.02 sec/step)
INFO:tensorflow:Stopping Training.
INFO:tensorflow:Finished training! Saving model to disk.
```

图 20-5　训练结果

20.2 使用 Slim 预训练模型进行 Finetuning

本节主要介绍如何使用 Slim 已有的模型以及预训练的数据进行 Finetuning。在深度学习中，这种使用别人已经设计好的模型和已经过预训练的数据参数，使用别人现成的东西为自己的利益服务的行为被称为"Finetuning"。

对于神经网络模型来说，在别人已有的训练权重上进行二次开发往往能够取得更好的成绩，笔者也鼓励读者在实际工作中使用 Finetuning 去解决问题。

20.2.1　Inception-ResNet-v2 模型简介

Inception-ResNet-v2（图 20-6）是 TensorFlow 最新推出的，能够在 ILSVRC 图像分类基准上取得顶尖准确率的卷积神经网络。Inception-ResNet-v2 是早期发布的 Inception-V3 网络模型的变体，这个模型借鉴了 ResNet 模型的思路，额外对层次结构和功能做了添加和少量的修改。

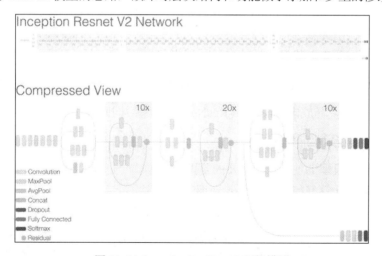

图 20-6　Inception-ResNet-v2 网络模型

Inception-ResNet-v2 模型最精髓的地方是使用了大量残差连接，即在各个区块中使用了直

407

连通道，从而允许梯度变换能够直接在层级之间传递，这个看起来不多的修改能成功地训练更深的神经网络从而产生更好的性能。这也使得 Inception 块的极度简单化成为可能。

20.2.2　使用 Inception-ResNet-v2 预训练模型参数

如果需要使用 Slim 中预先训练好的模型，第一步的工作就是编写和模型一样的 Slim 构造的程序。读者可以从以下网址下载相应的程序：

```
https://github.com/tensorflow/models/blob/master/research/slim/nets/inception
_resnet_v2.py
```

部分截图参考图 20-7。

```
inception_resne…
111    with tf.variable_scope(scope, 'InceptionResnetV2', [inputs], reuse=reuse):
112      with slim.arg_scope([slim.batch_norm, slim.dropout],
113                          is_training=is_training):
114        with slim.arg_scope([slim.conv2d, slim.max_pool2d, slim.avg_pool2d],
115                            stride=1, padding='SAME'):
116
117          # 149 x 149 x 32
118          net = slim.conv2d(inputs, 32, 3, stride=2, padding='VALID',
119                            scope='Conv2d_1a_3x3')
120          end_points['Conv2d_1a_3x3'] = net
121          # 147 x 147 x 32
122          net = slim.conv2d(net, 32, 3, padding='VALID',
123                            scope='Conv2d_2a_3x3')
124          end_points['Conv2d_2a_3x3'] = net
125          # 147 x 147 x 64
126          net = slim.conv2d(net, 64, 3, scope='Conv2d_2b_3x3')
127          end_points['Conv2d_2b_3x3'] = net
128          # 73 x 73 x 64
129          net = slim.max_pool2d(net, 3, stride=2, padding='VALID',
130                            scope='MaxPool_3a_3x3')
131          end_points['MaxPool_3a_3x3'] = net
132          # 73 x 73 x 80
133          net = slim.conv2d(net, 80, 1, padding='VALID',
134                            scope='Conv2d_3b_1x1')
```

图 20-7　Inception-ResNet-v2 预编写程序

在读者下载好预编写的 Inception-ResNet-v2 模型代码后，可以选择对模型进行训练，也可以使用预下载好的模型参数进行训练。

在这里笔者使用预先下载好的训练参数，读者可以从下列地址下载：

```
http://download.tensorflow.org/models/inception_resnet_v2_2016_08_30.tar.gz
```

这是在 TensorFlow 释放出 Inception-ResNet-v2 模型后同时放出的、训练好的代码。

1. 第一步：载入预训练模型

对于载入预训练模型的使用，最重要的是两个方面，一是载入模型到当前的对话之中，二是根据对应的参数将计算好的权重值载入到训练模型中。

Slim 提供专用的方法处理这两个问题，具体代码如下：

```
# inception_resnet_v2_2016_08_30.ckpt：下载的存档文件
# checkpoints_dir：存档文件存储地址
model_path = os.path.join(checkpoints_dir,
'inception_resnet_v2_2016_08_30.ckpt') #注意顺序
```

```
#'InceptionResnetV2': 模型对应的参数空间名
variables = slim.get_model_variables('InceptionResnetV2')
```

首先　model_path　提供了一个获取存档文件的地址，两个参数：inception_resnet_v2_2016_08_30.ckpt 是模型下载的存档文件，而 checkpoints_dir 是存档文件存储地址，这里请读者注意函数参数的顺序。

其次是对于模型参数的获取，'InceptionResnetV2'是模型对应的参数空间名称，可以用其提取各个参数并将其分配到模型之中。

而具体的使用如下：

```
model_path = os.path.join(checkpoints_dir,
'inception_resnet_v2_2016_08_30.ckpt')
variables = slim.get_model_variables('InceptionResnetV2')
# 执行参数的分配函数
init_fn = slim.assign_from_checkpoint_fn(model_path,variables)
```

slim.assign_from_checkpoint_fn 是模型中执行参数分配的函数，其作用是将获取的参数以及参数所对应的权重分配到模型之中。

完整代码如下所示。

【程序 20-6】

```
import numpy as np
import os
import tensorflow as tf
import tensorflow.contrib.slim as slim
import global_variable
import inception_resnet_v2 as model

checkpoints_dir = global_variable.pre_ckpt_save_model
with tf.Graph().as_default():
    img = tf.random_normal([1, 299, 299, 3])

    with slim.arg_scope(model.inception_resnet_v2_arg_scope()):
        pre,_ = model.inception_resnet_v2(img, num_classes=1001,
is_training=False)

    model_path = os.path.join(checkpoints_dir,
'inception_resnet_v2_2016_08_30.ckpt')
    variables = slim.get_model_variables('InceptionResnetV2')
    init_fn = slim.assign_from_checkpoint_fn(model_path,variables)

    with tf.Session() as sess:
      init_fn(sess)
```

```
print( (sess.run(pre)))
print("done")
```

在程序 20-6 中随机生成了一个四维数据，用以代替图片参数进行测试，之后在模型对应的参数空间下导入模型并计算预测值。此时需要注意的是，模型中的数据并没有被格式化或者注入相应的参数。有兴趣的读者可以运行并测试。

之后的 init_fn 对模型进行数据重载操作，需要注意的是（又一次），所有的重载操作需要在一个对话中完成。

2. 第二步：不动分类多少的情况下尝试训练自己的模型

在载入模型和模型参数后，下一步就是使用预训练分辨自己的数据集，如图 20-8 所示。

 这里使用的数据集是上一章的 flower 分类数据集。

图 20-8　使用的是 flower 数据集

其代码如下：

【程序 20-7】

```
import os
import tensorflow as tf
import tensorflow.contrib.slim as slim
import global_variable
import inception_resnet_v2 as model
checkpoints_dir = global_variable.pre_ckpt_save_model


#载入数据的函数
def load_batch(dataset, batch_size=4, height=299, width=299,
is_training=True):

    import tensorflow.contrib.slim.python.slim.data.dataset_data_provider as
providerr
```

```
    data_provider = providerr.DatasetDataProvider(
        dataset, common_queue_capacity=8, common_queue_min=1)
    image_raw, label = data_provider.get(['image', 'label'])
    image_raw = tf.image.resize_images(image_raw, [height, width])
    image_raw = tf.image.convert_image_dtype(image_raw,tf.float32)

    images_raw, labels = tf.train.batch(
        [image_raw, label],
        batch_size=batch_size,
        num_threads=1,
        capacity=2 * batch_size)
    return images_raw, labels
```

#训练模型
```
fintuning = tf.Graph()
with fintuning.as_default():
    tf.logging.set_verbosity(tf.logging.INFO)
```

#获取数据集
```
    from datasets import flowers
    dataset = flowers.get_split('train', global_variable.flowers_data_dir)
    images, labels = load_batch(dataset)
```

#载入模型，此时模型未载入参数
```
    with slim.arg_scope(model.inception_resnet_v2_arg_scope()):
        pre,_ = model.inception_resnet_v2(images,num_classes=1001)
    probabilities = tf.nn.softmax(pre)
```

#对标签进行格式化处理
```
    one_hot_labels = slim.one_hot_encoding(labels, 1001)
```

　　#创建损失函数
```
slim.losses.softmax_cross_entropy(probabilities, one_hot_labels)
    total_loss = slim.losses.get_total_loss()
```

#创建训练节点
```
    optimizer = tf.train.GradientDescentOptimizer(learning_rate=0.01)
    train_op = slim.learning.create_train_op(total_loss, optimizer)
```

#准备载入模型权重的函数
```
    model_path = os.path.join(checkpoints_dir,
'inception_resnet_v2_2016_08_30.ckpt')
    variables = slim.get_model_variables('InceptionResnetV2')
```

```
    init_fn = slim.assign_from_checkpoint_fn(model_path,variables)

#正式载入模型权重并开始训练
with tf.Session() as sess:
    init_fn(sess)
    print("done")
final_loss = slim.learning.train(
            train_op,
            logdir=None,
            number_of_steps=10
)
```

全部代码如上所示，可以看到代码分成 2 个部分，首先是创建数据读取部分，将已有的 TFRecords 格式的数据转化成 Slim 需要的数据，之后载入模型和模型权重，定义损失函数最终计算并显示（图 20-9）。

```
INFO:tensorflow:global step 1: loss = 8.1342 (16.48 sec/step)
INFO:tensorflow:global step 2: loss = 8.1336 (11.04 sec/step)
INFO:tensorflow:global step 3: loss = 8.1335 (10.94 sec/step)
INFO:tensorflow:global step 4: loss = 8.1336 (10.83 sec/step)
INFO:tensorflow:global step 5: loss = 8.1339 (11.04 sec/step)
INFO:tensorflow:global step 6: loss = 8.1336 (10.90 sec/step)
INFO:tensorflow:global step 7: loss = 8.1337 (11.10 sec/step)
INFO:tensorflow:global step 8: loss = 8.1337 (10.89 sec/step)
INFO:tensorflow:global step 9: loss = 8.1337 (10.79 sec/step)
INFO:tensorflow:global step 10: loss = 8.1340 (11.00 sec/step)
INFO:tensorflow:Stopping Training.
```

图 20-9　输出的损失函数

3. 第三步：修改最终输出类别从而训练自己的模型

可能有读者注意到了，此时模型的训练是将最终结果生成转化成一个[-1,1001]大小的矩阵，而具体分类只占到矩阵的 5 个位置，这样明显地占据了过多空间。因此，为了解决这个问题，可以对模型进行观察。

Inception-ResNet-v2 代码中，最终的结果是生成一个全连接函数，因此可以在全连接函数后重新生成一个具有 5 个输出值大小的函数，代码段如下：

```
with slim.arg_scope(model.inception_resnet_v2_arg_scope()):
pre,_ = model.inception_resnet_v2(images,num_classes=1001)
# 重新接入一个全连接函数
pre = slim.fully_connected(pre,5)
probabilities = tf.nn.softmax(pre)
```

其他训练方式与上一步相同。整体代码如下：

【程序 20-8】
```
import os
```

```python
import tensorflow as tf
import tensorflow.contrib.slim as slim
import global_variable
import inception_resnet_v2 as model
checkpoints_dir = global_variable.pre_ckpt_save_model


def load_batch(dataset, batch_size=8, height=299, width=299,
is_training=True):

    import tensorflow.contrib.slim.python.slim.data.dataset_data_provider as
providerr
    data_provider = providerr.DatasetDataProvider(
        dataset, common_queue_capacity=8, common_queue_min=1)
    image_raw, label = data_provider.get(['image', 'label'])
    image_raw = tf.image.resize_images(image_raw, [height, width])
    image_raw = tf.image.convert_image_dtype(image_raw,tf.float32)

    images_raw, labels = tf.train.batch(
        [image_raw, label],
        batch_size=batch_size,
        num_threads=1,
        capacity=2 * batch_size)
    return images_raw, labels

fintuning_newFC = tf.Graph()
with fintuning_newFC.as_default():
    tf.logging.set_verbosity(tf.logging.INFO)

    from datasets import flowers
    dataset = flowers.get_split('train', global_variable.flowers_data_dir)
    images, labels = load_batch(dataset)

    with slim.arg_scope(model.inception_resnet_v2_arg_scope()):
        pre,_ = model.inception_resnet_v2(images,num_classes=1001)
        pre = slim.fully_connected(pre,5)
    probabilities = tf.nn.softmax(pre)

    one_hot_labels = slim.one_hot_encoding(labels, 5)

    slim.losses.softmax_cross_entropy(probabilities, one_hot_labels)
    total_loss = slim.losses.get_total_loss()

    optimizer = tf.train.GradientDescentOptimizer(learning_rate=0.01)
```

```
    train_op = slim.learning.create_train_op(total_loss, optimizer)

    model_path = os.path.join(checkpoints_dir,
'inception_resnet_v2_2016_08_30.ckpt')
    variables = slim.get_model_variables('InceptionResnetV2')
    init_fn = slim.assign_from_checkpoint_fn(model_path,variables)

    with tf.Session() as sess:
        init_fn(sess)
        print("done")
        final_loss = slim.learning.train(
                train_op,
                logdir=global_variable.save_model,
                number_of_steps=100
        )
```

具体结果请读者自己测试。

4. 第四步：从头训练自己的模型

可能有读者想要对自己的模型进行完整的从头训练，那么也是可以的。其代码如下：

【程序 20-9】

```
import tensorflow as tf
import tensorflow.contrib.slim as slim
import global_variable
import inception_resnet_v2 as model

def load_batch(dataset, batch_size=4, height=299, width=299,
is_training=True):

    import tensorflow.contrib.slim.python.slim.data.dataset_data_provider as
providerr
    data_provider = providerr.DatasetDataProvider(
        dataset, common_queue_capacity=8, common_queue_min=1)
    image_raw, label = data_provider.get(['image', 'label'])
    image_raw = tf.image.resize_images(image_raw, [height, width])
    image_raw = tf.image.convert_image_dtype(image_raw,tf.float32)

    images_raw, labels = tf.train.batch(
        [image_raw, label],
        batch_size=batch_size,
        num_threads=1,
        capacity=2 * batch_size)
    return images_raw, labels
```

```
g = tf.Graph()
with g.as_default():
    tf.logging.set_verbosity(tf.logging.INFO)

    from datasets import flowers
    dataset = flowers.get_split('train', global_variable.flowers_data_dir)
    images, labels = load_batch(dataset)

    with slim.arg_scope(model.inception_resnet_v2_arg_scope()):
        pre,_ = model.inception_resnet_v2(images,num_classes=5)
    probabilities = tf.nn.softmax(pre)
    one_hot_labels = slim.one_hot_encoding(labels, num_classes=5)

    print(one_hot_labels.shape)
    print(probabilities.shape)

    slim.losses.softmax_cross_entropy(probabilities, one_hot_labels)
    total_loss = slim.losses.get_total_loss()

    optimizer = tf.train.GradientDescentOptimizer(learning_rate=0.01)
    train_op = slim.learning.create_train_op(total_loss, optimizer)

    final_loss = slim.learning.train(
                train_op,
                logdir=None,
                number_of_steps=10
    )
print("training done and finished")
```

这里从头输入对应的数据并进行计算是一件较为费事的工作,但是由于模型设计得比较完善,一般情况下 10 个 epoch 即可达到数据的收敛,具体请读者自行尝试。

20.2.3　修改 Inception-ResNet-v2 预训练模型输出层级

对于模型的使用,有时候需要输出不同层次结果或者在不同的层次上接入满足任务需求的层次,这就需要对模型进行修改。

在这里笔者谈论的是使用预训练参数的模型,如果有读者希望完全使用自己的模型去完整训练一个网络模型。对于这个想法,笔者不鼓励也不反对,但是需要提示的是,从头完全训练一个网络一般并不能达到超越在预训练模型上继续训练所达到的目标。

1. 第一步：修改载入的预训练参数

对于使用预训练参数修改模型输出不同的层次结果,主要涉及两个方面,首先是已有的

ckpt 存档文件中参数的载入问题。对于这个可以使用 Slim 提供的专用方法在层次上修改载入的对应参数，具体代码段如下：

```
def get_init_fn(sess):
    #不进行载入的层次名称
    checkpoint_exclude_scopes =
["InceptionResnetV2/AuxLogits","InceptionResnetV2/Logits"]
    exclusions = [scope.strip() for scope in checkpoint_exclude_scopes]

    #记录需要载入的参数
    variables_to_restore = []
    for var in slim.get_model_variables():
        excluded = False
        for exclusion in exclusions:
            if var.op.name.startswith(exclusion):
                excluded = True
                break
        if not excluded:
            variables_to_restore.append(var)

    #重新设置 init-fn 函数，参数列表使用已去除定义层次的列表
    model_path = os.path.join(checkpoints_dir,
'inception_resnet_v2_2016_08_30.ckpt')
    init_fn = slim.assign_from_checkpoint_fn(model_path,variables_to_restore)

    return init_fn(sess)
```

在这个代码段中，先设定了需要去除的层次名，之后在参数列表中对其进行一个判定，去除不需要的参数名，之后 init-fn 对其进行重新设定。需要注意的是，编码的时候需要传入一个对话，这个作为传递参数构建了与运行程序所对应的对话。

完整代码如下：

```
#这是一个错的代码，不能运行，作为提示和示例
import os
import tensorflow as tf
from datasets import flowers
import inception_resnet_v2 as model
import inception_preprocessing
import tensorflow.contrib.slim as slim
import global_variable
checkpoints_dir = global_variable.pre_ckpt_save_model
image_size = 299

def get_init_fn(sess):
```

```
    #不进行载入的 layer
    checkpoint_exclude_scopes =
["InceptionResnetV2/AuxLogits","InceptionResnetV2/Logits"]
    exclusions = [scope.strip() for scope in checkpoint_exclude_scopes]

    variables_to_restore = []
    for var in slim.get_model_variables():
        excluded = False
        for exclusion in exclusions:
            if var.op.name.startswith(exclusion):
                excluded = True
                break
        if not excluded:
            variables_to_restore.append(var)

    model_path = os.path.join(checkpoints_dir,
'inception_resnet_v2_2016_08_30.ckpt')
    init_fn = slim.assign_from_checkpoint_fn(model_path,variables_to_restore)

    return init_fn(sess)

with tf.Graph().as_default():
    img = tf.random_normal([1, 299, 299, 3])

    with slim.arg_scope(model.inception_resnet_v2_arg_scope()):
        pre,_ = model.inception_resnet_v2(img, is_training=False)

    with tf.Session() as sess:

        init_fn = get_init_fn(sess)
        res = (sess.run(pre))
        print(res.shape)
```

可能有读者运行了上述代码，但是很遗憾，代码会报错，不能正常运行，如图 20-10 所示。

FailedPreconditionError (see above for traceback): Attempting to use uninitialized value InceptionResnetV2/Logits/Logits/biases
    [[Node: InceptionResnetV2/Logits/Logits/biases/read = Identity[T=DT_FLOAT, _class=["loc:@InceptionResnetV2/Logits/Logits/biases"],

图 20-10　提示错误

究其原因发现，在模型参数的载入过程中 InceptionResnetV2/Logits 参数是被取消载入的，因此在模型进行计算时这部分参数是被提示没有进行格式化。

解决办法有 2 个：分别在数据载入前进行一次格式化操作，或者对模型进行修改，剔除不需要载入的层。因为需要对模型的输出结果进行修改，所以在这里选择第二个方案，对数据模型的层次进行修改。

2. 第二步：修改模型层次

这里最重要的就是去掉设定的模型的计算层次，如图 20-11 所示。

```
with tf.variable_scope('Logits'):
    end_points['PrePool'] = net
    net = slim.avg_pool2d(net, net.get_shape()[1:3], padding='VALID',
                          scope='AvgPool_1a_8x8')
    net = slim.flatten(net)

    net = slim.dropout(net, dropout_keep_prob, is_training=is_training,
                       scope='Dropout')

    end_points['PreLogitsFlatten'] = net
    logits = slim.fully_connected(net, num_classes, activation_fn=None,
                                  scope='Logits')
    end_points['Logits'] = logits
    end_points['Predictions'] = tf.nn.softmax(logits, name='Predictions')

return logits, end_points
default_image_size = 299
```

找到这个，删除层

修改返回结果

图 20-11　修改层次的方法

提示 这里有 2 点需要注意，第一个就是找到对应层次名称的那个层，将其整体删除，因为所删除的是最后一层，因此在返回计算值时要将返回值改成对应的上一层的名称，这里笔者用的是"net"。

而 AuxLogits 层的删除方法与之类似，找到对应的层名称将其删除即可。

【程序 20-10】

```
import os
import tensorflow as tf
import inception_resnet_v2 as model
import tensorflow.contrib.slim as slim
import global_variable
checkpoints_dir = global_variable.pre_ckpt_save_model
image_size = 299


def get_init_fn(sess):
    #不进行载入的 layer
    checkpoint_exclude_scopes =
["InceptionResnetV2/AuxLogits","InceptionResnetV2/Logits"]
    exclusions = [scope.strip() for scope in checkpoint_exclude_scopes]

    variables_to_restore = []
    for var in slim.get_model_variables():
        excluded = False
        for exclusion in exclusions:
```

```
            if var.op.name.startswith(exclusion):
                excluded = True
                break
        if not excluded:
            variables_to_restore.append(var)

    model_path = os.path.join(checkpoints_dir,
'inception_resnet_v2_2016_08_30.ckpt')
    init_fn = slim.assign_from_checkpoint_fn(model_path,variables_to_restore)

    return init_fn(sess)

with tf.Graph().as_default():
    img = tf.random_normal([1, 299, 299, 3])

    with slim.arg_scope(model.inception_resnet_v2_arg_scope()):
        pre,_ = model.inception_resnet_v2(img, is_training=False)

    with tf.Session() as sess:

        init_fn = get_init_fn(sess)
        res = (sess.run(pre))
        print(res.shape)
```

完整代码如程序程序 20-10 所示。打印结果如下：

```
(1, 8, 8, 1536)
```

这里显示的是在一个没有一个具体输出结果的模型上的最终显示梯度，读者可以根据需要在其上连接不同的模型使用即可。

20.3　本章小结

本章和上一章的目的就是教会读者 Slim 的使用方法以及使用提供的模型进行各种 Finetuning 操作。这是一个非常好的方法，笔者也极度建议读者在已训练模型的基础上进行各种 Finetuning 操作。

到目前为止，TensorFlow 的基本概念暂且告一段落，后面的章节，笔者想带领读者使用所学到的知识实现各种有趣的想法和程序设计。通过很多实例的研究和大量的练习可以教会读者使用 TensorFlow 和卷积神经网络应付各种困难和问题。

第 21 章

全卷积神经网络图像分割入门

对于计算机视觉的具体应用一般分成三个主要部分：

- 图像分类
- 物体检测
- 图像分割

图像分割就是把图像分成若干个特定的、具有独特性质的区域，并提出感兴趣目标的技术和过程。它是由图像处理到图像分析的关键步骤。现有的图像分割方法主要分为以下几类：

- 基于阈值的分割方法
- 基于区域的分割方法
- 基于边缘的分割方法
- 基于特定理论的分割方法

1998 年以来，研究人员不断改进原有的图像分割方法，并把其他学科的一些新理论和新方法用于图像分割，提出了不少新的分割方法。图像分割后提取出的目标可以用于图像语义识别、图像搜索等领域。

本章将介绍使用 TensorFlow 构建的全卷积神经网络在图像分割上的入门应用。

21.1 全卷积神经网络进行图像分割的理论基础

卷积神经网络自从 2012 年获得图像识别大赛冠军以来，在计算机视觉方面的应用取得了巨大的成就和广泛的应用。

全卷积神经网络通过模拟人工神经网络的工作特点，能够通过其特定的多层次模型自动学习目标对象的特征，并且由于模型层次的不同，在深度不同的模型上学习到的特征也不尽相同。

浅层次的特征感知域较小，学习到较为通用的特征，而较深的卷积层有较大的感知域，能够学到较为抽象的、更加细节化的特征。这些具体抽象结合共同作用于卷积神经网络模型，使之对物体的类别、大小、颜色等具有更好的判定和识别能力。

　　抽象出不同层次的特征对图像分类具有很好的作用。可以根据特征的不同将其进行分类，从而判定一幅图像中包含什么类别的物体，但是由于传统的卷积神经网络在最终分类层使用了全连接层，因此在最终特征显示的时候会丢失物体的细节和空间特征，且不能据此判断出物体的轮廓，因此想通过传统的卷积神经网络做到对图像的精确分割就有一定难度。

　　针对这个问题，2015 年 UC Berkeley 的 Jonathan Long 等人提出了全卷积神经网络（FCN）用于对图像进行分割。FCN 尝试多种方法从已经经过卷积计算的图像，即对被回复图像的每个像素类别进行判定，从而判断出像素构成的图像的分类，如图 21-1 所示。

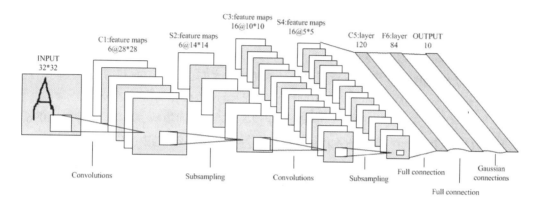

图 21-1　全连接层的卷积神经网络

21.1.1　全连接层和全卷积层

　　使用卷积神经网络进行图像分割的关键是使得模型中的全连接层由卷积层替代，这样可以避免在进行分类的过程中丢失图像的空间信息。

　　全连接层和卷积层唯一的不同点就是，卷积层中的节点只与上一层中的局部位置相连，并且在卷积过程中参数共享。但是其相同点在于无论卷积层还是全连接层，在计算过程中都是采用矩阵点积的方式将其进行统计计算，因此可以认为其计算函数在形式上一样，可将其相互替换，如图 21-2 所示。

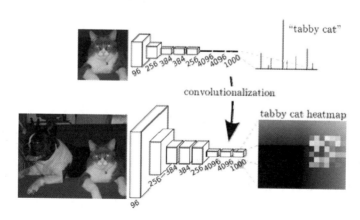

图 21-2　全卷积层替代全连接层

对于任何一个全连接层，都存在一个卷积层可以将其完整替换。假设一个输出为 4096 的全连接层，输入的数据大小为[7,7,512]形式，这个全连接层可视为一个卷积核大小为[7,7]，pad 为 0，步进为 1，输出为 4096 的卷积层。

此时就可将滤波器的尺寸设置为与输入数据体的尺寸大小一致，而输出的结果则与初始的全连接层一样。经过全卷积化的全连接层可以保存图像位置空间上的信息，并且全连接层的权重被重新塑造成卷积层的滤波器，节省了大量数据保存和计算量。卷积在一张更大的输入图片上滑动，将一个非常复杂的全连接计算转化为若干个小的卷积计算，这样可以极大地简化计算量。

在传统的 CNN 结构中，前 5 层是卷积层，第 6 层和第 7 层分别是一个长度为 4096 的一维向量，第 8 层是长度为 1000 的一维向量，分别对应 1000 个不同类别的概率。

现在回忆下在 AlexNet 中，卷积的最后一层的大小为[7,7,512]，而其后紧接了两个尺寸为 4096 的全连接层，而最后接了一个有 1000 个节点的全连接层作为最终的分类。

全卷积网络将这最后 3 层转换为卷积层，卷积核的大小（通道数、宽、高）分别为(4096,1,1)、(4096,1,1)、(1000,1,1)。看上去数字上并没有什么差别，但是卷积跟全连接是不一样的概念和计算过程，使用的是之前 CNN 已经训练好的权值和偏置，它们不一样处在于权值和偏置是有自己的范围，属于自己的一个卷积核。因此全卷积网络中所有的层都是卷积层，故称为全卷积网络。

图 21-3 是一个全卷积层，第一层 pooling 后为 55×55，第二层 pooling 后图像大小为 27×27，第五层 pooling 后的图像大小为 13×13。

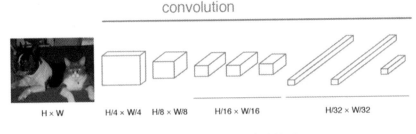

图 21-3　全卷积层替代全连接层

而全卷积网络输入的图像是 H*W 大小，第一层 pooling 后变为原图大小的 1/4，第二层变为原图大小的 1/8，第五层变为原图大小的 1/16，第八层变为原图大小的 1/32。这样经过多次卷积核池化后，得到的图像越来越小，分辨率越来越低。其中图像到最后第八层时是最小的一层，其所产生的图叫 heatmap 图，即热图。

热图是通过全卷积模型获取的最重要的高维特征图，这个图包含着原始图片被提取后保留的所有信息，之后则需要将这个包含着高维特征的热图通过某种方式将其复原，而这种方法被称为 upsampling（反卷积），将图片放大到原图的大小。

图 21-4 所示最右侧是 1000 张 heatmap 图经过上采样获得的图片，描述了图片物体的形状。

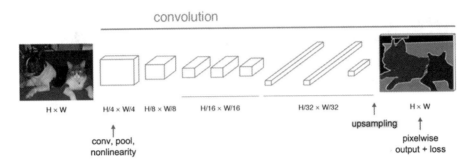

图 21-4 全卷积获取的图像

简述一下这个过程。首先是获取输出 1000 像素张（因为分类有 1000 种），之后对每个像素进行 upsampling 并分类预测，之后逐帧地求这 1000 张图片在该像素位置的最大值描述，并将这个描述作为该像素的分类。

21.1.2 反卷积（upsampling）计算

反卷积的过程被称为 upsampling。

在正常的卷积计算中，卷积化以及池化过程缩小了图片特征图的大小，而在图像分割中，需要输出大小与输入图像一致的图片，因此需要对获取的小样特征图进行上采样。TensorFlow 中上采样的代码如下：

```
def conv2d_transpose(value,
                     filter,
                     output_shape,
                     strides,
                     padding="SAME",
                     data_format="NHWC",
                     name=None):
```

其中 value 是输入的数据值，而 filter 是卷积核，output_shape 是数据的输出维度，stride 是每次的步进距离。

具体的理论推导请读者参考前面所讲述的卷积的反向传递过程，实际上也是，在反卷积的过程中就是将输入的图片矩阵进行一次使用给定卷积核的反向传递的过程。

但是从实际工作来看，虽然反卷积后能够实现图像分割，但得到的结果一般比较粗糙，例如当有 1/32 大小的 heatMap、1/16 的 featureMap 和 1/8 的 featureMap 时，无论是采用哪种特征图作为反卷积的输入图进行 upsampling 操作后，限于精度问题不能够很好地还原图中的特征，如图 21-5 所示。因此在实际中往往综合多个卷积和特征共同叠加。

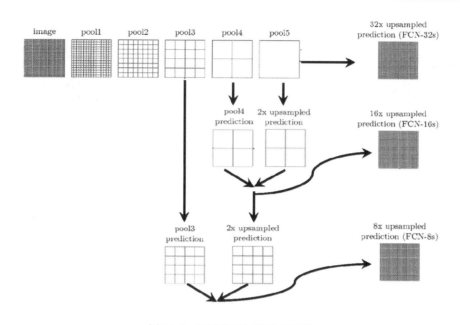

图 21-5　不同卷积层获取的图像

> **提示**　更为细节的描述就是pool5获得的反卷积结果与poo4层的输出结果进行数学矩阵相加后，共同构成一个大小不变的新特征图作为反卷积的输入图进行反卷积计算，之后的计算结果再与 pool3 的输出图进行矩阵叠加后再计算反卷积。而不同的结构产生的结果如图 21-6 所示。

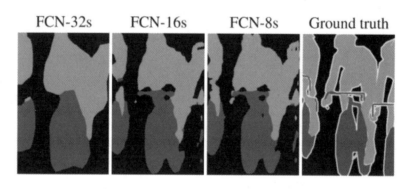

图 21-6　不同卷积层获取的图像

可以看到，相对于独立输入图计算的反卷积结果，综合化的计算结果对图像分割更显得准确而真实。

与传统 CNN 在卷积层之后使用全连接层得到固定长度的特征向量进行分类不同，全卷积网络可以接受任意尺寸的输入图像，然后通过反卷积层对最后一个卷积层的 heatmap 进行上采样，使它恢复到输入图像相同的尺寸，从而可以对每个像素都产生了一个预测，同时保留了原始输入图像中的空间信息，最后在与输入图等大小的特征图上对每个像素进行分类，相当于每个像素对应一个训练样本。

21.2 全卷积神经网络进行图像分割的分步流程与编程基础

对于使用全卷积网络进行图像分割的过程在前面已经有了介绍。首先是获取输出 1000 像素张（因为分类有 1000 种），之后对每个像素进行 upsampling 并分类预测，之后逐帧地求这 1000 张图片在该像素位置的最大值描述，并将这个描述作为该像素的分类，如图 21-7 所示。

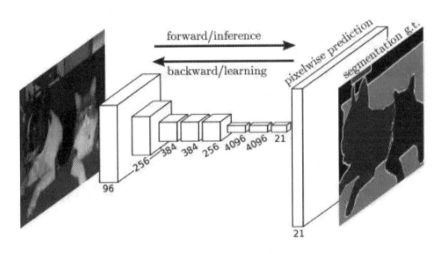

图 21-7　反卷积流程

但是事情往往是听起来容易做起来难，看起来较为简单的过程并不是那么容易实现，本节将带领读者分步对这个流程加以练习并编程实现这些内容。

21.2.1　使用 VGG16 进行图像识别

前面已经说了，使用全卷积网络进行图像分割的第一步就是使用全卷积神经网络获取图像的识别信息。TensorFlow 中的 Slim 库包自带了相应的使用全卷积网络的模型，这里使用的是 VGG16 模型。其核心代码如下：

```
net = layers_lib.repeat(
        inputs, 2, layers.conv2d, 64, [3, 3], scope='conv1')
    net = layers_lib.max_pool2d(net, [2, 2], scope='pool1')
    net = layers_lib.repeat(net, 2, layers.conv2d, 128, [3, 3], scope='conv2')
    net = layers_lib.max_pool2d(net, [2, 2], scope='pool2')
    net = layers_lib.repeat(net, 3, layers.conv2d, 256, [3, 3], scope='conv3')
    net = layers_lib.max_pool2d(net, [2, 2], scope='pool3')
```

```
net = layers_lib.repeat(net, 3, layers.conv2d, 512, [3, 3], scope='conv4')
net = layers_lib.max_pool2d(net, [2, 2], scope='pool4')
net = layers_lib.repeat(net, 3, layers.conv2d, 512, [3, 3], scope='conv5')
net = layers_lib.max_pool2d(net, [2, 2], scope='pool5')
# Use conv2d instead of fully_connected layers.
net = layers.conv2d(net, 4096, [7, 7], padding='VALID', scope='fc6')
net = layers_lib.dropout(
    net, dropout_keep_prob, is_training=is_training, scope='dropout6')
net = layers.conv2d(net, 4096, [1, 1], scope='fc7')
net = layers_lib.dropout(
    net, dropout_keep_prob, is_training=is_training, scope='dropout7')
net = layers.conv2d(
    net,
    num_classes, [1, 1],
    activation_fn=None,
    normalizer_fn=None,
    scope='fc8')
```

可以看到代码段中，这里没有使用全连接层，最后三层用于分类的部分也是采用了卷积层作为替代，最后输出也是按输入的分类类别数进行最终的计算并输出。

模型已经确定，对于另一个关键点，即模型的训练权重部分，读者可以在下面网址直接下载，或者从本书中提供的代码库中下载，地址如下：

```
http://download.tensorflow.org/models/vgg_16_2016_08_28.tar.gz
```

这里是 TensorFlow 官方提供的、供已训练模型使用的权重，其训练都是通过 imagenet 提供的 1000 类图像训练，具有很高的准确度。

建议读者使用已训练好的模型进行第一步图像的分辨。

因为在前面的 Slim 高级使用中已经详细介绍过 VGG16 的恢复和计算方法，这里不再详细介绍，完整代码如下：

【程序 21-1】

```
from model_and_pretrain_ckpt import vgg16 as model
from preprocessing import vgg_preprocessing
import global_variable
import tensorflow as tf
import tensorflow.contrib.slim as slim
import os
image_size = 224
checkpoints_path = global_variable.pretrain_ckpt_path
up_path = os.path.abspath('..')    #获取上层路径,如果不需要可以删除
```

```
with tf.Graph().as_default():
#根据路径组合图片地址，可以根据需要自定义图片地址
image_path = os.path.join(up_path, global_variable.bus)
image = tf.image.decode_jpeg(tf.read_file(image_path),channels=3)
    image =
vgg_preprocessing.preprocess_image(image,image_size,image_size,is_training=Fal
se)
    image = tf.expand_dims(image, 0)

#进行图片预测
    with slim.arg_scope(model.vgg_arg_scope()):
        logits, _ = model.vgg_16(image, is_training=False)
    probabilities = slim.softmax(logits)

    #按地址获取权重存档路径,
    model_path = os.path.join(up_path,checkpoints_path, 'vgg_16.ckpt')
    #按写法回复存档权重至模型中
    init_fn = slim.assign_from_checkpoint_fn(
        model_path, slim.get_model_variables('vgg_16'))

    with tf.Session() as sess:
        init_fn(sess)
        res = sess.run([probabilities])
        probabilities = res[0, 0:]
        sorted_inds = [i[0] for i in sorted(enumerate(-probabilities),key=lambda
x: x[1])]

        from datasets import classes_names#class_names 是 imagenet 物品分类，可在
代码库中下载
        names = classes_names.names
        for i in range(5):
            #下面是排序并输出
            index = sorted_inds[i]
            print('Probability %0.2f => [%s]' % (probabilities[index],
names[index]))
```

最终打印如图 21-8 所示。

Probability 0.87 => [苹果]

Probability 0.05 => [石榴]

Probability 0.02 => [蜡烛]

Probability 0.01 => [钉子]

Probability 0.01 => [青椒黄椒红椒]

图 21-8　对于苹果的辨识

可以看到，VGG16 较好地辨识出图片中是一个苹果，其概率为 0.87，而其他物品的概率比起苹果则小得多，可以被忽略不计。

21.2.2　上采样（upsampling）详解

对物体完成归类判定后，第二步就是对生成的模型结果进行反卷积化处理。

反卷积也称为上采样（upsampling），这是一个专业术语，涉及很多方面，更确切地说这是一种从信号采样中传播到卷积神经网络中的一种图片回复方法。从定义上来看，香农上采样的定义如下：

"上采样的思路就是用更多的样本（又称为插值或是上采样）或者更少的样本（又称为抽样或是降采样）来重建连续的信号。"

采样更为通俗易懂的语句进行表述就是对于未知的数据，可以根据已有的数据点去对其进行估计，其后根据重新计算获得的信号采样点作为新的样本点。通过上一小节中 VGG16 对模型的计算提取出的经过多重卷积化的预测图作为上采样的输入值，通过对其进行上采样或者反卷积，则可以从中重建样本实现上采样。

 "香农采样定律，只有采样频率不小于模拟信号频谱中最高频率的 2 倍时，信号才能不失真地还原。"换句话说只有重建的连续信号在一定条件限制下才能够重建原始图像。

在开始正式介绍上采样之前，笔者先举一个例子。对于任意给定的一个图像，如果简单地对其进行反卷积处理，能否获得原始的图像呢？

首先创建一个[3,3]大小的黑白图案，代码如下：

【程序 21-2】

```
from numpy import ogrid, repeat, newaxis
from skimage import io
import  numpy as np
size = 3
x, y = ogrid[:size, :size]
img = repeat((x + y)[..., newaxis], 3, 2) / 12.
io.imshow(img, interpolation='none')
```

```
io.show()
```

这里无须去追究实现的细节，其生成的图像如图 21-9 所示。

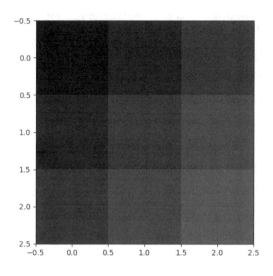

图 21-9　生成的黑白图案

此时如果将这个图像作为反卷积的原始图像进行输入，要求其生成一个[9,9]大小的、新的图案，作为使用者肯定是希望新生成的图像能够非常接近原始的图像，其代码如下：

【程序 21-3】

```
from numpy import ogrid, repeat, newaxis
from skimage import io
import  numpy as np
size = 3
x, y = ogrid[:size, :size]
img = repeat((x + y)[..., newaxis], 3, 2) / 12.

import tensorflow as tf

img = tf.cast(img,tf.float32)     #对数据格式进行转化 uint8->float32
img = tf.expand_dims(img,0) #扩大一个维度

kernel = tf.random_normal([5,5,3,3],dtype=tf.float32)          #随机生成一个卷积核
res = tf.nn.conv2d_transpose(img,kernel,[1,9,9,3],[1,1,1,1],padding="VALID")
#使用反卷积进行处理

with tf.Session() as sess:
    img = sess.run(tf.squeeze(res))        #使用图进行计算，并压缩结果

io.imshow(img/np.argmax(img), interpolation='none')          #显示压缩后图像
io.show()
```

这里通过随机生成一个卷积核，使用 TensorFlow 中自带的反卷积进行计算，最终生成一个[9,9]大小的图片，其结果如图 21-10 所示。

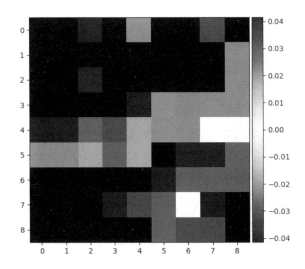

图 21-10　使用随机卷积核获取的卷积图（读者生成的可能有差异）

这两个图像从外形上完全不一样。

究其原因，对于生成的卷积核，其大小是根据相对应的卷积生成公式进行计算，基本上不会存在问题。而卷积核中的具体权重，由于其是随机生成，并且其在反卷积过程中起到一个至关重要的作用，因此可以确定图像生成的成功与否是由卷积核所确定。

通俗地理解反卷积作用中的卷积核，此时卷积核相当于一个放大镜，决定原有的数据通过何种方式进行放大。卷积与反卷积示意如图 21-11 所示。

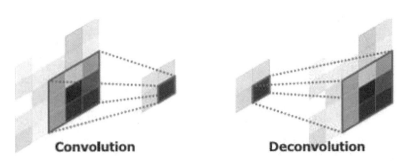

图 21-11　卷积与反卷积

21.2.3　一种常用的卷积核——双线插值

在上一小节中通过例子说明，对于反卷积的应用，其最关键的问题就是卷积核的创建与确定。在信号采集中，一个最常用的信号放大算法就是双线性插法。在上文也提到，对于任意一个反卷积计算，卷积核的作用就相当于一个"放大镜"，它用来决定放大的形式。

双线性插值，又称为双线性内插。在数学上，双线性插值是有两个变量的插值函数的线性插值扩展，其核心思想是在两个方向分别进行一次线性插值。如图 21-12 所示。

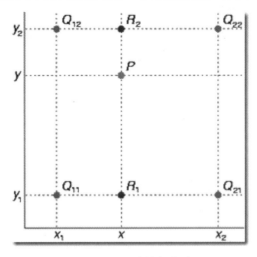

图 21-12　双线性插值法

我们以一个例子来介绍双线性插值原理：假如我们想得到未知函数 f 在点 $P=f(x,y)$ 的值，设 f 在 $Q11=(x1,y1)$、$Q12=(x1,y2)$、$Q21=(x2,y1)$、$Q22=(x2,y2)$ 四个点的值。

1. 第一步：x 方向的线性插值

$$f(R_1) = \frac{x_2 - x}{x_2 - x_1} f(Q_{11}) + \frac{x - x_1}{x_2 - x_1} f(Q_{21}), \quad where R_1 = (x, y_1)$$

$$f(R_2) = \frac{x_2 - x}{x_2 - x_1} f(Q_{21}) + \frac{x - x_1}{x_2 - x_1} f(Q_{22}), where R_2 = (x, y_2)$$

2. 第二步：做完 x 方向的插值后，再做 y 方向的点 $R1$ 和 $R2$ 插值，由 $R1$ 与 $R2$ 计算 P 点

$$f(p) = \frac{y_2 - y}{y_2 - y_1} f(R_1) + \frac{y - y_1}{y_2 - y_1} f(R_2)$$

线性插值的结果与插值的顺序无关。首先进行 y 方向的插值，然后进行 x 方向的插值，所得到的结果是一样的。但双线性插值方法并不是线性的，首先进行 y 方向的插值，然后进行 x 方向的插值，它与首先进行 x 方向的插值，然后进行 y 方向的插值，所得到的 R1 与 R2 是不一样的。

下面通过代码的形式将其进行实现。

```
import numpy as np

#确定卷积核大小
def get_kernel_size(factor):
    return 2 * factor - factor % 2
```

```
#创建相关矩阵
def upsample_filt(size):
    factor = (size + 1) // 2
    if size % 2 == 1:
        center = factor - 1
    else:
        center = factor - 0.5
    og = np.ogrid[:size, :size]
    return (1 - abs(og[0] - center) / factor) * (1 - abs(og[1] - center) / factor)

#进行 upsampling 卷积核
def bilinear_upsample_weights(factor, number_of_classes):
    filter_size = get_kernel_size(factor)
    weights = np.zeros((filter_size,
                        filter_size,
                        number_of_classes,
                        number_of_classes), dtype=np.float32)
    upsample_kernel = upsample_filt(filter_size)
    for i in range(number_of_classes):
        weights[:, :, i, i] = upsample_kernel
    return weights
```

这里通过三段代码的形式完成了双线性插值的描述。

【程序 21-4】

```
#确定卷积核大小
def get_kernel_size(factor):
    return 2 * factor - factor % 2

#创建相关矩阵
def upsample_filt(size):
    factor = (size + 1) // 2
    if size % 2 == 1:
        center = factor - 1
    else:
        center = factor - 0.5
    og = np.ogrid[:size, :size]
    return (1 - abs(og[0] - center) / factor) * (1 - abs(og[1] - center) / factor)

#进行 upsampling 卷积核
def bilinear_upsample_weights(factor, number_of_classes):
    filter_size = get_kernel_size(factor)
    weights = np.zeros((filter_size,
                        filter_size,
```

```
                        number_of_classes,
                        number_of_classes), dtype=np.float32)
    upsample_kernel = upsample_filt(filter_size)
    for i in range(number_of_classes):
        weights[:, :, i, i] = upsample_kernel
    return weights


from numpy import ogrid, repeat, newaxis
from skimage import io
import  numpy as np
size = 3
x, y = ogrid[:size, :size]
img = repeat((x + y)[..., newaxis], 3, 2) / 12.

import tensorflow as tf
img = tf.cast(img,tf.float32)      #对数据格式进行转化 uint8->float32
img = tf.expand_dims(img,0) #扩大一个维度

kernel = bilinear_upsample_weights(3,3)        #随机生成一个卷积核
res = tf.nn.conv2d_transpose(img,kernel,[1,9,9,3],[1,3,3,1],padding="SAME")
#使用反卷积进行处理

with tf.Session() as sess:
    img = sess.run(tf.squeeze(res))        #使用图进行计算，并压缩结果

io.imshow(img, interpolation='none')           #显示压缩后图像
io.show()
```

结果如图 21-13 所示。

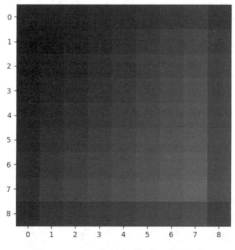

图 21-13　双线性插值法反卷积结果

可以看到，使用双线性插值法后重构的图像较好地恢复了原有图像的基本情况，可以认为

使用此插值法对图像进行恢复是可行的。

当然除此之外还有其他的卷积核生成方法,但是在使用时要综合考虑生成的效果与计算速度。在本书采用的双线性插值法进行图像还原的计算中,其效果较好,但是其运算需要占用大量的内存空间和耗费巨量的资源,因此生成的图片规模和准确度都会有一定影响,这点请读者注意。

21.2.4　实战——使用 VGG16 全卷积网络进行图像分割

介绍完上面的内容,下面就是综合利用所学的内容进行图像分割。

前面已经说了,对于图像分割来说,最基本和最简化的思想就是利用 VGG16 对图像进行特征提取,之后在提取的特征图上进行反卷积,从而获得被分割后的图像。

1. 第一步:准备工作

首先导入双线性插值法的代码,将其保存在 upsampling 的 Python 文件中,并将计算反卷积的代码以函数形式进行存储,其代码如下:

【程序 21-5】

```
import numpy as np

def get_kernel_size(factor):
    return 2 * factor - factor % 2

def upsample_filt(size):
    factor = (size + 1) // 2
    if size % 2 == 1:
        center = factor - 1
    else:
        center = factor - 0.5
    og = np.ogrid[:size, :size]
    return (1 - abs(og[0] - center) / factor) * (1 - abs(og[1] - center) / factor)

def bilinear_upsample_weights(factor, number_of_classes):
    filter_size = get_kernel_size(factor)
    weights = np.zeros((filter_size,
                        filter_size,
                        number_of_classes,
                        number_of_classes), dtype=np.float32)
    upsample_kernel = upsample_filt(filter_size)
    for i in range(number_of_classes):
        weights[:, :, i, i] = upsample_kernel
return weights
```

```
import tensorflow as tf
def upsample_tf(factor, input_img):
    number_of_classes = input_img.shape[2]
    new_height = input_img.shape[0] * factor
    new_width = input_img.shape[1] * factor
    expanded_img = np.expand_dims(input_img, axis=0)


    with tf.Graph().as_default():
        with tf.Session() as sess:
            upsample_filter_np =
bilinear_upsample_weights(factor,number_of_classes)
            res = tf.nn.conv2d_transpose(expanded_img, upsample_filter_np,
                output_shape=[1, new_height, new_width,
number_of_classes],
                strides=[1, factor, factor, 1])
            final_result = sess.run(res,
                        feed_dict={upsample_filt_pl: upsample_filter_np,
                            logits_pl: expanded_img})
    return final_result.squeeze()
```

2. 第二部：进行图像分割

完整代码如程序 21-6 所示（部分解释在程序末尾）。

【程序 21-6】

```
from matplotlib import pyplot as plt
import numpy as np
import global_variable
import tensorflow as tf
from tensorflow.contrib.slim.nets import vgg
import os
checkpoints_path = global_variable.pretrain_ckpt_path
import upsampling as utile
import tensorflow.contrib.slim as slim


from preprocessing.vgg_preprocessing import (_mean_image_subtraction, _R_MEAN,
_G_MEAN, _B_MEAN)


def discrete_matshow(data, labels_names=[], title=""):
    fig_size = [7, 6]
    plt.rcParams["figure.figsize"] = fig_size
    cmap = plt.get_cmap('Paired', np.max(data)-np.min(data)+1)
    mat = plt.matshow(data,
                cmap=cmap,
                vmin = np.min(data)-.5,
```

```
                        vmax = np.max(data)+.5)

    cax = plt.colorbar(mat,
                       ticks=np.arange(np.min(data),np.max(data)+1))
    if labels_names:
        cax.ax.set_yticklabels(labels_names)
    if title:
        plt.suptitle(title, fontsize=15, fontweight='bold')
    plt.show()


def upsample_tf(factor, input_img):
    number_of_classes = input_img.shape[2]
    new_height = input_img.shape[0] * factor
    new_width = input_img.shape[1] * factor

    expanded_img = np.expand_dims(input_img, axis=0).astype(np.float32)

    with tf.Graph().as_default():
        with tf.Session() as sess:
            upsample_filter_np = utile.bilinear_upsample_weights(factor,
                              number_of_classes)
            res = tf.nn.conv2d_transpose(expanded_img, upsample_filter_np,
                    output_shape=[1, new_height, new_width,
number_of_classes],
                    strides=[1, factor, factor, 1])
            res = sess.run(res)
    return np.squeeze(res)

with tf.Graph().as_default():
    image = tf.image.decode_jpeg(tf.read_file("apple.jpg"), channels=3)
    image = tf.image.resize_images(image,[224,224])
    # 减去均值之前，将像素值转为 32 位浮点
    image_float = tf.to_float(image, name='ToFloat')
    # 每个像素减去像素的均值
    processed_image = _mean_image_subtraction(image_float, [_R_MEAN, _G_MEAN,
_B_MEAN])
    input_image = tf.expand_dims(processed_image, 0)
    with slim.arg_scope(vgg.vgg_arg_scope()):
        logits,endpoints = vgg.vgg_16(input_image,
                          num_classes=1000,
                          is_training=False,
                          spatial_squeeze=False)
```

```
pred = tf.argmax(logits, dimension=3) #对输出层进行逐个比较，取得不同层同一位置
中最大的概率所对应的值
    init_fn = slim.assign_from_checkpoint_fn(
        os.path.join(checkpoints_path, 'vgg_16.ckpt'),
        slim.get_model_variables('vgg_16'))
    with tf.Session() as sess:
        init_fn(sess)
        fcn8s,fcn16s,fcn32s =
sess.run([endpoints["vgg_16/pool3"],endpoints["vgg_16/pool4"],endpoints["vgg_1
6/pool5"]])

        upsampled_logits = upsample_tf(factor=16, input_img=fcn8s.squeeze())
        upsample_predictions32 = upsampled_logits.squeeze().argmax(2)

        unique_classes, relabeled_image =
np.unique(upsample_predictions32,return_inverse=True)
        relabeled_image = relabeled_image.reshape(upsample_predictions32.shape)

        labels_names = []
        import classes_names
        names = classes_names.names

        for index, current_class_number in enumerate(unique_classes):
            labels_names.append(str(index) + ' ' + names[current_class_number+1])

        discrete_matshow(data=relabeled_image, labels_names=labels_names,
title="Segmentation")
```

　　代码段虽然比较长，但是通过前文的分析，其难度并不大。首先是通过 VGG16 获取图像的特征提取，之后使用 tf.argmax 函数对输出层进行逐个比较，取得不同层同一位置中最大的概率所对应的值。discrete_matshow 是做图函数，根据不同的标签和深度将图像以可视化的形式作出。最终结果大致如图 21-14 所示。

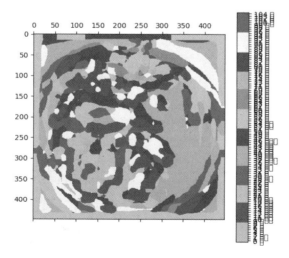

图 21-14　图像分割结果

从事实上看，这个图像分割的效果并不好，主要对于输出的卷积层采用的是：

```
fcn8s,fcn16s,fcn32s =
sess.run([endpoints["vgg_16/pool3"],endpoints["vgg_16/pool4"],endpoints["vgg_1
6/pool5"]])
```

由于计算量过大，无法采用推荐的叠加多层反卷积结果，从而未达到效果最优化。

21.3 本章小结

本章通过一个简单的方法实现了图像分割，主要涉及 2 个方面的内容，被提取特征的反卷积化计算以及反卷积核的使用。

反卷积的作用就是将图像进行一个反向放大，而反卷积核则相当于处于放大的那个放大镜，其决定着原始图像通过何种特征进行放大以及放大的比例和形式。

这应该是读者在本书中第一次接触此方面的内容，也是非常重要的内容，这也是图像处理的高级部分。

第 22 章

不服就是GAN——对抗生成网络

如果有人问 2016 年最火的深度学习应用是什么？那么十有八九你听到的回答："不就是 GAN 吗"。

"不服就是 GAN？"好奇怪的说法。实际上 GAN 是对抗生成网络（Generative Adversarial Nets）的简称。早在 2014 年，Christian Szegedy 等人在 ICLR 发表的论文中提出，如果通过对数据集中故意添加细微的干扰所形成输入样本，受干扰之后的输入导致模型以高置信度给出了一个错误的输出。即很多情况下，在训练集的不同子集上训练得到的具有不同结构的模型都会对相同的对抗样本实现误分。看下面这个图 22-1 所示。

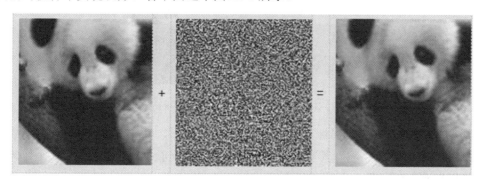

图 22-1　噪音扰动的图像

可以看到，在图像中添加一定噪音，对于人眼识别来说，图像并没有什么太大变化，而对于机器来说，则分类完全不一样。因此为了解决对抗数据样本的脆弱性，引入了"对抗生成网络"。事实上，对抗样本的脆弱性并不是深度学习所独有的，在很多的机器学习模型中普遍存在，因此进一步研究有利于抵抗对抗样本的算法，实际上有利于整个机器学习领域的进步。

22.1　对抗生成网络详解

看图 22-2 所示的故事。

男：亲爱的你的图修好了，要不要看看？

女：这是什么鬼，脸那么大，你行不行啊？（啪！）

男：（捂着脸）对不起……

……

男：亲爱的，这次好看吗？

女：眼睛那么小，我的眼真的那么小吗？

男：真……（啪！）没有没有，是我修图技术不行。

……

男：这次行了吧？

女：（捂着脸）身材这么那么矮，说好的腿长两米呢？

……

男：要不要看看？

女：嗯，我拿去当头像了。

图 22-2　不服就是 GAN：一个悲惨的故事

上面这段话讲述了一位"男性无偿修图师"的成长故事，可能有读者会问，这个故事和本章所说的 GAN 有什么关系呢？其实，如果你能读懂这段故事中表达的意义，那么你一定能够了解对抗生成网络的原理。

22.1.1　GAN 的基本原理介绍

GAN 的原理非常简单，顾名思义即一个"生成器"和一个"辨别器"共同在一个网络中不停地进行"对抗"。拿上面例子中的说法，生成器好比男生，而辨别器好比女生。男生的任务是想方设法地将"不存在的"图片生产出来，而女生的目的是想方设法地对图片进行辨别，识破哪里"不像自己"。这样在不停地"修"与"辨"的过程中，男女都在不断强化自己的辨识能力，同时又在彼此的"监督"下提升自己。

首先，介绍生成器。生成器在深度学习领域中是一个非常重要的器件，针对深度学习对样本数据需求大的特点，生成器可以帮助使用者在有限的图像、语音、文本数据中生成更多的形式有变化的数据。更有甚者，生成模型可以帮助模拟这些高维数据的分布，提高数据的数量和质量，将深度学习由全监督学习变化为半监督学习，从而提升了学习效率。

　　举例来说,图像的缩小与放大、形态的拉伸与变换、锐化与亮化等都是常用的生成器模型。图像生成器模型在卷积神经网络、图像识别以及图像分割方面有着非常广泛的应用,如图 22-3 所示。

图 22-3　光影变化后的图像

　　从理论上说,如果有数据集 $X=\{x_1, x_2, x_3, \ldots x_n\}$,需要建立一个关于这个数据类型的生成模型。那么最简单的方法就是:假设这些数据的分布 P{X} 服从 $g(x; \theta)$,在观测数据上通过最大化似然函数得到 θ 的值,即最大似然法:

$$S = \max \sum_{1}^{n} \log f(x_i)$$

　　这样就可以在已有数据的基础上延展获取更多的、与已有数据有着最大相似度的数据集。

　　本节开头描述的场景中,有两个角色,分别是男女作为生成器和辨别器。男生一直通过修图将女生修改为非常优秀和美丽的照片。而女生则一直以"明察秋毫"的行为找出男生修改后的图片让自己不满意的地方。于是两者的流程如图 22-4 所示。

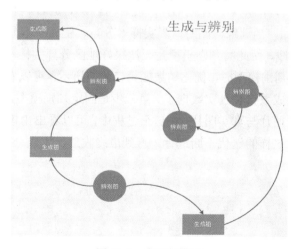

图 22-4　生成与辨别

男生获得一组图片→女生辨别图片→男生继续修图→女生继续辨别。这个过程直到最终达到平衡，女生认可修的图为止。

现在回到 GAN 中，创建的网络中有一个生成模型和一个辨别模型。生成模型（generator）的作用是生成一个看起来真实的数据，而辨别模型（discriminator）的作用是辨别一张图片是生成器生成出来的，还是真实存在的。如果此时把男女的平衡场景变为如下：

生成器获得一组图片→辨别器辨别图片→生成器继续生成图→辨别器继续辨别。这个过程直到最终达到平衡，辨别器无法辨认图是真实的还是生成的为止。此时生成对抗网络会达到一个较为完美的状态。

生成对抗网络实际上是一种生成器与辨别器之间的博弈。使用数学将整个过程进行描述的话：

$$G(z) = generator(x)$$
$$D(r) = discriminator(real\_img)$$
$$D(g) = discriminator(G(z))$$

假设我们的生成模型是 $G(z)$，其中 z 是一个随机噪声，而 g 将这个随机噪声转化为数据类型。而 D 是一个判别模型，对任何输入 x，$D(x)$ 的输出是 0~1 范围内的一个实数，用来判断这个图片是一个真实图片的概率是多大。令 Pr 和 Pg 分别代表真实图像的分布与生成图像的分布，此时，可以得到判别模型的目标函数如下：

$$\min_G \max_D V(D,G) = \mathbb{E}_{\boldsymbol{x} \sim p_{\text{data}}(\boldsymbol{x})}[\log D(\boldsymbol{x})] + \mathbb{E}_{\boldsymbol{z} \sim p_z(\boldsymbol{z})}[\log(1 - D(G(\boldsymbol{z})))]$$

这里笔者详细解释一下，等号左边的 min 和 max 分别代表在此网络中，需要最小化 G 和最大化 D，用语言表示就是最小化生成模型与真实图像的差异，同时最大化辨别模型的辨别能力。

那么问题又来了，这个最大最小化目标函数如何进行优化呢？最简单的处理办法就是分别对 D 和 G 进行交互迭代，固定 G，优化 D，一段时间后，固定 D 再优化 G，直到过程收敛。

从图 22-5 可以看到，当训练开始时，真实样本分布、生成样本分布以及判别模型分别是图中的黑线、绿线和蓝线，而此时判别模型是无法很好地区分真实样本和生成样本的。接下来固定生成模型，而优化判别模型时，优化结果如第二幅图所示，可以看出，这个时候判别模型已经可以较好地区分生成数据和真实数据了。第三步是固定判别模型，改进生成模型，试图让判别模型无法区分生成图片与真实图片，在这个过程中，可以看出由模型生成的图片分布与真实图片分布更加接近，这样的迭代不断进行，直到最终收敛，生成分布和真实分布重合。

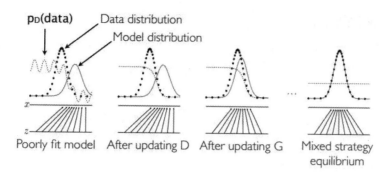

图 22-5　生成与辨别的优化

以上就是生成式对抗网络的基本核心知识，简单吧。但是需要指出的是，对于生成式模型这样的过程来说，构建一个好的成本函数是非常重要，也是最难指出的，当然这也是生成对抗网络的闪光之处。对抗网络可以学习自己的成本函数——自己那套复杂的对错规则——无须精心设计和构建一个成本函数。

22.1.2　简单 GAN 的 TensorFlow 实现

介绍完 GAN 的基本理论之后，现在就开始做一个 GAN 的基本实现。从上面的介绍可以看到，对于 GAN 的基本算法来说，其原理和内涵并不复杂，其构成分为 2 部分：

● Generator（生成器），下文简称 G。
● Discriminator（辨别器），下文简称 D。

在网络计算的过程中，这 2 个部分相互作用，左右互搏从而达到一个动态平衡。简单起见，首先笔者将会是用 GAN 做一个高斯图案的生成和显示，如图 22-6 所示。

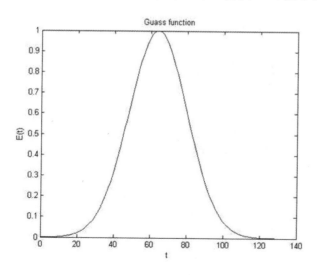

图 22-6　高斯图像

1. 第一步：数据的准备

对于数据的准备，本例中主要有 2 个部分，分别是高斯数据图形和随机产生的噪音。高斯数据集用于对数据进行正向判定，而随机作为一个"seed"，从生成器产生数据。代码如下：

高斯数据集：

```
def sample_data(size=size, length=length):
data = []
for _ in range(size):
data.append(sorted(np.random.normal(4, 1.5, length)))
return np.array(data).astype(np.float32)
```

随机噪音数据集：

```
def random_data(size=size, length=length):
data = []
for _ in range(size):
data.append(np.random.random(length))
return np.array(data).astype(np.float32)
```

其中 size 和 length 分别是生成的数据大小和每个数据的维度，在这里设定：

```
size = 500
length = 1000
```

因此无论对于高斯数据集还是噪音数据集，其大小都可以归一为[size,length]。

2. 第二步：对抗网络的设计

对于对抗生成网络来说，首先需要确定生成器和判别器的具体结构。因为本例只是进行简单的数据集的生成，因此可以使用一个简单的全连接网络，如图 22-7 所示。

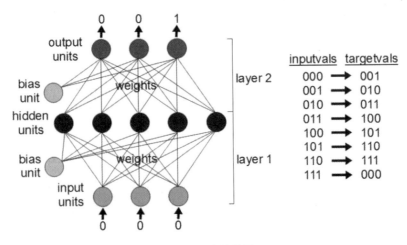

图 22-7　全连接层

对于全连接层的写法相信读者也没有太大的困难，生成器与判别器的代码如下：

（1）生成器

```
def generate(input_data, reuse=False):
 with tf.variable_scope("generate"):
     with slim.arg_scope([slim.fully_connected],
         weights_initializer=tf.truncated_normal_initializer(0.0, 0.1),
         weights_regularizer=slim.l1_l2_regularizer(),activation_fn=None):
         #将生成器中的全连接层设置成 reuse
         fc1 = slim.fully_connected(inputs=input_data, num_outputs=length,
scope="g_fc1", reuse=reuse)
             fc1 = tf.nn.softplus(fc1,name="g_softplus")
             fc2 = slim.fully_connected(inputs=fc1, num_outputs=length,
scope="g_fc2", reuse=reuse)
         return fc2
```

由于生成器在具体代码的执行过程中需要被多次使用，因此额外添加一个参数，即 reuse 参数。使得其能够在训练时更新参数，从而在进行数据计算时可以直接使用。

slim.arg_scope 中对参数 fully_ connected 中的参数进行了设置，其中由于不需要使用激活函数，因此将其设置成 activation_fn=None。

（2）判别器

```
def discriminate(input_data, reuse=False):
 with tf.variable_scope("discriminate"):
     with slim.arg_scope([slim.fully_connected],
     weights_initializer=tf.truncated_normal_initializer(0.0, 0.1),
     weights_regularizer=slim.l1_l2_regularizer(),activation_fn=None):
     fc1 = slim.fully_connected(inputs=input_data, num_outputs=length,
scope="d_fc1", reuse=reuse)
     fc1 = tf.tanh(fc1)
     fc2 = slim.fully_connected(inputs=fc1, num_outputs=length, scope="d_fc2",
reuse=reuse)
     fc2 = tf.tanh(fc2)
     fc3 = slim.fully_connected(inputs=fc2, num_outputs=1, scope="d_fc3",
reuse=reuse)
     fc3 = tf.tanh(fc3)
     fc3 = tf.sigmoid(fc3)
 return fc3
```

判别器的设计与生成器类似，不同的是这里采用了更多的全连接层，并且对于激活函数的选择使用了正弦函数，使得生成的数据在[0,1]之间。

3. 第三步：损失函数的确定

对于 GAN 来说，损失函数的确定是最为重要的一环，在上一小节已经说明，通过公式可以验证，需要确保生成器与判别器的博弈均衡。

具体来说，生成器 G 生成了一系列的数据，而辨别器 D 对其进行辨别，区分真实的高斯分布和 G 生成的假的高斯数据。所以，可以将其转换成一个传统的二分类问题。

$$\min_{G} \max_{D} V(D, G) = \mathbb{E}_{\boldsymbol{x} \sim p_{\text{data}}(\boldsymbol{x})}[\log D(\boldsymbol{x})] + \mathbb{E}_{\boldsymbol{z} \sim p_z(\boldsymbol{z})}[\log(1 - D(G(\boldsymbol{z})))]$$

将其通过代码的形式展示如下：

```
fake_input = tf.placeholder(tf.float32, shape=[size, length],
name="fake_input")
real_input = tf.placeholder(tf.float32, shape=[size, length],
name="real_input")

Gz = generate(fake_input)
Dz_r = discriminate(real_input)
Dz_f = discriminate(Gz,reuse=True)

d_loss = tf.reduce_mean(-tf.log(Dz_r) - tf.log(1 - Dz_f))
g_loss = tf.reduce_mean(-tf.log(Dz_f))
```

fake_input 和 real_input 分别是占位符，用于对数据进行输入，而 generate 和 discriminate 是不同的函数，用于对数据进行生成和判定。这里可以看到，第二次判定 Gz 的时候，对于辨别器的参数是无须进行更新的，即只用其进行计算即可。

4. 第四步：固定模型参数

在前面介绍时也说了，对于 GAN，判别器和生成器是要求分开训练的，当判别器进行训练时只更新判别器的训练参数，而当生成器进行训练时，需要只更新生成器的训练参数，因此具体代码如下：

```
tvars = tf.trainable_variables()
d_vars = [var for var in tvars if "d_" in var.name]
g_vars = [var for var in tvars if "g_" in var.name]

d_optimizator =
tf.train.AdamOptimizer(0.0005).minimize(loss=d_loss,var_list=d_vars)
g_optimizator = tf.train.AdamOptimizer(0.0003).minimize(loss=g_loss,
var_list=g_vars)
```

在分布介绍完 GAN 各个组成部分后，完整代码如下：

【程序 22-1】

```
import numpy as np
import tensorflow.contrib.slim as slim
import tensorflow as tf
```

```
#产生的数据[size,length]
size = 500
length = 1000
logdir_path = "./simple_norm_gan_ckpt/"

with tf.Graph().as_default():

    def sample_data(size=size, length=length):
        data = []
        for _ in range(size):
            data.append(sorted(np.random.normal(4, 1.5, length)))
        return np.array(data).astype(np.float32)

    def random_data(size=size, length=length):
        data = []
        for _ in range(size):
            data.append(np.random.random(length))
        return np.array(data).astype(np.float32)

    def generate(input_data, reuse=False):
        with tf.variable_scope("generate"):
            with slim.arg_scope([slim.fully_connected],

weights_initializer=tf.truncated_normal_initializer(0.0, 0.1),

weights_regularizer=slim.l1_l2_regularizer(),activation_fn=None
                                ):
                fc1 = slim.fully_connected(inputs=input_data,
num_outputs=length, scope="g_fc1", reuse=reuse)
                fc1 = tf.nn.softplus(fc1,name="g_softplus")
                fc2 = slim.fully_connected(inputs=fc1, num_outputs=length,
scope="g_fc2", reuse=reuse)
            return fc2

    def discriminate(input_data, reuse=False):
        with tf.variable_scope("discriminate"):
            with slim.arg_scope([slim.fully_connected],

weights_initializer=tf.truncated_normal_initializer(0.0, 0.1),

weights_regularizer=slim.l1_l2_regularizer(),activation_fn=None
                                ):
                fc1 = slim.fully_connected(inputs=input_data,
```

```
num_outputs=length, scope="d_fc1", reuse=reuse)
                fc1 = tf.tanh(fc1)
                fc2 = slim.fully_connected(inputs=fc1, num_outputs=length,
scope="d_fc2", reuse=reuse)
                fc2 = tf.tanh(fc2)
                fc3 = slim.fully_connected(inputs=fc2, num_outputs=1,
scope="d_fc3", reuse=reuse)
                fc3 = tf.tanh(fc3)
                fc3 = tf.sigmoid(fc3)
        return fc3


    fake_input = tf.placeholder(tf.float32, shape=[size, length],
name="fake_input")
    real_input = tf.placeholder(tf.float32, shape=[size, length],
name="real_input")


    Gz = generate(fake_input)
    Dz_r = discriminate(real_input)
    Dz_f = discriminate(Gz, reuse=True)


    d_loss = tf.reduce_mean(-tf.log(Dz_r) - tf.log(1 - Dz_f))
    g_loss = tf.reduce_mean(-tf.log(Dz_f))


    tf.summary.scalar('Generator_loss', g_loss) #加入
    tf.summary.scalar('Discriminator_loss', d_loss) #加入


    tvars = tf.trainable_variables()
    d_vars = [var for var in tvars if "d_" in var.name]
    g_vars = [var for var in tvars if "g_" in var.name]


    d_optimizator =
tf.train.AdamOptimizer(0.0005).minimize(loss=d_loss,var_list=d_vars)
    g_optimizator = tf.train.AdamOptimizer(0.0003).minimize(loss=g_loss,
var_list=g_vars)


    merged_summary_op = tf.summary.merge_all()  # 修改到 sess 上方
    saver = tf.train.Saver()
    with tf.Session() as sess:
        writer = tf.summary.FileWriter(logdir_path, sess.graph) #紧接在
tf.Session() as sess 下
        sess.run(tf.global_variables_initializer())


        for i in range(300):
```

448

```
sess.run(d_optimizator,feed_dict={real_input:sample_data(),fake_input:random_d
ata()})
            print("--------pre_train %d epoch end---------"%i)

            if i % 50 == 0:
                merged_summary =
sess.run(merged_summary_op,feed_dict={real_input:sample_data(),fake_input:rand
om_data()})
                writer.add_summary(merged_summary, global_step=i)
                saver.save(sess, save_path=logdir_path, global_step=i)


        for i in range(1500):

sess.run([d_optimizator],feed_dict={real_input:sample_data(),fake_input:random
_data()})
            sess.run([g_optimizator], feed_dict={fake_input: random_data()})

            print("--------model_train %d epoch end---------"%i)

            if i % 50 == 0:
  merged_summary=sess.run(merged_summary_op,feed_dict={real_input:sample_data
(),fake_input:random_data()})
                writer.add_summary(merged_summary, global_step=i)

                saver.save(sess, save_path=logdir_path, global_step=i)
```

需要注意的是，这个代码计算量较大，要求一定的计算时间，结果如图 22-8 所示。

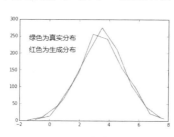

图 22-8　真实数据与生成数据

22.2　从0到1——实战：使用GAN生成手写体数字

上一节中，从噪声数据生成了符合高斯分布的数据。可能有读者认为这并不能算是一个真正能够表达出 GAN 网络的比较有价值的示例，更可能是一个全连接的参数学习过程。笔者深以为然。

本节将使用 GAN 完成手写数字的随机生成过程（图 22-9），这是完整训练一个神经网络能够自主地从无到有地生成手写数字字体的例子。

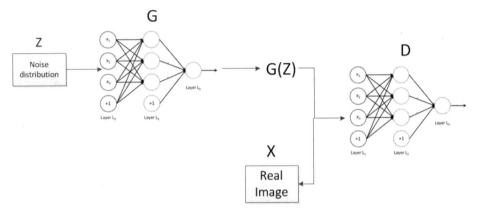

图 22-9　GAN 网络生成图片流程

22.2.1　分步骤简介

1. 第一步：数据的准备

对于使用 GAN 进行网络设计来说，第一步就是数据的收集，这里采用的是深度学习中最常见的 MNIST 数据集作为训练的数据来源。其具体使用如下：

```
mnist = input_data.read_data_sets('MNIST_data', one_hot=True)
```

读者可以看到这里只是一行代码，MNIST 数据集的获取与下载在前面的内容中已经有了详细的介绍，这里就不再重复。

2. 第二步：损失函数的确定

前面已经说了，GAN 网络能够正常使用和工作的前提就是有一个好的损失函数能够反向传播误差与输出之间的梯度。

在本例中同样设置生成器函数为 G 而判别器函数为 D。为了想让其更好地工作，用其本身的预测和其本身期望之间的交叉熵作损失函数。

```
x_input = tf.placeholder(tf.float32,[None,28,28,1])

Gz = model.generate(batch_size)          #生成图片
Dx = model.discriminate(x_input)         #判断真实的图片
Dg = model.discriminate(Gz,reuse=True)   #判断图片的真假

#对生成的图像是真为判定
```

```
   d_loss_real =
tf.reduce_mean(slim.losses.sigmoid_cross_entropy(multi_class_labels=tf.ones_li
ke(Dx),logits=Dx ))
   #对生成的图像是假为判定
   d_loss_fake =
tf.reduce_mean(slim.losses.sigmoid_cross_entropy(multi_class_labels=tf.zeros_l
ike(Dg),logits=Dg))
   d_loss = d_loss_real + d_loss_fake
   #对生成器的结果进行判定
   g_loss =
tf.reduce_mean(slim.losses.sigmoid_cross_entropy(multi_class_labels=tf.ones_li
ke(Dg),logits=Dg))
```

可以看到这里使用的是，每个函数对其自身的期望与自身的值之间的交叉熵作为损失函数。而 tf.reduce_mean 用以对批量数据求取一个均值。

3. 第三步：创建生成器与判别器程序

对于使用 GAN 网络进行图片生成，与上一节中噪音生成高斯分布的形式一样，同样需要设定一个生成器与一个判别器。

此时与上一节中对于噪声函数的处理略有不同之处在于，对于图像的生成与处理，更多的情况是采用卷积网络的形式对其进行特征提取与转化。因此在生成器与判别器的组成架构中，笔者使用卷积层进行数据的处理。

在未进行程序编写时需要注意的是，对于图像的应用，更多的情况下需要在卷积层使用 batch_normalization 作为数据的归一化处理方案，这也是笔者所建议的，因此在定义多个卷积层时需要先对 batch_normalization 的参数进行设定，代码如下：

```
batch_norm_params = {  # batch normalization（标准化）的参数
"is_training" : is_training,
'decay': 0.9997,  # 参数衰减系数
'epsilon': 0.001,
'updates_collections': tf.GraphKeys.UPDATE_OPS,
'variables_collections': {
'beta': None,
'gamma': None,
'moving_mean': ['moving_vars'],
'moving_variance': ['moving_vars'],
}
}
```

在上述代码段中分别定义了 batch_normalization 的衰减系数，更新模式已经计算参数的学习方案，读者可以按此模板定义即可。

下面分别对生成器和判别器进行定义，生成器由多个卷积层组成，如图 22-10 所示。

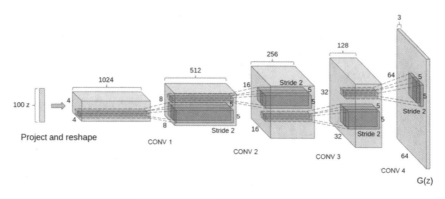

图 22-10　MNIST 手写体生成器结构图

可以看到，这里首先输入了一个 100 个特征的噪音，之后经过第一个卷积形成[4,4,1024]大小的卷积，之后经过更多的卷积分别操作最终形成一个[64,64,3]大小的、有图样特征的可视化图片。代码如下：

（1）生成器

```
def generate(batch_size,trainable = True,
scope="generate",reuse=False,is_training = True):

    batch_norm_params = {    # 定义 batch normalization（标准化）的参数字典
        "is_training": is_training,
        'decay': 0.9997,    # 定义参数衰减系数
        'epsilon': 0.001,
        'updates_collections': tf.GraphKeys.UPDATE_OPS,
        'variables_collections': {
            'beta': None,
            'gamma': None,
            'moving_mean': ['moving_vars'],
            'moving_variance': ['moving_vars'],
        }
    }

    with tf.variable_scope(scope, 'generate', [batch_size]):
        with slim.arg_scope([slim.conv2d],normalizer_fn=slim.batch_norm,
                    normalizer_params=batch_norm_params,
                    weights_initializer=tf.truncated_normal_initializer(0.0,
0.1),
                    weights_regularizer=slim.l2_regularizer(0.00005)):
            img_x = tf.random_normal([batch_size,28,28,1])
            conv1 =
slim.conv2d(img_x,32,[3,3],padding="SAME",scope="g_conv1",trainable=trainable,
reuse=reuse)
            conv2 = slim.conv2d(conv1, 64, [5,
```

```
5],padding="SAME",scope="g_conv2",trainable=trainable,reuse=reuse)
        conv3 =
slim.conv2d(conv2,32,[3,3],padding="SAME",scope="g_conv3",trainable=trainable,
reuse=reuse)
        conv4 = slim.conv2d(conv3, 1, [5,
5],padding="SAME",scope="g_conv4",trainable=trainable,reuse=reuse)
        out = tf.tanh(conv4,name="g_tanh")

    return out
```

判别器的形式与之类似，也是通过若干卷积层对其进行处理，对于最后的输出，因为需要计算其交叉熵，所以输出以一个浮点数为最佳。在这里需要说明的是，对于最后一层的处理，传统上使用全连接层作为最终的计算结果，实际上使用一个全卷积也可以达到同样的功能，代码如下：

（2）判别器

```
def discriminate(input_data, scope="discriminate",reuse=False,is_training =
True):
    batch_norm_params = {  # batch normalization（标准化）的参数
        "is_training" : is_training,
        'decay': 0.9997,  # 参数衰减系数
        'epsilon': 0.001,
        'updates_collections': tf.GraphKeys.UPDATE_OPS,
        'variables_collections': {
            'beta': None,
            'gamma': None,
            'moving_mean': ['moving_vars'],
            'moving_variance': ['moving_vars'],
        }
    }
    with tf.variable_scope(scope, 'discriminate', [input_data]):
        with slim.arg_scope([slim.conv2d],normalizer_fn=slim.batch_norm,
                    normalizer_params=batch_norm_params,
weights_initializer=tf.truncated_normal_initializer(0.0, 0.1),
                    weights_regularizer=slim.l1_l2_regularizer()
                    ):

            conv1 =
slim.conv2d(input_data,32,[3,3],padding="SAME",scope="d_conv1",reuse=reuse)
            conv2 = slim.conv2d(conv1, 64, [5,
5],padding="SAME",scope="d_conv2",reuse=reuse)
            conv3 = slim.conv2d(conv2, 32, [3, 3], padding="SAME",
```

```
scope="d_conv3",reuse=reuse)
            out = slim.conv2d(conv3, 1, [28, 28], padding="VALID",
scope="d_conv4", reuse=reuse)
        return out
```

最终创建一个 model.py 文件作为模型的存储文件，其内容如下：

【程序 22-2】

```
import tensorflow.contrib.slim as slim
import tensorflow as tf

def discriminate(input_data, scope="discriminate",reuse=False,is_training =
True):
    batch_norm_params = {  # batch normalization（标准化）的参数
        "is_training" : is_training,
        'decay': 0.9997,  # 参数衰减系数
        'epsilon': 0.001,
        'updates_collections': tf.GraphKeys.UPDATE_OPS,
        'variables_collections': {
            'beta': None,
            'gamma': None,
            'moving_mean': ['moving_vars'],
            'moving_variance': ['moving_vars'],
        }
    }
    with tf.variable_scope(scope, 'discriminate', [input_data]):
        with slim.arg_scope([slim.conv2d],normalizer_fn=slim.batch_norm,
                    normalizer_params=batch_norm_params,
weights_initializer=tf.truncated_normal_initializer(0.0, 0.1),
                    weights_regularizer=slim.l1_l2_regularizer()
                    ):

            conv1 =
slim.conv2d(input_data,32,[3,3],padding="SAME",scope="d_conv1",reuse=reuse)
            conv2 = slim.conv2d(conv1, 64, [5,
5],padding="SAME",scope="d_conv2",reuse=reuse)
            conv3 = slim.conv2d(conv2, 32, [3, 3], padding="SAME",
scope="d_conv3",reuse=reuse)
            out = slim.conv2d(conv3, 1, [28, 28], padding="VALID",
scope="d_conv4", reuse=reuse)
        return out

def generate(batch_size,trainable = True,
```

```
scope="generate",reuse=False,is_training = True):

        batch_norm_params = {  # 定义batch normalization（标准化）的参数字典
            "is_training": is_training,
            'decay': 0.9997,   # 定义参数衰减系数
            'epsilon': 0.001,
            'updates_collections': tf.GraphKeys.UPDATE_OPS,
            'variables_collections': {
                'beta': None,
                'gamma': None,
                'moving_mean': ['moving_vars'],
                'moving_variance': ['moving_vars'],
            }
        }

        with tf.variable_scope(scope, 'generate', [batch_size]):
            with slim.arg_scope([slim.conv2d],normalizer_fn=slim.batch_norm,
                        normalizer_params=batch_norm_params,
                        weights_initializer=tf.truncated_normal_initializer(0.0,
0.1),
                        weights_regularizer=slim.l2_regularizer(0.00005)):
                img_x = tf.random_normal([batch_size,28,28,1])
                conv1 =
slim.conv2d(img_x,32,[3,3],padding="SAME",scope="g_conv1",trainable=trainable,
reuse=reuse)
                conv2 = slim.conv2d(conv1, 64, [5,
5],padding="SAME",scope="g_conv2",trainable=trainable,reuse=reuse)
                conv3 =
slim.conv2d(conv2,32,[3,3],padding="SAME",scope="g_conv3",trainable=trainable,
reuse=reuse)
                conv4 = slim.conv2d(conv3, 1, [5,
5],padding="SAME",scope="g_conv4",trainable=trainable,reuse=reuse)
                out = tf.tanh(conv4,name="g_tanh")

        return out
```

22.2.2　GAN 网络的训练

对于定义好的网络，直接可以进行训练，在这里需要额外定义一个存储地址，用以存储 ckpt 格式的模型计算存档地址。这里笔者建议读者自行设计即可。

除此之外对于模型的计算，数据的输入读者建议输入一个 batch_size，而具体的多少可以根据读者的机器自行确定。

【程序 22-3】

```
import tensorflow as tf
from MNIST_data import input_data
import tensorflow.contrib.slim as slim
import model as model
batch_size = 300
import global_var

logdir_path = global_var.logdir_path  #存储地址，读者自行设定

with tf.Graph().as_default():
    mnist = input_data.read_data_sets('MNIST_data', one_hot=True)

    x_input = tf.placeholder(tf.float32,[None,28,28,1])

    Gz = model.generate(batch_size)     #生成图片
    Dx = model.discriminate(x_input)        #判断真实的图片
    Dg = model.discriminate(Gz,reuse=True)    #判断图片的真假

    #对生成的图像是真为判定
    d_loss_real =
tf.reduce_mean(slim.losses.sigmoid_cross_entropy(multi_class_labels=tf.ones_li
ke(Dx),logits=Dx ))
    #对生成的图像是假为判定
    d_loss_fake =
tf.reduce_mean(slim.losses.sigmoid_cross_entropy(multi_class_labels=tf.zeros_l
ike(Dg),logits=Dg))
    d_loss = d_loss_real + d_loss_fake
    #对生成器的结果进行判定
    g_loss =
tf.reduce_mean(slim.losses.sigmoid_cross_entropy(multi_class_labels=tf.ones_li
ke(Dg),logits=Dg))

    tvars = tf.trainable_variables()
    d_vars = [var for var in tvars if "d_" in var.name]
    g_vars = [var for var in tvars if "g_" in var.name]

    d_trainer =
tf.train.AdamOptimizer(0.005).minimize(loss=d_loss,var_list=d_vars)
    g_trainer =
tf.train.GradientDescentOptimizer(0.001).minimize(loss=g_loss,var_list=g_vars)
    tf.summary.scalar('Generator_loss', g_loss)
    tf.summary.scalar('Discriminator_loss', d_loss)
```

```
    images_for_tensorboard = model.generate(5,is_training=False,reuse=True)
    tf.summary.image('Generated_images', images_for_tensorboard, 5)

    merged_summary_op = tf.summary.merge_all()   # 修改到 sess 上方
    saver = tf.train.Saver()

    with tf.Session() as sess:
        writer = tf.summary.FileWriter(logdir_path, sess.graph)  # 紧接在
tf.Session() as sess 下
        sess.run(tf.global_variables_initializer())

        for i in range(120):
            batch_xs =
mnist.train.next_batch(batch_size)[0].reshape([batch_size, 28, 28, 1])
            _,d_loss_var =
sess.run([d_trainer,d_loss],feed_dict={x_input:batch_xs})
            print("d_loss_var: ",d_loss_var)
            print("-------pre train epoch %d end---------"%i)

        i = 0
        while True:
            batch_xs =
mnist.train.next_batch(batch_size)[0].reshape([batch_size, 28, 28, 1])
            *total_op, g_loss_var =
sess.run([d_trainer,g_trainer,g_loss],feed_dict={x_input:batch_xs})
            print("g_loss_var: ",g_loss_var)
            i += 1
            if (i + 1)% 3 == 0:
                merged_summary =
sess.run(merged_summary_op,feed_dict={x_input:batch_xs})
                writer.add_summary(merged_summary, global_step=i)
                saver.save(sess,"./discriminate_ckpt/GAN.ckpt")
            print("-------model train epoch %d end---------"%i)
```

经过一段时间的训练，可以生成的最终结果如图 22-11 所示。

图 22-11　生成的手写体模型

可以看到图片依次从左到右依次变得更加清晰，更像是手写体。然而实际上这部分使用的

是对抗生成网络进行处理的结果。

22.3 本章小结

对抗生成网络（GAN）是一个非常强大和有用的工具，可以说 GAN 的诞生改写了深度学习在图像方面的使用，使得大量的无监督无标签的数据，可以投入到模型中进行自动判别和使用。

在具体使用上，除了前面生成手写的数字外，可以用其生成人脸以及所需要的不同图案。除此之外，GAN 还在图像分割、自动标注、语义分割等方面有着更多的应用。下面图 22-12 所示是生成的人脸数据的例子。

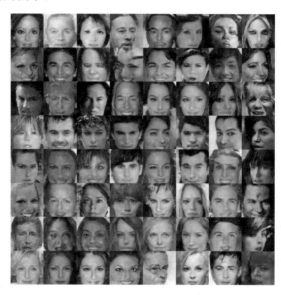

图 22-12　生成的人脸数据

GAN 的理论是如此的简单，使得它成为 2016 年以来冉冉升起的深度学习最耀眼的超新星。对它的学习和应用以及发展研究仍在不停地进行，并从中诞生了 DCGAN、cycleGAN、discoGAN 等一系列家族成员。为了弥补 GAN 在诞生以来缺乏一种比较合适的对生成器和判别器一个通用的判定指标的问题，wass 提出了使用相关系数进行解决的方案，这些都在不停地促进 GAN 理论向前发展。